第十五届华东五省一市粉末冶金技术交流会论文集

DISHIWUJIE HUADONG WUSHENG YISHI FENMO YEJIN JISHU JIAOLIU HUI LUNWENJI

程继贵 主编

合肥工業大學出版社

第十五届华东五省一市粉末冶金技术交流会

主办单位

江苏省机械工程学会粉末冶金专业委员会

山东省机械工程学会粉末冶金专业委员会

上海市机械工程学会粉末冶金专业委员会

浙江省机械工程学会粉末冶金分会

福建省机械工程学会粉末冶金分会

安徽省机械工程学会粉末冶金专业委员会

承办单位

安徽省机械工程学会粉末冶金专业委员会

论文集编辑委员会

前　言

第十五届华东五省一市（江苏省、山东省、上海市、浙江省、福建省和安徽省）粉末冶金技术交流会于2014年10月31日至11月2日在安徽省合肥市召开。为了开好此次会议，华东五省一市机械工程学会粉末冶金分会（专委会）理事长、秘书长及粉末冶金商务网负责人专门召开了筹备会议和工作会议。针对粉末冶金行业发展的新形势，为实现中国由粉末冶金大国向粉末冶金强国的迈进，更好地发挥华东五省一市在中国粉末冶金产业发展的作用，确定本次会议的主题为“创新驱动，行业升级，夯实基础，持续发展”。

在华东五省一市粉末冶金学会理事长、秘书长及粉末冶金工作者的积极支持和参与下，本届会议共征集来自五省一市及其他部分省市的论文71篇，内容涉及粉末冶金基础理论的研究和探讨；粉末制备、成形和烧结技术；粉末冶金装备、模具设计及其应用；粉末冶金制品及生产过程中的新技术、新工艺；相关领域的新材料、新技术、新工艺、新产品等方面的研究成果；粉末冶金企业运行管理、市场开拓经验等。这些论文较全面展示了华东五省一市粉末冶金行业近些年来的最新的学术研究、技术和产品开发的成果和经验。这些成果和经验具有较高的理论和实际参考价值，对促进行业学术交流和技术进步将起到积极的推进作用。

经组织专家评审，从征集的论文中选出57篇论文，按综述、材料与工艺、粉末、原料及装备、分析测试与计算、开发与应用等篇章收入《第十五届华东粉末冶金技术交流会论文集》，由合肥工业大学出版社公开出版。

由于时间紧迫，在论文编审、出版过程中难免有不当之处，敬请指正。

衷心感谢论文作者！感谢在会议筹备、论文编审、出版过程中，以及对会议召开提供支持和帮助的粉末冶金同仁们！

华东五省一市粉末冶金专业委员会

二〇一四年十月

目　录

一、综　述

二、材料与工艺

三、粉末、原料及装备

四、开发与应用

五、分析测试与计算

一、综　述

高密度铁基粉末冶金产品的制造工艺

包崇玺　周国燕　毛增光　曹　阳
东睦新材料集团股份有限公司
(包崇玺,0574－83093610,cxbao@163.com)

摘　要:密度对粉末冶金零件的各种性能有着重要的影响,通常随着密度的提高,几乎所有的性能(包括强度和磁性能)都会有不同程度的提高。本文简要介绍了东睦公司已经使用的高密度铁基粉末冶金产品的制造工艺,包括温压成形、温模压制、复压复烧、熔渗、表面致密化、模壁润滑等。

关键词:温压成形;温模压制;复压复烧;熔渗;表面致密化;模壁润滑

引　言

密度对粉末冶金零件的各种性能有着重要的影响,通常随着密度的提高,几乎所有的性能(包括强度和磁性能)都会有不同程度的提高。粉末冶金是一种能制备形状复杂产品的生产技术。对于传动的粉末冶金机械零件,其力学性能与其密度有直接的关系。产品的硬度、抗拉强度、疲劳强度、冲击韧性等都会随密度的增加而呈几何级数增大,密度越高,产品性能越接近致密材料的性能[1]。一般将密度大于 7.20g/cm^3 的铁基零件视为高密度粉末冶金零件。可以说,粉末冶金产品的力学性能,是限制其在高端市场应用的重要因素。因此,为了扩大粉末冶金产品的应用范围,提高粉末冶金材料的性能,尤其是力学性能,开发高密度粉末冶金产品是最重要的途径之一。

近年来,提高粉末冶金产品密度的方法有高温烧结、渗铜技术、复压复烧、粉末锻造、热等静压、喷射沉积、温压工艺等。本文总结了东睦公司已经采用的高密度零件的制造工艺。

1　温压技术(Warm Compaction)

温压工艺是上世纪 90 年代国际上出现的制造高强度铁基粉末冶金零部件的新型钢模成形技术。该技术既保持了传统模压工艺的高生产率和尺寸精度高等基本特点,又以较低的成本提高了零部件的密度(7.20～7.35g/cm^3)[2,3]。由于零部件密度提高,其综合力学性能大幅度改善,应用范围迅速扩大,为充分发挥粉末冶金的技术优势创造了条件。温压技术的致密化主要通过在温压温度下铁粉颗粒的加工硬化速度降低和程度减轻,铁粉颗粒塑性变形阻力的降低和致密化阻力降低,便于获得高的压坯密度[4,5]。此外,在成形过程中颗粒重新排列,也可以使密度提高。目前已经通过温压制备出了抗拉强度达 1500MPa 的烧结铁基零件。Ford 汽车公司已将重达 1.2kg 的温压流体变速涡轮毂用在发动机上。

温压工艺的关键在于以较低的成本制造出高性能的铁基 P/M 零件,为汽车的零部件在性能与成本之间找到了一个较佳的结合点。温压的优势在于：压坯密度和烧结密度高；压坯强度高；脱模压力低；弹性后效小。

图 1 为东睦公司最早量产的温压齿轮，其材料为 FD0205。该齿轮温压后压坯密度达 7.35g/cm³，1120℃烧结后密度达 7.30g/cm³。经热处理后硬度超过 HRA70。

图 1　东睦公司最早量产的温压齿轮

一般温压用粉，需要采用专用的润滑剂和专门的粘接技术。图 2 为 FC020(Fe－2%Cu－0.6%C)粉末的压制性。压制时阴模温度 120℃，铁粉温度 124℃。从图 2 可以看出，650MPa 的压力下密度即达到 7.30g/cm³，远高于常规压制的密度水平。

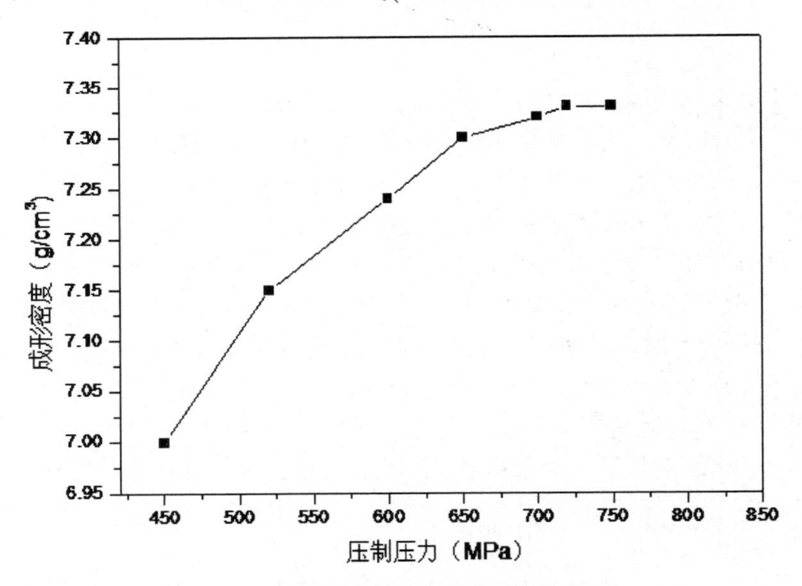

图 2　温压 FC0205 粉末的压制性能

2　温模压制技术(Warm Die Compaction)

温模压制技术是温压工艺的发展，该工艺只要求加热模具，而粉末不需要加热，可以减少温压操作的复杂性。东睦公司于 2007 年开始采用温模压制生产高密度齿轮产品，如图 3 所示。原先该产品为室温压制，产品密度为(7.00±0.05)g/cm³，热处理后硬度 HRC35，但在使用过程中出现锥齿部分打滑，使用寿命较短的问题。如果仅通过改变热处理工艺来提高硬度，产品的压溃性能下降最大可达 20%，不能满足客户的使用要求。最终我们采用温模压制技术，将产品密度提高到 7.20g/cm³ 以上，热处理后硬度达到 HRC40～48，满足了客户的使用要求。温模压制离合器经热处理后，只要控制好热处理工艺参数，不出现过渗或完全渗透，可以达到如图4所示的金相效果，组织中呈现出清晰的表面渗碳层。表面0～0.5mm的区间显微硬度 $HV_{0.1}$ 为650～850。

图3　温模压制生产的齿轮

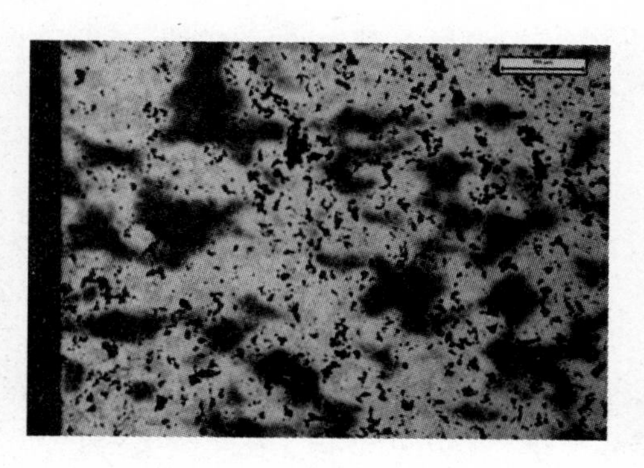

图4　温模压制产品热处理后的金相

成分为FC0208(Fe－2%Cu－0.8%C)粉末的压制曲线如图5所示。阴模加热温度为85℃。当压制压力为650MPa时，生坯密度达7.30g/cm³。

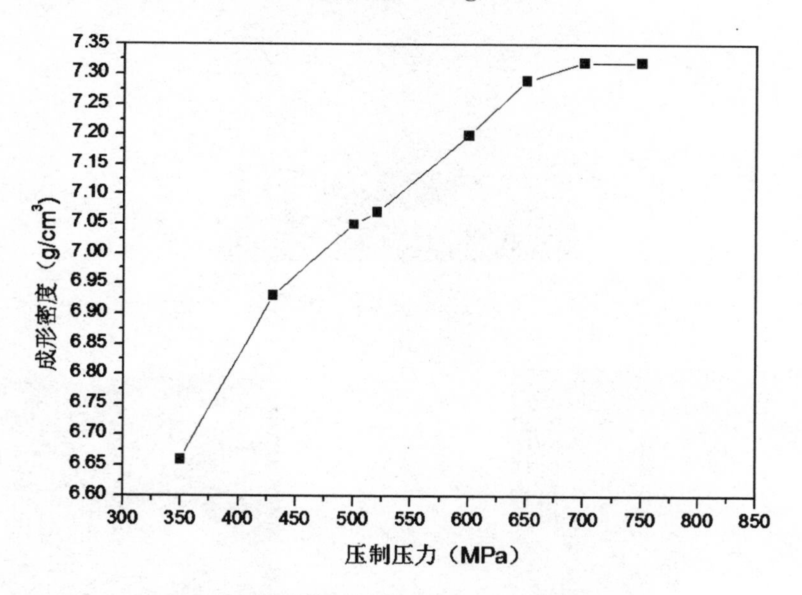

图5　自混温模压制FC0208粉末的压制性能

温模压制虽然操作较为简单，但仍有一定局限性。对于仅采用阴模加热的产品，其外径不宜过大，一般情况下小于 $\phi40$。因为当产品外径过大时，由加热棒传递到内径的距离较长，加热效果会呈逐渐递减的趋势，影响整体的温压效果[7,8]。

3　复压复烧技术(Double Compaction－Double Sintering)

复压复烧技术在粉末冶金行业中已经使用几十年了。在雾化粉末在粉末冶金行业广泛使用前，密度仅能达到6.70g/cm³左右，那时主要通过复压复烧工艺来提高密度。现在采用普通的雾化铁粉经成形和烧结，铁基粉末冶金零件的密度只能达到7.10g/cm³左右。要想进一步提高粉末冶金零件的密度，可以采用成形—预烧结—复压—二次烧结的复压复烧工艺。预烧结温度通常为850℃左右。预烧结有两个作用：其一，对成形时已经加工硬化的粉末进行退火，降低铁粉颗粒的屈服强度，利于二次压制时提高密度。其二，脱出产品中的有机润滑剂。有机润滑剂由于密度较低，在产品中占据较大的空间，成形时这些润滑剂难以压缩，密度的提高受到限制[9]。而预烧时润滑剂绝大部分都能够脱出，复压时润滑剂占据的位置就可以压缩，利于提高密度。此外，预烧温度不能太高，否则由于碳扩散至铁粉颗粒中产生合金化难以压缩。当然，这种预烧—复压—二次烧结的工艺也有一些缺点。例如：增加了一道预烧工序；产品预烧后的强度比正常烧结的强度低，导致复压时开裂等；不适用最终尺寸精度要求高的产品。

图6为东睦公司通过温压后复压复烧工艺生产的链轮。原料粉的化学配比为Fe-0.25%C-2%Ni-1.5%Cu，温压成形经1100MPa二次压制后密度达7.60g/cm³。复压结束后在碳势0.8%的吸热型气氛中烧结，烧结温度为1120℃，烧结后化学成分为C：0.55%，Cu：1.03%，Ni：1.97%。图7为复烧后的金相组织，由于产品密度较高，渗碳较为困难，烧结后组织大部分为铁素体。图8为吸热性气氛烧结后淬火的金相组织，硬化层深度0.9mm，0～0.9mm处$HV_{0.1}$700～820，深度超过0.9mm后硬度为$HV_{0.1}$300～500。

图6　东睦公司通过温压后复压复烧工艺生产的链轮

图7　吸热型气氛复烧后链轮的金相组织

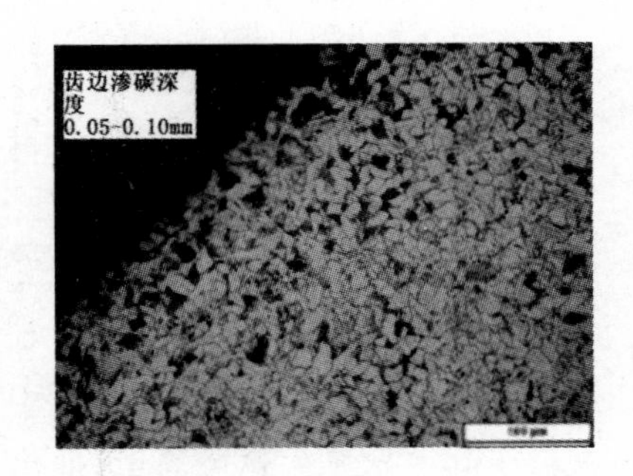

图8　吸热型气氛烧结后淬火件的金相组织

4　渗铜技术(Copper Infiltration)

熔渗是在烧结过程中将其他材料(对于铁基烧结件而言主要是铜)熔化并在毛细管和重力的作用下渗入烧结坯内，提高了零件的密度和性能。熔渗后密度一般大于7.30g/cm³。一般情况下，原材料费用较高，熔渗时生成大量液相，同时铜向骨架基体中扩散，尺寸变化较大[10]。

东睦的渗铜凸轮从动机构见图9。该零件为组合烧结并经烧结熔渗处理，齿轮的总体密度为7.40g/cm³，从金相来看(图10)，两零件的结合部位孔隙较少。

图 9　东睦的渗铜凸轮从动机构

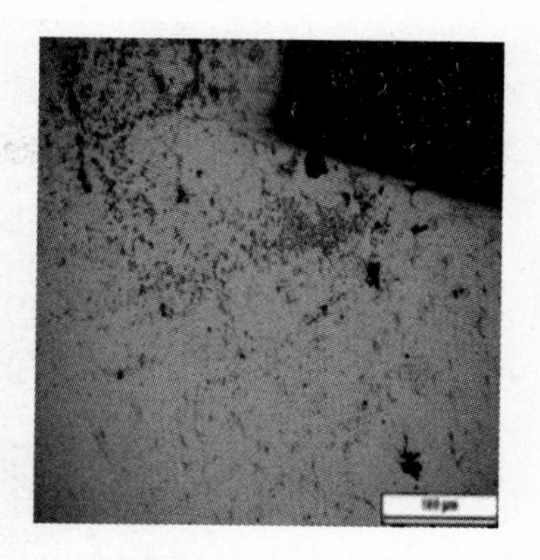

图 10　渗铜零件结合部位的孔隙情况

渗铜致密化技术适用于尺寸精度不高的零件。在产品中铜含量太高，会导致尺寸膨胀较大。此外，对于需焊接装配的零件也不适用，因为焊接时铜会先熔化易形成焊接孔洞。

5　表面致密化技术(Surface Densification)

达到高密度是改善粉末冶金零件性能的主要方法，然而最近的研究工作显示热处理和后加工也能对实际使用的零件产生重要的影响。齿轮的失效大部分为表面接触疲劳(见图11，对偶材料为硬化16MnCr5，密度 $7.86g/cm^3$)，提高密度可以提高疲劳性能。粉末冶金零件由于孔隙的存在，表面接触疲劳强度往往较铸轧钢机加工零件差。通过表面致密化处理，齿部接触的表面几乎达到全致密。表面致密化后，形成无孔表面和多孔心部；仅仅表面密度高的承受外加应力，相对成本较低；烧结齿轮在轧辊模的反复轧制下，齿形和精度有所提高。通过表面致密化可以进一步提高齿轮的尺寸精度。表面致密化深度超过0.7mm后，可以大幅度提高齿轮的表面接触疲劳强度。除此之外，齿轮的表面粗糙度达到“镜面”的标准，结果齿轮运行时噪音更低。这种表面无孔的齿轮经过合适的热处理之后，其弯曲疲劳强度和接触疲劳强度完全达到渗碳钢的水平[11,13]。制造上述齿轮的工序如下：成形(高密度)；烧结(控制冷却速度)；机加工；表面致密化；热处理(控制热处理变形)。

表面致密化的优点有：齿部无孔隙，良好的表面，增加耐磨性，降低噪音，改善耐腐蚀性，齿轮尺寸精度高，改善了零件的疲劳特性。这些因素无疑都是高质量齿轮所必须具备的。这也说明了密度仅为 $7.56g/cm^3$ 的烧结齿轮经过表面致密化处理后的表面接触疲劳性能还略高于铸轧钢的原因(图11)。

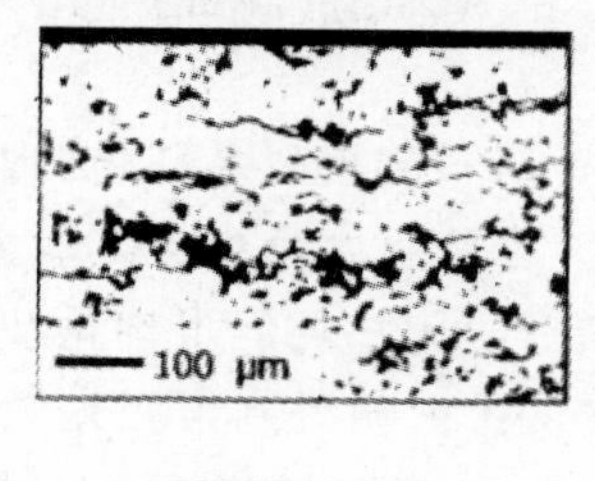

PM-Steel
$\rho=7.1g/cm^3$
$N=2.8\times10^7$

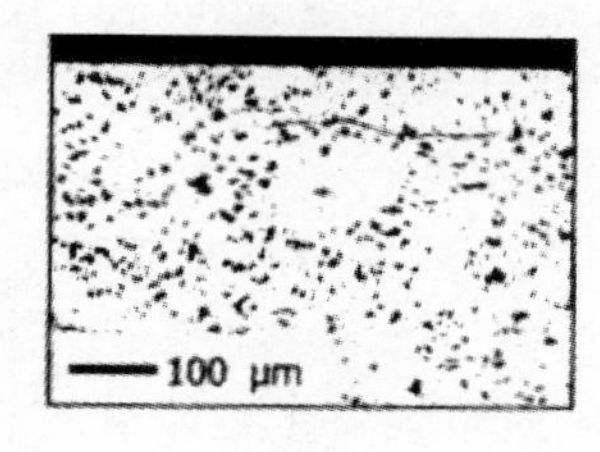

PM-Steel
$\rho=7.56g/cm^3$
$N=4.1\times10^7$

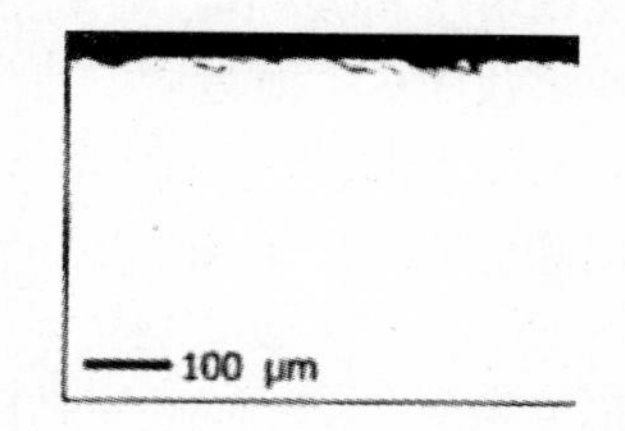

16MnCr5，case hard.
$\rho=7.86g/cm^3$
$N=3.7\times10^7$

图 11　密度为 $7.1g/cm^3$、$7.56g/cm^3$ 的烧结钢与铸轧钢齿轮表面接触疲劳强度的比较

图 12 为东睦公司生产的表面致密化链轮。该链轮进行了表面致密化处理，致密化层深度达到 0.4mm，齿顶及齿根部的孔隙分布分别如图 13 和图 14 所示。热处理后致密化部位的硬度超过 650(HV5)。

图 12　东睦公司生产的表面致密化链轮

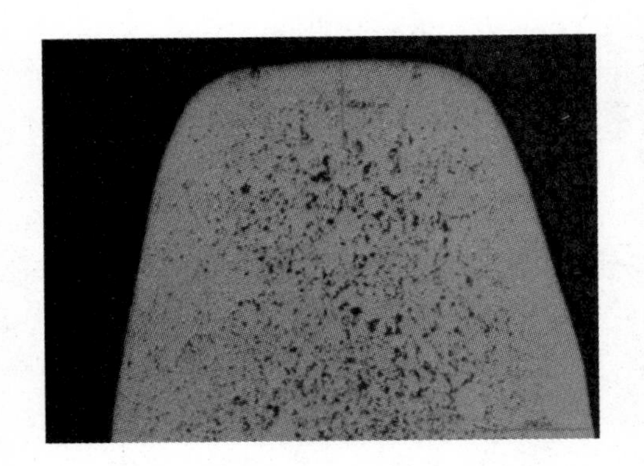

图 13　表面致密化链轮齿顶孔隙分布

图 14　表面致密化链轮齿根孔隙分布

6　模壁润滑技术(Die Lubrication)

采用模壁润滑取代粉末润滑技术是当前粉末成形研究和开发的又一热点。传统粉末零件成形时，为了减少粉末颗粒之间和粉末颗粒与模壁之间的摩擦，在粉末混合料中需添加一定量的润滑剂，但混进的润滑剂因密度低，不利于获得高密度的粉末冶金零件；而且润滑剂在烧结时会污染环境，甚至会降低烧结炉的寿命和产品的性能。模壁润滑技术的应用则很好地解决了这一难题[14,17]。

目前，实现模壁润滑的主要途径有两个：一是利用下模冲复位时与阴模及芯杆之间的配合间隙所产生的毛细作用，将液相润滑剂带到阴模及芯杆表面。二是用喷枪将带有静电的固态润滑剂粉末喷射到压模的型腔表面上，即在装粉靴的前部装一个附加的润滑剂靴装置，成形开始时，润滑剂靴推开压坯，压缩空气将带有静电的润滑剂从靴内喷射到模腔内，因为润滑剂粉末所带的极性与阴模相反，粉末在电场牵引下撞击并粘附在模壁上，然后装靴粉装粉，进行常规压制成形。

模壁润滑明显提高了生坯密度，密度均达到了 7.30g/cm^3，且模壁润滑与粉间润滑相比，铁粉和钢粉的生坯强度可分别提高 128%～217 %和 66%～139%。模壁润滑技术作为一种易嫁接的技术，与其他成形技术的结合，将为粉末高致密化精密成形提供更为有效的途径。

一般而言，将粉末中的润滑剂降低 0.1%，产品密度可提高 0.05g/cm³。因此在温压方面的新发展就是将温压技术与模壁润滑相结合，可进一步提高产品的密度[6]。此时润滑剂含量降低到 0.1%左右，仅是为了改善粉末之间的内摩擦，产品密度可以达到 7.40g/cm³ 以上。日本丰田汽车中心的研究人员利用温压、模壁润滑与高压制压力使铁基粉末压润滑温压工艺可使压坯坯近乎达到全致密。例如 ASC100.29 铁粉，经模壁润滑，压制压力为 1176MPa，150℃温压，生坯密度可达 7.74g/cm³，弹性后效小于 0.1%；ABC100.30 铁粉，模壁润滑，压制压力为 1960MPa，150℃温压，生坯密度可达 7.85g/cm³，相对密度为 99.9%。图 15 为模壁润滑链轮的表面情况，可以看出表面没有出现拉伤的情况。

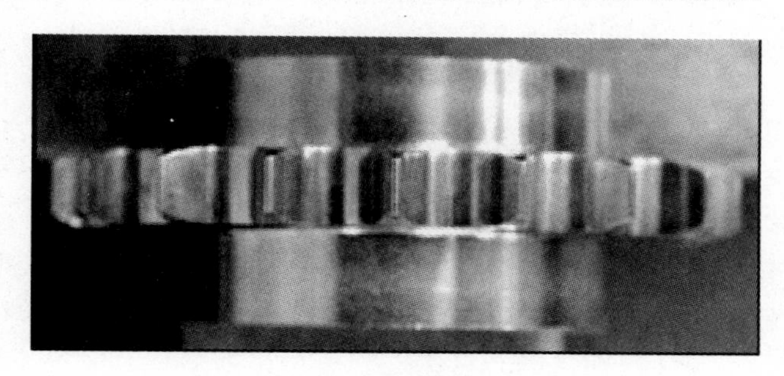

图 15　模壁润滑成形的链轮的表面情况

7　结束语(Conclusion)

粉末冶金工艺生产的零件具有良好的力学性能、尺寸精度和表面粗糙度，且适用于大批量生产，因而具有良好的性价比，这是烧结零件能赢得汽车工业认可的重要原因。由于粉末冶金传统工艺技术的限制，烧结零件密度较低，影响了零件的性能。因此低成本和操作简单地实现产品的高密度，是粉末冶金技术人员不懈的追求和努力目标。但是，密度不是粉末冶金制品的全部。对于粉末冶金产品而言，还需考虑尺寸精度、表面粗糙度以及成本。成本太高，就会削弱粉末冶金的竞争优势。

本文中所述的温压成形、温模压制、复压复烧、熔渗和表面致密化等技术可以解决密度较低、尺寸精度和力学性能达不到规定要求的问题。从目前的技术发展来看，烧结零件要达到全致密不存在技术障碍(通过高压成形或高温烧结)，尺寸变化也完全可以达到可控的程度。生产粉末冶金零件真正困难的是同时达到高密度、低成本和高精度。

参考文献

[1] Richard F. HVC punches PM to new mass production limits[J]. Metal Powder Report，2002，57(9)：26－30.

[2] Capus J，et al. Hoeganaes Offers Higher Density at Lower Cost[J]. Metal Powder Report，1994，49(7－8)：22－24.

[3] Capus J. Warm compacted turbine hub leads new PM thrust[J]. Metal Powder Report，1997，52(9)：19.

[4] Degoix C N，et al. Effect of lubrication mode and compaction temperature on the properties of Fe－Ni－Cu－Mo－C[J]. The International Journal of Powder Metallurgy，1998，34(2)：29－33

[5] Anon. Warm Compaction Moves into Production[J]. Metal Powder Report，1996，51(7)：38－39.

[6] 韩凤麟．模壁润滑与温压技术——高密度与高强度粉末冶金零件制造新工艺[J]．新材料产业，2007(1):1－9.

[7] 李元元，肖志瑜，陈维平，等．粉末冶金高致密化成形技术的新进展[J]．粉末冶金材料科学与工程，2005，10(1):1－7

[8] 刘文胜，马运柱，黄伯云，等．粉末冶金新技术与新装备[J]．矿冶工程，2007，27(5):57－66.

[9] 黄培云．粉末冶金原理[M]．北京：机械工业出版社，1997:377－380.

[10] Linkon T M. Infiltration of iron powder compacts [J]. Metal Powder Report, 1992, 21(3): 25－29.

[11] 李月英．表面强化铁基粉末冶金材料的摩擦磨损特性研究[D]．吉林：吉林大学，2004.

[12] Fritz Klocke, Tobias Schroder, Philipp Kauffmann. Fundamental study of surface densification of PM gears by rolling using FE analysis[J]. Laboratory of Machine Tools and Production Engineering, RWTH Aachen University, Aachen, Germany, 2007, 8.

[13] Sven Bengtsson, Linnea Forden etc. Surface densification of helical and spur gears [C]. International Conference on Powder Metallurgy & Particulate Materials. Montreal Canada, 2005;. (3): 56－70.

[14] Ball W G, Hibner P F, Hinger F W, et al. Replacing internal with external lubricants: Phase Ⅲ. Advances in powder metallurgy & Particulate Materials. Princeton: MPIF, 2000. 3.

[15] Michael L, Kelley P E. Application of external die wall lubrication utilizing a high volume low pressure system. Advances in powder metallurgy & particulate materials. Princeton: MPIF, 2000. 15.

[16] James B A. Die wall lubrication for powder compaction: a feasible solution. Powder Metal, 1987, 30(4): 273.

[17] Ball W G, Hibner P F, Winger F W, et al. New die wall lubrication system. The International J Powder Metal, 1997, 33(1): 23.

[18] Seleck M. Durability and failure of powder forged rolling bearing rings[J]. Wear. 1999, 236(1－2): 47－54.

[19] Jandeska W, et al. Rolling Contact Fatigue Performance Contrasting Surface Dandified, Powder Forged, and Wrought Materials [J]. Advance in Powder Metallurgy and Particulate Materials, 2005(3): 1244－1255.

[20] Ilia E, et al. Forging a way towards a better mix of PM automotive steels[J]. Metal Powder Report, 2005, 60(3): 38－44.

[21] Sonti N, et al. Bending fatigue, impact and pitting resistance of ansform finished P/M gears[C]. Alexandria, United states: American Gear Manufacturers Association, 2009: 168－181.

喷射沉积制备铝基复合材料及新型致密技术的研究进展

胡建斌[1]　张　奕[1]　贺毅强[2]　乔　斌[2,3]　冯立超[2,3]　尚　峰[2,3]

1. 连云港东睦新材料有限公司；　2. 淮海工学院 机械工程学院；　3. 江苏省海洋资源开发研究院

（贺毅强，0518－85895330，ant210@126. com）

摘　要：通过喷射沉积制铝基复合材料，可以获得弥散细小的第二相粒子，从而获得良好的力学性能。本文综述了喷射沉积技术的发展现状，介绍了喷射沉积工艺参数对铝基复合材料性能的影响；综述了喷射沉积铝基复合材料致密化的发展历程；概述了能在小吨位设备上致密大块多孔材料的楔形压制工艺、外框限制轧制和陶粒包覆轧制以及同步致密化技术；展望了喷射沉积技术的发展趋势，提出了制备方法将朝在高冷却速率下制备组织均匀且致密度高的大尺寸坯料方向发展，而致密化技术也将同步致密的方向发展。

关键词：喷射沉积；铝合金；复合材料；致密化

1　引　言

粉末冶金方法制备的颗粒增强铝基复合材料，其增强颗粒与基体的界面结合良好。然而，高成本、复杂的工艺流程、制品中的含氧量及难以制备大件等限制其应用范围的进一步扩大。喷射沉积技术正是基于这种背景下出现的。英国 Swansea 大学的 Singer A R E 教授于 1970 年将喷射沉积（Spray Deposition）技术公开报道[1]。不久，Leatham A G 与 Brooks R G 等人成功地将喷射沉积原理应用于锻造毛坯的生产，提出了著名的“Osprey””工艺[2]。到 20 世纪 80 年代初，英国的 Auror 公司将喷射沉积技术应用于高合金工具钢和高速钢的生产，进一步发展了喷射沉积工艺，并被称为“受控喷射沉积工艺”（CSD）[3]，可单次连续生产 2 吨工具钢。

我国的喷射沉积技术研究始于 20 世纪 80 年代中后期，多数采用 Osprey 模式。北京科技大学和北京有色金属研究总院合作利用喷射沉积技术制备了 Al－Fe－V－Si 系合金和 TiC/Al－Fe－V－Si 复合材料[4,5]。郑州工业大学、合肥工业大学等则侧重于对 Al－Fe－Ce－Ti 和 Al－Fe－V－Si 系铝合金的显微组织与热凝固的研究[6]。湖南大学对喷射沉积 Al－Fe－V－Si 耐热铝合金及其复合材料进行了深入的理论和实践研究，取得了一系列成绩[7,8]。近年来作者对喷射沉积铝基复合材料的致密化技术进行了系统研究，取得了一定成绩[9~14]。

喷射沉积工艺比较简单、工序较少、生产周期短，沉积坯氧含量低、偏析程度小、组织均匀细小、坯件致密度高，成为制备铝基复合材料的常用方法。但由于喷射沉积过程中液滴表面氧化形成氧化膜，难以实现沉积颗粒之间良好的冶金结合，因此必须对沉积坯进行致密化。通常采用挤压致密铝基复合材料，但此类致密方法需要较大吨位的设备，无法致密大型多孔板材，因此发展了楔形压制、外框限制轧制和陶粒包覆轧制、同步致密法等新技术。

本文综述了喷射沉积技术的发展历程，概述能在小吨位设备上致密大块多孔材料的楔形压制工艺、外框限制轧制和陶粒包覆轧制工艺和同步致密法等新型致密法，展望喷射沉积制备铝合金复合材料的发展趋势，为喷射沉积技术更大范围的应用提供参考。

2 喷射沉积制备铝基复合材料的基本原理

喷射沉积制备颗粒增强铝基复合材料属固液两相工艺，其基本原理是在喷射沉积过程中，把具有一定动量的增强颗粒强制喷入雾化液流中，使熔融金属和增强颗粒共同沉积到运动基体上，制备近成形颗粒增强金属基复合材料沉积坯。喷射沉积工艺基本原理如图 1 所示[15]。

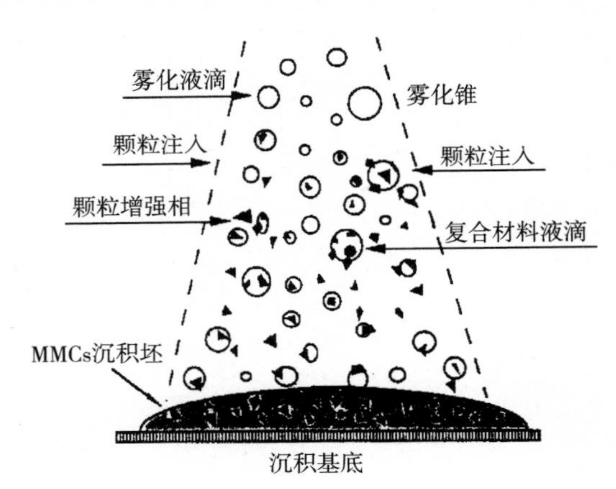

图 1 喷射沉积制备铝基复合材料的基本原理示意图

界面问题是复合材料研究中最重要的问题之一，采用喷射沉积技术制备颗粒增强铝基复合材料过程中，由于陶瓷颗粒与雾化熔滴接触时间短且冷速高，从而降低了界面剧烈反应程度，同时有利于保持快速凝固的组织特征。

3 喷射沉积工艺参数

3.1 雾化工艺参数对沉积坯的影响

(1)液流直径

液流直径的大小决定金属液流率，并最终改变沉积坯的沉积状态。液流直径较小时，雾化气体/熔体的质量流量比(GMP)值大，雾化液滴的平均粒径减小，雾化液滴达到沉积坯表面以前固相分数过高，沉积坯呈多孔疏松结构。液流直径较大将导致沉积坯表面液相分数显著升高，容易形成一层较厚的液层，沉积坯冷却速率低，组织容易恶化成普通的铸造组织，从而使材料性能的下降；而液流直径合适时，复合材料的雾化状况良好，沉积效果好，沉积坯中的第二相粒子弥散细小。

(2)雾化气体压力

在雾化器结构一定的情况下，雾化气体压力越大，出口处的气体速率越高，相应地气体流率也越大，若金属流率不变，则 GMP 增加，平均雾化液滴直径减小。但雾化气体压力过高时沉积效果变差，不利于沉积坯的增长，收得率低，而且沉积坯为颗粒堆积形成的多孔组织。而雾化气体压力过小，雾化效果明显降低，沉积坯组织恶化。因此这两种情况均不能实现雾化液滴的粘结和沉积坯快速冷却的有机结合。

3.2 沉积工艺参数对沉积坯的影响

金属熔体雾化后形成的喷射流与增强颗粒一起逐层沉积在沉积基体上，形成沉积坯。

在这一过程中，喷射高度和雾化器扫描等工艺参数对沉积坯的沉积状态和形状影响较为显著。

3.2.1　喷射高度

喷射高度过大，沉积坯呈粉末颗粒堆积的多孔结构，粘结效果差，材料收得率明显降低。若喷射高度过小，则到达基底液滴的液相分数过高，沉积坯表面就会形成液层，从而恶化成普通的铸造组织。Mather P 等人[16]的研究表明，喷射流沉积时的收得率主要受热粘结效率的影响，若沉积坯表面液相分数过高，因沉积坯表面液相的飞溅，收得率也将明显降低。

随着锭坯厚度的增加，喷射高度逐渐减小，为了保证一定的高度，必须使沉积基底按一定速度下降，基底下降速率与沉积坯增长速率要一致。下降太快，会形成锥形，下降太慢，会形成鼓形。

3.2.2　雾化器扫描参数

雾化器在整个沉积过程中作往复扫描运动，若雾化器扫描不均匀，则会导致喷射流沉积不均匀，进而造成沉积坯形状不均匀，情况严重时还会因为热量过于集中而恶化组织。图 2 为因不同雾化器扫描参数下得到的不同形态沉积坯。可以看到扫描中心位置对沉积坯的形状具有很大影响。中心位置偏于沉积坯中心，容易形成锥形；若偏于边缘，则容易形成凹坑（图 2(a)）。因此，扫描速度应该与位移成反比，扫描至边缘时速度减慢，而至中心时速度加快，则能获得如图 2(b)所示的形状良好的沉积坯。

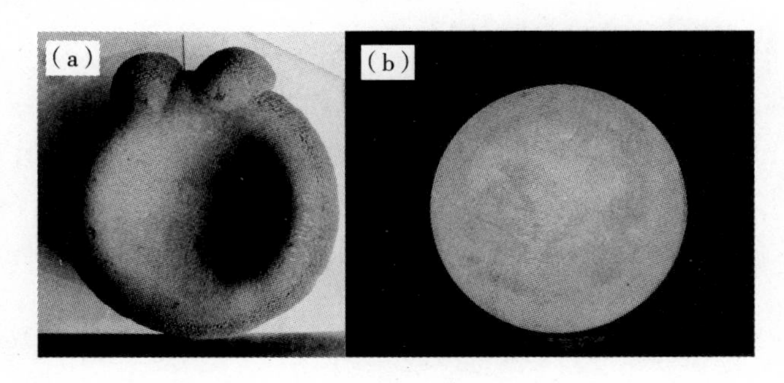

图 2　不同雾化扫描参数下的 SiC_P/Al－8.5Fe－1.3V－1.7Si 复合材料沉积坯照片
(a)凹坑；(b)良好

3.3　工艺参数对增强颗粒捕获的影响

研究发现，输送压力对增强颗粒的捕获和分布影响较大随输送压力的增加，增强颗粒含量及捕获率都有所增加。一方面，由于输送压力增加使增强颗粒的动能增加，使得颗粒在雾化破碎初始阶段更易于插入到雾化液滴中去，有利于增强颗粒的捕获。另一方面，由于双环缝复合雾化器是利用气体产生负压的抽吸作用来输送增强颗粒，输送压力增加，抽吸作用增强，使得增强颗粒输送量增加，更多的增强颗粒进入到雾化锥中。此外，输送压力增大，SiC 的分布也更均匀。

4　新型致密化技术

随着多孔坯料尺寸的增大，且耐热铝合金在高温下的变形抗力大，变形困难，对设备的吨位要求更高，因此需要有新型的对吨位要求不高的致密化工艺来解决快速凝固铝合金的坯料的致密化和塑性变形问题。在传统致密化工艺的基础上，出现了一系列新的致密化工艺，包括坯件的楔形压制、外框限制轧制、陶粒包覆轧制、同步致密。

4.1 楔形压制

楔形压制的基本原理是利用上模冲头预压斜面与粉末体间的摩擦而产生的自锁作用，阻止在垂直压力作用下产生侧压力，使粉末体向后滑动来实现成形的。陈振华等对楔形压头进行了改进，将此种工艺发展为一种喷射沉积坯料的楔形压制工艺[17]。在一定温度下，楔形压头按直线方向楔压，通过楔压使坯料产生一定的横向变形，部件性能可以大幅度提高。

4.2 外框限制轧制

陈振华等提出了一种多孔材料连续压制致密化的新工艺—外框限制轧制工艺[18]。外框限制是一种通过分散小面积压制变形来实现较大面积变形的多孔材料的连续变形过程，即在轧机上实现多孔坯料的连续模压过程。其主要特点是可以在较小吨位的轧机上实现相当于大吨位的压力机上才能实现的致密化压缩变形。

4.3 陶粒包覆轧制

通过将粉末和多孔材料准热等静压工艺思想的综合，陈振华等提出了陶粒介质包覆轧制工艺[19]。喷射沉积多孔板坯陶粒包覆轧制工艺过程为加工坯料→填充陶瓷颗粒→坯料埋入陶瓷颗粒→加热→轧制→陶瓷颗粒与工件分离。选择合适的陶粒介质，优化轧制工艺，多孔材料可以直接进行陶粒覆轧制变形制备板材。

4.3 同步致密

在喷射沉积过程中采用旋球撞击沉积坯表面的方法对沉积坯进行同步逐层致密，最终在喷射沉积完成的同时实现对坯料的整体致密。如图 3 所示，旋球通过柔性钢绳固定在旋球固定轴表面，呈螺旋式分布，以使旋球撞击沉积表面时能均匀地致密沉积坯被撞击区域。

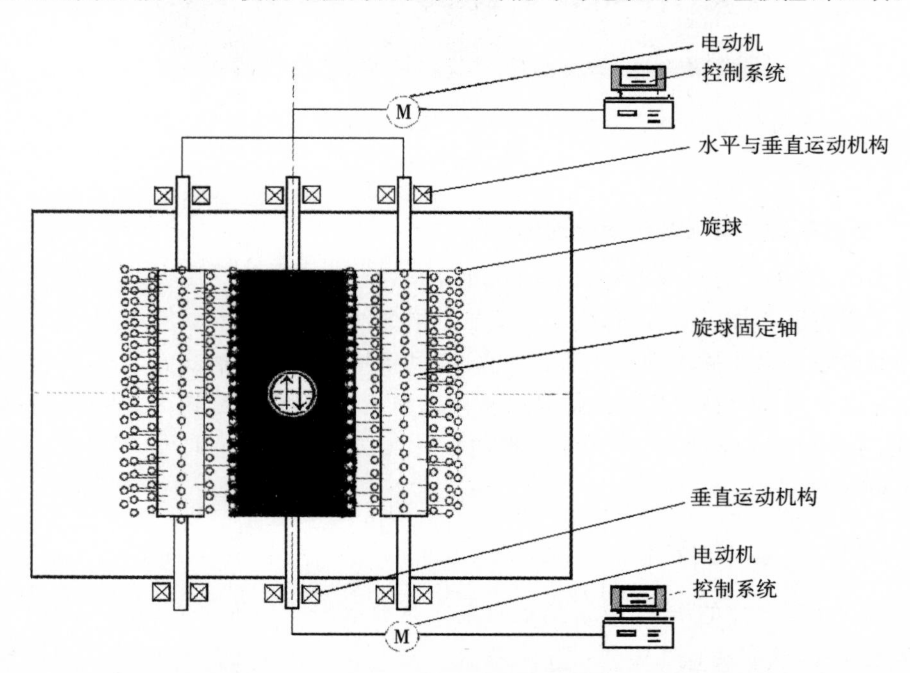

图 3 喷射沉积铝合金及其复合材料管坯旋球同步致密装置示意图

用旋球同步致密法制备的 SiC 颗粒增强 Al 基复合材料管材能实现 SiC 颗粒分布均匀，基体显微组织弥散细小，SiC 颗粒与基体合金结合良好，复合材料致密性好等优点。

综上所述，新型的楔形压制是致密喷射沉积铝基复合材料的一种有效途径，能在有限的设备下通过逐渐变形获得大尺寸致密件，但对小型坯料或薄坯料致密则存在其局限性；而外框限制轧制和陶粒包覆轧制则能在简单的设备上通过三向压应力作用下的剪切变形获得致密材料，但其能加工的材料尺寸偏小；旋球同步致密法能极大缩短工艺，同时避免二次加热，是材料保留喷射沉积态的均匀细小。以上四种新型的致密化技术能克服传统致密方法的缺陷，制备组织均匀致密的较大尺寸材料。

5　展望

目前对于喷射沉积铝基复合材料的研究主要集中于新合金的研制、制备方法的改进以及致密方法的优化。随着航空、航天以及汽车工业的发展，对铝基复合材料的要求必将进一步提高，且对大块致密材料的需求更为迫切，为了进一步提高铝基复合材料的性能和应用范围，当前应着重研究和解决的问题主要有：

(1)进一步提高铝基复合材料的力学性能，如通过添加合金元素或增强相来进一步提高合金的耐热性能。

(2)进一步提高喷射技术的冷却速率，有效细化合金的第二相粒子和晶粒大小；提高喷射沉积过程中合金的致密度和均匀性，有利于后续致密加工和材料性能的稳定。

(3)探索合理的喷射沉积及后续加工一体化工艺，减少工序、提高性能、降低成本。深入研究多孔材料的致密化机理，提高制备和致密大尺寸铝基复合材料的能力，特别是实现在喷射沉积时同步致密，提高材料的致密化均匀性。

参考文献

[1] Singer A R E. The principle of spray rolling of metals[J]. Met Mater. ,1970,4:246 - 251.

[2] Brooks R G, Leatham A G, Coombs J S. A Novel Method for the Production of Forgings[J]. Metallurgia and Metal Forming,1977,44(4):157 - 161.

[3] Rickinson B A. A novel process for particle metallurgy products[J]. Powder Metallurgy,1981,24(1):1 - 6.

[4] 熊柏青，孙玉峰，张永安，等．喷射成形 Al - F - V - Si 系耐热铝合金的制备工艺和性能．中国有色金属学报，2002，12(2)：250 - 254.

[5] 胡敦芫，熊柏青，杨滨，等．TiC 颗粒增强喷射沉积 Al - Fe - V - Si 合金的组织及力学性能．矿冶，2002，11(4)：59 - 62.

[6] 沈宁福，汤亚力，关绍康，等．凝固理论进展与快速凝固[J]．金属学报，1996，30(7)：673 - 684.

[7] 詹美燕，陈振华，夏伟军．喷射沉积-轧制工艺制备 FVS0812 薄板高温组织稳定性和力学性能研究[J]．中国有色金属学报，2004，14(8)：1348 - 1362.

[8] 贺毅强，陈振华，王娜，等．SiC_P/Al - Fe - V - Si 复合材料组织与性能的热稳定性[J]．中国有色金属学报，2008，18(3)：432 - 438.

[9] HE Yi - qiang, QIAO Bin, WANG Na, et al. A study on the interfacial structure of spray - deposited SiCP/Al - Fe - V - Si composite[J]. Advanced Composites Letters,2009,18(4):137 - 142.

[10] He Yiqiang, Tu Hong, Qiao Bin, et al. Tensile fracture behavior of spray deposited SiC_P/Al - Fe - V - Si composite sheet[J]. Advanced Composite Materials,2013,22(4):227 - 237.

[11] He Yiqiang, Xu Zhengkun, Feng Lichao, et al. Effect of Microstructure and Silicon Carbide on the

Elevated Temperature Properties of Multi - layer Spray Deposition Al - 8.5Fe - 1.3V - 1.7Si/SiC_P Composite[J]. Advanced Composite Materials,2011,20:169 - 178.

[12] 贺毅强．多层喷射共沉积制备 SiC_P/Al - 8.5Fe - 1.3V - 1.7Si 复合材料[J]. 复合材料学报,2012,29(2):109 - 114.

[13] 贺毅强,陈振华．SiC_P/Al - Fe - V - Si 的板材成形过程中显微组织和力学性能的演变[J]. 中国有色金属学报,2012,22(12):3402 - 3408.

[14] 贺毅强,屠宏,冯立超,等．喷射沉积 SiC_P/Al - 8.5Fe - 1.3V - 1.7Si 热暴露过程的显微组织演变[J]. 航空材料学报,2012,32(5):54 - 59..

[15] Wu Y,Zhang J M,Lavernia E J. Modeling of the incorporation of ceramic particulates in metallic droplets during spray atomization and coinjection[J]. Metallurgical and Materials Transactions B,1994,25(1):135 - 147.

[16] Mather P, Apelian D, Lawley A. Fundamental of spray deposition via Osprey processing[J]. Powder Metallurgy,1991,34(2):109 - 111.

[17] 陈振华,陈志钢,陈 鼎,等．大尺寸喷射沉积耐热铝合金管坯楔压致密化与力学性能[J]. 中国有色金属学报,2008,18(8):1383 - 1388.

[18] 陈飞凤,严红革,陈振华,等．外框限制轧制工艺在喷射沉积板坯加工中的应用[J]. 机械工程材料,2007,31(2):19 - 22.

[19] ZHANG H. ,CHEN Z. H. ,YAN H. G. ,et al. Preparation of spray deposited aluminum alloy sheets via novel rolling technique[J]. Tran. Nonferrous Met. Soc. China,2007,17(s1):285 - 289.

纳米铜粉的物理制备方法

赵冠楠　詹载雷　严　彪
1. 同济大学材料科学与工程学院；2. 上海市金属功能材料开发应用重点实验室
（严彪，84016@tongji.edu.cn，mazajump@126.com）

摘　要：本文综述了纳米铜粉的物理合成方法，包括等离子蒸发法（Plasma Evaporation），丝爆法（EEW），脉冲激光法（PLA）等，特别是现阶段最重要的两种技术——等离子蒸发法和丝爆法。重点关注工艺参数对最终纳米铜粉颗粒的尺寸和分布的影响以及在不同的气相制备条件下，纳米铜粉的形成机理。对于等离子体蒸发法，当在具有较高的温度或能量输入，以及较高的环境气体压力情况下，虽然能够提高形核速率，但是由于存在较严重的颗粒团聚，通常最终纳米铜粉颗粒粒径较大。对于丝爆法，纳米颗粒在过热和非过热的条件下的形成机理不同。由于不同合金成分的纳米铜粉合成过程中形成机理各不相同，所以纳米铜粉的合成制备技术仍存在较大困难。

关键词：纳米铜；物理合成法；等离子蒸镀；丝爆法

1　引　言

纳米粒子是指尺寸范围为 1～100nm 的微粒。由于具有相当大的比表面积，纳米颗粒的性质通常与具有相同化学组成的宏观材料的性能之间存在很大差异。此外，纳米颗粒可被用作复合材料中的第二相，以使材料整体性能得到显著改善。对于金属材料，纳米粒子为其应用提供了新的可能。将金属纳米粒子分散到水溶液或聚合溶剂来制造导电性油墨就是一个很好的例子。干燥和烧结后，粒子重新组合在一起，形成一层薄膜状导电介质。这样的技术可以用于喷墨或集成电路的凹版印刷。目前，金或银纳米粒子已被广泛应用于导电性油墨的制造。铜和铜合金作为电的良导体，能够很好地替代金银，而价格却相对低廉得多。但是由于铜纳米粒子的合成所遇到的挑战，它们的应用明显受到限制。对这种机理更好地了解以及对铜纳米粒子的合成更有效准确地控制，对于一些涉及铜纳米颗粒的应用，包括催化剂，传感器和润滑剂等领域具有重要意义。

纳米铜粉的制备有很多方法，其中通过一系列物理转变的制备方法主要有：等离子蒸发法，丝爆法（EEW），脉冲激光法（PLA），这些方法主要包括以下几个步骤：①金属材料加热到接近沸点；②过热金属蒸发雾化；③过饱和雾化的金属材料由于形核长大过程转变成细小的微粒；④粉末收集。

当然，纳米铜粉也可以有化学方法制备得到，但是物理制备方法对环境更加友好，不会产生大量有毒有害的化学废料。而且得到的颗粒不易被杂质污染。目前有大量的文献报道制备工艺的优化，但是对物理合成制备纳米铜粉的综述性文献非常稀少，本文内容不但包括物理合成制备纳米铜粉的方法，而且也包括了相应制备技术的合成机理。最后对目前纳米铜粉制备过程中所遇到的挑战也进行了简单介绍。

2　等离子蒸发法

引入等离子体是将金属加热到很高温度的有效手段。等离子的产生一般可以通过电弧加热或者感应加热，这两种热源是比较理想的热源。在等离子加热过程中，根据热量输入，气氛组成，压力以及其他条件，最终温度可以达到6000K到12000K。在极高的温度条件下，金属熔化并且很快雾化。因此，在近几十年内等离子加热应用于纳米铜粉的制备过程的研究报道较多。

2.1 电弧加热等离子体

等离子体是物质的一种状态，主要是指气态中的原子高度离子化的一种物质存在状态。它可以通过阴极和阳极之间的气体击穿得到。当阴极和阳极之间的气体导电时，可以产生电弧放电，这就是常见电弧焊接的原理。对于纳米铜粉的制备，通常把原始金属母材作为消耗电极(如图1的左图所示)。Wei等人使用了典型的DC体系。在石墨坩埚中，在钨极和块体铜板之间产生等离子体，通过调整电极之间的距离可以调整温度高低，Ar气作为保护气体(0.1MPa)，气体通过气泵输入到反应室中，最终得到的纳米颗粒为球形，而且粒径分布比较均匀。在高温等离子体加热条件下，金属母材急速升温并且雾化，最终被迅速冷却形成纳米颗粒。

另外一种获得等离子体的方法就是电频感应加热，也叫RF等离子体热源。等离子体形成主要是使气体原子处于具有较高的能量活性水平，这可以通过加热气体得到。等溶度的等离子在常用的烘箱或者蜡烛火焰上头都能看到。为了得到高溶度的等离子体，常需要很高的加热温度。可以通过直流或者交流电获得较高的加热温度。Seo和Hong的等离子体研究报道中，感应加热示意图如图1右图所示。目前工业应用等离子加热设备是由TEKNA发明的INC等离子体加热系统。Guo等人对此系统做过研究报道。据报道，此系统通过反复雾化金属母材得到纳米铜粉，铜粉颗粒主要粒径为40μm左右，但是母材金属消耗速率过大，而且出现了大尺寸粒径的颗粒。

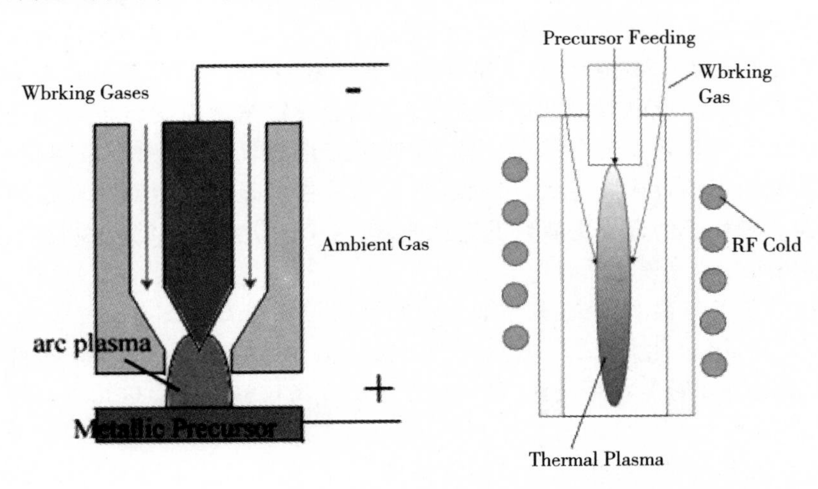

图1　左为电弧等离子体加热示意图；右为电频感应等离子体加热示意图

2.2 周边环境对纳米铜粉制备的影响

除了氩气，其他惰性气体也可以作为保护气体，比如氦气。Hao等人报道以$V(\mathrm{Ar}):V(\mathrm{He})=1:1$的混合气体做保护气的研究结果。虽然两种气体都作为保护气，但是其在制备过程中作用行为是有差异的。由于氩气的比热容比氦气要高，所以当氩气作为保护气体，反应室的温度偏低，因此可以得到粒径更加细小的颗粒。但是通过不同的保护气而带来的最终粒径改变是非常有限的。

另一种混合气体保护气是氢气和氩气。这种混合气体的作用方式和上述的不同，主要是由于氢气在极高温度或电离条件下会发生分解，分解方程如下：

$$H_2 \longrightarrow 2H(\text{活性氢})$$

据报道，这些活性氢离子会溶入熔融金属中重新相互结合。在熔融金属中重新形成的氢气再次释放出来，会加速金属雾化过程。虽然雾化速率有了明显提高，但是由于气体的存在也加快了微粒之间的碰撞概率，容易形成大尺寸微粒。Lee 和 Chen 等人的研究报道都表明：H_2 : Ar 的比例越高，则最终粉末颗粒的粒径越粗大。

由于纳米铜粉的表面能很大，所以储存过程中防止氧化也较为重要。在制备过程中预先在微粒表面形成一层涂层可以有效地防止纳米颗粒的氧化。在某些情况下，制备过程中可以适当地在反应室中通入少量的氧气，使颗粒表面形成一层钝化膜。但是这样的操作需要非常谨慎小心，不仅是因为微小的颗粒容易被氧化，而且极可能发生爆炸。比如：Hao 等人报道称：利用氦气和甲烷在微粒表面形成碳化膜。但是碳化膜的产生增加了凝聚的范围。另一方面，引入更加复杂的碳化物比如：C_2H_2，则会形成高分子聚合物类的涂层。这是因为 C_2H_2 分子会分解为“CH－”和“CH_3－”碳和氢的相互作用反应会在微粒表面形成高分子保护膜。

目前一种制备方法是在过渡期间把材料转变为液态，通过这种方法，纳米颗粒直接分散到溶剂中，就好像是纳米流体。在制备过程中，高温态的电弧熔融金属，雾化态的母材金属，以及电弧附件的液体都迅速雾化，混合着雾化液体以及母材金属，纳米铜粉通过快速而短暂的形核长大过程而制备得到。这种制备方法是由 Lo 等人所创，制备过程中除了使用绝缘液体比如去离子水或者乙二醇，恒温设备也不可或缺，如此，液体的温度就保持在 2℃左右。使用乙二醇可以得到纯纳米铜粉，而铜的一些氧化物则在溶液中。以上表明，在制备过程中，使用一些活性材料会是微粒表面形成碳化膜或者高分子涂层。在这样的情况下，液态水有利于氧化物的生成，然而乙二醇的使用有利于抑制氧化发生。

2.3　纳米颗粒的形成机制

等离子法合成纳米颗粒的过程可以看作是气相条件下的形核一长大过程。较高的形核率有助于获得较细的铜粉。与此同时，颗粒间的碰撞则会导致颗粒的粗化，而高的形核率也会增加颗粒之间发生碰撞的概率。Wei 等制定的模型描述了阳极等离子体法制备纳米铜粉的形核一长大过程。其认为铜蒸汽过饱和度 S 对于形核率 I_m 的影响可以表示为：

$$I_m = A\exp\left[\frac{-16\pi\sigma^3}{3KT}\left(\frac{V_m}{KT\ln S}\right)^2\right] \tag{1}$$

其中，σ 是形核与蒸汽之间的表面能。V_m 是气体的摩尔体积，k 是玻尔兹曼常数，T 是热力学温标。

金属蒸汽的过饱和度是与金属蒸汽中金属原子与周边气体原子之间的碰撞密切相关的，如图 2(c)所示，这种碰撞是由于金属蒸汽被限制在一个有限的空间里。而更强的限制作用则可以通过加剧原子的布朗运动(更高形核区域气体温度)或是通过增加外部气体分子密度(跟高环境气体压强)来实现。Foster 等对于形核区域气体温度对纳米铜粉大小的影响进行了试验研究。实验结果表明当电弧电流(即温度)较高时,纳米铜粉的颗粒粒径明显变大,纳米铜粉的粒径分布也更宽。Foster 的结果与其他人的结果相类似。Kassaee 报道了与之相类似的结果。值得指出的一点是,在 Foster 的试验当中由于所用电流值较大(>100A),因而使得颗粒之间的碰撞对于纳米铜粉粒径的影响更为显著。由于布朗运动更为强烈,颗粒之间的碰撞也会更加频繁。因而大电流情况下的颗粒尺寸的变化事实上是由两个因素共同决定的。

尽管较高的环境气压会提升金属蒸汽的过饱和度,一系列的研究表明较低的气压却对获得较细的纳米铜粉更为有利。Flagan and Lunden 解释说这是因为这样会使得在金属蒸汽区域形成的纳米铜粉较容易在形核后进入冷却区,从而避免颗粒碰撞的不良影响。

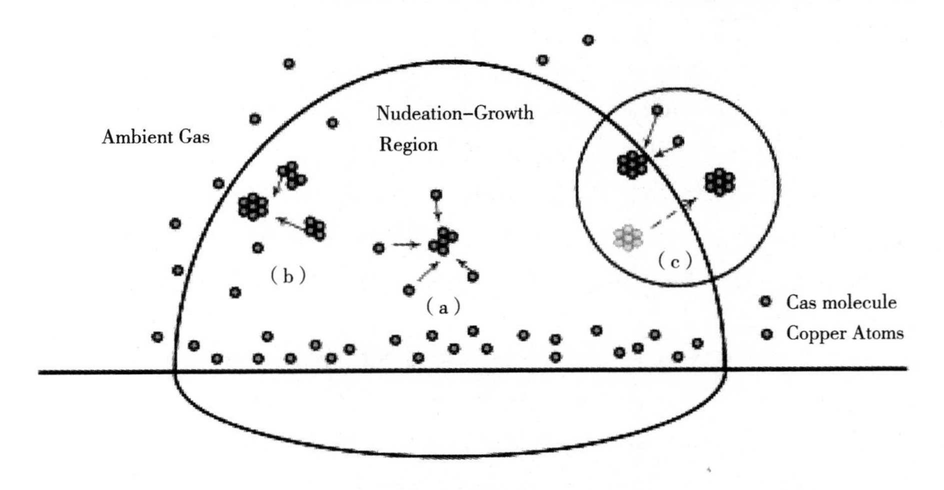

图 2　纳米微粒形成的不同阶段

(a)内部原子相互碰撞发生的形核长大过程;(b)由于凝聚引起的颗粒粗化;(c)由于环境气体限制引起的过饱和状态

通过上述比较可以看出,虽然某些工艺参数上的变化会使得金属蒸汽的过饱和度明显上升从而促进形核,但是却不一定能降低形成的纳米铜粉的粒径。这主要是由于除去形核长大过程因素外,颗粒间的碰撞对于最终粒径的影响同样是巨大的。有学者指出降低纳米铜粉粒径的生产关键在于能够使得纳米铜粉在形核后能够及时地冷却下来。

3　丝爆法制纳米铜粉

在电爆过程中形成金属微粒的过程最初是法拉利发现的,但这一过程直到 1946 年才被利用于制备金属气溶胶。一系列的金属纳米粉已经通过这种方法被制备出来。通过引入活性气体,这一方法还被用于制备纳米陶瓷粉末。典型的用于工业生产的设备包括放电路、送丝机构、粉末收集装置等。现有研究中,除去对于纳米铜粉制备的报道之外,研究热点之一在于对于丝爆过程中铜丝的转变过程的研究。这主要是因为铜丝本身作为一种高导电物质,其电阻在高温下迅速上升。而这些工作也会帮助我们了解纳米铜粉的形成过程。

3.1　过热和非热工况

在一个放电循环中的电现象在文献中有详尽阐述。在不同的脉冲电流特性下,放电过程的电压特性也可以完全不同(图 3)。在 Type II[图 3(b)]中,所有的能量都被用于金属气化,而在 Type I 和 Type III[图 3(a)和(c)],中,电压的消灭则相对滞后。对于类型 Type

III,则出现一个电压的平稳期,而电流则出现短暂停滞。电线中加载的能量可以被表现为:

$$W=(h_b W_0 S^2 Z)^{0.5} \tag{2}$$

其中,W_0 是电容中存贮的能量,Z 是特征电阻,S 是电阻丝横截面,h_b 是热韧性。金属丝上所加载的能量与其被完全气化所需要的能量的比被定义为过热度 K。为了形核的需要,$K>1$,需要一定程度的过饱和度。因此,需要额外的能量加载给形成的金属蒸汽。

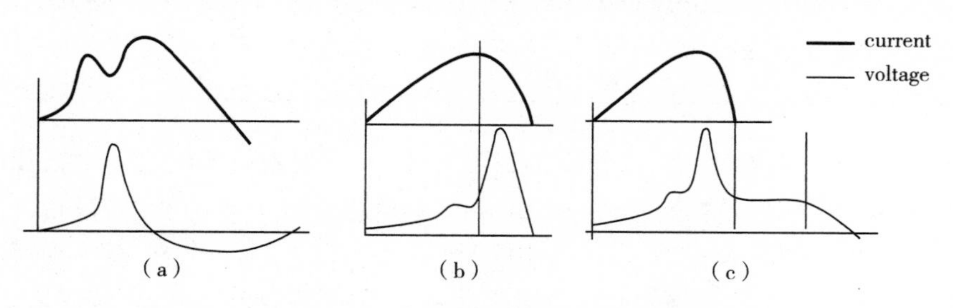

图 3　一个爆炸周期内电流和电压的变化模型

(a) Type I;(b) Type II;(c) Type III

然而,也有研究称在 $K<1$ 的情况下也可以合成纳米铜粉。对这一现象的合理解释之一为仅仅一部分铜丝被气化。这一现象已经被 Mao 等的研究所证实。整个过程分为几个阶段:

(1)铜丝表面形成微量铜蒸汽;

(2)蒸汽被离子化,形成等离子体;

(3)由于等离子体的加热作用,更多的铜蒸汽覆盖在铜丝表面。

Vijayan 和 Rohatgi 等对在过热和非过热情形下的丝爆过程进行了比较研究。在过热条件下,等离子体得以在整个铜丝表面迅速形成,而非过热条件下,形成的等离子体则为不连续的。这一结果与 Taylor 的试验观测相吻合:在非过热条件下,金属丝先在局部焦耳热作用下融化为小段,之后由于熔融区域存在较大的电阻,剩下区域被电离形成等离子体,之后整个铜丝被加热气化,为纳米铜粉的形核创造了条件。

简而言之,在丝爆法制备纳米铜粉的过程中,由于电流和电压特性的影响,会使得铜丝处于过热或者非过热两种工况下。虽然都可以被用于纳米铜粉制备,但是就工艺参数控制而言,工艺参数对于最终铜粉特性的影响机制是不同的。

3.2　环境气体的影响

如前所述,金属的气化过程和等离子体的形成对于纳米铜粉的形核过程有重要影响,而这两个因素又受制于环境气体特性。

氩气、氦气、氮气是较为常见的用于纳米铜粉制备的气体,虽然氮气可能与包括 Ti 或是 Al 之类的金属反应。气体种类对于生成纳米铜粉粒径的影响主要是由于不同气体种类之间热导率以及电离电压的不同。比如,更高的导热性使得等离子体的温度发生差异三种气体电离电压的顺序为 $He>Ar>N_2$。这种差异导致的纳米铜粉粒径上的变化如表 1 所示。

表 1 环境气体种类和压力对微粒尺寸的影响

编号	压力(mBar)	试样	D_{mean}(nm)	D_{50}(nm)	σ_g(nm)	T(K)
1	500	Ar	35.4	36.7	1.46	11210
2	500	N_2	25.1	27.4	1.42	9579
3	100	N_2	34.6	33.5	1.65	8970
4	50	N_2	30.5	31.1	1.48	7710
5	1000	N_2	34.0	34.4	1.57	9730
6	500	Ar:75%;N_2:25%	32.9	33.7	1.34	
7	500	Ar:50%;N_2:50%	31.3	32.6	1.42	
8	500	Ar:25%;N_2:75%	29.8	31.2	1.53	

由表 1 可见，相同压强时，当 Ar 被用为环境气体时，得到的纳米铜粉粒径往往较使用 N_2 时更大。当单纯使用 N_2 时，随着气压被从 1000mbar 降到 500mbar，纳米铜粉的粒径得到了显著下降。当气压进一步降低到 100mBar 时，颗粒粒径又变粗了，随着气压降到 50mBar，颗粒又进一步变粗。随着 Ar:N_2 比观察到的颗粒粗化是由于 N_2 更容易被电离，导致等离子体形成进一步被延迟。对于完全采用 N_2 的情况，在很低的气压时(50mbar～100mbar)，等离子体得以迅速形成，而等离子体施加的加热的作用使得颗粒的粗化更为严重。

如同在等离子制备纳米铜粉的工艺中一样，环境气体的其他特性，如温度、压强对于最终纳米铜粉的粒径同样具有显著影响，其中原因包括更高的晶体长大速率以及更高的碰撞频率等。当压强从 100mbar 降到 50mbar 时，颗粒的碰撞更加猛烈。这一推论的试验证据之一是 σ(100mBar)＝1.65 而 σ(50mBar)＝ 1.48，其中 σ 是粒径分布的几何标准偏差。当 σ 超过 1.46～1.61 这个范围时反映团聚成了影响粒径的重要因素。上述结果仅针对非过热情况。多个试验结果表明，在过热情况下，较低的气压则会使得纳米铜粉的粒径明显下降。过热和非过热条件下气压影响的不同是因为在过热条件下，等离子体的产生是在金属丝完全气化后进行的。因此，虽然较低的环境气压往往使得等离子体的产生更为迅速，但是等离子体本身并不能对铜丝产生再加热作用。相反，在较低的环境气压条件下，会使得产生的等离子体更容易膨胀冷却，因而更有利于纳米铜粉的细化。此趋势与电弧法制备纳米铜粉工艺中的趋势相反，原因在于在丝爆法制备纳米铜粉工艺中，铜粉冷却更多的是通过等离子体的膨胀实现的。

3.3 由铜丝参数造成的差异

文献中已有报道尝试通过改变铜丝成分从而进一步获得不同成分的铜粉。比较有代表性的是 Kwon 的研究中，Cu－Ni(Ni%:23%,45%)合金丝分别在过热和非过热工况下被用于电爆试验，发现随着过热度 K 的增加，合金粉末的成分更加接近于铜丝的成分。然而，生成的纳米铜粉中，某些合金元素会相对富集在铜粉颗粒表面或内部。还有研究采用电镀过的 Cu 丝进行丝爆试验，所得到的粉末与铜丝的成分也很不一致，并且纳米铜粉结构由富镍或富铜的固溶体组成。其他所用色铜丝种类包括 Cu－Al、Cu－Zn 等。与 Cu－Ni 体系不同，这些体系中合金元素与铜并非刻意完全互溶，对于 Cu－Al 体系而言得到了大量的金属间化合物相，而对于 Cu－Zn 则得到多种固溶体的混合物。

4 脉冲激光法(PLA)制备纳米铜粉

脉冲激光法是另外一种被用于制备纳米铜粉的物理方法。这种方法主要依赖于激光与靶材之间的相互作用，并且该工艺可以在液相或是气相中进行。纯金属在真空环境下与激光的作用在文献中已经多有介绍。根据所用参数的不同,会产生羽状物(plume)或是飞溅物(sputter),而只有羽状物适合金属纳米粉末的制备。由于Cu绝佳的导热性,在Cu靶材表面产生羽状物,所需要的能量必须足够高。此外,在采用激光法制备纳米铜粉的文献中,激光的脉冲需要为纳秒级。当脉冲时间足够长时,金属蒸汽将可以被进一步加热,这对于产生等离子体是非常关键的。在Paszti等的工作中,分别在真空以及低气压两种情况下采用激光方法制备了纳米铜粉。两种情况下得到的纳米铜粉形貌以及粒径分布有很明显不同。真空情况下得到的是分散的粉末颗粒,而在稀薄气体条件下得到的则是更细小但是严重团簇的颗粒。这些颗粒的粒径分布几乎不随气压发生变化,可见生成纳米铜粉的基质与本文所述的其他方法有本质区别。

文献当中还有一些报道采用液相中的PLA方法制备纳米铜粉。由于固体局部处于很高的温度下,临近固体的液体被气化,但由于此处气压很高,从而使得金属的挥发不大可能发生。相反,金属进入气相是通过熔池飞溅实现的。这样的条件即使得等离子体的压强较高,又使得等离子体的冷却更为迅速,这两个因素都使得获取更细的纳米铜粉更为容易。不同种类的液体被用于液相激光法制备纳米铜粉。Tilaki等在去离子水中制备了30～50nm的纳米铜粉,且球形度良好,问题在于粉末表面氧化较为严重。在丙酮中得到的纳米铜粉更细,但是其粒径分布更宽,这主要是因为其具有更大的分子偶极矩。在乙醇中可以获得5nm的铜粉。报道中其他的液体种类包括1,10-邻二氮菲等。在Saito等的研究中水和不同分子量的聚硅氧烷分别被用于纳米铜粉的PLA合成。利用水,可以合成3～5nm的铜粉,而随着分子量的变化,纳米铜粉的尺寸为2～20nm,并且聚氧硅烷中的颗粒更稳定。这些结果表明采用分子偶极矩的差异并不足以完全解释不同液体作为PLA介质时的差异。

5　基于感应热的技术

电磁感应加热技术被广泛应用于各种材料的加热情形。与激光、丝爆法、电弧蒸发法相比,采用电磁加热技术无疑更为简便。采用电磁加热方法加热同时更为效率。文献当中已经报道了一些将电磁感应加热应用于金属气化从而实现纳米铜粉制备技术的尝试。虽然感应加热同时也被用于热等离子体产生,但是这些方法与RF等离子合成技术是不同的。在提升流方法中,块体材料被不断送入高频感应加热中,先被加热成为液滴,然后在反向磁场的作用下进一步被提升并继续加热。持续加热使得合金液滴被蒸发成为离散的金属离子,最后通过气流的作用使得形成的纳米颗粒冷却下来并且被收集,得到粒径为20～30nm的球形铜粉。另外一项类似的研究中,被埋在液氮中的铜棒被感应加热,所得到的铜粉粒径是35nm。这项技术已经被用于制备其他种类的纳米金属粉末如Ni,Cr等。

6　结束语

本文对于现有中报道的关于物理法制备纳米铜粉的研究进行回顾,其中某些技术,如等离子挥发等已经被成功商业化。然而,如何提升纳米铜粉的产率,在较高产率下获得分布窄的细粉,仍旧是一个重大挑战,并且严重制约了纳米铜粉的应用。因此,有必要对于工艺过程中各个参数的影响方式做出更为细致的了解。此外,需要不断开拓新技术,才能真正克服纳米铜粉应用上的瓶颈。

参考文献(略)

粉末注射成形喂料性能的研究

胡建斌[1] 付杰[2] 张奕[1] 董炎锋[2]
1. 连云港东睦新材料有限公司； 2. 中国矿业大学 机电工程学院
（付杰，0518－85895330，fujie.1000@163.com）

摘 要：粉末注射成形是从20世纪末开始发展并逐渐走向成熟的一门近净成形技术，喂料的制备是粉末注射成形的第一步，其性能的好坏直接决定产品质量。本文分别从粉末与粘结剂两方面讨论了其对喂料性能的影响。粉末的存在使得喂料的热导率、粘度、粘性热大大提高，从而提高了注射的难度，尤其在一模多腔注射中较为明显；同时粉末与粘结剂的差异使得粘结剂与粉末在注射时容易出现两相分离；装载量是衡量喂料性能的一个重要标准，粉末的粒度分布对其影响较大。粘结剂各成分的含量对喂料性能的影响包括喂料的脱脂性、保形性、均匀性、粉末装载量、喂料粘度以及混炼时间等性能。

关键词：喂料；粉末注射成形；粉末；粘结剂

1 引 言

粉末注射成形的兴起为零件制造业带来了新的生机，近几年从事粉末注射成形研究的工作者越来越多，主要的研究方向有流体模型建立、流体的计算机模拟以及工艺、烧结的有限元分析等[1-3]。

喂料是粉末与粘结剂均匀混合在一起所形成的混合物。喂料的研究主要集中在粉末组成、颗粒形状、粘结剂配方、混料工艺、粉末装载量等方面[4]。理想的喂料应具备以下几个特征：良好的均匀性、流动性和易脱脂性。在工业生产中往往难以满足这三个方面的特征。因此喂料的性能还有待提升的空间。

利用模拟对喂料进行研究是常见的，而且节约成本和时间，并且具有较高的可靠性。Seokyoung Ahn 等人通过模拟，揭示了喂料性能与粉末和粘结剂的选取有很大的关系[5]。与温度和压力相关的参数，例如注射压力、锁模力、冷却时间等，其主要取决于粘结剂系统而与粉末特性关系不大；但是与粘度相关参数，例如最大剪切速率等，其选取与粉末和粘结剂都有关。

2 粉末的性能对喂料性能的影响

粉末注射成形生产的一般都是尺寸小、形状比较复杂的零件。在这种情况下一模多腔是提高生产效率最常见的方式，然而这种注射会因为一些细微的原因造成注射不平衡。这些原因可能是由于模具冷却不统一、热传导和粘性热共同的作用导致的[6]。喂料中粉末的存在尤其是金属粉末的存在使其热传导率显著提高，并且粉末在流体内摩擦增加了粘性热量的产生，这些因素增加了多腔注射的难度。

流体中存在粉末是粉末注射成形所特有的，与注塑成形的区别也主要在此。在注射过程中，一个常见的问题就是由于高速剪切的作用，使得粉末与粘结剂两相分离，使得零件尺寸精度难以达到[7]。Tirumani 等学者进行了两相分离的研究，他们将喂料系统分成三部分：粉末颗粒、包覆在颗粒表面的粘结剂、充满间隙的粘结剂[8]。从而提出了内部颗粒空间参数 δ，通过参数 δ 能很好地预测两相分离。在生产过程中，容易发生两相分离的区域有靠近模壁、浇口和熔接线等处。熔接线的位置与模具设计有很大的关系，因此通过数值模拟提前判断熔接线位置来优化模具设计能够在很大程度上降低模具的设计和制造成本。粉末注射成形喂料充模的数值模拟也是一个重要的研究方向，也是研究的难点。

王玉会等人利用计算机模拟研究了喂料注射过程的偏析现象[9]。在浇口附近和靠近模壁处会发生偏析，研究发现分别是由于粉末与粘结剂的密度差和粘度热不同引起的。模壁处偏析不可避免，但一般认为浇口处偏析可以通过减小密度差来减小偏析，可以采用密度稍大的粘结剂。

粉末的粒度分布对于喂料的装载量的影响很大。有研究表明，粒度的分布不仅对装载量影响大，而且还影响着烧结温度。Kunal H. Kate 等人在实验中使用了纳米粉末和微米粉末的混合粉，实验证明，其烧结温度比单纯使用微米粉时的烧结温度至少降低 100℃[10]。当烧结密度相当时，纳米和微米混合粉的烧结收缩率比单纯微米粉的收缩率小很多(相差 6%左右)。纳米粉的使用虽然会提高产品制造成本，但是却能使零件的质量提高，同时粉末装载量的提高能够降低冷却时间提高生产效率。

3　粘结剂对喂料性能的影响

粉末注射成形用粘结剂通常为石蜡、聚乙烯或聚丙烯、硬脂酸的混合物。石蜡因其冷却后强度不够，在粘结剂中主要起流动润滑作用；聚乙烯和聚丙烯通常被称为骨架，能够保证生坯的强度。硬脂酸为表面活性剂，在喂料体系中能使粘结剂很好的润湿粉末表面，减少团聚，从而达到混合均匀的目的。注射成形用粉末的润湿角一般小于 60°。硬脂酸含量虽少(5%左右)，但其作用却很大。

结晶度是聚合物的一个重要性能，在溶剂脱脂中提高骨架聚合物的结晶度能够减小脱脂的缺陷[11]。

有研究表明，表面活性剂的添加能有效增加粉末装载量，且在喂料制备时能避免粉末与粘结剂的表面相互作用从而缩短混炼时间；能够降低达到最高剪切稳定和最低粘度时的温度；表面活性剂还能够减小喂料的粘度，但是这种影响随着温度的升高而减小[12]。

目前从事喂料研究很多，但大部分是对粉末的研究，对于粘结剂的研究相对较少，尤其对于作为粘结剂主要成分的润滑和骨架聚合物的研究较少。

4　结　论

(1)粉末使得喂料流体的热导率和粘度大大增加，同时内部摩擦的增加使得粘性热量增加，增加了注射难度。

(2)粉末与粘结剂之间的差异使得喂料在施加高的注射压力时，在高速剪切力的作用下出现两相分离，易造成脱脂缺陷和烧结变形或坍塌。

(3)粉末粒度的分布会影响喂料的粉末装载量，使得烧结温度降低、收缩率减小。

(4)粘结剂的组成较复杂，各成分所占据的比例对喂料的性能影响较大。其中骨架聚合物成分的含量对脱脂时坯件的保形性至关重要；因为喂料的流动性是保证注射成形的前提，所以作为流动剂和润滑剂的石蜡含量是最大的；表面活性剂是不可或缺的一部分，其对喂料的性能影响很大，涉及喂料的均匀性、粉末装载量、喂料粘度以及混炼时间等。

参考文献

[1] Ijaz UI Mohsin, Daniel Lager, Wolfgang Hohenauer. Finite element sintering analysis of metal injection molded copper brown body using thermo - physical data and kinetics[J]. Computational Materials Science, 2011, 53(2012): 6 - 11.

[2] 乔斌，尚峰，丁梅，等 . 316L 不锈钢粗粉注射成形工艺的研究[J]. 航空材料学报，2010，30(1)：30 - 35.

[3] 乔斌，尚峰，李化强 . Fe - Ni - Cu - C 合金粗粉的注射成形工艺[J]. 航空材料学报，2007，27(5)：45 - 48.

[4] 粉末注射成形—材料、性能、设计与应用/（美）日尔曼(German, R. M.)，(中)宋久鹏著 . 北京：机械工业出版社，2011.

[5] Seokyoung Ahn, Seong Jin Park, Shiwoo Lee. Effect of powders and binders on material properties and molding parameters in iron and stainless steel powder injection molding process[J]. Powder Technology, 2009, 193(2009): 162 - 169.

[6] Jaeyoung Kim, Seokyoung Ahn, Sundar V. Imbalance Filling of Multi - Cavity Tooling during Powder Injection Molding[J]. Powder Technology, 2014, 257: 124 - 131.

[7] O. Weber, A. Rack, C. Redenbach. Micropowder injection molding: investigation of powder - binder separation using synchrotron - based microtomography and 3D image analysis[J]. J MaterSci, 2011, 46 (2011): 3568 - 3573.

[8] Tirumani S. Shivashankar, Ravi K. Enneti, Seong - Jin Park. The effects of material attributes on powder - binder separation phenomena in powder injection molding[J]. Powder technology, 2013, 243 (2013): 79 - 84.

[9] 王玉会，曲选辉，何新波 . 硬质合金粉末注射成形偏析现象数值模拟[J]. 稀有金属与硬质合金，2008，36(2)：10 - 14.

[10] Kunal H. Kate, Ravi K. Enneti, Valmikanathan P. Onbattuvelli. Feedstock properties and injection molding simulations of bimodal mixtures of nanoscale and microscale aluminum nitride[J]. 2013, 39(2013): 6887 - 6897..

[11] Jian Wang. Some critical issues for injection molding[M]. Published by InTech: Croatia, 2012.

[12] Jing - Lian FAN, Yong HAN, Tao LIU, Hui - chao CHENG. Influence of surfactant addition on rheological behaviors of injection - molded ultrafine 98W1Ni1Fe suspension[J]. Trans. Nonferrous Met. Soc, 2013, 23(2013): 1709 - 1717.

粉末冶金用钢结合金模具加工常见问题及探讨

叶　健　　谭志强　　徐玉秀
山东省机械设计研究院

摘　要:本文主要讨论了粉末冶金用钢结合金加工过程中常会出现的问题,并提出了解决的办法,为广大从业者提供了很好的借鉴和参考作用。

关键词:钢结合金;粉末冶金;模具;加工

1　引　言

钢结硬质合金(简称钢结合金),是在合金钢的基体上均匀分布30%～50%硬质颗粒,经过粉末冶金方法生产并经锻造而成,既具有硬质合金的高硬度、高耐磨性,又具有合金钢的可冷、热加工性能。其常规主要种类牌号及物理机械性能如表1所示。

表1　钢结合金的牌号及性能

牌号＼性能	密　度 (g/cm³)	退火态硬度 (HRC)	淬火态硬度 (HRC)	横向断裂强度 (N/mm^2)	冲击韧性 (Nm/cm^2)
GW50	≥10.2	38～42	66～69	1800～2200	8～12
DT40	≥9.6	35～40	62～66	2200～2800	12～18
GW30	≥9.0	32～36	61～64	2500～3000	15～20
GW40R	≥9.6	37～41	58～62	1800～2200	8～12
GT35	≥6.4	39～46	68～75	1400～1800	6

钢结合金作为一种可加工、高韧性、高耐磨的材料,已经广泛应用于各种模具、量刃具、耐磨零件,特别是在粉末冶金压形模上的应用,使用寿命比常用工模具钢提高十倍甚至几十倍以上,效果明显。钢结合金在粉末冶金压型模中电典型应用包括:

(1)细长压制、整型芯棒,如:气门导管压制模芯;

(2)异型芯棒,如齿轮盘型孔成型芯棒;

(3)多齿形芯棒,如转子芯棒;

(4)齿形成型阴模,如齿轮盘成型模;

(5)其他整型阴模、压制阴模等。

图1是粉末冶金压型模中使用的几种典型的钢结合金模具零件。

钢结合金最主要特点之一是具有良好的可切削加工性,包括车、铣、刨、磨、镗、钻孔、攻丝等。一般说来,碳化钨系钢结合金软化态的硬度在HRC35～45范围内,碳化钛系钢结合金在HRC39～48的范围内均可顺利进行常规机加工。有时由于退火不完全可能造成硬度过高或不均匀,可重新退火一次然后再加工。钢结合金含有大量弥散分布于钢基体中的硬

图 1　粉末冶金模具零件

质颗粒，其切削机理不同于一般钢材，同时也不同于铸铁。对于加工者，尤其是初次加工者来说，容易出现一些问题。

2　粉末冶金钢结合金加工问题及讨论

2.1　车削加工

钢结合金的车削加工，一般应掌握以下几条原则：①切削速度不宜过大；②切深不宜太小；③走刀量要适中；④刀具刃口要锋利而坚固；⑤不采用冷却液，以干态切削为佳。表 2 列出了钢结合金车削加工的工艺规范。

表 2　钢结合金车削加工工艺规范

工作内容	切削速度（m/min）	进给量（mm/r）	切削深度（mm）	刀具材料	冷却方式	备 注
粗 车	7～9	0.3～0.5	2～4	YG、YT 均可，YW 最佳	干态	注意硬壳层
精 车	9～13	0.2～0.4	0.08～0.25			

图 2 所示为钢结合金车加工零件实例。以直径 80mm 高度 50mm 的圆柱为例，车刀用 YG6 或 YG8 材料，车床转速 50r/min（边缘）、90r/min（中心），切削深度 3mm，进给量 0.2mm/r，加工效果为佳。

图 2　钢结合金车加工零件实例

钢结合金的车削加工常出现问题有：①转速过快，还是用车一般钢材的经验，车起来就会出现车屑颜色发蓝，氧化严重，刀具磨损很快，甚至崩刃等现象，应该减慢转速到 100 转以下；②切削深度过小，会出现车起来费劲，感觉车不动，材料表面发亮，磨损刀具，正常开始车时，切深在 3mm 左右，接近尺寸时控制在 1mm 左右即可；③碰到硬壳层和硬点时，车起来表面发亮，有尖叫声，还可能出现“让刀”现象。硬壳层时应先用砂轮打成一个斜面，露出正常组织，然后再车。碰到硬点时可绕过硬点，下一刀加大深度将硬点处车掉，或者用砂轮磨掉后再车。

2.2　钻孔加工和攻丝

钢结合金钻孔通常采用高速钢钻头，转速通常控制在 100rpm 以下，当孔较小时可适当提高转速。钻孔常碰到的问题是转速过快，出现崩块或钻头断裂现象，所以要降低转速，同时钻孔过程中要注意及时排屑。特别是遇到硬点时，需将转速慢下来，磨一下钻头或更换新钻头，控制好压力，才能越过硬点区域。图 3 所示为钻孔工件的实物照片。

图 3　钻孔工件实例

对钢结合金攻丝可采用通用的三刃高碳钢丝锥，以手攻为宜。由于钢结合金含有碳化钨（或钛），因此攻起来会慢一些。为了便于攻入，与钢件攻丝相比，底孔要适当加大，同时也要注意经常排屑。表 3 列出了攻丝的底孔参考尺寸。

表 3　攻丝的底孔参考尺寸

名义尺寸	钢结合金底孔（mm）	钢的底孔（mm）	名义尺寸	钢结合金底孔（mm）	钢的底孔（mm）
M3	φ2.5	φ2.5	M8	φ6.9	φ6.7
M4	φ3.3～3.4	φ3.3	M10	φ8.8	φ8.5
M5	φ4.3～4.4	φ4.2	M12	φ10.8	φ10.5
M6	φ5.2	φ5.0			

2.3　磨削加工

钢结合金磨削比较困难，可利用其热处理后变形小（涨缩量小于千分之一）的热点，尽量在淬火前少留磨削量，磨削适宜采用粗粒大孔隙砂轮（如：30～60 中软碳化硅砂轮），用金刚石砂轮最好，也要偏粗粒度的（如：80～100＃）。磨削容易出现的问题是有时每次磨削深度过高，磨不动，砂轮和零件相互挤压，可能出现危险，而且磨削深度过深，砂轮磨的磨耗比增大，使加工成本增高，加工质量也不好。所以，磨削深度以 0.01～0.02mm 为佳。另外，磨削速度以 15～25r/s 为宜，磨削速度过低，砂轮在使用中磨耗较大，很不经济，而且工件表面光洁度也不好；磨削速度过高，砂轮的磨耗也会很快增大，且对工件表面光洁度亦无明显改善。表 4 和图 4 分别是钢结合金磨削工艺规范和磨削工件实例。

表 4　磨削工艺规范

加工形式	工作转速 (r/min)	工作台速度 (m/min)	磨削深度 (mm)	横向进给量 (mm/行程)	备 注
平磨(粗)	—	15～20	0.05～0.07	手动 1.5～2	
平磨(细)	—	15～20	0.01～0.02	0.25～0.5	注意修整砂轮
外圆磨	175～300		0.005～0.01		
内圆磨	280	8～15	0.001～0.005		

图 4　磨削工件实例

2.4　电火花线切割加工

同普通钢件相比，钢结合金除了含有铁等金属元素外，还含有一定数量的碳化物，因此电加工也相对困难，加工时电火花明显要小。加工中最常出现短路和断丝现象，短路通过回退或挑丝有时可以解决，而断丝就比较麻烦了。所以，钢结合金的线切割要放慢加工速度，由于排屑困难，跟踪要调慢，切割液要常换，一般在使用四个功放管的情况下，电流控制在 2.5A 左右，最大也要小于 3A。通常，钢结合金的加工效率在 2000～2500mm^2/h，而钢的加工效率则在 3000～4000mm^2/h。此外，针对断丝频繁的情况，在贮丝筒绕丝时，可不上满丝，每次绕二分之一左右，同时也要均匀使用丝筒绕丝的位置，避免丝筒丝杠磨损的不均匀。表 5 列出了钢结合金线切割加工常用参数。

有时，线切割加工还会碰到杂质、硬点等难加工的位置，始终割不过去，这时可选择抽丝，反向加工的办法，或者在不影响公差尺寸的情况下，通过挑丝慢慢绕过此位置来使加工正常。

表 5　线切割加工参数

料厚(mm)	电 压	脉 宽	脉 间	功放管	电流(A)
<30	1 挡	8～12	5	2～3	<2
30～60	2 挡	12～24	5～6	3～4	2～2.5
60～100	2 挡	24～40	6～7	4～5	2.3～2.8
100～200	3 挡	48～60	8～10	4～5	2～2.5

3　结　论

钢结合金的切削加工本着以“低转速、大吃刀、走刀量适中”为原则，对于车、刨、镗一般以硬质合金刀具为好，对于钻、铣的多刃刀具，则多采用高速钢刀具等。总之，只要选择适当的刀具，使用合理的加工工艺，就能完成钢结合金快速、有效、高质量的加工。

参考文献

[1] 株洲硬质合金厂．钢结硬质合金[M]. 北京:冶金工业出版社，1982.

编前语：在本届会议论文集付印和会议召开前夕，华东五省一市粉末冶金技术交流会（初期为苏鲁皖三省粉末冶金技术交流会）的发起人之一、安徽省粉末冶金专业委员会前理事长周作平先生不幸因病辞世。为纪念周作平老师三十年来对华东五省一市粉末冶金学术和技术交流工作开展所作出的突出贡献，我们特将他两年前的一篇发言稿整理编入本论文集，虽然文中部分数据非来源于权威统计资料，但他所提出的通过协同创新来促进我国粉末冶金行业发展的建设性意见仍具有很高的前瞻性和很强的针对性。

走协同创新之路，加快粉末冶金的新发展

周作平

安徽省机械工程学会粉末冶金专业委员会

1　引　言

粉末冶金工艺制造机械零件在技术上和经济上具有一系列优势。中国粉末冶金行业经过三十多年的发展，在原材料、装备制造、生产工艺和技术等方面都取得了明显的进步，在一定程度上解决了粉末冶金零件的高致密化及复杂形状的高精密化问题，为汽车、农机、家电、电动工具等行业提供了品种繁多、数量巨大的零部件产品，在机械行业快速发展中作出了应有的贡献。

本文作者在对粉末冶金技术的发展趋势、中国粉末冶金行业发展背景进行分析的基础上，结合在粉末冶金行业三十多年的从业经验积累和体会，提出应对我国粉末冶金产业优势进行再认识，走协同、创新、发展之路，加快我国粉末冶金机械零件产业的新发展。

2　粉末冶金工艺核心技术优势和关键技术突破

粉末冶金的核心技术是围绕压制和模具模架设计的成形技术，以及材料的合金化与烧结技术等材料技术。在机械零件制造技术中一旦突破了零件的高精密化、复杂形状的多台阶零件的成形技术和保证材料机械运转中的高强度、高耐磨性和抗疲劳性能等问题，则粉末冶金技术制造零件节材、节能、无污染等技术优势和经济优势就突显出来。其产品一旦被试制成功，就会迅速占领市场，其他机械加工行业就难以与其竞争。

这里，从我国粉末冶金机械零件发展过程中列举几个作者所熟知的例子来进一步阐明。

(1)在 20 世纪 70 年代末 80 年代初为我国农机行业服务的油泵转子；

(2)当年我国农机行业随着人民公社集体经济解体而突然处于低迷，这对当时主要为农机服务的粉末冶金行业带来巨大冲击，而使粉末冶金全行业处于困难的境地。但是，随着家电行业的迅速兴起，粉末冶金又走出困境，并催生了当时众多粉末冶金乡镇企业崛起。其中某些技术优势较强的企业当时所开发出的一些特定产品，如当时的宁波粉末冶金厂（宁波东睦的前身）开发的自行车转铃齿轮，当时的南京粉末冶金厂研制开发的纺织机上的 3030 链块和后来的一系列链块产品等。这些产品都曾为这两个企业创造了巨大的经济效益，并且这些产品很快垄断了该零件的市场。

(3)20 世纪 80 年代摩托车产业的发展以及冰箱、空调压缩机产品对粉末冶金零件的需求，使我国一部分粉末冶金企业开始涉足开发粉末冶金结构零件中形状稍复杂、对零件尺寸精度要求很高的产品。如宁波东睦和上海粉末冶金厂开发的减震器零件，冰箱压缩机中的活塞、阀片等产品。举一特例：江阴马镇当时还属粉末冶金乡镇企业，一个不起眼的企业，依托上海粉末冶金厂的工程技术人员(星期六工程师)的孜孜不倦的开发，经过两三年的努力，在我国率先开发出了摩托车正时齿轮。该厂领导曾告诉作者，产品开发成功投入生产后，利润最高时曾创造过一天能挣一辆桑塔纳轿车的辉煌。

(4)对推动我国粉末冶金结构零件开发影响最大的，就本人个人的考察与感觉，莫过于电动工具行业的兴起与发展。我国相当多的粉末冶金全民营企业，特别是华东地区如江苏、浙江、上海等地的企业，通过对电动工具零件的开发，极大地提升了我国粉末结构零件开发的水平。而且，通过这些零件开发所积累的资金，大大的提升了粉末冶金装备水平的提高，使从 20 世纪 90 年代中后期直至本世纪前五六年，我国粉末冶金机械压机的发展水平和烧结炉的制造水平的有了明显的提高。

(5)在进入本世纪十年来，我国粉末冶金获得了空前的发展。

笔者曾分别收录 1991 年、1995 年和 2000 年的汽车产量和粉末冶金零件用量的预测数据。数据中显示：1995 年汽车产量 110 万辆，社会保有量 834 万辆，每辆车用粉末冶金零件 5kg，2000 年汽车产量 170 万辆，社会保有量 1360 万辆，每辆用粉末冶金零件 8kg。按“十五”规划，汽车市场市场需求量：2005 年为 310 万～330 万辆，社会保有量 2465 万～2545 万辆，其中轿车 110 万～120 万辆，至 2010 年至今我国汽车实际产销量均已突破 1000 万辆，成为世界产车第一大国。但粉末冶金在每辆上的用量远未达到预期的 8kg/辆的水平。这里有两个问题值得我们再认识：

第一，过去，世界经济发达国家粉末冶金在汽车上的占有率达 70%～80%。而我国由于汽车产业薄弱，汽车市场对粉末冶金行业的发展从未起到主导作用，这使的我国的粉末冶金另辟新路，服务于农机行业、家电行业和近期的摩托车行业、电动工具行业等，因此，近些年我国汽车产业的快速发展无疑真正为粉末冶金产业提供广阔的市场。

第二，我国粉末冶金生产技术水平长期制约着高端粉末冶金产品的发展，通过这几年原材料装备水平的提高，以及在摩托车和电动工具零件上突破，粉末冶金为汽车粉末冶金零部件服务已不再高不可及。事实上，我国已有相对水平比较高的粉末冶金企业为汽车工业提供了一定数量的产品，并在不断拓宽品种，同时还有一部分民营企业开始涉足汽车零部件的生产与制造。

尽管汽车零部件的准入制度较高，包括某些主机厂商对国产粉末冶金零件水平尚存偏见，但这一现象迟早会突破，并且将有一批企业在汽车零件产品上和国外零件决一高低。随着汽车市场的激烈竞争，包括价格竞争，汽车粉末冶金零件 5－10 年内必定会有国内市场控制，并在国际竞争中脱颖而出。瞄准汽车市场是我国粉末冶金行业所必须正视和面对的，否则我们就仍然成不了粉末冶金的强国。这是我们提倡科技创新理念，规划我国粉末冶金行业发展的重大课题。下面就粉末冶金行业的发展和协同创新提出一些粗浅的看法。

3　通过协同创新促进和加快我国粉末冶金行业的发展

3.1　粉末冶金零件企业和机械制造业，亦即和服务对象之间的创新

能否走协同创新之路，要遵循优势互补，强强联合的原则，特别是我国一些已经具有一

定实力的粉末冶金企业，具备强强联合的条件，要主动寻同创新的对象，如新能源汽车的开发，和一批新涌现的具有广阔市场背景农机产品领域（包括农业机械、林业机械、园林机械等），新型环保机械，应用于各种高端机械装备上泵类零件。凡是有传动装置的机械主机产品，必然有大量机械零部件，其中有一大批零件可由粉末冶金技术制造。这就要通过和主机企业的协同创新，企业之间协同起来，开展协同研发，并在协同创新中，提高主机产业研发人员对粉末冶金的认识。通过协同创新，一方面增强主机企业产品开发能力，同时扩大粉末冶金服务领域，以达到真正的优势互补、资源共享的双向盈利的局面。

3.2 粉末冶金零件企业与原材料和装备制造些(成形设备和烧结设备)之间的协同创新

近几年粉末冶金零部件水平的提高，国内原材料和装备制造水平的提高起了至关重要的作用。我国粉末原材料产量近几年有了很大突破，无论是还原粉还是雾化粉，产能都有乐很大提高，已基本上改变了前几年粉末供应紧缺的局面，但是高性能粉末品种仍难以与国外粉末产品竞争，特别是高压缩铁粉（压缩性达 7.1～7.28g/cm^3）和高性能专用合金粉品种，相当一部分还为国外粉末占有。粉末原料企业应该主动和零部件生产企业协同开发。这方面应该是不难做到的，在这方面，粉末原材料企业应取主动姿势，寻找 2～3 个粉末冶金零部件生产企业，组成研发团队，以原材料企业研发人员为主，配合零件在主导产品上进行开发考核，使更多的人员参与粉末冶金技术的开发和研究，以尽快使国内在粉末冶金高性能原材料上的实现国产化，并在价格上取得优势。

我国粉末冶金成形设备这些年取得的成果，制造水平的提高，对加快我国粉末冶金结构零件发展步伐，功不可没。我国成形设备目前与国外发达国家相比还有哪些差距，难点在何处，这是成形设备制造业在总结这些年的发展中必须重点考虑的，尤其是要和有引进成形设备企业的工程技术人员，包括现场操作人员一起细细研究讨论的。只有找到差距，才有攻关目标。笔者认为，装备企业和零部件生产企业之间的协同创新，应在零部件企业准备引进设备（需巨额资金）的前提下，与装备制造企业进行联合研究开发，开发成功后，零部件企业可优先获得价格远低于进口的使用权，而装备制造业获得装备更新换代技术。当然，这样的协同创新的协调有一定的难度，需要行业协会的组织、协调与引导，尤其是需要我国粉末冶金企业的老总们的远见卓识，还要工程技术人员的协作精神。

3.3 粉末冶金行业，包括原材料、零部件制造业、装备企业和高校之间的协同创新

高校有人才培养的优势，这也是高校的主要职能之一。目前高校十分重视产、学、研合作发展，鼓励高校和企业之间的多方位合作，通过相互的协同创新过程，在提高企业产品开发能力的同时，产学研亦可提高人才培养的质量，为企业提供更多的合格人才，还将带动现场技术人员的再学习，提高企业人员的整体技术素质。

3.4 粉末冶金零件企业之间的协同创新

现代企业人才流动频繁，往往在某个地区由于人才流动而发展延伸出一个产业群，如江苏、南通地区的粉末冶金液压成形设备，扬州地区的小吨位成形机械设备。在零件制品企业方面也可举一个特例，如江苏常州地区的含油轴承减摩零件类产品，一个不太大的乡镇就汇聚了近 30 多个粉末冶金企业，都生产这类轴套类产品，其中球形轴承的市场占有率和模具开发水平、产品数量、质量和价格优势，其他地区都无法抗争。仅产值超千万的就有二十多家企业，还涌现出了超亿元的企业。而且在今年粉末冶金总体发展受到一定冲击的情况下，这些企业的产值不仅没下降，还有 20%～30%的增长。这些生产同类型产品的企业之间，互

相不排斥，在相互需要的情况下已经形成一定的协同性，并产生了双赢的局面。例如许多企业进行单一的成形加工，并在烧结技术力量较强和经验丰富的企业集中进行烧结加工，不仅产品烧结质量高，而且烧结成本还较低。就一个地区来说，这大大地节约了能耗和劳动力。所以，粉末冶金同行之间，一定不要用狭窄的心理将同行看成是冤家，如果有意识地通过企业间的协同创新、形成地区生产特色群，如采购液压成形设备的，都知道南通地区有众多的液压设备厂，购机械压机的都涌向宁波、扬州等压机产业群，如同永康地区小商品市场发展模式。在这个基础上，通过企业之间协同创新，高度发挥技术资源和相关商品信息资源的公有化，以此推动粉末冶金技术的影响力。因此，加强相关企业之间的协同创新，以降低由于我国粉末冶金行业因规模、资金、装备等因素不足带来的影响，可在新产品、新技术研发过程中发挥独特的作用。

4　结束语

粉末冶金高端零件的开发，有许多要素组成，其中最重要的是要有创新思维，走协同创新之路。协同创新，可以降低企业的研发费用，缩短研发时间，拓宽产品领域，使我国粉末冶金企业在国家产业结构调整中真正成为机械加工行业中的绿色产业、朝阳产业而展现在人们面前。

（本文由程继贵根据周作平老师手稿整理）

二、材料与工艺

高能球磨对 WC－10%Co 硬质合金组织和性能的影响

王兴庆　　闫保玥
上海大学材料学院，上海市延长路 149 号　200072

摘　要：高能球磨工艺的研究结果表明，球磨 WC－10%Co 混合粉末，当球磨筒转速为 500rpm，球磨 16h 后，颗粒尺寸由 0.54μm 降低至 0.11μm，继续延长球磨时间，细化效果并不明显，而且会使 WC 晶粒发生异常长大。研究结果表明高能球磨具有更强的细化作用，获得纳米晶 WC 粉末，采用适宜的高能球磨和合适的 Cr_2O_3 加入量可以获得无缺陷和高性能、WC 晶粒为 38nm 的超细硬质合金。

关键词：高能球磨；硬质合金；细化晶粒

1　引　言

硬质合金材料以其高的硬度、高的耐磨性、红硬性等卓越的性能显示在工业生产中的重要性，已被广泛地应用于钻探工具、切削刀具和抗压、耐磨、耐腐蚀机械零部件。为了进一步提升硬质合金的性能，人们已经进行了广泛和深入的研究。研究发现，硬质合金材料碳化物晶粒的尺寸及其分布对合金性能的有重要影响。当硬质合金中晶粒尺寸减小微米级、纳米级后，材料的硬度、抗弯强度有显著提高，韧性也有明显改善[1]。此外，WC－Co 类硬质合金中粘结相 Co 的平均自由程对其力学性能也有较大影响。因此控制硬质合金中金属碳化物晶粒的长大，细化晶粒尺寸，促使其均匀分布，减小粘结相的自由程，这对提高硬质合金材料的性能有重要的意义。

在普通的作定轴回转的卧式单筒球磨机中，磨球在筒体中的运动情况人们已基本弄清，磨球首先由筒体的转动被带到一定的高度，然后磨球自脱离点与筒壁脱离并因重力作用而向下抛落，由于抛落过程中磨球具有一定的动能而使物料得以粉碎。显然，磨筒的转速有一临界值，过高将使磨球因离心力过大而不得与筒壁脱离，过小则使磨球上升高度不够，这都不利于磨球对物料的研磨。

因此为了更加充分的破碎和研磨，出现了行星式高能球磨机，与普通球磨相比，高能球磨有着显著不同[2]。高能球磨罐的中心轴垂直于地面，通过在水平面上的转动而使磨球撞击粉体，且随着转速增加，撞击程度以几何倍数增加；同时较高的转速也使得撞击频率增加，为普通球磨的 8～15 倍左右，增加了磨球对于粉体的研磨作用；同时随着磨球在磨筒空间内的下落运动，对磨筒底部的粉体也会产生强烈碾压及搓擦作用，更有利于提高研磨能力[3,4]。

毛昌辉在 Spe×8000 高能研磨仪上机械研磨费氏粒径为 20μm 的 WC 和 16～18μm 的 Co 粉末，球磨过程中用 Ar 气保护，制备出了平均粒径小于 10nm 的 WC－Co 粉末，但 WC

晶体存在大量的缺陷[5]。Ban 等以 WO_3、炭黑和 CoO 为原料进行球磨，制得了 0.3～0.5μm 的复合粉末[6]。Ma 等用高能球磨法也制备了粒径大约为 10nm 的 WC－Co 粉末。这类技术工艺简单但处理量小，磨耗较大，易产生污染产物[7]。

2 实验

本文采用高能球磨进一步细化粉末颗粒，以获得超细 WC 晶粒硬质合金。通过调节球磨时间，研究高能球磨的作用以及球磨时间对超细纳米硬质合金组织与性能的影响。

WC 粉为厦门金鹭特种合金有限公司生产，型号为 GWC005，费氏粒度（F.s.s.s）为 0.54μm。Co 粉为南京寒锐钴业有限公司生产，型号为 NGS－T，费氏粒度（F.s.s.s）为 0.8μm，钴含量 Co≥99.80%。抑制剂采用 Cr_2O_3 粉，为国药集团化学试剂有限公司生产，型号 SCRC－100069。球磨机为南京大学仪器厂生产制造的 QM－3SP4J 行星式球磨机。烧结采用普通真空烧结。

WC 晶粒大小由 XRD 间接计算测量，进而判断得出 WC 晶粒度的变化趋势。采用电子显微镜（日本 HITACHI SU－1500 型场发射扫描电子显微镜）分析腐蚀后烧硬质合金的微观组织结构。

3 实验结果和分析

3.1 球磨时间对 WC－Co 混合粉末粒度的影响

图 1 是 WC－Co 混合粉末平均粒度与球磨时间的关系。由图中可见，球磨 2h 粉末粒度为 0.15μm，随球磨进行到 8h 以后已经急速降到了 0.12μm 左右，随着进一步球磨，至 10h 粉末粒度减小到 0.11μm 左右，说明在这一段时间内粉末被粉碎的幅度较大，然后粉末细化幅度趋于缓慢，至球磨 14h 后，粉末颗粒粒径仍在 0.11μm 左右，说明细化趋势已不明显。结果表明，WC－Co 混合粉末粒度随着球磨时间的延长而减小，但粒度减小的趋势由大变小，至一定时间后趋于平缓。这说明在球磨过程是一个粉末破碎和冷焊的过程，当粉末破碎与冷焊作用达到了动态的平衡时，粉末颗粒便不再发生变化。

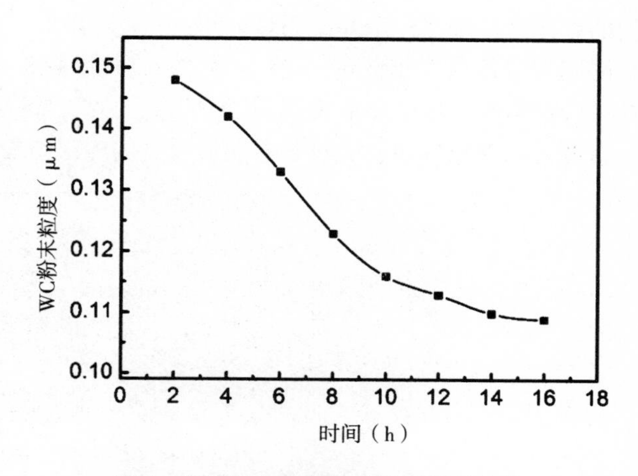

图 1 WC 粉末粒度随球磨时间的变化

3.2 球磨时间对硬质合金金相组织的影响

图 2 为添加 0.4% Cr_2O_3 不同时间球磨粉末烧结后的金相照片。由图可见，球磨时间较短时，有一定量的孔隙，不过孔隙度仍低于体积的 0.1%，见图 2(a)。随球磨时间的延长，孔隙逐渐减少，至 10h，孔隙基本消失，见图 2(c)。然而继续进行球磨，孔隙又逐渐增多，见图 2(d)。这是因为球磨时间越长，WC 颗粒越细，液相烧结时更细的 WC 颗粒更容易溶解在液相中，使得液相量增多，烧结体更容易通过液相烧结致密化机制致密。但过分球磨会导致了

粉末氧化和夹杂物增加，从而导致孔隙增多。

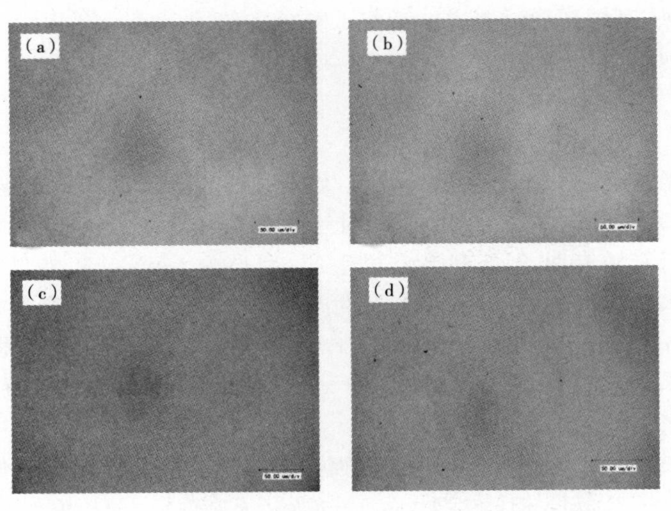

图 2　不同球磨时间硬质合金抛光金相照片（未腐蚀）

(a)2h；(b)6h；(c)10h；(d)14h

图 3 是硬质合金金相照片，由图可见，2h 的球磨试样烧结后 WC 晶粒较粗，且晶粒大小显微组织分布不均匀，这是由于时间较短，球磨不充分造成。随着球磨时间的增加，WC 的平均晶粒度逐渐变小的同时，晶粒大小和显微组织也趋于更加均匀，至球磨 10h，达到最佳值。但球磨时间的继续延长细化作用并不明显，而且还发生了 WC 晶粒的异常长大，并且出现了较多的孔隙和缺陷。这是因为球磨到一定时间后，粉末粒度趋于平衡，相反延长球磨时间会造成 WC 粉末颗粒表面能和晶格畸变能增加，从而增加了 WC 晶粒溶解沉积长大的趋势以及异向长大现象。由此可以看出球磨时间过长对硬质合金的组织结构和性能均会带来不利的影响。

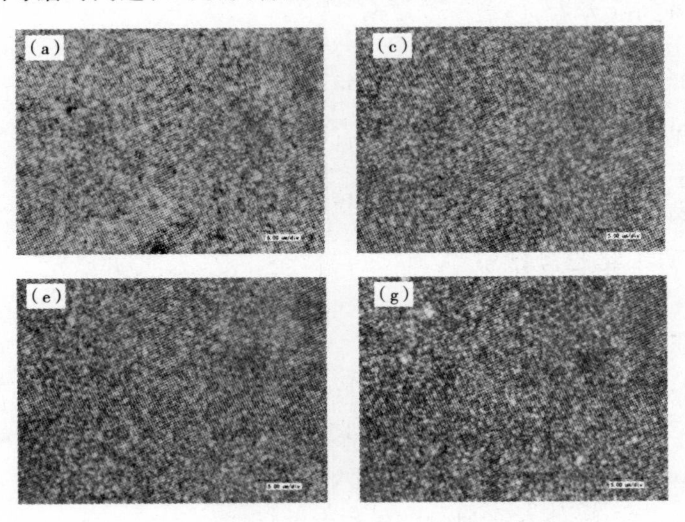

图 3　不同球磨时间硬质合金腐蚀金相照片

(a)2h；(c)6h；(e)10h；(g)14h

为了更好地表征高能球磨对 WC 晶粒的细化作用以及对显微结构的影响，采用扫描电镜研究了不同球磨时间下硬质合金的显微结构形貌。图 4 是不同球磨时间的硬质合金 SEM 照片。

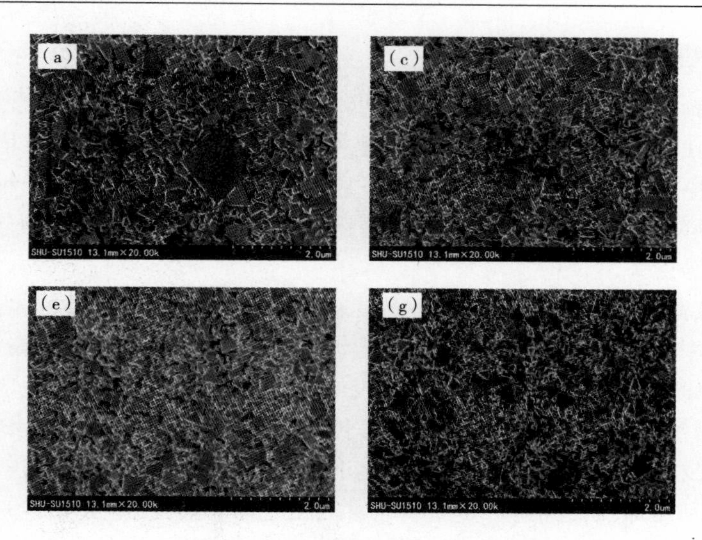

图 4 不同球磨时间硬质合金腐蚀 SEM 照片

(a)2h;(c)6h;(e)10h;(g)14h

SEM 图像更加清楚地表明了 WC 晶粒大小和形貌以及 γ 相的形态和分布。在球磨时间 10h 之内,随球磨时间的延长,在 WC 晶粒趋于细化的同时,其晶粒大小也趋于更加均匀,同时 γ 相平均自由层变薄,并且分布更为均匀,而在 10h 之后 WC 晶粒出现异常长大且晶粒大小差异加大,于此相应的 γ 相大小和分布也同样出现不均匀的变化。

2.3 高能球磨对力学性能的影响

图 5 和图 6 显示了球磨时间对烧结后硬质合金的抗弯强度、硬度的影响。从图中可以看出当 Cr_2O_3 添加含量为 0.4%时,合金的抗弯强度随着球磨时间开始时缓慢增加,到了 8h 之后,骤然上升,到 10h 的时候达到最高值,然而随着球磨的继续进行,抗弯强度急速下降。合金的抗弯强度是一个对结构非常敏感的性能,必须在晶粒大小和显微组织分布均匀且无孔隙和缺陷的前提下,晶粒越细小,抗弯强度才会越高。根据前面的分析,10h 球磨的试样,晶粒细小且组织结构最佳,故抗弯强度最高。而合金的硬度主要取决于晶粒大小,因此随球磨时间越长,晶粒细化,硬度值上升,14 小时达到最高值,之后略有下降,这也与晶粒的异向长大和缺陷的增多有关。

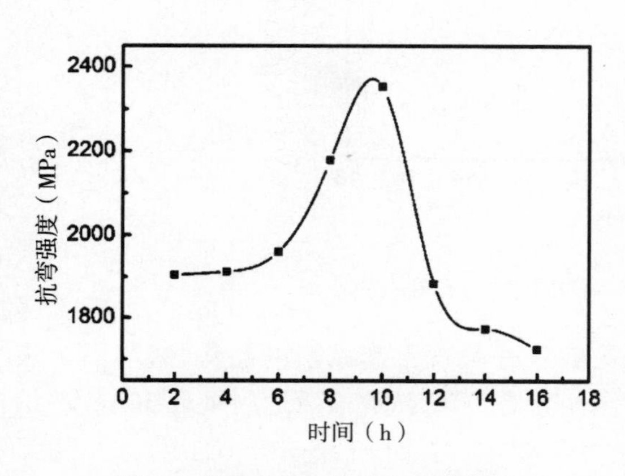

图 5 球磨时间对抗弯强度的影响

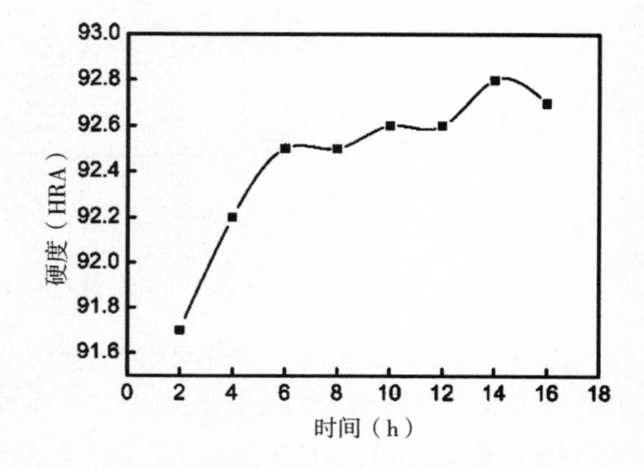

图 6 球磨时间对硬度的影响

2.4 高能球磨对晶粒细化的作用

与普通球磨相比，高能球磨有着显著不同。高能球磨罐的中心轴垂直于地面，通过在水平面上的转动而使磨球撞击粉体，且随着转速增加，撞击程度以几何倍数增加；同时较高的转速也使得撞击频率增加，为普通球磨的 8～15 倍左右，增加了磨球对于粉体的研磨作用；同时随着磨球在磨筒空间内的下落运动，对磨筒底部的粉体也会产生强烈碾压及搓擦作用，更有利于提高研磨能力。

因此，行星式高能球磨机中的磨球不仅具有比在普通球磨机中对粉体高出十倍左右的撞击力与撞击频率，同时又在筒底上作复杂运动时对粉体的强烈碾压与搓擦，使得筒内粉料能在较短时间内研磨到纳米级，而随着纳米粉体的产生，材料的许多物理、化学性能都发生了根本性转变，固态反应的热力学及动力学条件均不同于常规条件下的表现，在常规下不能进行的某些固态反应，在高能球磨机的研磨之下却能顺利实现，而且往往出现类似于高温高压下合成人造金刚石那样在经过一定研磨孕育后出现瞬时转变，这是高能球磨的重要特征。因此，高能球磨制备 WC 粉体有很大的优势。

一系列研究都表明高能球磨产生的机械力可以破坏晶格并改变晶粒尺寸的大小[8,9]。所以根据 Debye - Scherrer 公式(1)可以计算本实验中晶粒尺寸的变化：

$$D_{\mathrm{hkl}}=\frac{k\lambda}{\beta\cos\theta} \tag{1}$$

式中，D_{hkl}为沿垂直于晶面(hkl)方向的晶粒直径，k 为 Scherrer 常数取三个峰计算平均值作图，得到趋势图 7，由于应力会引起宽化和一系列实验影响，并有实验误差与计算误差，故通过 XRD 数据测出的晶粒尺寸，并不完全准确，只可得到一个晶粒尺寸随球磨时间变化而得的一个变化趋势。因此极有可能产生一定的误差，故实验数据仅作参考。

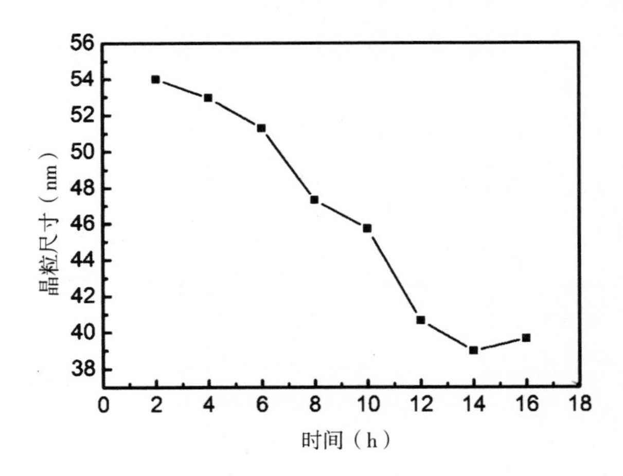

图 7 球磨时间对 WC 晶粒尺寸的影响

由图 7 可见，随着球磨的时间延长，WC 的晶粒尺寸呈现不断减小的趋势，这与图 1 表示的粉末粒度随球磨时间变化趋势相似。通过高能球磨，WC 晶粒最后达到接近 38nm 的纳米晶粒。

参考文献

[1] Gille G, Szesny B, Dreyer K et al. Submicron and ultrafine grained hardmetals for microdrills and metal cutting inserts[J]. International Journal of Refractory Metals and Hard Materials, 2002, 20(1): 3 - 22.

[2] Mahmoodan M, Aliakbarzadeh H, Gholamipour R. Microstructural and mechanical characterization of high energy ball milled and sintered WC - 10wt% Co - TaC nano powders[J]. International Journal of Refractory Metals and Hard Materials, 2009, 27(4): 801 - 805.

[3] Koch C, Cho Y. Nanocrystals by high energy ball milling[J]. Nanostructured Materials, 1992, 1(3): 207 - 212.

[4] 孙剑飞,张法明,沈军,等. 高能球磨合成纳米 WC - Co 复合粉末的特性[J]. 稀有金属, 2003, 27(6): 665 - 670.

[5] 毛昌辉. 高能机械研磨纳米结构 WC - Co 复合粉末的研究[J]. 稀有金属, 1999, 23(3): 185 - 188.

[6] Ban Z G, Shaw L L. Synthesis and Processing of Nanostructured WC - Co Materials[J]. Journal of Materials Science, 2002, 37: 3397 - 3403.

[7] Max M, Gang J I. Nanostructured WC - Co Prepared by Mechanical Alloying[J]. Journal of Alloysand Compounds, 1996, 245: 130 - 132.

[8] Makhele - Lekala L, Luyckx S, Nabarro F. Semi - empirical Relationship Between the Hardness, Grain Size and Mean Free Path of WC - Co[J]. International Journal of Refractory Metals & Hard Materials, 2001, 19(4 - 6): 245 - 249.

[9] Shatov A V, Ponomarev S S, Firstov S A. Modeling the Effect of Flatter Shape of WC Crystals on the Hardness of WC - Ni Cemented Carbides[J]. International Journal of Refractory Metals & Hard Materials, 2009, 27(2): 198 - 212.

固体渗碳法制备梯度结构 Ti(C,N)基金属陶瓷

赵毅杰　郑　勇　张一欣　周　伟　马遗萍
南京航空航天大学材料科学与技术学院
(郑勇,yzheng_only@263. net)

摘　要:通过真空液相烧结制备 Ti(C,N)基金属陶瓷基体,并对基体进行固体渗碳处理制备了梯度结构金属陶瓷。运用扫描电子显微镜(SEM)和电子探针(EPMA)等方法,分析了材料的表面显微组织特征和成分分布,测试了材料表面层的显微硬度分布。结果表明,经固体渗碳后金属陶瓷表面层显微组织和合金元素呈梯度分布,表层显微组织中富含 Ti、C 元素的硬质相体积分数大幅增加,“白芯-灰壳”结构小颗粒的数量明显减少,且硬质相晶粒长大较明显;在表层与芯部基体之间形成了富 Ni 区。渗碳处理使金属陶瓷表层硬度明显提高。表面较高的 C 活度是促使 Ti 向外扩散,迫使 Ni 向内迁移,形成上述组织特征和硬度梯度分布的最终驱动力,并且梯度层的形成因受元素扩散控制而遵循抛物线法则。

关键词:梯度结构金属陶瓷;固体渗碳;显微组织;力学性能

1　引　言

Ti(C,N)基金属陶瓷因其具有较高的硬度、耐磨性、红硬性、优良的化学稳定性、与金属间极低的摩擦系数等一系列优良特性,逐渐成了硬质合金的升级替代材料[1,2]。但与传统难熔硬质材料一样,金属陶瓷仍然存在着硬度与强韧性的矛盾,即材料硬度越高,强韧性越差,而要提高强韧性往往是以硬度的下降为代价的。

解决上述矛盾通常的办法是用 PVD 和 CVD 的方法在强韧性较佳的金属陶瓷表面涂覆高硬度的涂层[3,4]。然而此类方法不仅价格昂贵,且制得的材料因涂层与基体之间存在明显的界面,且两者物理性能相差甚大,在使用过程中,很容易导致材料剥落[5,6]。但梯度结构金属陶瓷能有效地避免上述问题[7]。

制备梯度结构金属陶瓷的方法有多种,其中较成熟且已得到实用的是原位扩散法[5~8]。Zackrisson 等研究了对金属陶瓷基体进行氮化处理制备梯度结构金属陶瓷的方法,并且指出氮化处理过程中,氮元素与金属陶瓷中其他合金元素亲和力不同是梯度结构形成的主要原因[6,7]。然而由于氮在 Ni、Co 等金属粘结相中的溶解度极低,即使经历相当长时间的氮化处理,其梯度层仍然很薄。

与氮相比,碳元素与金属陶瓷内各合金元素的亲和力也存在明显差异,并且碳在金属粘结相 Ni 中的溶解度大得多[4]。本课题组近期采用双层辉光等离子渗碳法,制备出了梯度结构金属陶瓷[8]。其制备效率大大高于氮化处理方法。但双层辉光等离子渗碳技术中普遍存在着温度难以精确控制以及离子轰击影响材料表面成分分布等问题,目前还难以在梯度金属陶瓷制备中得到稳定的应用。

相比双层辉光等离子渗碳技术,固体渗碳处理设备简单、生产成本低、适应性强,有利于批量生产,但运用此法制备梯度结构金属陶瓷至今仍未有报道。鉴于此,本文通过对预先烧结的 Ti(C,N)基金属陶瓷进行固体渗碳制备了梯度结构金属陶瓷,分析了渗碳前后材料显

微组织，成分分布以及力学性能的变化，并研究了主要工艺参数对 Ti(C,N)基金属陶瓷梯度结构形成的影响。

2 试验方法

2.1 试样制备

试验所用粉末原料均为外购，其化学成分和粉末粒度等数据由粉末生产厂家提供，如表1所示。

表1 原始粉末的化学组成与平均粒度

粉末种类	化学成分，wt. %				粉末粒度	其他有害
	化合 C	游离 C	N	O	μm	杂质含量
TiC	—	—	—	1.21	2.70	—
TiC 纳米粉	—	—	—	2.47	<0.1	—
TiN	—	—	—	1.10	3.00	—
TiN 纳米粉	—	—	—	7.51	<0.1	—
Ni	—	—	—	0.22	2.3	<0.2%
Mo	—	0.0012	—	0.10	2.80	<0.015%
WC	6.10	0.050	—	0.56	0.72	<0.4%

配制成分为 38.47wt.%TiC-2.03wt.%TiC(纳米)-9.50wt.%TiN-0.50wt.%TiN(纳米)-25wt.%Ni-16wt.%Mo-6.90wt.%WC-0.6wt.% Cr_3C_2-1.0wt.%C 混合料。混料采用湿混：每 1000g 混合料中加入 350ml 无水乙醇，球料比为 7∶1(质量比)，采用 QM—1SP 行星式球磨机球磨，球磨机转速为 260rpm，球磨时间为 24h。浆料的干燥在 80℃红外干燥箱中进行，过筛后在 DY—40 的压机上压制成形，压制压力为 300MPa，保压时间为 60s。将压坯进行真空烧结，烧结温度为 1430℃，烧结时间 60min。试样烧结后表面经打磨、抛光、超声清洗、烘干后埋入渗碳剂中，用耐火泥进行封口，装入高温管式炉进行渗碳，渗碳温度为 1300℃、1350℃、1400℃，渗碳时间为 210min、240min、270min。渗碳剂主要成分为石墨粒、$NaCO_3$和催化剂。

2.2 分析测试

试样经打磨、抛光、超声波清洗后，用 QUANTA200 型扫描电镜在背散射电子(BSE)模式下观察试样的显微组织，用 EPMA—8705QH2 型电子探针分析材料的成分分布。用 HXS—1000A 型显微硬度计测量梯度层硬度分布，试验力为 100gf，保压时间为 15s。用 CMT—5105 型万能材料实验机进行三点弯曲实验，测定其抗弯强度，试样尺寸为 5.0mm×6.5mm×32.0mm，跨距为 14.8mm，加载速率为 0.5mm/min。

3 实验结果与讨论

3.1 组织结构

真空烧结试样与烧结后再经 1300℃和 1350℃下渗碳 240min 后试样的显微组织形貌见

图 1。由图 1(a)可知，金属陶瓷烧结体主要由硬质核心、环形相(Rim 相)和金属粘结相组成。部分硬质相具有“黑芯-灰壳”结构，也存在少量具有“白芯-灰壳”结构的小颗粒。黑芯主要为烧结过程中未溶的 Ti(C,N)颗粒，白芯和灰色的壳层是复杂的(Ti,W,Mo)(C,N)固溶体，白色的粘结相是溶解了一定量合金元素的 Ni 基固溶体[8]。另外，由于本文添加了纳米级 TiC、TiN 粉末，出现了少量具有“白芯-灰壳”结构的小颗粒。其形成机制可概述如下：对于很细的 TiC、TiN 颗粒，在液相出现前，由于硬质相小颗粒相互间发生扩散，固溶进行的较充分，形成细小的、固溶的(W,Mo,Ti)(C,N)；当液相出现后，以这些固溶颗粒为核心，在其表面析出一层重元素 Mo、W 含量较前者低的(W,Mo,Ti)(C,N)，因而成为了芯部为白色，环形相为灰色的结构[9,10]。

从图 1(b)和(c)可知，试样经渗碳处理后，其表面显微组织中粘结相含量呈明显的梯度变化，试样的表层均贫粘结相，近表层富粘结相。不同的是，1300℃处理后的试样表层贫粘结相层相对较薄，而 1350℃处理后的试样其材料表层贫粘结相层更明显，且厚度增加。另外，渗碳处理后“白芯-灰壳”结构小颗粒的数量明显减少，且硬质相晶粒长大比较明显，其平均晶粒尺寸大于同一试样近表层和芯部的硬质相晶粒尺寸。

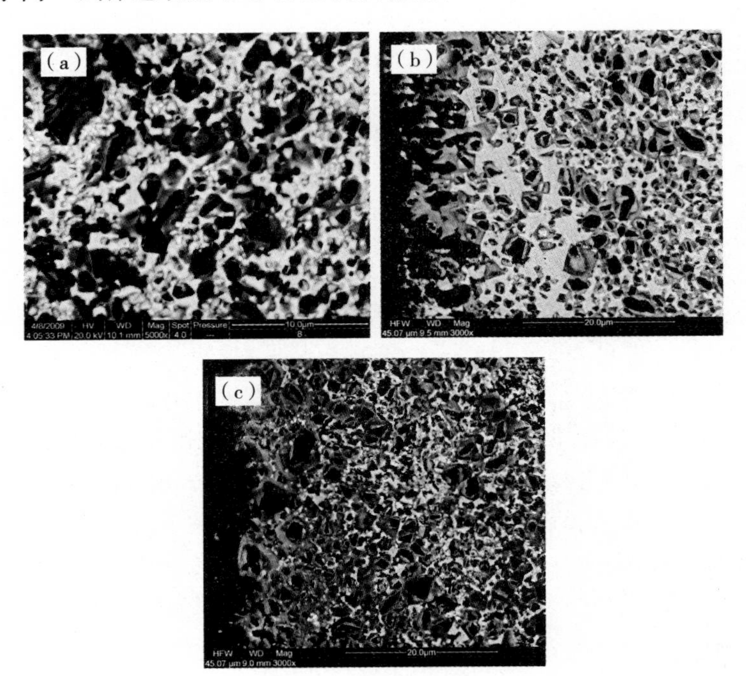

图 1 Ti(C,N)基金属陶瓷基体与渗碳 240min 后的微观组织的 SEM 照片

(a)基体；(b)1300℃渗碳温度；(c)1350℃渗碳温度

基体材料以及其在 1300℃、1350℃下渗碳 240min 后，从表面向内约 60μm 范围内 C、N 及其他主要金属元素的线分布如图 2 所示。从线分布图中可知，未经碳化处理试样的主要合金元素由表及里没有明显的梯度，基本上保持常量。渗碳后，金属陶瓷表面富 C、Ti，贫 Ni，从表面向内，C、Ti 和 Ni 形成了梯度分布，依次形成表层贫粘结相、次表层富粘结相区和芯部正常组织。此外，1350℃下渗碳获得的贫粘结相层厚度比 1300℃下的厚，约为 22μm，而 1300℃下渗碳获得表层贫粘结相层厚度约为 14μm，这与 BSE 显微组织照片结果基本吻合。

渗碳后 C、Ti 和 Ni 元素重新分布是由于入渗元素与材料内各元素间亲和力不同引起的。C与Ti元素亲和力较强，与Ni亲和力差，当C渗入基体时，在化学驱动力的作用下，Ti向外扩散，从而迫使Ni向内扩散。

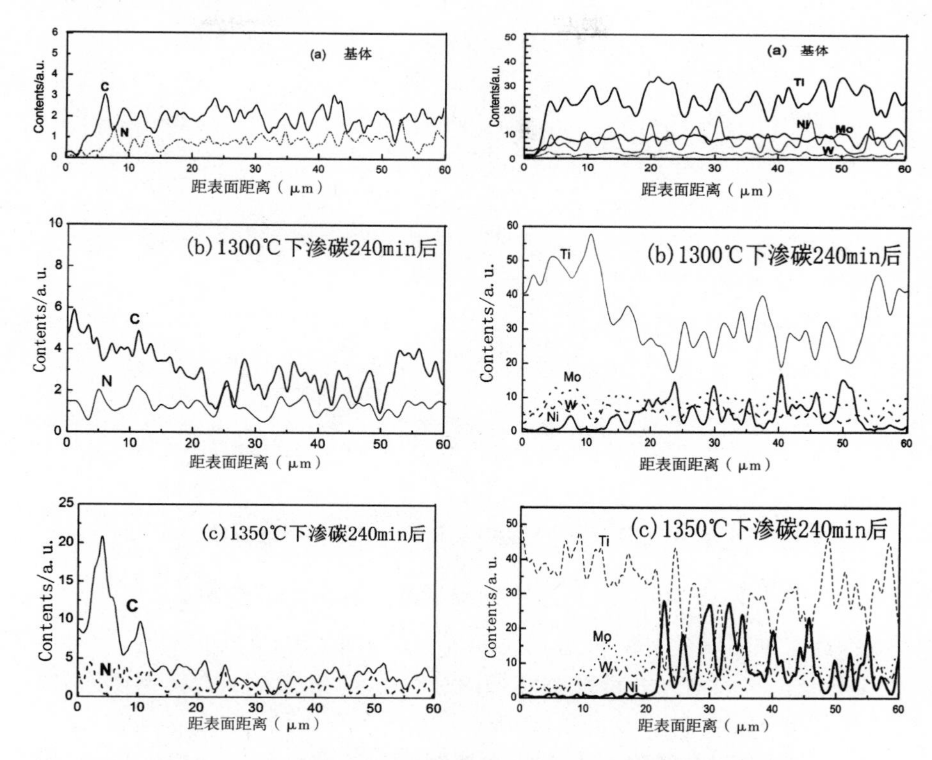

图2 Ti(C,N)基金属陶瓷渗碳前后C、N及金属元素线分布

(a)基体；(b)1300℃渗碳温度；(c)1350℃渗碳温度

3.2 力学性能

Ti(C,N)基金属陶瓷基体试样和1300℃、1350℃下渗碳240min后所得试样的力学性能如表2所示，从表中可知，渗碳后材料的抗弯强度有小幅下降，这是由于固体渗碳升温速度慢、保温时间长、冷却时间长，导致晶粒粗化造成的。因为1350℃渗碳后的表面硬质相晶粒更粗大，致使1350℃渗碳后的抗弯强度比1300℃渗碳后的抗弯强度低。

经过1300℃和1350℃渗碳240min后，Ti(C,N)基金属陶瓷表层显微硬度分布如图3所示。由图可知，Ti(C,N)基金属陶瓷表层硬度均得到了较大提高并且分布趋势一致。距表层约40μm范围内，渗碳试样的硬度呈明显梯度分布，其芯部显微硬度与基体基本一致，都在1400HV左右。而1300℃渗碳后的Ti(C,N)基金属陶瓷表面显微硬度在距表面约25μm处达到最低点，1350℃渗碳后的表面显微硬度在距表面约30μm处达到最低点。引起上述材料显微硬度变化的原因与材料中粘结相的分布有关，粘结相含量越低，其硬度越高。

表1 金属陶瓷基体和渗碳处理后所得梯度结构金属陶瓷的力学性能

试样	抗弯强度(MPa)	硬度(HV)
基体	1710.1	1412
1300℃渗碳后	1520.2	—
1350℃渗碳后	1430.5	—

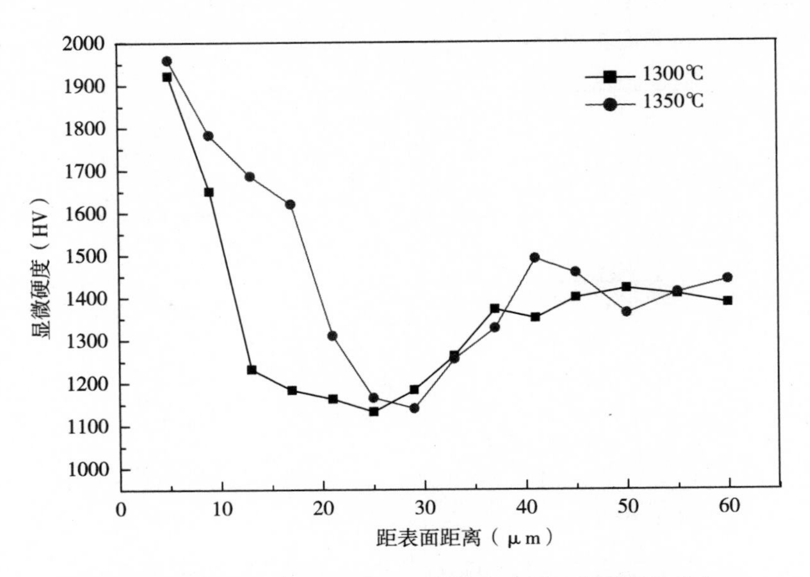

图 3　渗碳处理后 Ti(C,N)基金属陶瓷表层显微硬度的分布

3.3　主要工艺参数对 Ti(C,N)基金属陶瓷梯度结构形成的影响

3.3.1　渗碳时间对 Ti(C,N)基金属陶瓷梯度结构形成的影响

由于粘结相是 Ni 基固溶体，因此粘结相的分布与 Ni 含量的分布基本一致，所以可以通过测量 Ni 元素的分布来估计渗碳后粘结相的梯度分布情况。

渗碳过程中碳原子从金属陶瓷表面向内扩散，与 Ti 元素反应形成硬质相，增加了材料表层的硬质相含量，同时也迫使 Ni 向内迁移，这样便形成了粘结相的梯度分布。整个固体渗碳过程受到扩散和反应控制，由于碳原子与合金元素间反应速度大大快于扩散速度，因此粘结相梯度形成主要受扩散控制。对于受物质扩散影响的材料，达到影响深度 x 所需要的特征时间 t 一般遵循抛物线规律，即式[11]：

$$x=K\sqrt{Dt} \tag{1}$$

式中 x 是元素扩散深度，K 是与晶体结构有关的常数，D 为原子的扩散系数，单位为 m^2/s。

Ti(C,N)基金属陶瓷基体分别在 1350℃下渗碳 210min、240min、270min 后，贫粘结相层厚度与渗碳时间关系如图 4。从图中可知，在同一渗碳温度下，表层贫粘结相层厚度随着渗碳时间的增加而增加，基本符合抛物线法则。

3.3.2　渗碳温度对 Ti(C,N)基金属陶瓷梯度结构形成的影响

Ti(C,N)基金属陶瓷基体分别在 1300℃、1350℃、1400℃渗碳 240min，其中 1400℃渗碳后材料发生变形，并且由于渗碳温度过高，表面凸起形成空鼓，此时表面组织与性能已经无法表征，因此本文对此工艺条件下制备的材料没有进行研究。由图 1 可知，在相同渗碳时间下，随着渗碳温度的提高，所得的贫粘结相层变厚。这是由于在渗碳过程中，Ti(C,N)基金属陶瓷粘结相梯度的形成主要受元素扩散控制。即 Ni 元素的迁移依旧遵循公式(1)，在相同渗碳处理时间下，温度越高，原子的扩散系数 D 越大，贫粘结相层厚度也相应更厚。

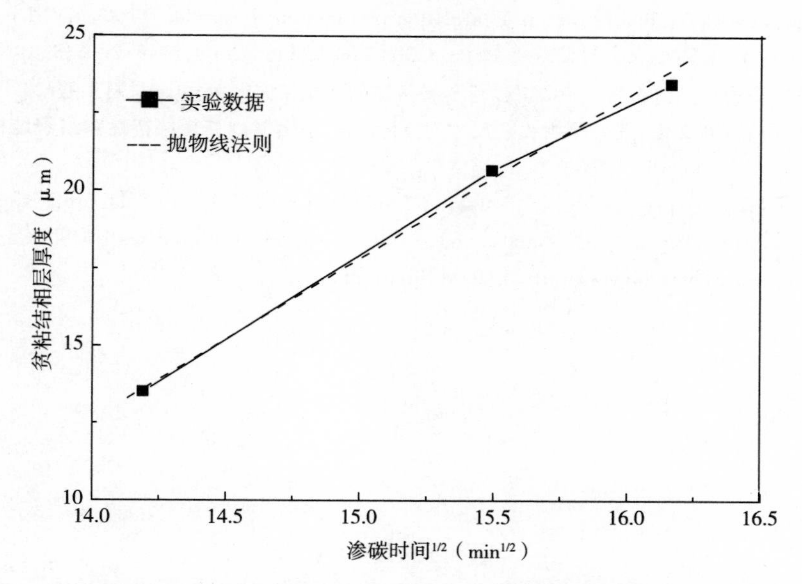

图 4 金属陶瓷在 1350℃渗碳温度下表层贫粘结相层厚度与渗碳时间关系曲线

4 结 论

(1)渗碳后 Ti(C,N)基金属陶瓷表层富硬质相，近表层富粘结相，渗碳过程中元素的迁移现象是由碳元素与其他合金元素的亲和力存在差异造成的。

(2)固体渗碳处理使材料抗弯强度小幅下降，而表层硬度得到极大的提高。

(3)在相同渗碳温度下，表层贫粘结相层厚度随着渗碳时间的增加而增加，基本遵循抛物线法则。

(4)在相同渗碳时间下，合理提高渗碳温度有利于金属陶瓷梯度结构的形成。

参考文献

[1] Chen LM, Lengauer W, Ettmayer P, et al. Fundamentals of liquid phasesintering for modern cermets and functionally graded cemented carbonitrides (FGCC)[J]. Int J Refract Met Hard Mater 2000;18(6):307 - 322.

[2] Ettmayer P,Kolaska H,Lengauer W,et al. Ti(C,N) cermets - metallurgy and properties[J]. Int J Refract Met Hard Mater 1995;13:343 - 351.

[3] Ekroth M,Frykholm R,Lindholm M,et al. Gradient zones in WC - Ti(C,N)- Co - based cemented carbides:experimental study and computer simulations[J]. Acta Mater 2000;48:2177 - 2185.

[4] Barbatti C,Garcia J,Sket F,et al. Influence of nitridation on surface microstructure and properties of graded cemented carbides with Co and Ni binders[J]. Surf Coat Technol 2008;202:5962 - 75.

[5] Lengauer W,Dreyer K. Functionally graded hardmetals[J]. J Alloys Compd 2002;338:194 - 212.

[6] Zackrisson J,Rolander U,Jansson B,et al. Microstructure and performance of a cermet material heat - treated in nitrogen[J]. Acta Mater 2000;48:4281 - 4291.

[7] Zackrisson J,Rolander U,Weinl G,et al. Microstructure of the surface zone in a heat - treated cermet material[J]. Int J Refract Met Hard Mater 1998;16:315 - 322.

[8] Zhong J, Zheng Y, Yuan Q, et al. Fabrication of functionally graded Ti(C, N) - based cermets by double - glow plasma carburization[J]. Int J Refract Met Hard Mater 2009; 27: 642 - 646.

[9] 严永林，郑勇，刘文俊，等. Ti(C,N)基金属陶瓷的烧结工艺研究[J]. 材料工程 2008; 1: 49 - 53.

[10] 郑勇，游敏，刘文俊，等. 原始粉末尺寸对 Ti(C,N)基金属陶瓷烧结特性和组织结构的影响[G]. 粉末冶金技术 2003; 21(4): 195 - 200.

[11] Suresh S, Mortensen A. Fundamentals of Functionally graded materials, processing and thermo-mechanical behavior of the graded metals and metal - ceramic composites [M]. Cambridge: IOM Communications Ltd., The University Press Cambridge; 1998.

含 Mo 低合金钢粉温压成形的研究

潘 华[1] 程继贵[1,2] 陈闻超[1] 杜建文[1]

1. 合肥工业大学材料科学与工程学院； 2. 安徽省粉末冶金工程技术研究中心

(程继贵,0551－62901793,jgcheng63@sina.com)

摘 要:以含 Mo 低合金钢粉为原料,添加自制的润滑剂,采用正交试验法研究了润滑剂含量、石墨含量、压制压力以及温压温度等对温压生坯密度的影响。实验结果表明,自制润滑剂的加入能有效地提高混合粉末的松装密度,和原料粉末相比提高了 0.35g/cm³。润滑剂的含量对粉末的流动性和松装密度的影响较为复杂;在试验范围内,压制压力和温压温度因素对低合金钢粉温压成形的影响较润滑剂和石墨含量两因素明显;在 110℃的温压温度下,以 700MPa 的压力压制所得生坯密度可达 7.2g/cm³;经正交试验优化的最佳成形工艺为在 110℃下采用 780MPa 的压力压制添加 0.7wt%自制润滑剂和 0.5wt%石墨粉的混合粉末,最大生坯密度可达 7.33g/cm³。

关键词:粉末冶金;温压成形;含 Mo 低合金钢粉;正交试验法

1 前 言

粉末冶金烧结钢因具有性能高、精度高、稳定性好、节能节材等优点而广泛应用于汽车、摩托车、家电、工程机械等领域[1]。由于 Mo 能有效地提高钢的淬透性,促进针状铁素体相变和贝氏体的形成,还可以形成细小的碳化物析出达到二次硬化的效果[2~3]。因此近些年来,利用粉末冶金工艺制备含 Mo 高强度低合金烧结钢的研究报道越来越多[4~6],但由于在铁粉中添加合金元素会导致粉末压制性的下降,通过常规压制烧结难以获得高密度的制品,致使材料的力学性能较全致密钢低,从而限制了其应用。温压技术是一种以较低成本制备高密度、高强度粉末冶金零部件的新技术[7~9]。它通过一次压制、烧结即可实现高致密烧结材料的制造,大幅提高了材料的综合力学性能,被认为是 20 世纪 90 年代以来制取高密度、高性能铁基粉末冶金材料最重要的技术之一,并受到了国内外铁基粉末冶金零件生产制造领域的高度重视[10~11]。迄今为止,有关采用温压工艺制备含 Mo 低合金烧结钢的研究报道仍不多。本文通以水雾化法制备的含 Mo 低合金钢粉为原料,在其中添加自制的润滑剂,进行温压成形实验,并结合正交试验法初步探索其优化的工艺条件。

2 实 验

2.1 实验原料

实验采用的原料粉末主要为建德易通金属粉材有限公司生产的水雾化低合金钢粉(牌号:1300WB,粒度:200 目,化学组成如表 1 所示,松装密度为 2.85～3.10g/cm³,流动性为 22～29s/50g)、石墨粉(鳞片状,平均粒度≤30μm)和含多种有机物的自制润滑剂。

表 1 低合金钢粉化学组成

元素	Cu	Ni	Mo	C	Si	Mn	Fe
含量(wt%)	1.30～1.70	1.70～2.20	0.40～0.60	<0.02	<0.05	<0.02	余

2.2　实验方案

影响粉末温压成形过程的因素很多，结合之前工作及相关文献，选择对生坯密度影响较大的四个因素，分别是润滑剂含量、石墨含量、压制压力及温压温度作为研究对象进行温压成形试验[12]。正交试验法的因素水平表如表2所示，并选用 $L_{16}(4^4)$ 型正交表（如表3所示）设计正交试验过程。

表2　正交试验因素水平表

因素 / 水平	润滑剂（wt%）	石墨（wt%）	压制压力（MPa）	温压温度（℃）
1	0.4	0.5	540	20
2	0.5	0.6	620	110
3	0.6	0.7	700	120
4	0.7	0.8	780	130

将润滑剂和石墨粉按表3中各组实验所需的质量分数依次添加到低合金钢粉中，置于滚筒式混料机上均匀混料1h，得到供温压成形用的混合粉末；把约16g的混合粉末填充到直径为20mm的圆柱形模具中，通过自制的温压加热系统将模具和粉末加热到指定温度后开始压制，通过控温仪使模具温度的波动在一个压制循环内保持在±3℃以内，压制压力为540MPa～780MPa，压制温度为110℃～130℃，作为对比实验，在常温下也对混合粉末进行了压制试验。所有实验都在WE—300kN液压型万能材料测试机上进行。

2.3　测试方法

用FL4—1型流动性和松装密度测定仪测量混合粉末的流动性和松装密度；用游标卡尺和螺旋测微仪分别测量压坯的直径和高度，并根据式(1)计算压坯的生坯密度。压坯生坯密度的计算公式如下：

$$\rho=4m/\pi d^2 h \tag{1}$$

式中：ρ 为压坯的密度，m 为压坯的质量，d 为压坯的直径，h 为压坯的高度。

3　结果与讨论

3.1　混合粉末的流动性和松装密度

图1为混合粉末中润滑剂的添加量对粉末流动性和松装密度的影响。从图中可以看出，在低合金钢粉中加入润滑剂可以很大程度地提高粉末的松装密度，混合粉末比低合金钢粉的松装密度约提高了0.35g/cm^3，随着润滑剂含量的增加，混合粉末的松装密度在缓慢下降；混合粉末的松装密度得到大幅度地提高是由于润滑剂的加入，使铁粉表面形成一层很薄的润滑膜，改善了铁粉颗粒表面的粗糙度，在粉末填充阶段，铁粉颗粒间的摩擦力减小，粉末的间隙度降低，从而提高混合粉末的松装密度[13]。随着润滑剂含量的增加，粉末流动性不断下降，但在实验的润滑剂含量范围内，粉末仍具有较好的流动性。

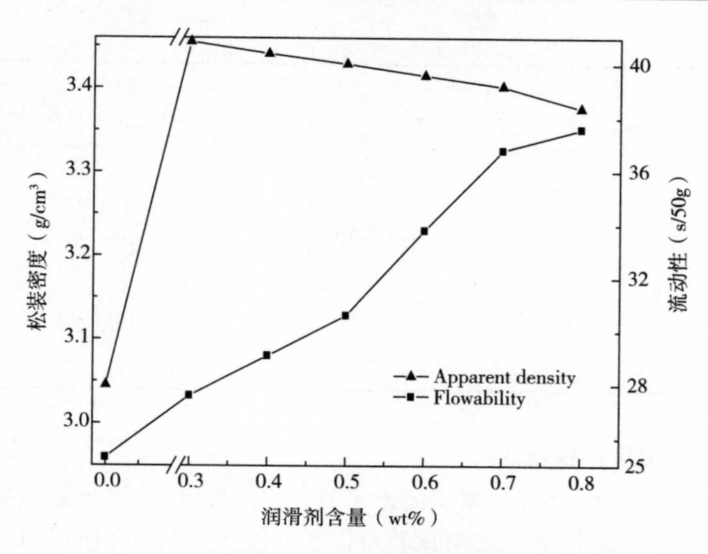

图 1　润滑剂含量对混合粉末的松装密度和流动性的影响

3.2　正交试验的试验数据

表 3 为运用正交试验法对低合金钢粉进行温压成形试验的实验结果，由表中数据可以看出，生坯密度随着压力的增加而提高。在同一压力下，当温压温度为 110℃和 120℃时，温压压坯的生坯密度比常温压坯的生坯密度高；在温压温度为 110℃时采用 700MPa 的压制压力，压坯密度即达到 7.25g/cm^3，比常温压坯的密度提高了 0.1g/cm^3；当温压温度为 130℃时，温压压坯的密度出现了比常温压坯的密度低的情况。这可能是因为实验所采用的自制润滑剂的玻璃化温度在 110℃左右，当温压温度为 110℃时，接近玻璃化温度，此时，润滑剂表现出良好的黏流性，可以在颗粒表面形成良好的润滑膜，能有效降低粉末颗粒之间以及颗粒与模壁之间的摩擦力，使压坯密度达到最大值[14]。当温压温度超过润滑剂玻璃化温度时，因润滑剂接近熔点温度，黏度变小，润滑作用不明显，摩擦因数急剧增大，有效压制压力反而减小，导致温压压坯密度低于常温压坯。

表 3　低合金钢粉温压成形压坯的生坯密度

序号	润滑剂（wt%）	石墨（wt%）	压制压力（MPa）	温度（℃）	生坯密度（g/cm^3）
1	0.4	0.5	540	20	6.96
2	0.4	0.6	620	110	7.1
3	0.4	0.7	700	120	7.15
4	0.4	0.8	780	130	7.28
5	0.5	0.5	620	120	7.08
6	0.5	0.6	540	130	6.89
7	0.5	0.7	780	20	7.3
8	0.5	0.8	700	110	7.25
9	0.6	0.5	700	130	7.14
10	0.6	0.6	780	120	7.32

（续表）

序号	润滑剂（wt%）	石墨（wt%）	压制压力（MPa）	温度（℃）	生坯密度（g/cm^3）
11	0.6	0.7	540	110	6.98
12	0.6	0.8	620	20	7.08
13	0.7	0.5	780	110	7.33
14	0.7	0.6	700	20	7.19
15	0.7	0.7	620	130	7.07
16	0.7	0.8	540	120	6.97

3.3 正交试验结果的极差分析

极差分析法是通过计算各个因素不同水平下的平均极差，来寻找影响指标的主要因素，对比各因素平均极差的大小，排列出对试验指标影响程度大小的顺序，再找到每个因素的优水平，得出优化试验指标的最佳组合。表 4 是经极差分析方法处理的结果，从表 4 可以看出，各因素的极差从大到小的顺序依次为压制压力、温压温度、石墨含量、润滑剂含量；压制压力和温压温度两因素对低合金钢粉温压成形的影响较润滑剂含量、石墨含量两因素明显。低合金钢粉温压成形时的优组合为在 110℃ 的温度下采用 780MPa 的压力压制添加了 0.7wt%的润滑剂和 0.5wt%的石墨的混合粉末。

表 4　正交试验的极差分析结果

	润滑剂 t(A)	石墨(B)	压制压力(C)	温度(D)
K_1	7.12	7.13	6.95	7.13
K_2	7.13	7.12	7.08	7.17
K_3	7.13	7.12	7.18	7.13
K_4	7.14	7.15	7.31	7.1
范围	0.02	0.03	0.36	0.07
顺序	C>D>B>A			
最优组合	$A_4B_1C_4D_2$			

3.4 正交试验结果的方差分析

方差分析法是检验在一定假设条件下各组均值是否相等，由此判断因素的各个水平对试验指标的影响是否显著，并从中找出起重要作用的因素或水平。方差分析是将数据的总变异分解成因素引起的变异和误差引起的变异两部分，构造 F 统计量，作 F 检验，即可判断因素作用是否显著[15]。

表 5 是正交试验的方差分析数据输出表，由从表中可以看出压力对温压成形压坯生坯密度的影响是极显著的，温压温度对温压成形压坯生坯密度的影响是显著的，石墨含量、润滑剂含量对温压成形压坯生坯密度的影响不显著。因此，对于低合金钢粉的温压成形，在本实验所研究的四个因素中，压制压力和温压温度是主要因素，润滑剂含量和石墨含量是次要因素。

表 5　正交试验的方差分析结果

因素	平方差之和	自由度	F 值	极值	重要性
润滑剂	0.001	3	0.5	$F_{0.05}(3,15)$	
石墨	0.001	3	0.5	$=5.42$	
压制压力	0.276	3	138	$F_{0.01}(3,15)$	
温度	0.010	3	5	$=3.29$	* *(极重要)
方差	0.002	15			*(重要)

3.5　压制压力对温压压坯密度的影响

由上述实验结果可以看出，在相同的温压条件下，随着压制压力的升高，压坯密度增加。对常温粉末压制的研究表明，压制压力与压坯密度间存在线性关系，巴尔申和黄培云分别提出了描述压坯密度和压制压力之间关系的压制方程[16]：

巴尔申方程：$\lg p = \lg p_{\max} - L(\beta - 1)$ (2)

黄培云方程：$m\lg\left[\ln\dfrac{(\rho_m-\rho_0)\rho}{(\rho_m-\rho)\rho_0}\right] = \lg\rho - \mathrm{Lg}m$ (3)

式中：p 为压制压力；L 为压制因数；ρ_0、ρ、ρ_m 分别为粉末的松装密度、压坯密度和材料的理论密度；β 为压坯的相对体积，$\beta = \rho_m/\rho$；$p_{\max}$ 为压至最紧密状态（$\beta=1$）时的单位压力；m、M 分别为硬化指数和压制模数。

分别按巴尔申方程和黄培云方程对本实验中低合金钢粉温压成形所得结果进行处理，并设定 $\beta-1$ 和 $\lg\{\ln[(\dot{\rho}_m-\rho_0)\rho]-\ln[(\rho_m-\rho)\rho_0]\}$ 为 y 变量，设定 $\lg p$ 为 x 变量，对经过处理的数据按最小二乘法进行线性回归分析，拟合结果如图 2 所示。经计算得到温压成形数据对巴尔申方程和黄培云方程的相关系数分别为－0.9930 和 0.9963，其绝对值都接近于 1。这说明，低合金钢粉温压成形时仍可用经典的压制方程来描述压制压力和压坯密度的关系。

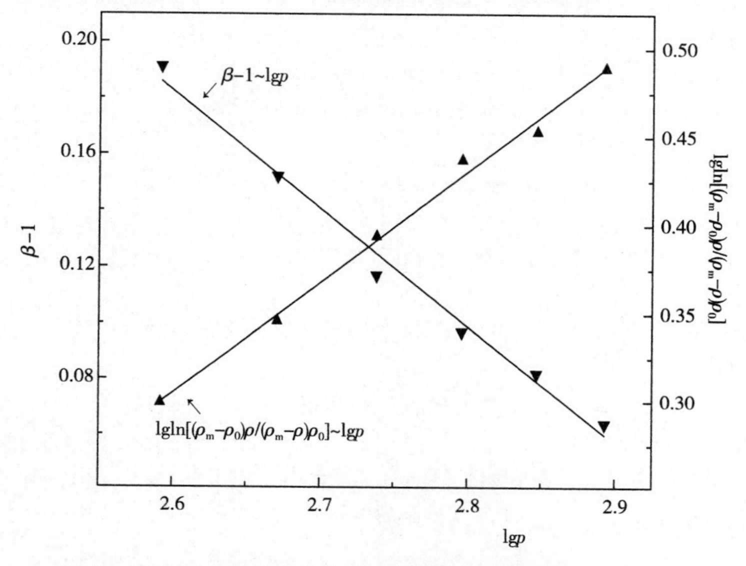

图 2　按巴尔申方程和黄培云方程进行线性回归分析的结果

4 结 论

(1)自制润滑剂的添加能改善低合金钢粉颗粒表面的状态,促进温压成形过程中粉末的致密化;在实验范围内,润滑剂的加入,混合粉末的松装密度提高,但随着润滑剂合量的增加,粉末流动性有降低的趋势。

(2)通过正交试验分析,发现在低合金钢粉温压成形过程中,压力和温压温度为主要因素,对温压压坯密度的影响非常显著,润滑剂含量和石墨含量为次要因素,对温压生坯密度的影响没有前两因素明显;低合金钢粉温压成形时的最优化工艺条件为在 110℃ 下采用 780MPa 的压力压制添加 0.7wt% 润滑剂和 0.5wt% 石墨的混合粉末,最大生坯密度可达 7.33g/cm^3。

(3)本实验中含 Mo 低合金钢粉的温压成形过程仍可用经典的压制方程来描述压制压力和压坯密度的关系。

参考文献

[1] 沈元勋,肖志瑜,方亮,等．部分扩散预合金温压铁-铜-镍-钼-碳材料的组织与性能[J]. 机械工程材料,2007,31(9):30 - 33.

[2] 孙新军,雍岐龙．Mo 在低合金钢中的作用和应用[J]. 钼在钢中的应用研讨会,2010,6,27 - 28.

[3] Hardy Mohrbacher. Mo 在高强度低合金钢(HSLA)中的主要作用及微合金元素的交互作用[J]. 钼在钢中的应用研讨会,2010,6,27 - 28.

[4] 郭瑞金,S. St - Laurent,F. Chagnon. 烧结钼钢的动力学性能[J]. 粉末冶金技术．2003,21(6):338 - 346.

[5] 章林,李志友,周科朝,等．元素粉末预合金化对烧结合金钢组织和性能的影响[J]. 粉末冶金材料科学与工程．2005,8,10(4):225 - 230.

[6] K. S. Narasimhan, F. J. Semel. Sintering of powder premixes a brief overview [J]. Powder Metallurgy Industry. 2009,19(5):1 - 11.

[7] Y. Y. Li,T. L. Ngai,D. T. Zhang,et al. Effect of die wall lubrication on warm compaction powder metallurgy[J]. Journal of Materials Processing Technology 129 (2002):354 - 358.

[8] C. Y. Lung,K. C. Fan,J. Mou,et al. Development of a powder warming compacting machine with an electrical heating system[J]. Powder Technology 127(2002):267 - 273.

[9] Abolfazl Babakhani,Ali Haerian,Mohammad Ghambari. On the combined effect of lubrication and compaction temperature on properties of iron - based P/M parts[J]. Materials Science and Engineering A 437 (2006):360 - 365.

[10] Rutz H G,Hanejko F G. Warm compaction offers high density at low cost [J]. Metal Powder Report,1994,49(9):40 - 44.

[11] 易建宏,叶途明,彭元东．粉末冶金温压工艺的研究进展及展望[J]. 粉末冶金技术,2005,23(2):140 - 144.

[12] 程继贵,杨明,蔡艳波,等．聚乙二醇基粘接剂铁基粉末温压行为的研究[J]. 粉末冶金工业,2008,18(4):1 - 4.

[13] 曹顺华,林信平,李炯义,等．铁基粉末温模压制技术的研究[J]. 粉末冶金材料科学与工程,2006,11(4):202 - 206.

[14] 莫德峰,何国求,毛凡．铜基金属粉末温压工艺致密化的研究[J]. 粉末冶金工业,2006,16(7):20 - 23.

[15] 常国锋,倪淮生,许思传．基于正交试验的低压燃料电池性能[J]. 同济大学学报,2010,38(12):1807 - 1812.

[16] 黄培云．粉末冶金原理[M]. 第 2 版．北京:冶金工业出版社,2007.

P含量对铁基粉末冶金材料性能的影响

尹利广 王 璇 马荣彪 王 路 张国军 吴晓波 尹延国
合肥工业大学 机械与汽车工程学院
(尹延国,abyin@sina.com)

摘 要:以磷铁粉和铁粉为主要原料,通过粉末冶金工艺制备出了含磷铁基粉末冶金材料,考察了磷含量对材料密度、硬度、压溃强度和摩擦磨损性能的影响。结果表明:磷可以促进材料的致密化,微量的磷即可以显著提高材料的硬度和压溃强度,但当磷含量较高时会在晶界周围形成网状的磷化物,导致压溃强度迅速下降;适量的磷可以提高材料的减摩耐磨性能,消除原材料因强度和硬度较低而出现的粘着磨损现象,使磨痕表面光滑平整,但磷含量过高时,材料脆性增加易发生疲劳剥落。

关键词:铁基烧结材料;磷;机械性能;摩擦磨损

1 引 言

铁基粉末冶金材料具有易于加工复杂形状零件和批量生产、可实现多种类型材料的复合和可实现近净成形等优点,广泛应用于纺织机械、办公机械、电动工具和汽车的生产中[1]。随着工业技术水平的不断进步,对粉末冶金零件的性能要求逐渐提高,原有的Fe-C-Cu粉末冶金材料由于强度、硬度较低,减摩耐磨性能不好,已无法满足使用要求。一种最直接、有效改善粉末冶金材料性能的方法就是添加适量的合金元素,常用的合金元素有Cu、Ni、Mo等[2]。适量的Cu可以完全固溶于Fe基体中,起到固溶强化的作用,显著提高材料的硬度和强度;Ni的良好作用在于强化铁基粉末烧结体的同时,还具有提高铁基粉末烧结体塑性的特点,对铁基粉末冶金材料的强韧化十分有利;Mo可以稳定α-Fe相,并缩小γ-Fe相区,有利于铁的扩散,Mo还易于和C反应生成碳化物,起到细化珠光体组织并增加珠光体含量的作用[3,4]。

P在钢铁中常被认为是有害元素,因为它在铁中扩散速度较慢,易于在晶界处产生偏析,会导致材料变得硬、脆[5]。但是根据微合金化理论,在提高铁的屈服强度和抗拉强度方面,P比Cu的作用高20倍。本文在Fe-C-Cu的基础上添加一定量的P,研究了P含量对铁基粉末冶金材料机械性能和摩擦学性能的影响。

2 试验部分

2.1 材料配方设计

铁基粉末冶金材料的配方如表1所示,在1#~7#试样中添加不同含量的P,P以磷铁粉(350目)的形式加入,磷铁粉主要成分包括P-20wt%、Fe-75wt.%、其他5wt.%(Mn、C、Ti、Al)。研究了P含量对铁基粉末冶金材料密度、机械性能和摩擦学性能的影响。同时材料中还含有一定量的C和Cu,其中C含量为0.6%~0.8%,碳的主要作用是调节材料中铁素体和珠光体的相对含量,对材料的硬度和强度具有较大的影响;Cu含量为1.5%~

2.5%,Cu 可以固溶于铁基体中提高材料的强度和硬度,此外 Cu 熔点较低,在烧结时会形成液相,可以加速合金元素扩散,减小材料偏析。

表 1 铁基粉末冶金材料的配方

编号	Fe	C	Cu	P
1	其余	0.6～0.8	1.5～2.5	0
2	其余	0.6～0.8	1.5～2.5	0.06
3	其余	0.6～0.8	1.5～2.5	0.12
4	其余	0.6～0.8	1.5～2.5	0.18
5	其余	0.6～0.8	1.5～2.5	0.24
6	其余	0.6～0.8	1.5～2.5	0.30
7	其余	0.6～0.8	1.5～2.5	0.36

2.2 样品制备

按表 1 的配方将各种原料粉末精确称量,在锥型混料器中充分混合 0.5h,保证各成分混合均匀、不会出现偏析。在混料的过程中加入一定量的硬脂酸锌和锭子油,作为润滑剂和粘接剂。将混合均匀的粉末倒入成形模具中,在 50T 自动液压机上压制成圆环(内径、外径、高分别为 15mm、25mm、15mm)和圆片(ϕ35mm×4mm)试样,压强为 600～700MPa,其中圆环试样用来测试材料的硬度、压溃强度和观察组织结构,圆片试样用来做摩擦磨损试验;后将压制好的生坯放在网带式烧结炉中烧结,烧结的同时通入氨分解气氛保护,烧结温度为 1100℃～1150℃,烧结时间 3h。

2.3 试验方法

材料的硬度测试在 HBRVU—187.5 布洛维氏硬度计上进行,在圆环试样的两端面分别取两点硬度,每种配方重复三次,取其平均值作为最终结果。材料的压溃强度在材料试验机上进行,在试验机上测得径向压溃所需的力,根据烧结金属衬套径向压溃强度计算公式计算出材料的压溃强度,每种配方重复三次,取其平均值作为最终结果。

摩擦磨损试验在 HDM—20 型端面摩擦磨损试验机上进行,上试样做旋转运动,下试样固定不动,上试样材料为 40Cr,硬度在 HRC52 左右,接触面尺寸为外径 30mm、内径 22mm,并在接触面上开有 6 个宽度为 2mm 的沟槽,方便润滑油进入摩擦副,选用 32# 机油作为润滑油,摩擦副处于边界润滑状态。实验中上试样转速为 735r/min(线速度 1.0m/s),试验的时间确定为 30min,开始阶段载荷为 980N,跑合 10min,后加载到 1470N 运行 20min。在试验过程中,试验机自动记录试验的摩擦系数、摩擦温度、载荷等试验数据。试验结束后,测量定载荷试验试样的磨痕深度,利用 Talysurf CCI 三维表面轮廓测量仪观察磨痕的三维形貌。

3 试验结果与分析

3.1 P 含量对于铁基烧结材料烧结前后密度的影响

图 1 表示 P 含量对铁基粉末冶金材料烧结前后密度的影响。由于磷铁粉的密度较低为 6.67g/cm^3,硬度较高、压制时产生塑性变形的难度大,随着磷化铁含量的增加,在相同的压

制力下试样的生坯密度逐渐下降。试样烧结之后的密度相对于生坯密度有所提高，并且随着P含量的增加，密度增加的幅度也逐渐增大。在铁基粉末冶金材料中添加P，有助于产品的致密化，这与P具有活化烧结的作用有密切的关系，添加P后，在烧结过程中能够增加孔隙表面张力的作用，使制品的孔隙趋于球化，起到填充孔隙的作用，提高了制品的密度。此外，磷铁粉中的 $Fe-Fe_3P$ 共晶体，在1048℃时会发生共晶反应，生成共晶液相，起到加速烧结和促进致密化的作用。

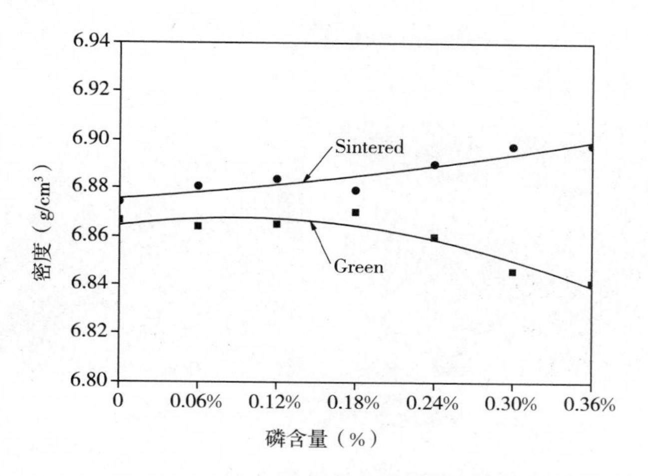

图1　P含量对材料烧结前后密度的影响

3.2　P含量对于铁基烧结材料硬度和压溃强度的影响

图2表示P含量对铁基粉末冶金材料硬度和压溃强度的影响。从(a)图可以看出，不含P的试样硬度仅为50HRB，随着P含量的增加材料的硬度也逐渐升高，当P含量为0.18%时硬度上升为65HRB，P含量继续增加材料的硬度变化比较小。从(b)图可以看出，随着P含量的增加材料的压溃强度先增加后快速下降，当P含量为0.24%时材料的压溃强度达到最大为850MPa。

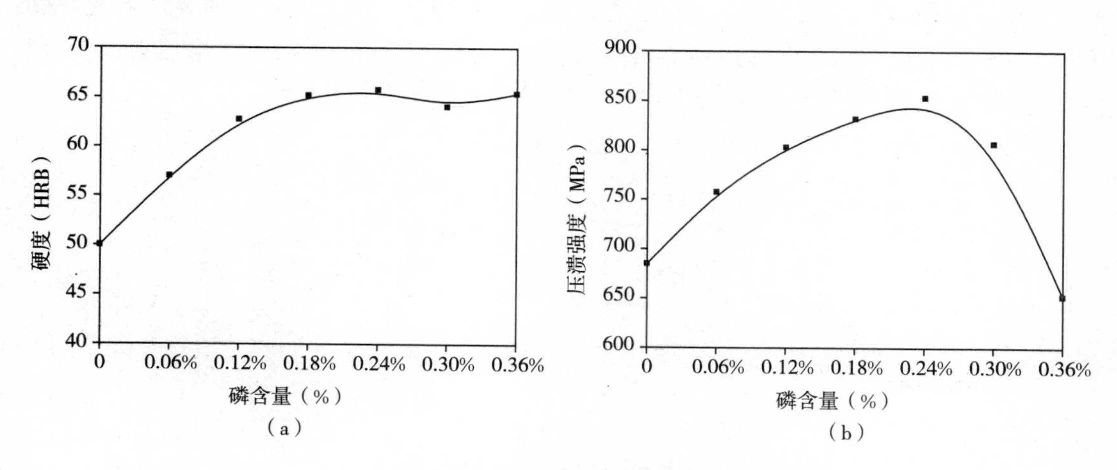

图2　P含量对材料硬度和压溃强度

(a)硬度；(b)压溃强度

P含量对材料的硬度和压溃强度产生的影响与其组织结构有密切的关系，P在铁基粉末冶金中具有以下三个方面的作用:P具有活化烧结的作用,P可以与铁形成置换固溶体提高材料的强度,磷铁在烧结时可以产生液相,促进元素的扩散[6]。图3为P铁基粉末冶金材料组织结构图中可以看出,含0.24%P的试样组织主要为铁素体和珠光体,在含0.36%P试样的晶界周围出现了网状的亮白色磷化物,主要是因为磷铁含量较高,在烧结时产生的液相主要沿着铁颗粒边界流动,来不及完全扩散到铁基体中,冷却时就会在晶界周围形成磷铁化合物,存在于晶界周围的磷化物会降低基体材料的结合强度,使材料的压溃强度大幅下降。此外,磷铁化合物的硬度较高,可以提高材料局部的微观硬度,但是由于磷铁化合物的量较少,所以导致材料的表观硬度变化不明显。

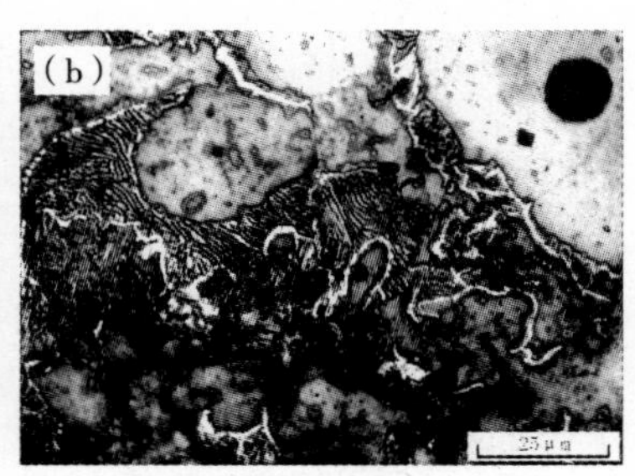

图3 铁基烧结材料的显微组织金相照片

3.3 P含量对于铁基烧结材料摩擦学性能的影响

定载荷摩擦磨损试验主要考察材料的减摩和耐磨性能。图4表示含P材料在定载荷试验中的摩擦系数和磨痕深度。从(a)图摩擦系数图中可以看出,在跑合阶段各试样的摩擦系数都比较稳定,摩擦系数大小差别较小。不含P的试样20min之前摩擦系数最低,这可能是由于不含P的试样硬度和压溃强度较低、材料较软,试样表面塑性变形大、微凸体数量减少、粗糙度降低,由于摩擦副表面机械啮合作用产生的阻力减小,所以摩擦系数较低,20min以后由于温度上升润滑油的润滑效果变差,加之材料硬度较低,材料出现了粘着磨损,摩擦系数上升[7]。从图5(b)中可以看出,不含P的试样试验前后表面形貌有了明显的变化,试验之前表面仅有因磨削加工产生的轻微划痕,粗糙度仅为0.21μm,试验过后磨痕表面变得粗糙不平,出现了材料的转移和较深的犁沟,粗糙度值也上升到1.46μm。

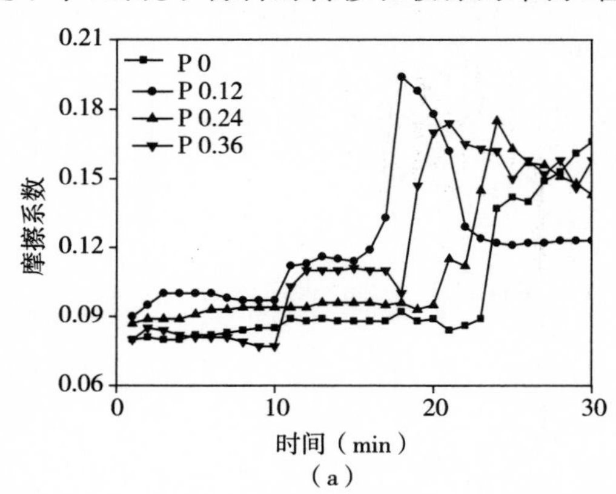

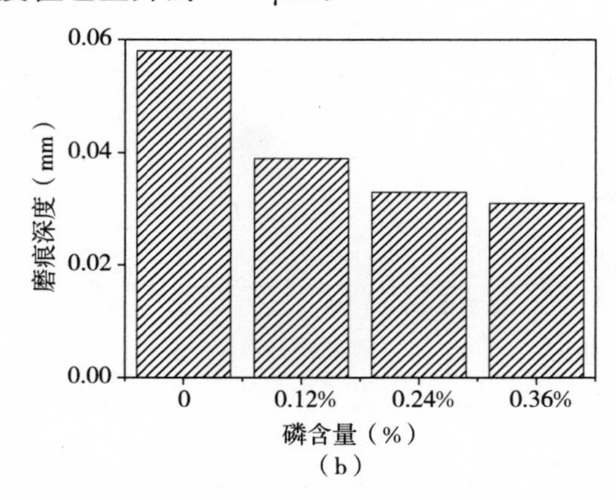

图4 定载荷试验的摩擦系数和磨痕深度

(a)摩擦系数;(b)磨痕深度

含 0.12%P 的试样在 18min 左右快速上升到 0.2 左右后马上下降，20min 以后维持在 0.12 左右，没有出现大幅的波动。从图 5(c)中可以看出，磨痕表面非常的平整，表面擦伤的数量和程度相对于实验之前都有了明显的降低，磨痕表面的粗糙度也降低到 0.15μm。由于添加 0.12%P 后材料的硬度和压溃强度都有了一定程度的上升，并且试验过程中的摩擦系数也较低，含 0.12%P 的试样相对于不含 P 的试样磨痕深度也有明显的降低，如图 4(b)所示。含 0.12%P 的试样在定载试验中表现出了较好的减摩、耐磨特性。

含 0.24%P 的试样在接近 20min 时摩擦系数出现大幅上升，最高值达到 0.18 左右，后出现缓慢下降，但摩擦系数始终在 0.15 以上；含 0.36%P 的试样在跑合阶段之后，摩擦系数小幅上升到 0.11 左右，到 18min 时摩擦系数急剧上升到 0.18 左右，后一直保持在 0.15 到 0.18 之间。图 5(d)所示的含 0.36%P 试样磨痕表面中出现了较多因材料剥落而产生的凹坑，主要是因为 P 含量较高时会在基体材料中残留磷铁化合物，其主要分布在晶界周围，磷铁化合物割裂了基体的连续性，降低了基体材料的结合强度，使材料表现出烧结脆性，在周期性循环应力的作用下，容易在结合强度较低的地方出现疲劳裂纹，随着裂纹的扩展和汇集就会造成材料的剥落，造成磨痕表面粗糙度增加、摩擦系数升高，剥落下的材料如果不能及时从摩擦副间排除就会成为磨粒，形成磨粒磨损。由于摩擦系数较大和出现了材料剥落，所以相对于含 0.12%P 的试样磨痕深度下降较少。

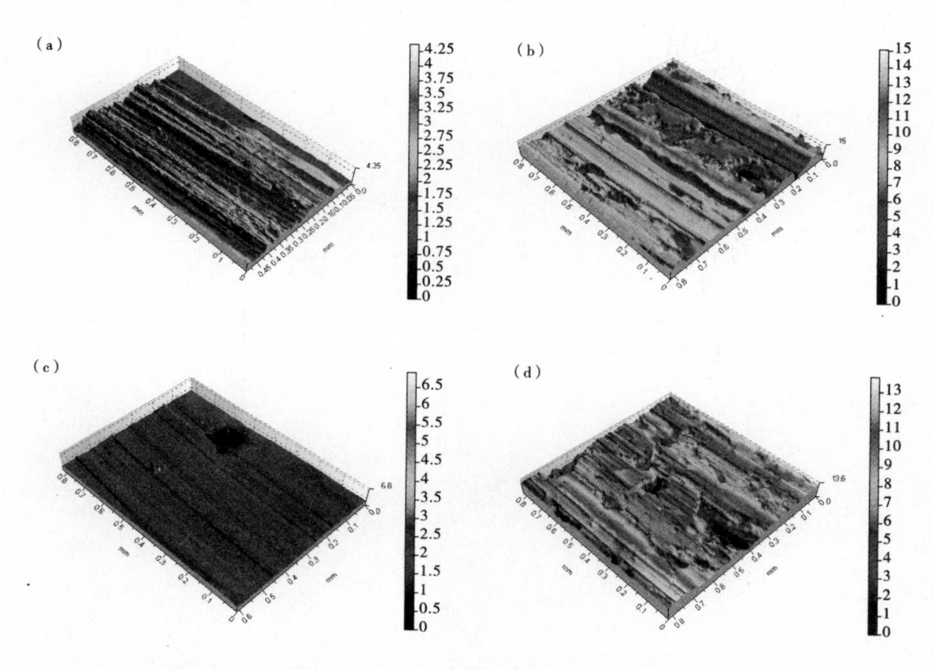

图 5　试样表面的三维形貌和粗糙度值 (a)试验前 (b,c,d)试验后

(a)Ra 0.21μm;(b)P 0, Ra 1.46μm;(c)P 0.12%, Ra 0.15μm;(d)P 0.36%, Ra 1.48μm

4　结　论

(1)由于 P 具有活化烧结和促进致密化的作用，所以含 P 材料的烧结密度相对于生坯密度有所提高。

(2)添加 P 可以显著的提高材料的硬度和压溃强度，当 P 含量超过 0.24%以后会在晶界周围残留磷铁化合物，降低基体的结合强度，使材料的压溃强度出现大幅下降。

(3)向铁基材料中添加一定量的P可以提高材料的抗粘着特性和耐磨性，但当P含量过高时材料会发生疲劳剥落、摩擦系数增大，当P含量为0.12%时摩擦学性能最好。

参考文献

[1] 尹延国，焦明华，俞建卫，等．铁基粉末冶金含油材料摩擦学性能[J]．金属功能材料，2006，05：13-17.

[2] Narasimhan K S. Sintering of powder mixtures and the growth of ferrous powder metallurgy [J]. Materials Chemistry and Physics，2001，67(1)：56-65.

[3] 姜峰．合金元素对粉末冶金低合金钢性能和组织的影响研究[D]．中南大学，2004.

[4] 夏亚山．碳、铜、镍含量对铁基粉末冶金材料性能的影响[D]．苏州大学，2008.

[5] 中国科学院金属研究所磷偏析研究组．磷在钢中的偏析及钢的脆性[J]．金属学报，1981，02：124-129+238-239.

[6] Muchnik S V. Phosphorus-containing sintered alloys (review)[J]. Powder Metallurgy and Metal Ceramics，1984，23(12)：915-921.

[7] 温诗铸，黄平．摩擦学原理[M]．北京：清华大学出版社，2002：302-322.

Ti(C,N)基金属陶瓷磨粒磨损行为的研究

周　伟　　郑　勇　　赵毅杰　　马遗萍
南京航空航天大学 材料科学与技术学院

摘　要:采用真空烧结方法制备了系列 Ti(C,N)基金属陶瓷,研究了金属陶瓷的典型磨粒磨损过程以及工件转速、载荷和磨料粒度等工作条件对其磨粒磨损行为的影响。结果表明:金属陶瓷的典型磨粒磨损过程分为三个不同的阶段,初始阶段磨损速率最大,而后逐渐减小并进入稳定磨损阶段。磨损机理随工况的改变发生相应的变化。随着转速上升,磨粒磨损失重先增大后减小,当转速为 1880r/min 时磨损失重最大;当载荷从 30N 增加 75N 时,磨损失重逐步增大,但是载荷增大到 90N 时,磨损速率快速上升;随着磨料粒度减小,磨损失重呈现出近似线性减小的规律。

关键词:Ti(C,N)金属陶瓷;磨粒磨损;转速;载荷;磨料粒度

1　引　言

传统的 WC-Co 硬质合金是现代科学技术和工业发展不可缺少的工模具材料。但由于地球上 WC 和 Co 资源较为有限,价格昂贵,被各国列入战略物质资源。因此,WC-Co 硬质合金的升级替代材料引起了各国研究者的普遍关注和重视。Ti(C,N)基金属陶瓷是在 TiC 基金属陶瓷基础上发展起来的一类新型工模具材料,具有较高的硬度、耐磨性、红硬性、优良的化学稳定性、与金属之间极低的摩擦系数以及较高的强韧性。目前,Ti(C,N)基金属陶瓷在金属切削领域得到了广泛的应用,已制成各种可转位刀片,用于精镗孔和精孔加工以及“以车代磨”等精加工领域[1~5]。

Ti(C,N)基金属陶瓷刀具尽管作为切削工具在切削金属时使用性能较好[6~8]。但是在矿山、石油、煤炭开采等一些磨粒磨损比较严重的凿岩工具领域还没有得到应用。近年来,本课题组一直从事金属陶瓷的研究和开发,前期研究发现适当提高 Ti(C,N)基金属陶瓷的氮含量可以在保证强韧性的同时明显提高其耐磨粒磨损性能,并且高氮含量 Ti(C,N)基金属陶瓷工具材料在强磨粒磨损环境下的使用寿命甚至优于通用硬质合金。然而迄今为止,有关 Ti(C,N)基金属陶瓷磨粒磨损方面的研究很少,特别是不同工况条件对其磨粒磨损行为的影响还未见报道。

基于此,本文采用真空烧结方法制备了系列氮含量较高的 Ti(C,N)基金属陶瓷,研究了 Ti(C,N)基金属陶瓷的典型磨粒磨损过程以及转速、载荷及磨料粒度等工作条件对高氮含量 Ti(C,N)基金属陶瓷磨粒磨损行为的影响,并对其在不同工况下的磨粒磨损机理进行了分析,从而为进一步提高金属陶瓷的耐磨粒磨损性能,拓宽其应用范围打下基础。

2　实验过程与方法

本实验以 Ti(C,N)基金属陶瓷为研究对象,其成分特点为:47wt%硬质相(Ti(C,N))+44wt.%粘结相(Ni、Mo)+9wt.%添加剂(WC、Cr_3C_2和石墨)。原始粉末依次经过配料、球

磨、烘干、造粒、过筛、压制成形，最后在烧结炉中经1400℃真空烧结1小时后制得所需试样。

用Z516C台式钻床改装的磨粒磨损测试设备（图1）测量各试样的耐磨性。本实验采用碳化硅砂轮为对磨材料，碳化硅砂粒作为第三体磨料填充在砂轮与试样周围，并通过压缩弹簧对试样施加不同载荷。耐磨性由打磨抛光至相同尺寸（$30\times5\times6mm^3$）的试样测试前后质量损失表征，并用精度为0.1mg的AE240型电子分析天平测量其质量。用HT—500高温摩擦磨损实验机测量试样的摩擦系数。用美国FEI公司QUANTA200型扫描电镜在二次电子模式下观察不同试验条件下金属陶瓷的磨粒磨损形貌。

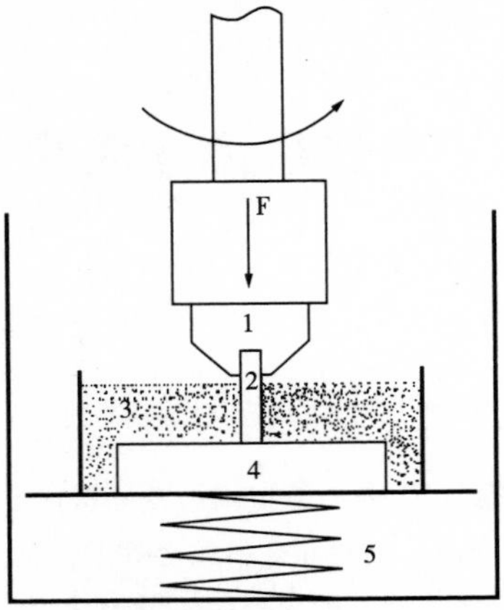

图1　耐磨粒磨损测试装置示意图
1—台钻钻夹头；2—试样；
3—磨粒；4—砂块；5—弹簧

3　实验结果与分析

3.1　Ti(C,N)基金属陶瓷的典型磨粒磨损过程

图2是Ti(C,N)基金属陶瓷与磨料对磨60min（载荷30N，转速570rpm，磨料粒度40目）后的磨损率失重曲线。从图2中可知，金属陶瓷的磨损失重随着对磨时间的增加总体呈现逐渐降低的趋势，但是曲线分为三个不同的磨损阶段。第一阶段为对磨开始时前5min，此阶段材料的磨损速率最大，磨损失重高达17.9mg，占整个磨损过程失重的1/3左右。第二阶段为5～10min，此时材料的磨损速率较第一阶段有所降低。第三阶段为10～60min，随着对磨时间的延长，材料的磨损速率进一步降低并逐渐趋于稳定。

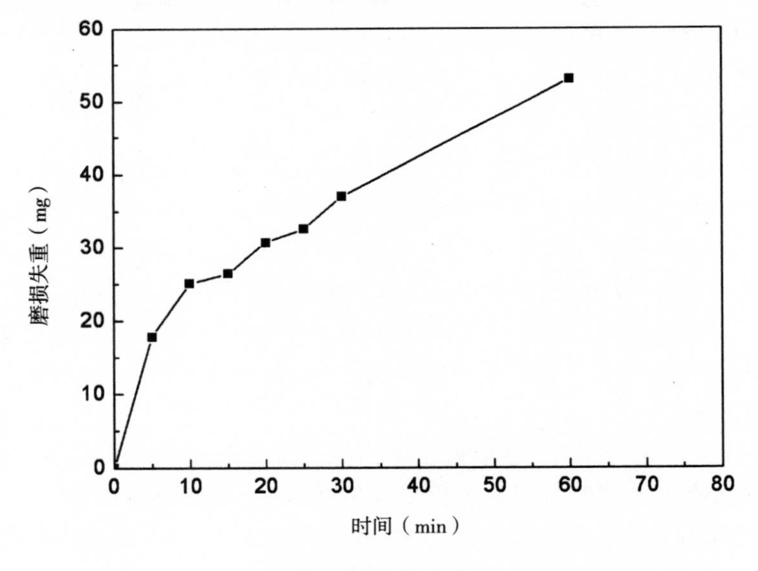

图2　磨损率曲线

图3是Ti(C,N)基金属陶瓷与SiC砂轮在摩擦磨损试验机上对磨60min所测得的摩擦系数曲线。从图3中可以看到，对磨刚开始时，摩擦系数最大，对磨开始大约5min内，摩擦系数快速降低，经过5min的对磨后，已经降低到较低的数值。随着对磨时间的进一步延长

摩擦系数逐渐小幅下降并保持在一定数值上下微量波动。这是因为 SiC 砂轮表面有许多不规则的 SiC 磨粒,所以磨损过程刚开始时的摩擦系数较大。当两种对磨材料经过一定时间的磨合之后,摩擦表面逐渐被磨平,实际接触面积增大,从而使摩擦系数降低。随后对磨过程进入稳定磨损阶段,磨损速率逐渐减小。这就解释了前面金属陶瓷的磨损失重随磨损时间的变化关系。

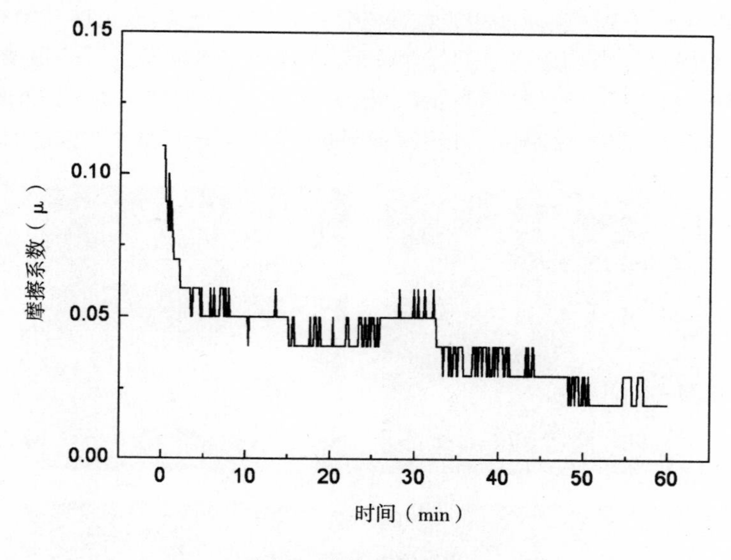

图 3 摩擦系数曲线

3.2 转速对 Ti(C,N)基金属陶瓷磨粒磨损性能的影响

图 4 是在 30N 载荷作用下与 60 目磨料对磨 60min 时,转速与 Ti(C,N)基金属陶瓷的磨粒磨损失重之间的关系。从图 4 中可以看到,随着转速从 570rpm 增大到 1880rpm,金属陶瓷的磨损失重逐渐上升,当转速为 1880rpm 时,金属陶瓷的磨损失重最大,当转速增大到 4100rpm 时,金属陶瓷的失重较 1880rpm 时反而有所下降。一般来说,转速越快意味着同样

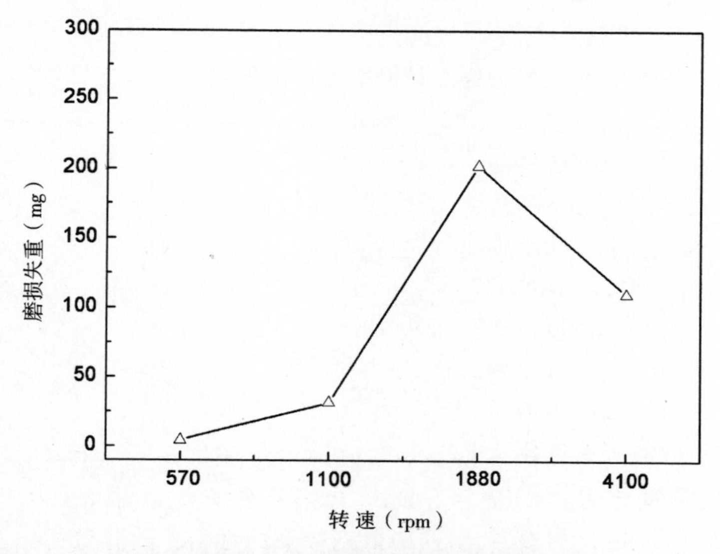

图 4 转速对金属陶瓷磨粒磨损失重的影响

时间内，磨粒与试样相互作用的总接触面积越大、对磨距离越长，材料的磨粒磨损失重也应该越大。但由于含氮金属陶瓷硬度较高，SiC 磨粒在载荷较小时很难快速嵌入材料。当转速很快时，即使嵌入材料的磨粒也很难造成连续的犁削作用，部分细小的磨粒甚至会在离心力的作用下被甩出对磨接触面，从而在一定程度上减轻了磨料对金属陶瓷的磨损。

图 5 是不同转速下 Ti(C,N)基金属陶瓷的磨粒磨损形貌，从图 5 中可以看到，随着转速的增大，金属陶瓷磨损形貌中陶瓷硬质相脆性破坏产生的凹坑减少，而金属粘结相塑性变形所形成的犁沟数量明显增多。当转速超过 1100rpm 时，犁沟的方向也发生了一定变化，从纵向平行变为不规则，同时还出现了一些犁皱和粘着磨损的痕迹，当转速增大为 4100rpm 时，金属陶瓷磨损形貌中的犁沟的数量较 1880rpm 时反而有所减少，并且宽度和深度也有所降低。

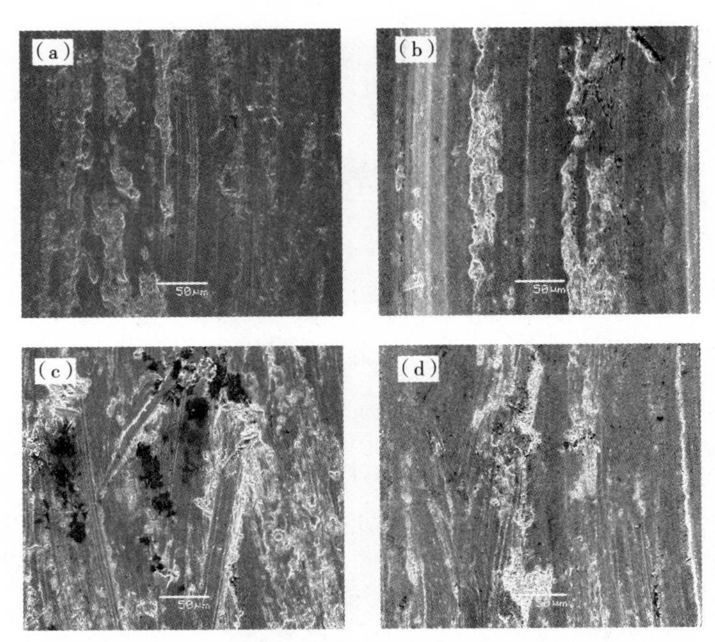

图 5　不同转速下金属陶瓷的磨粒磨损形貌

(a)转速为 570rpm；(b)转速为 1100rpm；(c)转速为 1880rpm；(d)转速为 4100rpm

3.3　载荷对 Ti(C,N)基金属陶瓷磨粒磨损性能的影响

图 6 是在中等转速(1100rpm)与粒度为 60 目的磨料对磨 60min 条件下，载荷与 Ti(C,N)基金属陶瓷的磨粒磨损失重之间的关系曲线。从图 6 中可以看到，当所加载荷在 30N 到 75N 之间时，金属陶瓷的磨损失重与载荷成正相关，基本呈现出线性增大的规律，而当载荷增大到 90N 时，金属陶瓷的磨损失重快速增加。根据赫鲁晓夫的理论，在磨粒磨损的过程中，当载荷逐渐增大时金属陶瓷单位表面积承受

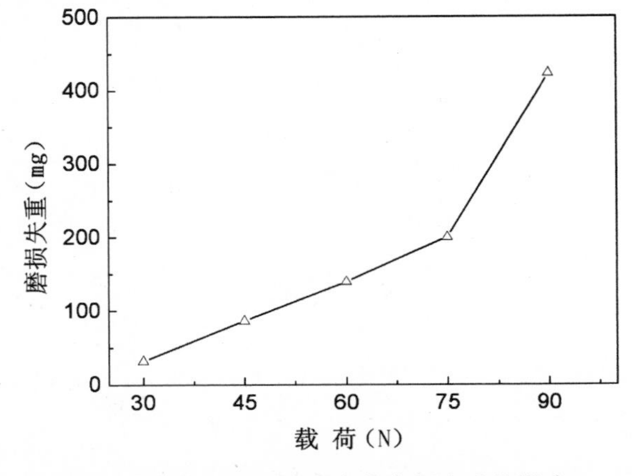

图 6　载荷对金属陶瓷磨粒磨损失重的影响

的压力变大，磨粒对材料的犁削效应增强，导致磨损失重变大，但是存在某一临界载荷，在未达到该临界载荷之前，材料的磨损失重与载荷成正比，而超过该临界值时，磨损失重和载荷之间的线性关系就不存在[9]。

图 7 是不同载荷下 Ti(C,N)基金属陶瓷的磨粒磨损形貌，从图 7 可以看到，在较低载荷情况下(30N、45N)，金属陶瓷磨损形貌中既有微观脆性断裂形成的凹坑也有磨粒切削材料形成的犁沟，而犁沟数量相对较少。而在较高载荷情况下(60N、75N)，磨损形貌中脆性断裂形成的凹坑明显减少，转变为以磨粒切削材料形成的犁沟为主，另外开始出现一些微小裂纹和孔洞。当载荷达到 90N 时，犁沟变得很深，这是因为嵌入金属陶瓷材料的磨粒被压入更深，部分较大磨粒甚至被压碎成多个小磨粒，从而加重对材料的犁削作用，使金属陶瓷的耐磨粒磨损性能明显下降。

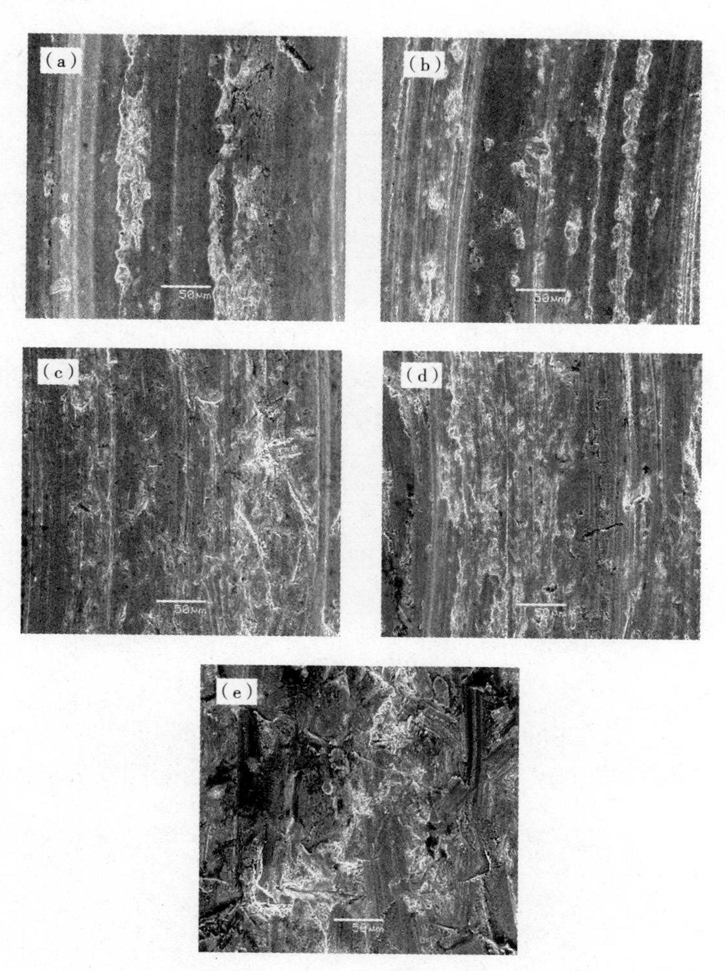

图 7 不同载荷下金属陶瓷的磨粒磨损形貌照片

(a)载荷为 30N;(b)载荷为 45N;(c)载荷为 60N;(d)载荷为 75N;(e)载荷为 90N

3.4 磨料粒度对 Ti(C,N)基金属陶瓷磨粒磨损性能的影响

图 8 是在中等转速(1100rpm)、较高载荷(75N)情况下，金属陶瓷与不同粒度 SiC 磨料对磨 60min 情况下，磨料粒度与 Ti(C,N)基金属陶瓷的磨粒磨损失重之间的关系。从图 8

可以看到，当磨料从 40 目增大到 100 目，即磨粒尺寸逐渐变细时，金属陶瓷的磨损失重逐渐降低，呈现出近似线性减小的规律。这是因为磨粒越细，嵌入材料的角度也变小，每次犁削材料的宽度和深度都有所变小，所以金属陶瓷的磨损失重随着磨粒尺寸的减小而逐渐降低。

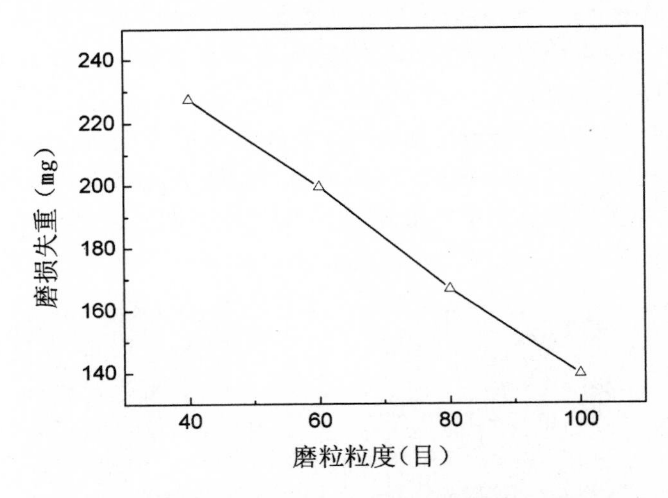

图 8　磨料粒度对金属陶瓷磨粒磨损失重的影响

图 9 是不同磨料粒度时 Ti(C,N)基金属陶瓷的磨粒磨损形貌，从图 9 中可以看到，在磨粒尺寸较大(40 目、60 目)时，金属陶瓷磨损形貌中有大量磨粒切削材料形成的犁沟，且宽度和深度都明显较大，此时材料的磨损比较严重。在磨粒尺寸较小(80 目、100 目)时，磨损形貌中犁沟数量减少且变得浅而窄，沟槽变得不连续，细小的磨粒对材料的犁削作用减弱，金属陶瓷的耐磨粒磨损性能有所提高。

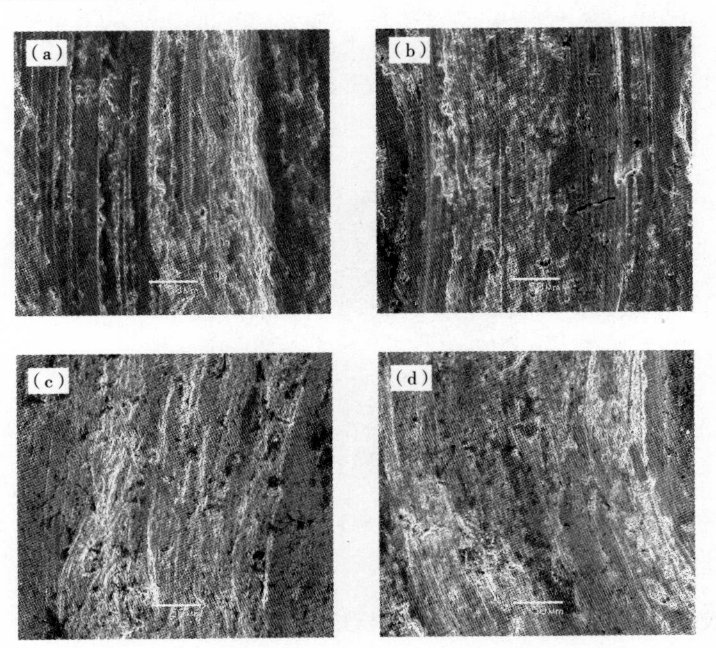

图 9　磨料粒度对金属陶瓷磨粒磨损形貌的影响

(a)磨料粒度为 40 目；(b)磨料粒度为 60 目；(c)磨料粒度为 80 目；(d)磨料粒度为 100 目

4 结 论

(1)Ti(C,N)基金属陶瓷磨损速率和摩擦系数随磨粒磨损过程的进行而变化，磨损形貌主要为切削作用所形成的犁沟和陶瓷颗粒拔出脱落所形成的凹坑，相应的磨损机制分别为金属粘结相的塑性变形和陶瓷硬质相的疲劳破碎，随着工况条件的改变，磨损机制也发生转变。

(2)金属陶瓷的磨损失重随着转速逐渐增加逐渐上升，当转速为1880rpm时，金属陶瓷的磨损失重最大，当转速进一步增加至4100rpm时，金属陶瓷的失重又有所下降。随着转速增加，磨损形貌中微观脆性断裂形成的凹坑减少，而犁沟数量明显增多。

(3)当载荷在30N到75N之间时，金属陶瓷的磨损失重与载荷基本呈现出线性增大的规律，当载荷增大到90N时，金属陶瓷的磨损失重快速增加。载荷较低时，金属陶瓷磨损形貌中既有微观脆性断裂形成的凹坑也有磨粒切削材料形成的犁沟；载荷较高时，磨损形貌中脆性断裂形成的凹坑基本消失，转变为以磨粒切削材料形成的犁沟为主。

(4)当磨料粒度减小时，金属陶瓷的磨损失重与磨料粒度呈现出近似线性减小的规律。磨粒粒度较大时，金属陶瓷磨损形貌中有大量磨粒切削材料形成的犁沟，且宽度和深度都较大；磨粒粒度较小时，犁沟数量减少且变得浅而窄，沟槽变得不连续。

参考文献

[1] Ettmayer P,Lengauer W. The story of cermets. Powder Met. Inter. ,1989,21(2):37 - 38.

[2] Ettmayer P, Kolaska H, Lengauer W, et al. Ti(C, N) cermets - metallurgy and properties[J]. Refractory Metals & Hard Materials,1995,(13):343 - 351.

[3] 贺从训，夏志华，汪有明，等 . Ti(C,N)基金属陶瓷的研究[J]. 稀有金属，1999,23(1):4 - 12.

[4] 赵兴中，郑勇，刘宁，等 . 含氮金属陶瓷的发展现状及展望[J]. 材料导报，1994,(1):17 - 21.

[5] 张国军 . Ti(C,N)基金属陶瓷[J]. 机械工程材料，1990,(3):4 - 9.

[6] 石增敏，郑勇，袁泉，等 . 金属陶瓷刀具切削铸铁的磨损机理研究[J]. 硬质合金 . 2007,24(1):47 - 51.

[7] 石增敏，郑勇，丰平，等 . 金属陶瓷刀具切削淬火钢的磨损机理研究[J]. 稀有金属材料与工程. 2007,36(S3):26 - 30.

[8] 石增敏，郑勇，袁泉，等 . 金属陶瓷刀具切削不锈钢的磨损机理研究[J]. 材料导报 . 2007,21(8): 244 - 246.

[9] 王小龙，谭业发，谭华，等 . 42CrMo 合金钢耐磨粒磨损性能研究[J]. 机械制造与自动化 . 2008,37(1):10 - 12.

耐磨导电铜基复合材料的制备与性能

苗迎春　　杨　猛　　马立群

南京工业大学　材料科学与工程学院

（马立群，13505184782，maliqun@njtech. edu. cn）

摘　要：将铜、镀铜石墨、氧化铝粉末混合并在850℃、4MPa压力下热压烧结，制备出铜-镀铜石墨-氧化铝复合材料，对其硬度、三点弯曲强度和摩擦磨损性能进行了测试，观察了其显微组织和断口形貌。同时制备了铜-石墨、铜-石墨-氧化铝复合材料并进行比较。结果表明，强化颗粒的添加提高了铜石墨复合材料的强度，铜-镀铜石墨-氧化铝复合材料综合性能最佳。

关键词：铜基复合材料；颗粒强化；弯曲强度

铜-石墨复合材料不仅具有石墨的良好润滑性，也兼具铜基体优良的导电、导热性和良好的延展性。因此，铜石墨复合材料在电刷及受电弓滑板等方面得到了广泛应用[1~3]。然而，由于铜/石墨两相几乎不润湿，导致铜-石墨界面结合力弱，影响了材料的导电和力学性能[4,5]。为此，石墨颗粒表面进行镀铜[6]处理可有效提高界面结合力。为进一步提高铜基复合材料的性能，有研究者尝试采用碳纤维[7]或强化颗粒[8]对复合材料进行改性，并取得了一定成效。氧化铝颗粒是一种常见的硬质颗粒，相比碳纤维，其成本低廉，广泛应用于弥散强化材料[9]。本研究将氧化铝和镀铜石墨加入铜基体进行复合，并研究了其力学性能和耐磨性能。

1　实　验

1.1　材料制备

实验所用原料为电解铜粉（200目）、石墨粉（平均粒径＜30μm）和氧化铝粉（分析纯）。部分石墨粉进行化学镀铜处理[10]。先对石墨粉分别进行碱洗和酸洗，水洗至中性后，加入至40g/L $CuSO_4 \cdot 5H_2O$溶液中，调节溶液pH至2～3，60℃下磁力搅拌，逐渐添加还原锌粉至溶液趋近无色，然后将镀铜石墨粉水洗、抽滤、真空烘干。将铜粉、石墨粉、氧化铝粉和镀铜石墨按照表1配制成三种不同的复合材料，使用卧式行星球磨机将混合粉在200r/min转速下，球磨4h。粉料混合均匀后，使用ZT—40—20Y型真空热压烧结炉烧结成型，烧结温度850℃，热压压力4MPa，保温1h。

表1　三种复合材料的成分（质量分数，%）

样品	镀铜石墨	氧化铝	石墨	铜
铜-石墨	0	0	5	95
铜-石墨-氧化铝	0	1	5	94
铜-镀铜石墨-氧化铝	5	1	0	94

1.2 材料性能测试方法

分别使用HV-1000型维氏显微硬度计和RGWT-4002型微机控制电子万能试验机测试复合材料的显微硬度和三点弯曲强度。用MMG-10型摩擦磨损试验机测试摩擦磨损性能,采用止推圈摩擦副,摩擦副为2520不锈钢,轴转速200r/min,加载载荷50N,时间30min。用金相显微镜观察和扫描电镜观察复合材料的显微组织、断口形貌。

2 实验结果与讨论

2.1 复合材料的显微组织与力学性能

图1所示为三种复合材料的显微组织在200倍下的金相照片。由图1(a)可以看出,铜-石墨复合材料组织中存在着较多的黑色石墨聚集区域,多成带状或片状,石墨的聚集增加了基体中石墨-石墨弱界面结合区,减少了金属基体之间的连通,从而使复合材料的性能受到一定的影响。添加氧化铝颗粒后[图1(b)],复合材料中石墨聚集现象并未得到明显改善,氧化铝的添加并不能有效改善铜-石墨两相润湿性差的问题。为了改善这一问题,对石墨颗粒表面进行镀铜处理。由图1(c)与图1(b)比较可得,添加镀铜石墨后,复合材料基体中大片石墨聚集区域明显减少,这就减少了石墨-石墨弱界面结合区,同时,石墨在基体中的分布更加均匀,这些都有利于复合材料性能的提高。

图1 三种复合材料的显微组织照片

(a)铜-石墨复合材料;(b)铜-石墨-氧化铝复合材料;(c)铜-镀铜石墨-氧化铝复合材料

表2为三种复合材料的显微硬度和三点弯曲强度。由于铜-石墨复合材料组织中有较多石墨聚集区域,所以较多的石墨-石墨弱界面结合区成为影响复合材料力学性能的重要因素。铜-石墨两相几乎不润湿,铜-石墨界面结合强度低,在应力作用下,裂纹容易沿石墨-石墨、铜-石墨弱界面结合区扩展,并最终引起脆性断裂。而铜基体塑性较好,因此,铜-石墨复合材料的断裂机制主要为铜基体韧断和弱界面结合处脆断的混合断裂[图2(a)]。氧化铝颗粒是一种常见的硬质颗粒,在金属基复合材料中,其作为一种强化相均匀分布于金属基体中,可有效提高复合材料的力学性能。本文中氧化铝的添加提高了复合材料的强度,但由于其无法改善铜/石墨界面结合差的问题,所以其断裂机制与铜-石墨复合材料相似[图2(b)]。添加镀铜石墨后,基体中石墨聚集区域明显减少,因而石墨-石墨弱界面结合区减少;石墨表面镀铜后,铜-石墨界面结合转变为铜-铜界面结合,界面结合强度得到提高,所以弯曲强度得到明显提高。图2(c)断口形貌表明复合材料的断裂机制也转变为以韧性断裂为主,断口中可观察到大量韧窝及石墨、氧化铝颗粒从基体中剥离后留下的孔洞。

表 2　三种复合材料的力学性能

样品	显微硬度 HV(0.02)	三点弯曲强度(MPa)
铜-石墨	109.94	169.5
铜-石墨-氧化铝	119.18	182.8
铜-镀铜石墨-氧化铝	116.56	255.3

图 2　三种复合材料的断口形貌 SEM 照片

(a)铜-石墨复合材料;(b)铜-石墨-氧化铝复合材料;(c)铜-镀铜石墨-氧化铝复合材料

2.2　复合材料的摩擦磨损性能

图 3 为三种复合材料在 50N 载荷下,摩擦 30min 的摩擦系数。可以看出,低载荷下铜-石墨复合材料摩擦系数最小,这是因为在铜-石墨复合材料中存在着较多的石墨-石墨弱结合界面,在摩擦过程中,石墨颗粒容易从基体中剥落,石墨作为一种较好的润滑剂分布于摩擦端面上,可减少摩擦副与基体的直接接触,降低了摩擦系数,但其磨损量较大,为 0.0060g。添加氧化铝颗粒后,复合材料的强度提高,耐磨性提高,磨损量为 0.0023g。相比铜-石墨复合材料,铜-石墨-氧化铝复合材料磨损量大大减少。铜-镀铜石墨-氧化铝复合材料中,镀铜石墨的添加使基体中石墨分布更加均匀,弱界面结合区减少,因而石墨颗粒不易从基体中剥落,减弱了石墨润滑层的润滑作用,所以其摩擦系数最大,但其磨损量与铜-石墨-氧化铝复合材料相差不多。

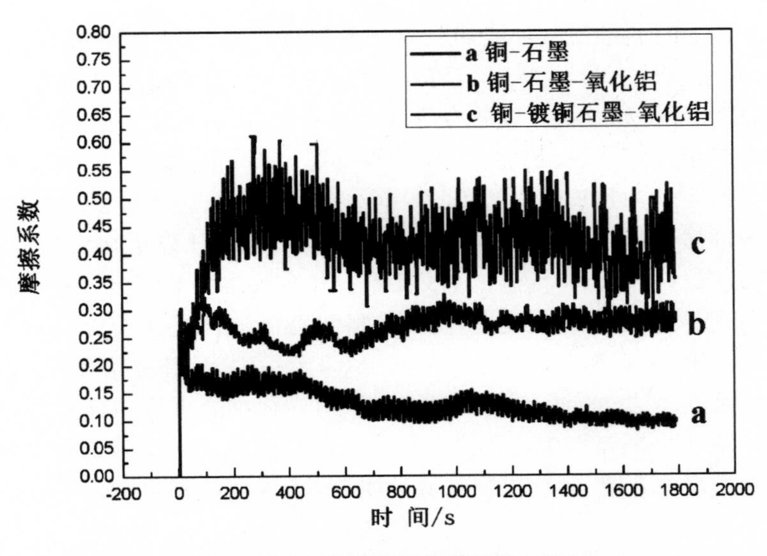

图 3　三种复合材料的摩擦系数(50N)

3 结 论

(1)在铜-石墨复合材料中添加一定量的氧化铝颗粒,可进一步改善复合材料的硬度、弯曲强度和耐磨性。

(2)石墨表面镀铜后,减轻了复合材料基体中石墨的团聚现象,石墨分布更加均匀。综合比较,铜-镀铜石墨-氧化铝复合材料综合性能最佳。

参考文献

[1] 张烨. 电机用电刷的使用技术探究[J]. 中国西部科技,2013,12(3):7-8.

[2] D. H. He. R. Manory. A novel electrical contact material with improved self - lubrication for railway current collectors[J]. Wear,2001,249:626-636.

[3] 张婧琳,孙乐民,上官宝,等. 电气化铁路受电弓滑板材料的发展[J]. 热加工工艺,2010,39(010):110-112.

[4] Owen K C,Wang M J,Persad C,et al. Preparation and tribological evaluation of copper - graphite composites by high energy high rate powder consolidation[J]. Wear,1987,120(1):117-121.

[5] Moustafa S F,El - Badry S A,Sanad A M. Effect of graphite with and without copper coating on consolidation behaviour and sintering of copper - graphite composite[J]. Powder metallurgy,1997,40(3):201-206.

[6] Moustafa S F,El - Badry S A,Sanad A M,et al. Friction and wear of copper - graphite composites made with Cu - coated and uncoated graphite powders[J]. Wear,2002,253(7):699-710.

[7] 许少凡,王文芳,凤仪,等. 碳纤维-中铜-石墨复合材料的摩擦磨损性能研究[J]. 摩擦学学报,1998,18(3):254-258.

[8] Tjong S C,Lau K C. Tribological behaviour of SiC particle - reinforced copper matrix composites[J]. Materials Letters,2000,43(5):274-280.

[9] 王东里,凤仪,李庶,等. Al_2O_3弥散强化铜基复合材料的制备及性能研究[J]. 金属功能材料,2009,16(2):21-25.

[10] 李长青,王振廷,赵国刚. 化学镀铜石墨粉及其铜基复合材料的性能[J]. 黑龙江科技学院学报,2011,21(5):349-352.

化学气相沉积法制备碳纳米管工艺研究

赵腾腾[1]　　刘新宽[2]　　刘　平[2]　　陈小红[2]　　李　伟[2]

1. 上海理工大学 机械工程学院；　2. 上海理工大学 材料科学与工程学院

摘　要：采用氨水沉淀法制备 Cu-Cr-O 催化剂并将其成功应用于碳纳米管的制备，利用热重-差热(TG-DSC)同步热分析仪，X 射线衍射分析(XRD)，扫描电子显微镜(SEM)以及透射电子显微镜(TEM)对所得产物进行热分析，组成及形貌分析。结果表明，在 400℃、500℃及 600℃条件下煅烧所得催化剂能成功生长出碳纳米管，其中 600℃条件下所得碳管质量较高，并存在螺旋形碳纳米管。

关键词：碳纳米管；Cu-Cr-O 催化剂；化学气相沉积(CVD)法；煅烧温度

1　引　言

碳纳米管是一种具有优异性能的功能材料和结构材料，自从 1992 年 Iijima 用真空电弧法蒸发石墨制备出了纳米级的碳的多层管——巴基管以来，碳纳米管的研究有了迅猛的发展[1]。但是碳纳米管的制备过程不易控制，产率较低，因此其制备方法及制备条件一直是研究的热点。目前制备碳纳米管的方法主要有：电弧放电法，激光蒸发法，化学气相沉积法(CVD 法)等[2~4]。CVD 法由于其成本低，操作方便等，最有可能实现工业化生产，是目前研究最为广泛的制备碳纳米管的方法[2]。

金属/碳纳米管复合材料被广大的研究者认为具有比纯金属本身更好的导电导热性，耐磨耐腐蚀性等优点[5~10]。但为使 CNTs 在复合材料中发挥作用，有两个必须解决的问题：①碳纳米管在基体中均匀分散，均匀分散包括碳纳米管不团聚和弥散分布于基体中；②碳纳米管与基体材料良好结合[11,12]。为解决上述难题，本研究寻求新思路，从复合粉末制备技术出发，将原位合成和化学共沉积相结合，制备出 CNTs 分布均匀、结构完整且 CNTs 与 Cu 界面结合良好的复合粉末。而 Cu-Cr-O 复合物也由于其在加氢、脱氢、氧化、烷基化等化学反应中的催化作用，一直以来是人们公认的一种通用功能材料[13]。

本文制备了 Cu-Cr-O 复合粉体，并将其用于 CVD 法制备碳纳米管，运用 TG-DSC，XRD，TEM，SEM 手段对其进行表征，分析煅烧温度对催化剂及其所制备 CNTs 的影响。

2　试　验

2.1　复合催化剂的制备

所有的试剂都是分析纯，从国药(上海)购买。将 2.52g $(NH_4)_2Cr_2O_7$ 在电磁搅拌条件下，滴入 300ml，55℃恒温去离子水中，并同时滴加适量氨水，直至 pH 为 8.0。之后将 3.9325g $Cu(NO_3)_2 \cdot 3H_2O$ 加入上述溶液中，并滴加适量氨水，直至 pH 为 7.0，会出现一些沉淀物。然后将混合物在 55℃下保温 5 分钟。接着将混合物用去离子水抽滤至 pH 为 7.0，并置于100℃的环境下保温12h后磨成粉末。最后，将粉末在特定温度下煅烧120分钟以获得Cu－Cr－O催化剂前驱体。

2.2 碳纳米管的制备

取适量上述复合氧化物置于石英方舟中，而石英方舟置于水平管式炉中部，以Ar气为保护气，H_2为还原气，C_2H_4为碳源气体制备碳纳米管。具体操作为：以200scc/min的速度通入Ar气，以10℃/min的升温速率使管式炉升高到700℃，切换气体为H_2，流速为600scc/min，还原120min，切换气体为Ar气，当温度升高到800℃时，切换气体为C_2H_4，流速为600scc/min，生长60 min后关闭碳源，通入Ar气保护至室温，取出样品。

2.3 样品的表征

复合粉体的热分析采用NETZSCH的STA449－F3－Jupiter型同步热分析仪；形貌表征采用JEOL 2100F型透射电镜和FEI Quanta 450型扫描电镜；XRD表征采用德国的D8－Advanced Bruker AXS型X射线衍射仪，工作条件为：铜靶，速度10°/min。

3 结果与讨论

3.1 催化剂分析

3.1.1 热分析

为了研究所制备前驱物的热分解过程，优化煅烧工艺参数，确定Cu－Cr－O复合物的结晶成相温度，首先对所制得前躯体进行了TG－DSC分析，结果如图1所示。Sun L. F. 等通过气相色谱法确定在热分解过程中，H_2O、NH_3、O_2、NO_2和N_2是主要的反应成分[14]。从图1可以看出，在分解过程中主要有三个阶段。从TG曲线可以看出，从室温到200℃有一个持续失重(大约6.12%)的过程。对应DSC曲线在115℃处有一个吸热峰，是由吸附水，结晶水的失去引起的[14]。下一阶段的失重出现在200℃～400℃，放热峰出现在231℃和288℃，对应有机物脱氨和脱氮生成Cu－Cr－O无机相的过程。之后，生成的NH_3被获得的Cu－Cr－O氧化成为N_2和H_2O[15]。

485℃和662℃放热峰是Cu－Cr－O相的结晶放热峰，TG曲线上对应400℃～700℃失重，此阶段后形成结晶的Cu－Cr－O无机相[15]。当温度进一步升高到700℃到900℃，失重开始变小。

3.1.2 晶体结构分析

为了研究煅烧过程中的结构演变，对不同煅烧温度下的粉体进行XRD分析，如图2所示。从图中可以看出，煅烧温度在600℃以下为无定形的非晶态，主要有[211]和[202]晶面，表明尖晶石$CuCr_2O_4$的出现，表明在300℃～500℃煅烧时前驱物中有机化合物分解，形成了Cu－Cr－O无机相，这与上述热分析部分的讨论结果一致。600℃煅烧样品在18.6°，29.6°，31.1°，37.7°，42.3°，61.4°和64.8°出现衍射峰，分别对应于(111)，(220)，(022)，(113)，(400)，(440)，和(404)晶面，这与尖晶石的$CuCr_2O_4$特征峰相关，表明Cu－Cr－O复合材料为单相的$CuCr_2O_4$，但是衍射峰宽而弱，表明600℃煅烧所制备的样品颗粒尺寸细小[15]。当煅烧温度进一步升高到700℃后，衍射峰强度增加，峰宽变窄，但在XRD图谱中并没有出现二次相的衍射峰，这表明随着温度升高，产物均为单相的尖晶石$CuCr_2O_4$，其颗粒尺寸增大，结晶度提高。然而，当温度进一步升高到800℃后，除了尖晶石结构的$CuCr_2O_4$，

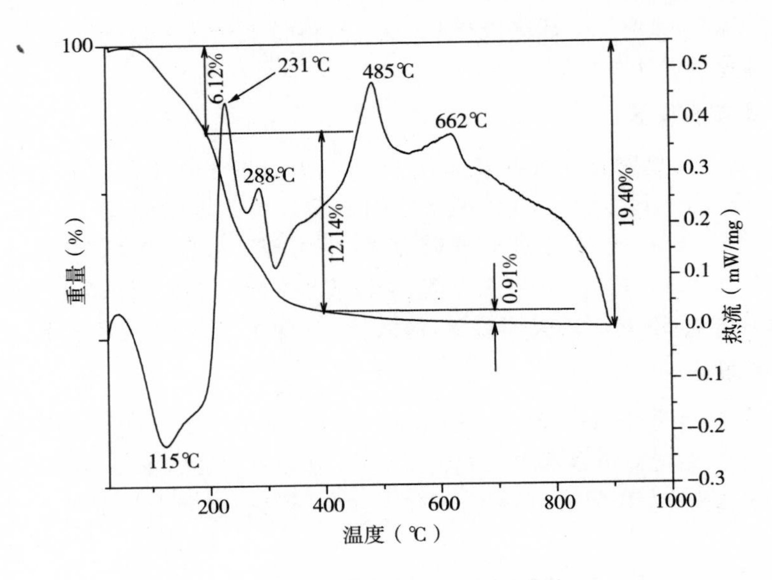

图 1　前驱物的 TG－DSC 曲线

还出现了铜铁矿结构的 $CuCrO_2$ 和 Cr_2O_3 的衍射峰，产生这种现象的原因是高温下部分 $CuCr_2O_4$ 分解成 $CuCrO_2$ 和 Cr_2O_3，这与热分析相吻合。图 3 为 600℃煅烧后所得粉体还原前后的 XRD 图，由图可知，还原后产物为 Cr_2O_3 和 Cu，由于煅烧温度只影响粉体的结晶度与颗粒尺寸，所以不同煅烧温度所得产物还原后均为 Cr_2O_3 和 Cu 的混合物。

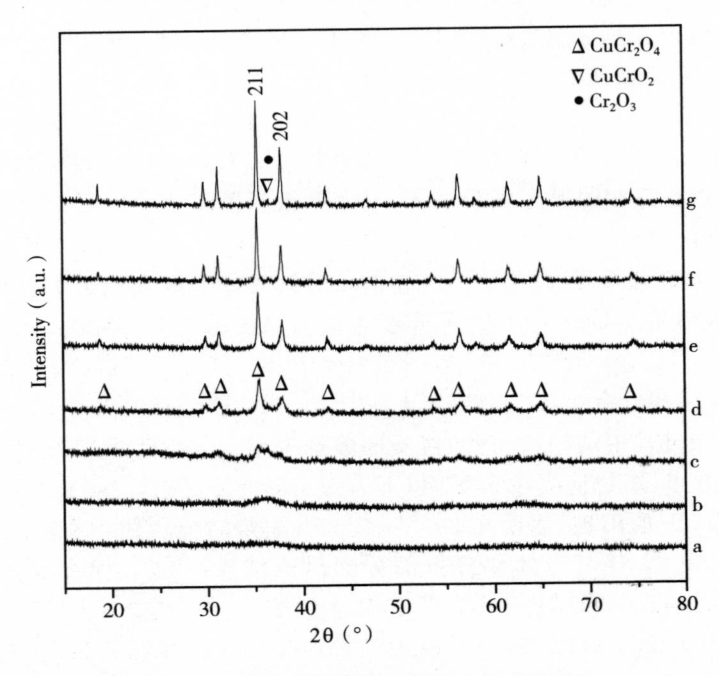

图 2　不同煅烧温度下催化剂的 XRD 谱图

(a)300℃；(b)400℃；(c)500℃；(d)600℃；(e)700℃；(f)800℃；(g)900℃

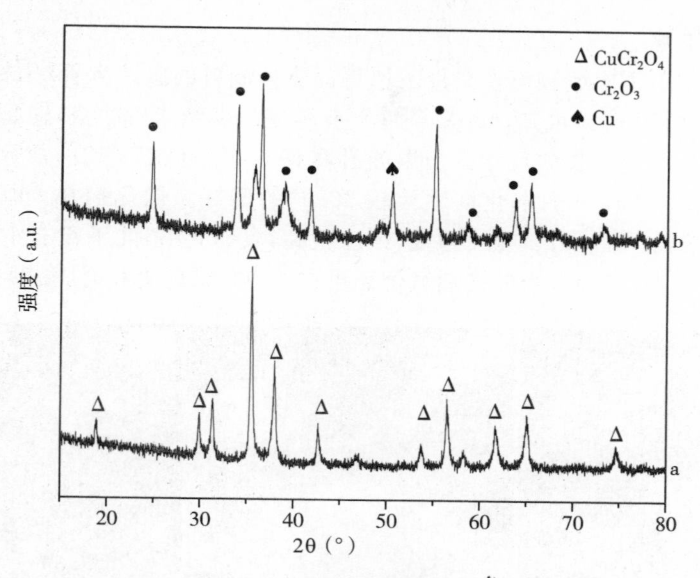

图 3 前驱体 600℃煅烧还原前后的 XRD 谱图
(a)还原前；(b)还原后

3.1.3 形态分析

不同煅烧温度下的复合催化剂的 SEM 图如图 4 所示。可以明显地看出，前驱体在 500℃［图 4(a)和 4(b)］以下煅烧产物没有被完全激活，但分布着一些被激活的微粒。当温度升高到 600℃［图 4(c)］，样品的结晶度提高，同时分布着更加均一、细小、高密度且表面光洁的纳米颗粒。当温度升高到 700℃［图 4(d)］时，颗粒聚集，偏析严重。800℃和 900℃［图 4(e)和 4(f)］煅烧后，前驱体被氧化并再结晶，同时颗粒长大，结果几乎没有适合 CNTs 生长的活性颗粒。

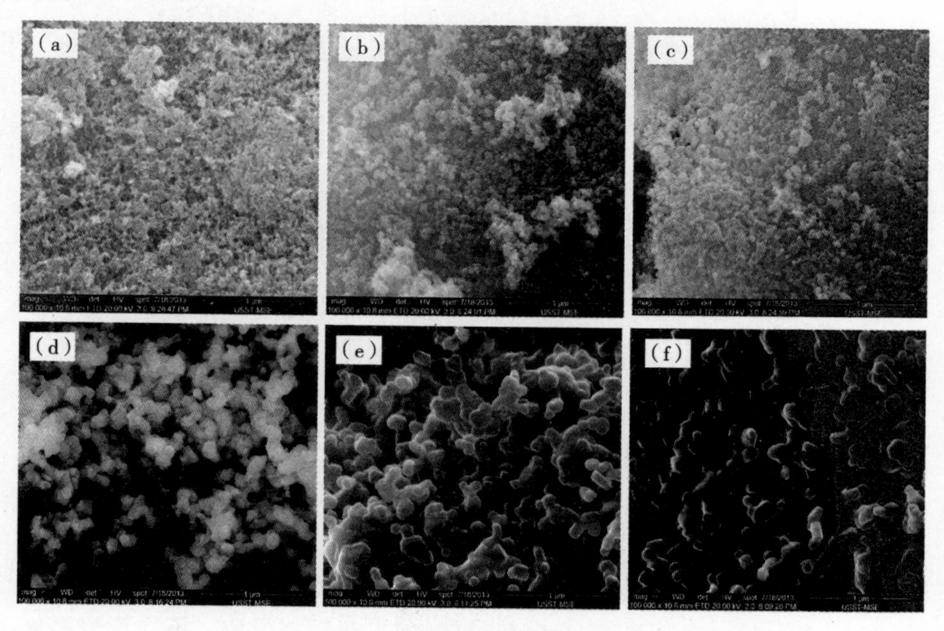

图 4 前驱体在不同煅烧温度下粉体的 SEM 谱图照片
(a)400℃；(b)500℃；(c)600℃；(d)700℃；(e)800℃；(f)900

3.2 CNTs 分析

扫描电镜观察了不同煅烧温度条件下所得前躯体制备的碳纳米管(未提纯)的品质和形貌,如图 5 所示。由图 5(a)可知,400℃条件下有零星的碳纳米管生成,这是由于较低温度下催化剂颗粒有少量适合生长的尺寸。当温度升高到 500℃,CNTs 均一成簇生长[图 5(b)],这是由于 500℃煅烧条件下的催化剂颗粒较 400℃的要好。催化剂在 600℃煅烧后生长的 CNTs 具有中空结构[图 5(c)],相互缠绕,纯度很高,表面光洁,几乎没有纳米管缺陷和无定形碳以及纳米晶杂质。然而,当催化剂煅烧温度在 700℃或者更高时,并没有发现 CNTs。

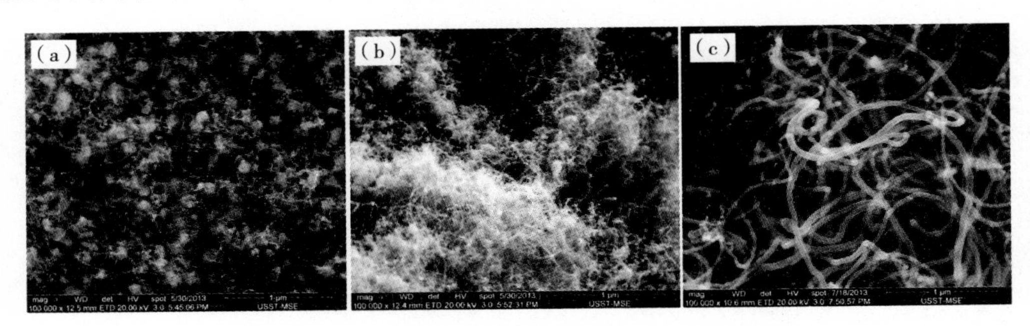

图 5　前躯体在不同煅烧温度下生长 CNTs 的 SEM 照片

(a)400℃;(b)500℃;(c)600℃;(d)700℃

图 6 展示了催化剂在 600℃煅烧生成 CNTs 的 TEM 图像。CNTs 具有中空结构,缠绕弯曲,大部分具有均一直径,连续管壁,如图 6 箭头所示。弯曲盘旋部分有很多,如图 6 的截图部分。CNTs 的外壁直径一般在 20nm 至 50nm 之间,中空管的直径大约占管径的三分之一。显然,催化剂在 600℃下煅烧生长所得 CNTs 较为理想。

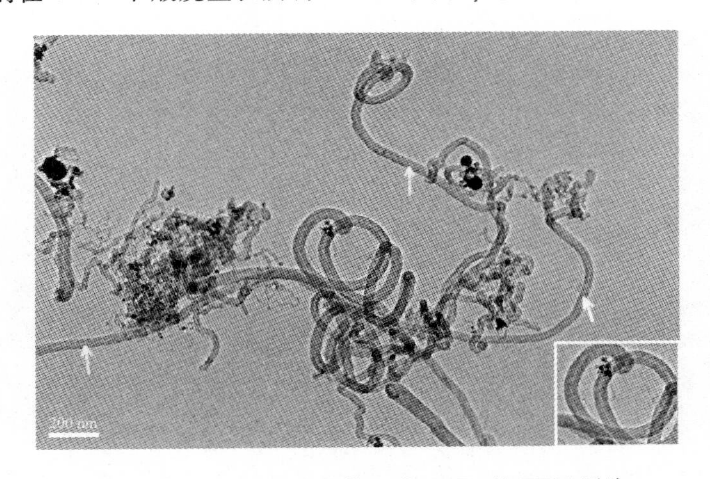

图 6　催化剂在 600℃煅烧生成 CNTs 的 TEM 照片

4　结　论

(1)煅烧温度对粉体催化剂有显著影响,700℃以下煅烧催化剂会得到不同的产物,当温度高于 700℃时,粉体结晶程度提高,晶粒粒径增大,没有新相形成。不同煅烧温度下,催化剂的形态不一样,在 600℃条件下得到弥散分布的纳米颗粒。

(2)不同温度煅烧下催化剂生长所得 CNTs 形态不同。600℃煅烧还原下生长所得 CNTs 管壁光洁，表面平滑。同时，CNTs 相互缠绕，生长茂盛。

(3)复合粉体在 600℃下煅烧生长所得 CNTs 的外壁直径在 20nm 至 50nm 之间，中空管的直径大约占管径的三分之一，所得 CNTs 较为理想。

参考文献

[1] IIJIMA S. Helical microtubules of graphitic carbon [J]. Nature, 1991, 354: 56 - 58.

[2] SUN L. F., XIE S. S., LIU W., et al. Creating the narrowest carbon nanotubes [J]. Nature, 2000, 403: 384.

[3] YUDASAKA M, ICHIHASHI T, KOMATSU T. Single - wall carbon nanotubes formed by a single laser - beam pulse [J]. Chem Phys Lett, 1999, 299(1): 91 - 96.

[4] SUN L. F., MAO J. M., PAN Z. W., et al. Growth of straight nanotubes with a cobalt - nickel catalyst by chemical vapor deposition [J]. Appl Phys Lett, 1999, 74(5): 644 - 646.

[5] Wang F, Arai S, Endo M. The preparation of multi - walled carbon nanotubes with a Ni - P coating by an electroless deposition process[J]. Carbon, 2005, 43(8): 1716 - 1721.

[6] Chen X H, Chen C S, Xiao H N, et al. Dry friction and wear characteristics of nickel/carbon nanotube electroless composite deposits[J]. Tribology international, 2006, 39(1): 22 - 28.

[7] Arai S, Fujimori A, Murai M, et al. Excellent solid lubrication of electrodeposited nickel - multiwalled carbon nanotube composite films[J]. Materials Letters, 2008, 62(20): 3545 - 3548.

[8] Arai S, Endo M. Carbon nanofiber - copper composite powder prepared by electrodeposition[J]. Electrochemistry communications, 2003, 5(9): 797 - 799.

[9] Arai S, Endo M. Various carbon nanofiber - copper composite films prepared by electrodeposition [J]. Electrochemistry communications, 2005, 7(1): 19 - 22.

[10] Huang H, Liu C H, Wu Y, et al. Aligned carbon nanotube composite films for thermal management[J]. Advanced materials, 2005, 17(13): 1652 - 1656.

[11] Ajayan P M, Stephan O, Colliex C, et al. Aligned carbon nanotube arrays formed by cutting a polymer resin—nanotube composite[J]. Science, 1994, 265(5176): 1212 - 1214.

[12] Dujardin E, Ebbesen T W, Hiura H, et al. Capillarity and wetting of carbon nanotubes[J]. Science, 1994, 265(5180): 1850 - 1852.

[13] ROY S, GHOSE J. Synthese and studies on some copper chromite spinel oxide composites [J]. Materials Research Bulletin, 1999, 34(7): 1179 - 1186.

[14] PAUL G. Principles and Applications of Thermal Analysis [M]. UK: Blackwell Publishing Ltd., 2008. 484.

[15] RAJEEV R, DEVI KA, ABRAHAM A, et al. Thermal decomposition studies. Part19. Kinetics and mechanism of thermal decomposition of copper ammonium chromate precursor to copper chromite catalyst and correlation of surface parameters of the catalyst with propellant burning rate [M]. Thermochimica Acta., 1995, 254; 235 - 247.

铁基粉末冶金零件蒸汽处理质量影响因素的研究

毛增光　孙志月　刘　莹
东睦(天津)粉末冶金有限公司技术研发中心

摘　要:蒸汽处理广泛应用于粉末冶金零件的表面处理,可以大幅度改善零件的表观状态,提高材料的综合性能。本文从温度、时间、成形密度、装包位置、机加工等方面对影响铁基粉末冶金零件蒸汽处理质量的因素进行了研究。为粉末冶金产品质量的提高和生产过程中的工艺优化提供了依据。

关键词:蒸汽处理;粉末冶金;温度;时间;密度

1　引　言

铁基粉末冶金零件基体组织内含有一定量的微小孔隙,具有硬度低、耐腐蚀性和气密性差的特点。蒸汽处理(Steam Treatment,简称 ST)作为一种粉末冶金材料后处理工艺,是将铁基粉末冶金零件放在过热、过饱和的水蒸气中加热氧化,使其外表面和内部网状孔隙的表面上生成一种坚硬且致密能够与铁基体结合牢固的四氧化三铁层,可以显著地提高产品硬度、耐蚀性、耐磨性以及气密性等性能指标[1,2]。

本试验研究对象为密度 6.9g/cm^3 的法兰,主要实验设备为井式蒸汽处理炉、德国蔡氏金相显微镜和电子分析天平等。采用两段式蒸汽处理工艺,先使产品在较低的温度段处理一定时间,之后在较高的温度段处理一定时间,最后产品出炉,冷风至室温。

从蒸汽处理温度、处理时间,零件成形密度、装包位置、机加工等方面,对生产过程中影响铁基粉末冶金零件蒸汽处理质量的主要因素进行研究。

2　ST 温度对零件质量的影响及机理分析

不同 ST 温度处理后,产品氧化程度(氧化增重)数量列于表 1。对比四种工艺可以看出,低温段 ST 温度由 520℃、530℃、540℃逐渐增加时,对应氧化增重为 2.21%、2.18%、2.15%,呈降低趋势。

表 1　不同 ST 温度对产品氧化增重的影响

ST 工艺	ST 温度×时间	氧化增重%
工艺一	520℃×4h;570℃×2.5h	2.21
工艺二	530℃×4h;570℃×2.5h	2.18
工艺三	540℃×4h;570℃×2.5h	2.15
工艺四	520℃×4h;580℃×2.5h	2.12

以往研究报道,根据不同温度 Fe_3O_4-FeO 的平衡相图(图 1),当蒸汽处理温度低于 570℃时,有以下可逆反应[3]:

$$3Fe+4H_2O \longleftrightarrow Fe_3O_4+4H_2 \tag{1}$$

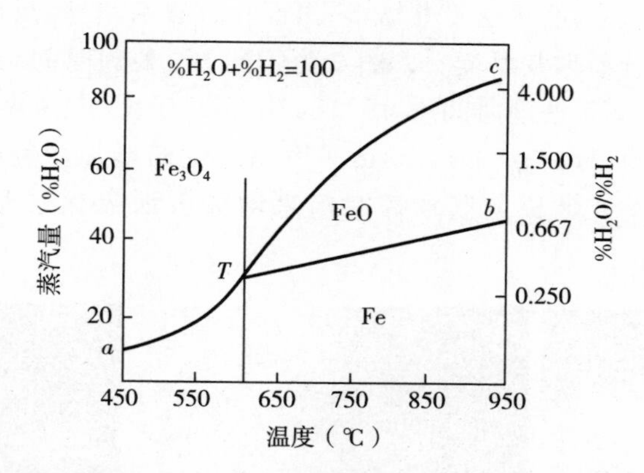

图 1 不同温度、水蒸气和氢时形成 Fe_3O_4 和 FeO 的平衡图

根据杠杆原理，在 450℃～570℃温度区域内，蒸汽处理温度越高，反应越快，生成的 Fe_3O_4 越多。与以往研究报道不同的是，本试验 ST 温度由 520℃、530℃、540℃逐渐增加时，产品增重反而减少，其根本原因在于：本试验产品密度为 6.9g/cm³，产品孔隙度约 11%左右，蒸汽处理时，蒸汽处理温度越高，反应速度越快，产品内部一部分连通孔隙在短时间内细化或很快被封闭掉，被封闭的孔隙不能与新鲜的水蒸气接触，孔隙表面的氧化层只能依靠扩散来增厚，这样水蒸气所能渗入作用的区域变窄，因此对于密度相同的零件，当反应时间相同，以高温处理所增加的重量反而比以低温处理的低。

另外，从表 1 中对比工艺一和工艺四可以看出，高温段温度由 570℃增加到 580℃，氧化增重由 2.21%降低到 2.12%，这说明在高温段提高 ST 温度也不利于四氧化三铁氧化层的生成。根据不同温度 Fe_3O_4- FeO 的平衡相图(图 1)可知，当 ST 温度高于 570℃时，有以下可逆反应发生[3]：

570℃以上 $\%H_2O/\%H_2$ 比值较低：

$$\begin{aligned} Fe+H_2O &\longleftrightarrow FeO+H_2 \\ 3FeO+H_2O &\longleftrightarrow Fe_3O_4+H_2 \end{aligned} \tag{2}$$

570℃以上 $\%H_2O/\%H_2$ 比值较高：

$$3FeO+H_2O \longleftrightarrow Fe_3O_4+H_2 \tag{3}$$

此时 Fe_3O_4 与 FeO 共同存在。570℃以上生成的 FeO 不稳定，在随后的冷却过程中，将按下式歧化反应分解生成 Fe_3O_4/Fe：

$$4FeO \longrightarrow Fe_3O_4+Fe \tag{4}$$

氧化层内纯铁的引入，一方面使得氧化层疏松多孔，致密性下降；另一方面，表面新生态的 Fe 具有强烈的腐蚀倾向，导致产品抗腐蚀性不佳[4]。

综上分析，从氧化增重来看，在足够的反应时间下，低温有利于铁基粉末冶金零件的内部封孔，高温影响产品表面氧化层结构，不利于腐蚀性的提高。

3 ST 时间对零件质量的影响

在蒸汽处理过程中，氧化反应是一个先快后慢的过程，文献报道了铁基零件氧化增重与蒸汽处理时间的关系[3]。蒸汽处理前期，水蒸气与大量铁原子表面接触，反应迅速，随着反应时间的进行，生成的 Fe_3O_4 氧化层不断增多，内部孔隙逐渐堵塞，反应速度逐渐缓慢，最后只有表面的氧化层在继续增加其厚度[5]。图 2 为不同 ST 处理时间与表面氧化层厚度的金相照片。可以看出，随着 ST 处理时间由 4h、5h、7h 逐渐延长，产品表面 Fe_3O_4 氧化层（图 2 中黄色箭头所指灰色组织）厚度由 3μm、5μm、6～7μm 逐渐增加。生产过程中，若达到较好的耐蚀性和耐磨性，可适当延长蒸汽处理时间来增加表面氧化层厚度，以达理想的性能指标。

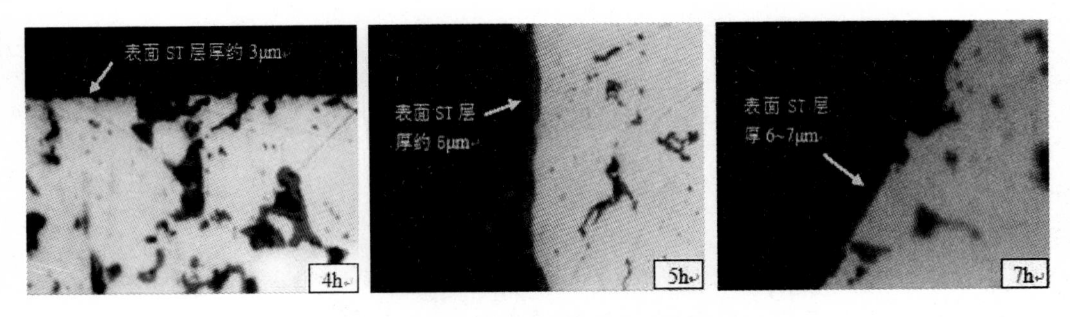

图 2　蒸汽处理时间与表面氧化层厚度

4　成形密度对零件质量的影响

4.1　成形整体密度与 ST 密度的关系

成形整体密度与 ST 处理后产品密度的关系见图 3。从图 3 可以看出，成形密度一定，经 ST 处理后产品密度提高，平均增加量在 0.1～0.2g/cm³；ST 工艺一定时，在 6.6～6.9g/cm³ 范围内，成形件密度越高，ST 后产品密度越高，但 ST 后产品密度提高得越少。

蒸汽处理后在产品外表面和内部连通孔隙生成了 Fe_3O_4，故产品密度提高；成形件密度越高，产品内部的连通孔隙越少，生成的 Fe_3O_4 越少，因此密度的提高量越少。

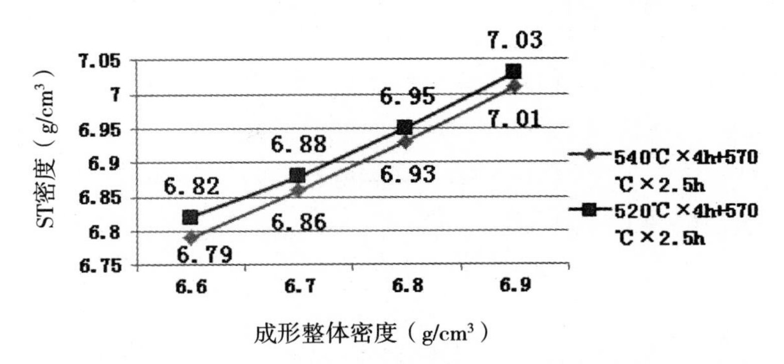

图 3　成形整体密度与 ST 密度的关系曲线

3.2　成形整体密度与 ST 增重(%)的关系

成形整体密度与 ST 增重（%）的关系见图 4。从图 4 可以看出：ST 工艺一定时，随成形密度逐渐增加，ST 后产品增重（%）逐渐降低，成形密度每增加 0.1g/cm³，ST 后产品增重约减少 0.5%，这说明成形密度提高对产品氧化不利。较高的成形密度减少了产品的孔隙度，ST 处理时水蒸气所能渗入的连通孔隙随之也减少，ST 处理后氧化层数量减少，故氧化增重减弱。

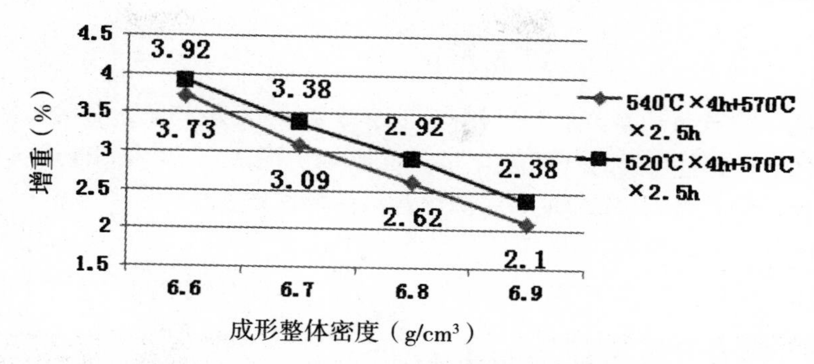

图 4　成形整体密度与 ST 增重的关系曲线

3.3　成形整体密度与 ST 硬度的关系

成形整体密度与 ST 硬度(HRB)的关系见图 5。从图 5 可以看出：ST 工艺一定时，成形件密度越低，ST 后产品硬度 HRB 越高。蒸汽处理后产品硬度的增加是因为 Fe_3O_4 的生成，Fe_3O_4 是一种硬度约 HRC50 左右的相，远高于烧结铁基体的硬度，因此蒸汽处理可大大提高铁基粉末冶金零件的宏观硬度。

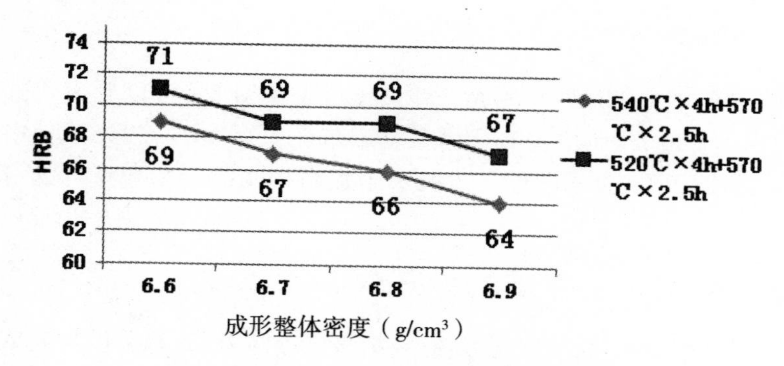

图 5　成形整体密度与 ST 硬度的关系曲线

按照以往的经验，在其他条件一定时，产品硬度与成形密度成正比，即成形零件密度降低，产品硬度也降低，但是 ST 处理改变了这一规律。因为成形零件密度越低，产品内部连通孔隙就越多，这样 ST 时水蒸气容易渗入产品内部，与铁基体反应生成更多的 Fe_3O_4，经过合适的反应温度和足够的反应时间后，低密度产品内部孔隙完全被氧化层封住，而 Fe_3O_4 氧化层数量也明显多于高密度零件(图 6)。因此 ST 工艺一定时，成形密度低的 ST 产品硬度反而高。在生产过程中，为了提高蒸汽处理后铁基粉末冶金零件的硬度，可以采用适当降低成形密度的手段来改进。

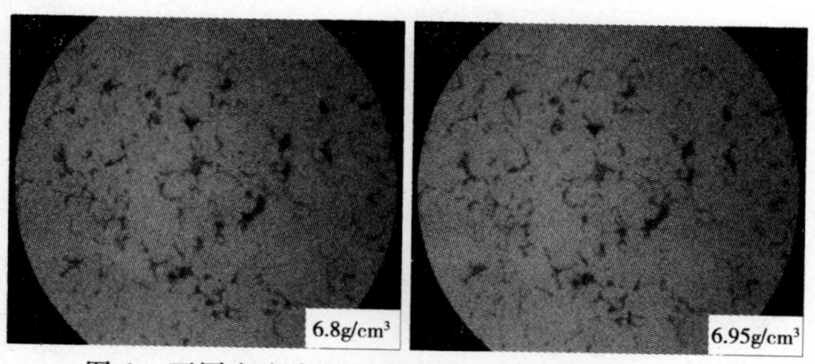

图 6　不同密度产品的蒸汽处理金相照片(100×)

4 装包位置对零件质量的影响

试验采用圆柱型产品托架，每个托架由上至下分六层，每层产品又分为外圈、中圈、内圈三个位置。不同 ST 装包位置对产品氧化增重的影响见图 7。可以看出，蒸汽处理后，每层产品都表现出相同的趋势：外圈增重<中圈增重<内圈增重。

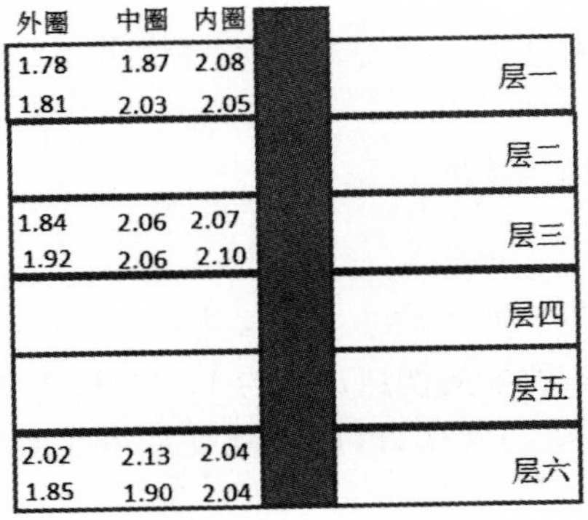

	外圈	中圈	内圈
层一	1.78	1.87	2.08
	1.81	2.03	2.05
层二			
层三	1.84	2.06	2.07
	1.92	2.06	2.10
层四			
层五			
层六	2.02	2.13	2.04
	1.85	1.90	2.04

图 7 不同 ST 装包位置平均增重(%)

	外圈	中圈	内圈
层一	2.20	2.08	2.23
	2.02	2.21	2.26
层二			
层三	2.07	2.24	2.21
	2.25	2.21	2.23
层四			
层五			
层六	2.07	2.25	2.23
	1.94	2.02	2.13

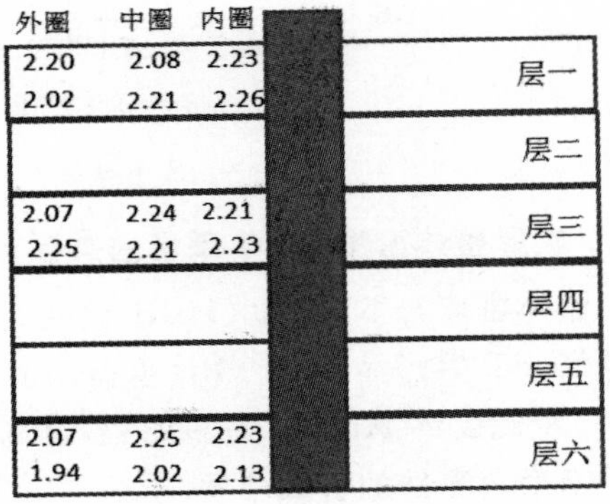

图 8 提高炉膛压力后不同 ST 装包位置平均增重(%)

提高炉膛压力后，不同 ST 装包位置产品氧化增重见图 8。可以看出，总的氧增量较提高压力前(图 7)有明显改善，每层的氧化增重基本都在 2%以上，而且外圈、中圈、内圈的氧增量无较大差异，由此可见，提高炉膛压力有助于提高产品的氧化增重，可达到良好的蒸汽处理质量。

5 机加工处理对零件质量的影响

对于铁基粉末冶金零件，经常出现毛刺、烧结氧化等问题，通常采用喷砂或机加工处理。但经过喷砂或机加工处理后，一方面零件表面会粘附少量的沙砾或铁屑，影响其外观和使用；另一方面，零件经机加工刷毛后，表面一部分开孔隙会被封闭或细化，在蒸汽处理时，除被封闭的孔隙外，被细化的孔隙也会很快被氧化封闭，从而阻碍反应向更深入部位进行，使零件氧化程度减弱。机加工处理对蒸汽处理氧化增重的影响见图 9，可以看出，未经机加工处理的零件 ST 增重为 2.14%，而经过机加工处理的零件 ST 增重只有 2.0%，机加工降低了 ST 增重。在生产过程中，应尽量通过优化前道工序，蒸汽处理前少加工或不加工，以保证氧化处理的充分进行。

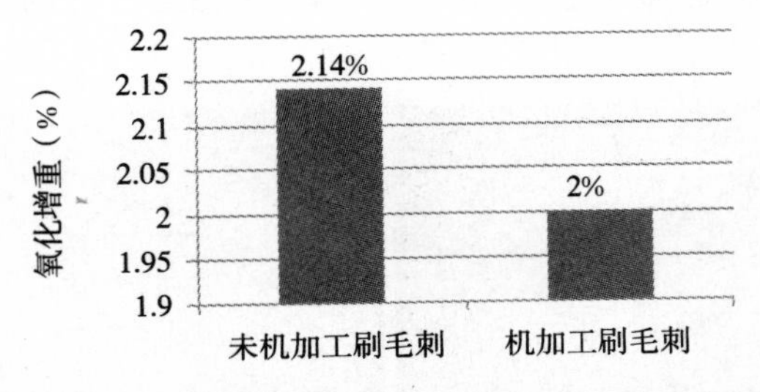

图 9 机加工刷毛刺对蒸汽处理氧化增重的影响

6 结束语

经过实验研究和生产实践表明：在ST过程中，低温有利于粉末冶金零件的内部封孔，高温影响产品表面氧化层质量，不利于抗腐蚀性的提高；延长蒸汽处理时间可有效增加表面氧化层厚度；成形件密度越低，ST后产品硬度(HRB)越高，可采用调整成形密度的方法来达到合适的硬度指标；提高蒸汽压力可解决因装包位置不同带来的产品氧化增重不均问题，保证蒸汽处理质量的稳定性和一致性；蒸汽处理前的机加工刷毛处理不利于产品蒸汽处理质量的提高。

参考文献

[1] 郭庚辰．蒸汽处理对烧结铁基零件理化和机械性能的影响[J]．粉末冶金技术，1989，02：112-118.

[2] 夏永红．铁基粉末冶金零件蒸汽处理中常见的质量问题及其解决措施[J]．粉末冶金工业，2005，04：29-32.

[3] 张先鸣．铁基粉末冶金件的化学表面改性处理[J]．摩托车技术，2003，08：16-18.

[4] 曾锦艳，赵善杰，沈华．粉末冶金产品水蒸气处理条件的研究[J]．粉末冶金工业，2012，04：41-45.

[5] 何洁，秦万忠．蒸汽处理的反应机理及最佳条件[J]．天津化工，2000，02：14-16.

[6] 李晓东，蒋叶琴，刘振华．粉末冶金制品水蒸气处理工艺的一些探讨．全国粉末冶金学术及应用技术会议论文集[C]．北京：机械工业出版社，2005．

高强度粉末冶金材料摩擦性能研究

李其龙[1] 徐 伟[1] 孙芳芳[2] 翟 刘[2] 吴 松[2] 马少波[2*]
1. 合肥波林新材料有限公司； 2. 合肥工业大学机械与汽车工程学院
（马少波，msb@hfbolin.com）

摘 要：常规铁基粉末冶金轴承材料由于强度不高，在使用过程中，易导致轴承较快出现磨损，寿命较短，不能满足一些载荷较大且有一定冲击载荷工况条件下工作。本文以铁基预合金粉末（AE 粉）为基体，使用粉末冶金工艺，制备了摩擦磨损和压溃强度试样，通过对试样压溃强度、孔隙率、含油率、摩擦磨损性能等的测定，考察了结构件材料的摩擦磨损性能。结果表明：材料密度为 6.2g/cm³、6.4g/cm³ 时，试样的摩擦学性能较好，尤其是密度为 6.4g/cm³ 时，试样的摩擦系数最低，摩擦持续时间最长，磨痕深度最小。

关键词：粉末冶金；摩擦性能；孔隙率；含油率

1 引 言

粉末冶金是一种具有节材、节能、低成本等特点，可大批量模压成形出具有近最终形状和一定尺寸精度的零件的技术，其产品在机械、航空，特别是汽车、摩托车和家电行业中得到了广泛应用[1~3]，粉末冶金材料中市场占有量最大、用途最广的是铁基材料。铁基材料可分为结构材料和减摩材料，根据 GB/T 2688－2012《滑动轴承：粉末冶金轴承技术条件》，常用的减摩材料一般为 Fe、Fe－C、Fe－Cu、Fe－C－Cu，这些材料中压溃强度最高的是 FZ12162，其压溃强度数值为 380MPa，强度性能不高，导致轴承较快的出现磨损，零件寿命较短，不能满足在一些载荷较大且有一定冲击载荷工况条件下工作。因此本文选用结构件材料制备减摩材料，探索性地研究高强度粉末冶金材料的摩擦性能。

2 实验过程

2.1 试样制备

本实验选用魁北克金属粉末（苏州）有限公司生产的 AE 粉作为基体粉末，该粉末为预合金粉，粉末的成分为如表 1 所示；在氮基气氛烧结过程中，试样中的石墨一部分被烧损，烧损量一般在 0.05%～0.1%之间，如果烧结后的试样金相组织中含有较多的珠光体，则有益于提升材料的强度，珠光体的理论碳含量为 0.77%，因此本试验材料配方中加入 0.8%的石墨；配方中还加入了 0.7%的硬脂酸锌和 0.08%的锭子油，目的是为了减少石墨的偏析及有益于压制成型[4]。因此，本试验的配方为：100%AE 粉＋0.8%C＋0.7%ZnSt＋0.08%锭子油。

表 1 AE 粉化学组成（wt.%）

元素	Ni	Cu	Mo	C	O	Fe
含量	3.96	1.48	0.49	0	0.08	余量

GB/T 2688—2012 中铁基轴承材料的密度为 5.7～6.6g/cm³，本试验试样密度选取 5.8、6.0、6.2、6.4、6.6、6.8 六个组别，然后采用手工混粉[5]；压制使用 100 吨单柱压机，压制

方式为限位压制，压制压力 600MPa；烧结采用 RCWJ—18 网带式烧结炉，预热段温度为 780℃～860℃，烧结温度在 1100℃，烧结时间为 40min，气氛为氮基气氛。

2.2 性能测试

压溃强度试样选用 ø25×ø20×15mm，试验时使用 WDW—100M 型试验机进行压溃，测试速度为 10MPa/s，记录最大压溃力，其余满足文献(6)中的条件，计算压溃强度。含油率测试为先称取试样质量，对试样进行真空浸油后，测试含油质量和体积，其余满足文献(7)中的条件，计算出含油率。孔隙率观察：先使用金相砂纸打磨，然后进行抛光，直至试样表面无可观察到的划痕，表面光亮为止，最后采用 MR—5000 倒置金相显微镜进行观察。摩擦试验先对试样进行真空浸油，然后平磨两面，粗糙度为 Ra0.4，接着对平磨后试样 60℃烘干半小时以蒸发掉试样表的磨削液水分，再次对试验进行真空浸油以保证其含油率；使用 HDM—20 端面摩擦磨损试验机，试验温度达到 120℃报警结束或摩擦时间超过 180min 结束或摩擦力矩达到 5kN 结束，试验初始载荷为 800N(2.5MPa)，每 10min 逐级加载 400N，线速度为 0.4m/s(转速 295r/min)，采用 46 号液压油进行润滑，试验过程中记录摩擦系数、摩擦温度、摩擦时间，试验后测定试样的磨痕深度。

3 结果分析和讨论

3.1 孔隙率

图 1 为不同密度试样显微组织的金相照片(未腐蚀)。从图 1 中可以看出，随着密度的增加，图中的空隙数量(黑色部分的面积)逐渐减少，单个空隙的面积也在减少；图 1(a)、图 1(b)中存在着较大的空隙，有相当一部分的空隙直径超过了 200μm，图 1(c)、图 1(d)中大孔隙的数量明显减少，空隙直径大于 100μm 的数量急剧减少；而图 1(e)、图 1(f)中已经有很少的空隙直径能达到 100μm。随着密度的增加，试样的致密度会增加，直接导致试样的空隙减少，在密度比较低[图 1(a)、图 1(b)]时，试样中的空隙较多，较多的空隙容易连在一起，聚集成较大的空隙，即产生空隙的“扎堆”现象；随着密度的增加，空隙的“扎堆”现象逐渐减少，大的空隙[图 1(c)、图 1(d)]越来越少；随着密度的进一步增加，不仅“扎堆”现象很少发生，试样中的空隙也逐渐由通孔变成盲孔[图 1(e)、图 1(f)]，较多的盲孔，可使得同一截面上空隙的数量越来越少。

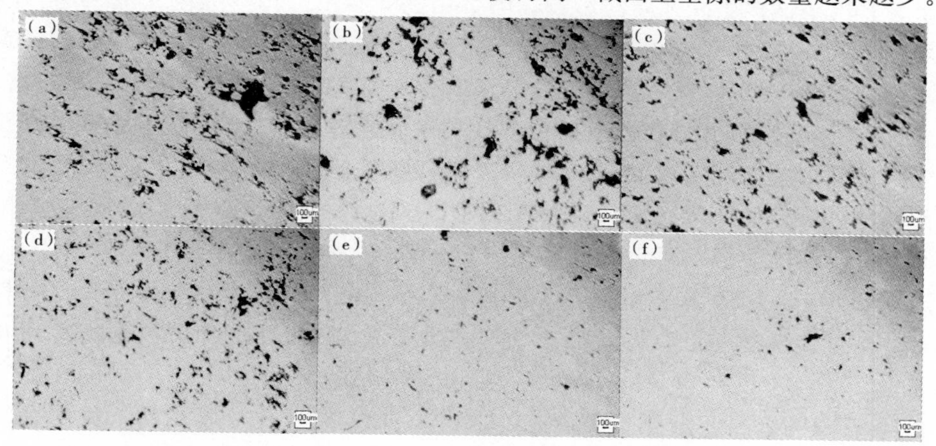

图 1 不同密度试样显微组织的金相照片

(a)5.8g/cm³；(b)6.0g/cm³；(c)6.2g/cm³；(d)6.4g/cm³；(e)6.6g/cm³；(f)6.8g/cm³

3.2 压溃强度

表 2 是试样的压溃强度和硬度，可以看出，两者的变化规律都是随着密度的增加而增加，增加的原因也较一致，因为本文主旨是研究高强度材料，本文重点论述密度与压溃强度的关系。

表 2 试样的压溃强度和硬度

密度(g/cm^3)	5.8	6.0	6.2	6.4	6.6	6.8
压溃强度(MPa)	355	434	522	627	687	790
硬度(HRB)	55.8	63.3	70.4	76.8	81.6	85.8

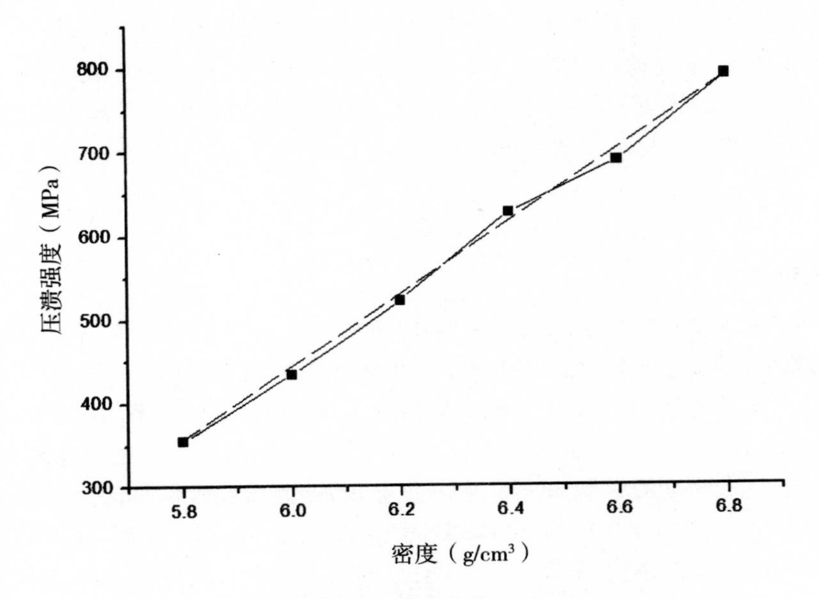

图 2 密度对试样压溃强度的影响

图 2 为密度对试样压溃强度的影响。图 2 中的实折线为压溃强度实测值的连线，虚直线为密度 5.6g/cm³ 与密度 6.8g/cm³ 两组压溃强度数值的连线，由图 2 实折线可以看出，压溃强度随着密度的增加而增加，由实折线和虚直线对比可以发现，实折线上的点距离虚直线都很近，实测压溃强度数值的变化呈近似直线关系。在图 2 中，密度呈阶梯形增长，导致材料的致密度会呈直线比例的减少，同时材料内部的空隙会越来越少，这都有益于材料压溃强度的提高。通过与 GB/T 2688—2012 中相同密度的材料相比，可以得出，本试验采用 AE 粉为基体制造的试样压溃强度明显提高，GB/T 2688—2012 中密度为 6.2g/cm³ 的铁一石墨材料，牌号为 FZ12062，压溃强度为≥240MPa；铁一碳一铜材料，牌号为 FZ13062，压溃强度为≥160MPa；本试验中密度为 6.2g/cm³ 的材料压溃强度为 522MPa(表 2)，该数值是 FZ13062 的两倍还多。

3.3 含油率

图 3 为密度对试样含油率的影响。从图 3 可以看出，随着密度的升高，含油率逐渐降低，降低的趋势可以分为三部分，即曲线降低的趋势(斜率)由大变小再变大。由图 1 可知，

随着密度的增加，材料内部的空隙越来越少，空隙的减少，导致了含油率的降低；在密度比较低[图 1(a)、图 1(b)]时，材料内部存在着较大的空隙，有相当一部分的空隙直径超过了200um，较大的空隙，不利于试样存油，试样在真空浸油后搬运或擦拭的时候，容易把试样内部的油抖或吸出来一部分；在密度比较高[图 1(e)、图 1(f)]时，材料内部的盲孔比较多，盲孔的增加，会增加浸油难度；盲孔可以分为两种，一种是半盲孔，即孔的一端与试样的外界是相通的，一种是全盲孔，即孔的边界都不与外界相通；半盲孔在真空浸油时，只能从一端把油往里吸进去，而通孔可以从两端把油吸进去，半盲孔的存在，增加了浸油难度；全盲孔则边界都不与外界相通，无法把油吸进孔内；试样的密度位于中间段[图 1(c)、图 1(d)]时，材料即能在真空浸油时保持较好的吸油能力，而在搬运或擦拭试样时又具有较好的存油能力，因此与其他两段相比，中间段含油率降低的趋势最缓慢，即含油率曲线降低的趋势由大变小再变大。

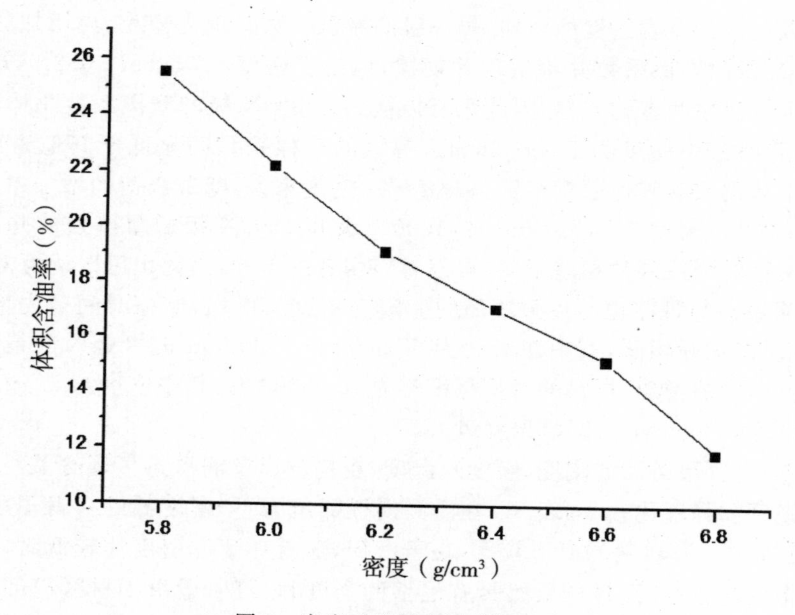

图 3　密度对试样含油率的影响

通过与 GB/T 2688—2012 中相同密度的材料相比，可以得出，本试验采用 AE 粉为基体制造的试样的含油率，不低于 GB/T 2688—2012 的规定，如 FZ11060，含油率要求≥18%，FZ13062，含油率要求≥17%，而本试验中，密度为 6.0、6.2 的试样，含油率分别为 22.2%、19.1%。

3.4　摩擦性能

摩擦试验采用对比试验，即尽可能使试验过程中的各种条件相一致(如试样表面粗糙度、室内温度、空气流通情况、每次试验时加入的润滑油的量等)。摩擦时间为摩擦试验开始到摩擦温度升到 120℃的时间；由于采用每 10min 逐级加载 400N，在试验开始和每级加载时摩擦系数都不稳定，因此试验选取每级加载最后三分钟的摩擦系数平均值作为每级的摩擦系数；摩擦试验持续时间内摩擦系数的平均值为平均摩擦系数；试验后试样磨痕深度的测定采用蔡司 G2 三坐标测试，即以未磨损面为基准，测试磨损面中心环的深度，测量 15 个点，探针半径 1.0mm[8]。表 3 为不同密度的材料试样的摩擦磨损性能试验结果。

表 3　试样的摩擦性能

密度 g/cm³	摩擦系数					摩擦时间 min	磨痕深度 μm
	800N	1200N	1600N	2000N	平均		
5.8	0.098	0.116	0.113	0.124	0.108	38	10.5
6.0	0.073	0.097	0.108	0.114	0.097	43	7.8
6.2	0.075	0.091	0.107	0.112	0.087	44	6.3
6.4	0.057	0.084	0.098	0.109	0.086	44	6.0
6.6	0.088	0.098	0.110	0.113	0.100	42	6.2
6.8	0.104	0.108	0.116	0.123	0.110	39	6.5

由表 3 可以看出，随着密度的增加，每一级的摩擦系数呈现先减小，再增加的趋势；虽然严格的看，800N 级的摩擦系数并不呈现此规律，但由于密度 6.0g/cm³、6.2g/cm³ 的摩擦系数相差很小，可以忽略两者的差异，因此也可以认为在 800N 级的摩擦系数总体规律也是呈现先减小，再增加；其中密度为 6.4g/cm³ 时，各级的摩擦系数明显低于其他密度的摩擦系数，平均摩擦系数也低于其他密度组别。对于同一密度来说，随着载荷的增加摩擦系数逐渐增加，虽然严格的看，密度为 5.8g/cm³ 时，1200N 级和 1600N 级的摩擦系数并不呈现此规律，但由于这两级的摩擦系数相差很小，可以忽略两者的差异，因此也可以认为密度为 5.8g/cm³时的摩擦系数总体规律也是逐渐增加的。随着密度的增加，摩擦时间是先增加再减小，与摩擦系数的规律正好相反，其中在密度为 6.2g/cm³、6.4g/cm³ 时摩擦时间最长。摩擦试验结束时，随着密度的增加，材料的磨痕深度是先减小再增大，其中密度为 6.4g/cm³ 时磨痕深度最小，密度为 5.8g/cm³ 时磨痕深度最大。

摩擦系数与材料接触面的刚度（硬度）、温度、粗糙度以及润滑条件等有关。在密度比较低时，材料的硬度和强度比较小（表 2），在受到同样的压力下，密度低的材料不耐磨，而且材料的空隙比较多（图 1），材料的变形较大，易于磨损，这就导致在密度比较低时，材料的摩擦系数较大；在密度比较高时，材料虽然具有足够的强度和硬度，但由于材料内部空隙的数量较少（图 1），材料内部的含油率也越来越少（图 3），空隙内部的润滑油不足以润滑摩擦面，这就使得在磨损试验时，对偶件与试样表面接触时，很难形成连续的油润滑状态，而越来越多的是对偶件与试样之间形成边界摩擦或者干摩擦。而在密度比较适中时（如 6.2g/cm³、6.4g/cm³），材料既能保持较好的强度硬度，也能有足够的润滑油去支持油润滑状态，所以在这段范围内，摩擦系数较小。较小的摩擦系数，会减少摩擦过程中摩擦热的产生以及摩擦面的破坏，这就足以使得摩擦试验可以持续更长的时间。

对于同一密度来说，随着载荷的逐渐增加，对偶件与试样之间接触的也更紧密，这就使得摩擦界面上的润滑油更多的被挤出来；再加上随着摩擦试验的继续，摩擦面有可能被破坏，如被磨掉的细颗粒继续留在摩擦界面之间，这就导致了摩擦系数的进一步增加。材料的磨痕深度直接与材料的硬度和摩擦系数有关，密度较低时，材料硬度也较低，材料易于磨损，所以在密度为 5.8g/cm³ 时，磨痕深度最深；随着密度的增加，在密度为 6.4g/cm³ 时，材料不仅有较高的硬度强度，而且还有较低的摩擦系数，这就使得磨痕深度较低，而密度进一步增加，虽然材料的强度硬度增加了，但摩擦系数却在升高，由于这两个因素相互作用，导致磨痕深度虽然增加了一些，但增加的幅度却很小。

4 结 论

(1)在密度较低时(5.8g/cm^3、6.0g/cm^3);试样内部存在着较大的空隙,有相当一部分的空隙直径超过了200um,随着密度的增加,空隙的数量和直径都越来越少;

(2)结构件材料的压溃强度明显大于普通的轴承材料,随着密度的增加,压溃强度越来越大,压溃强度的升高呈现近直线关系;

(3)随着密度的增加,材料的含油率越来越低,在材料密度为6.2g/cm^3、6.4g/cm^3时,材料既能保持较好的浸油能力,又具有较好的存油能力,在相同密度下,结构件材料的含油率不比传统的减摩材料低;

(4)摩擦磨损试验表明,材料密度为6.2g/cm^3、6.4g/cm^3时,试样的摩擦学性能较好,尤其是密度为6.4g/cm^3时,试样的摩擦系数最低,摩擦持续时间最长,磨痕深度最小。

参考文献

[1] Park J K,Park H S,Choi S T. 用粉末冶金方法制造压缩机法兰[J]. 粉末冶金技术,2012,30(1):74-76.

[2] 徐伟,谢挺,周海山,等. 无铅自润滑铜/铁基层状复合材料设计与研究[J]. 粉末冶金技术,2011,29(2):137-141.

[3] Qilong Li, Ning Liu, Aijun Liu, et al. Effects of NiTi additions on the microstructure and mechanical properties of Ti(C,N)-based cermets[J]. International Journal of Refractory Metals and Hard Materials,2013,40:43-50.

[4] 周作平,申小平. 粉末冶金机械零件实用技术[J]. 北京:化学工业出版社,2006.

[5] 李其龙,徐伟,孟凡纪,等. 铁基粉末成形混合料的成分偏析问题分析[J]. 粉末冶金技术,2013,31(4):259-262.

[6] GB/T 6804—2008 烧结金属衬套. 径向压溃强度的测定[S].

[7] GB/T 5163—2006 烧结金属材料(不包括硬质合金)可渗性烧结金属材料. 密度、含油率和开孔率的测定[S].

[8] 李其龙,徐伟,田清源. 三坐标检测结果的可靠性探讨[J]. 机床与液压,2013,41(14):114-116.

Al－SiO_2－Mg 系铝基颗粒增强复合材料的磨损性能研究

王嘉婧[1]　张　永[1]　徐莉莉[1]　严　彪[1,2]
1. 同济大学材料科学与工程学院；2. 上海市金属功能材料重点实验室
（严彪，84016@tongji. edu. cn）

摘　要：本文采用原位反应合成方法制备了 Al_2O_3/ Mg_2Si 颗粒增强铝基复合材料。通过磨损试验测定了 Mg/SiO_2不同摩尔比时该体系材料的室温磨损性能，并分析了滑动路程、外加载荷以及滑动速度对其磨损性能的影响。通过对磨损表面的扫描电镜（SEM）观察并结合能谱分析（EDS）探究其磨损机理。实验结果显示：Al－SiO_2－Mg 系铝基复合材料的磨损量与滑动路程呈线性关系，且随载荷增大而增加，然而随着滑动速度和 Mg/SiO_2摩尔比的增大，磨损量逐渐减小。结果表明 Al_2O_3和 Mg_2Si 增强体颗粒均匀分布在基体上，磨损时主要以粘着磨损为主。

关键词：铝基复合材料；磨损性能；摩尔比；磨面形貌；磨损机理

1　引　言

铝及铝合金具有一系列优点，在航天、航空、船舶、核工业及兵器工业等有着广泛的应用前景及不可替代的地位。科技的迅猛发展不断对材料的性能提出新的、高的要求，铝在制作复合材料上有许多特点，如质量轻、密度小、可塑性好，而铝基复合技术容易掌握，易于加工等特性从而受到越来越之泛的关注。而颗粒增强铝基复合材料的比强度和比刚度高，高温性能好，更耐疲劳和更耐磨，阻尼性能好，热膨胀系数低，同其他复合材料一样，它能组合特定的力学和物理性能，以满足产品的需要[1,2]。基于颗粒增强铝基复合材料具有优越的综合性能，其应用领域也在不断拓展，国内从 80 年代中期开始投入了大量财力致力于颗粒增强铝基复合材料的研究，并已在航空航天、电子等领域取得广泛应用[3,4]。目前，金属基复合材料主要应用于耐磨部件，已经在一些工程中得到应用，如日本丰田公司的柴油发动机铝活塞，其以氧化铝和氧化硅纤维增强的铝合金替换了原有的铸铁或镍合金作为活塞侧缘耐磨表面，使用性能相当好[5]。复合材料的组织是非平衡的多相组织，因此其摩擦磨损的过程极其复杂，基体、增强相有着不同的摩擦磨损机理，且增强相与基体之间也存在强烈的交互作用，因此，影响复合材料干摩擦性能的因素有很多。

2　实　验

2.1　材料制备

将原材料铝粉（99％）、镁粉（99.5％）以及 SiO_2粉末（98％），通过配粉、球磨，挤压成坯，并置于真空炉中，抽真空、充氩，反复两次后以一定的升温速率加热，1000 K 左右时压坯发生化学反应，随后保温一段时间冷至室温，将反应后的压坯在一定温度下挤压成 Φ5mm 的棒，加工成 Φ5mm×15mm 的磨损试样，如图 1 所示，然后采用摩擦磨损试验机进行实验。

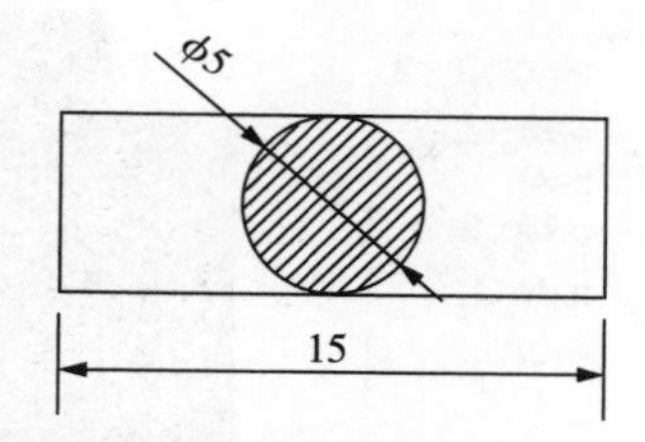

图 1　销磨损试样示意图(Φ5×15mm)

2.2　实验方案

本研究中摩擦磨损试验的实验方案如表 1 所示。

表 1　磨损实验方案

变量	试验参数			
滑动路程/m	200	400	600	800
滑动速度/ms^{-1}	0.4	0.6	0.8	1.0
载荷/N	20	40	60	80

3　实验结果和讨论

3.1　$Al-SiO_2-Mg$ 系反应产物的分析

图 2 为 $Al-SiO_2-Mg$ 系的 Mg/SiO_2 不同摩尔比的反应产物的 XRD 图谱和金相组织照片。由图 2(a)和 2(c)的 XRD 图谱可知,经过反应后,$Al-SiO_2-Mg$ 系 Mg/SiO_2 摩尔比分别为 1 和 2 时的最终产物是相同的,新增的新相有 MgO、Al_2O_3 和 Mg_2Si,铝基体中还有 SiO_2 存在,说明 SiO_2 未反应完。对反应产物进行金相组织观察,从图 2(b)和 2(d)可以看出,复合材料的金相显微组织由细小颗粒以及基体组成,结合图 3 的 $Al-SiO_2-Mg$ 系挤压态复合材料的 SEM 扫描图以及 EDS 能谱可知,$Al-SiO_2-Mg$ 系基体中主要增强相是 Al_2O_3 和 Mg_2Si 颗粒。由图 3 也可看出,Mg/SiO_2 摩尔比的不同导致了产物颗粒尺寸的变化,Mg/SiO_2 摩尔比大的材料内分散颗粒尺寸更细小,这是因为当 Mg/SiO_2 摩尔比为 2 时,反应物中更多的 Si 参与反应生成 Mg_2Si,产生更细小的增强相。

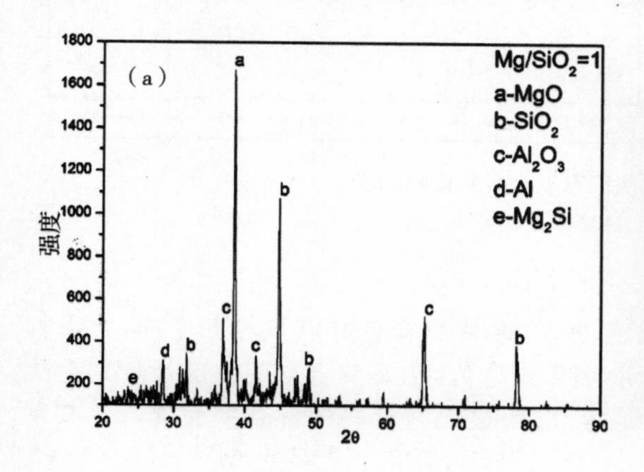

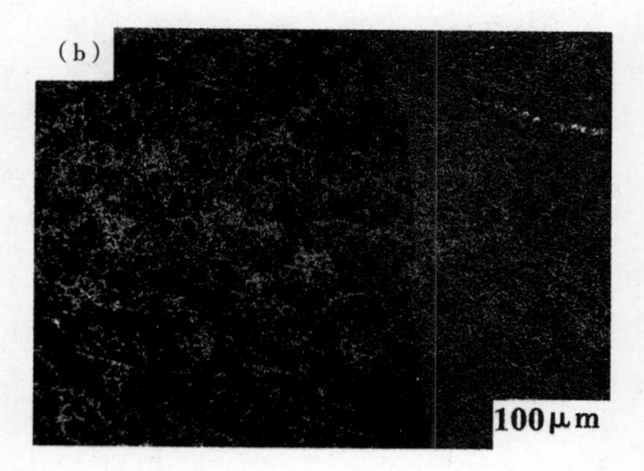

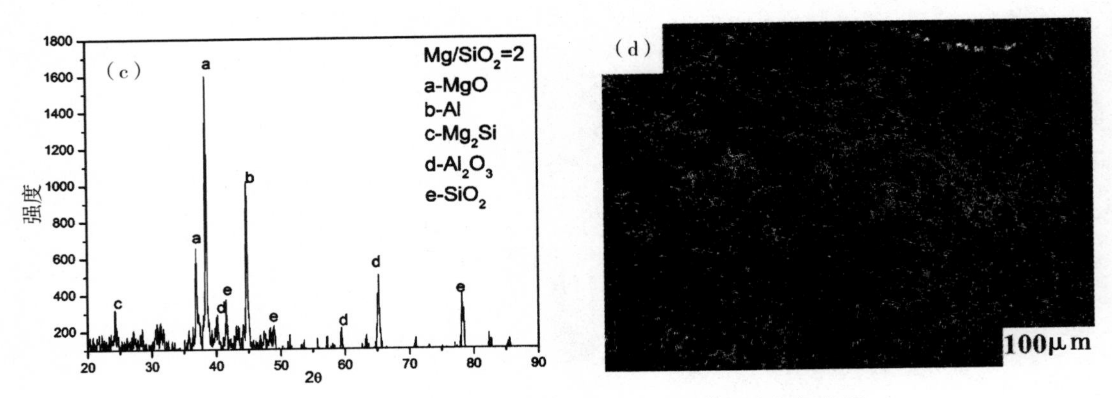

图 2　Al - SiO_2 - Mg 系反应产物的 XRD 图谱和金相组织图

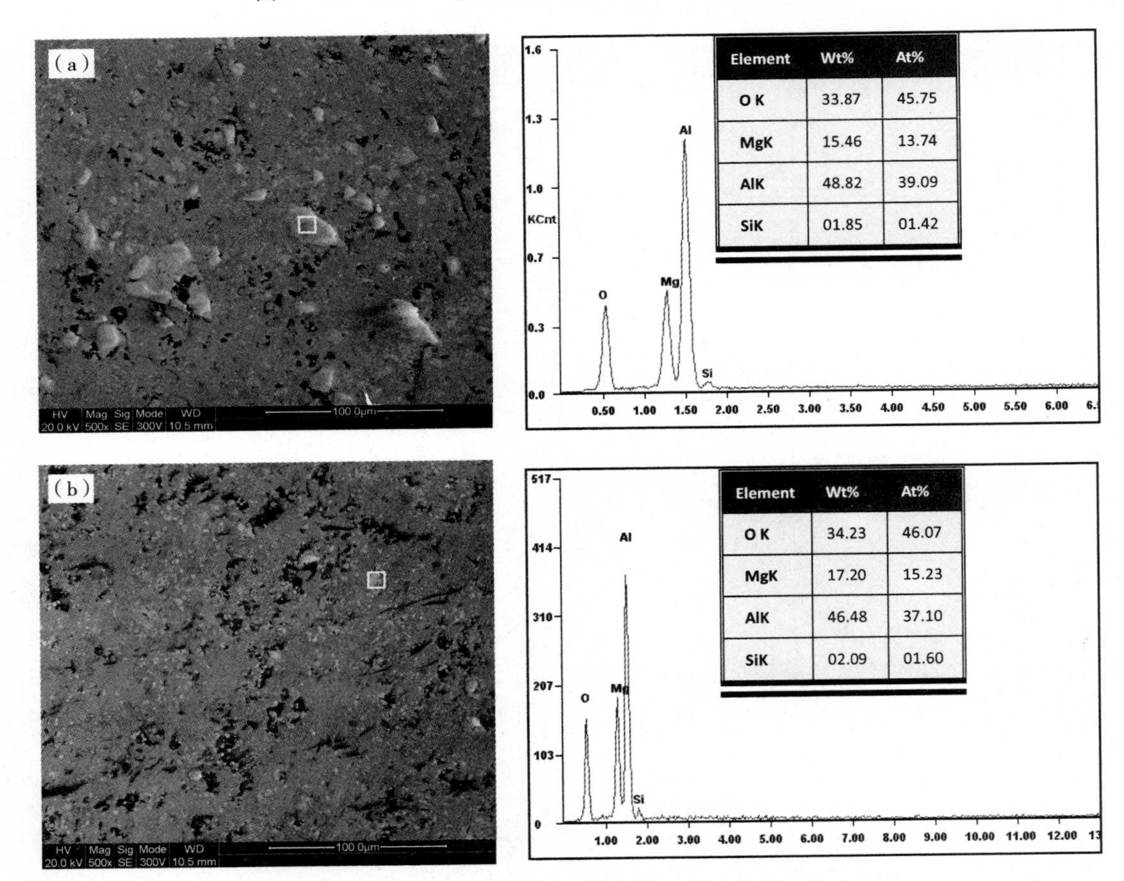

Element	Wt%	At%
O K	33.87	45.75
MgK	15.46	13.74
AlK	48.82	39.09
SiK	01.85	01.42

Element	Wt%	At%
O K	34.23	46.07
MgK	17.20	15.23
AlK	46.48	37.10
SiK	02.09	01.60

图 3　Al - SiO_2 - Mg 系挤压态复合材料的能谱图

(a)Mg/SiO_2=1;(b)Mg/SiO_2=2

3.2　常温下复合材料的磨损性能

实验证明,原位反应产生的增强相表面无污染,与基体结合良好而且界面干净,力学性能得到了显著的提高[6]。吴洁君等人研究表明,由于硬度低,铝及其合金的抗磨性特别是抗粘着能力较差,加入硬质陶瓷颗粒(SiC、Al_2O_3等)能明显提高材料的抗磨损性能[7]。文献在 Al - TiO_2系中加入 B_2O_3,形成 Al - TiO_2 - B_2O_3反应系,研究了常温下 Al - TiO_2 - B_2O_3系铝基复合材料的摩擦磨损性能,并探究了其磨损机理[8]。本课题主要对 Al - SiO_2 - Mg

系，增强相体积分数为30%的铝基复合材料的磨损性能进行研究，分别测试了 Mg/SiO_2 的摩尔比为1和2的复合材料在不同条件下的摩擦系数和磨损量，以及两者与滑动路程、滑动速度和载荷的变化关系。

3.2.1 滑动路程对复合材料干滑动磨损性能的影响

图4表示增强相体积分数为30%时 $Al-SiO_2-Mg$ 系的磨损量与滑动路程之间的变化曲线，载荷为20N，滑动速度为0.6m/s。可以看出，各曲线基本保持良好的线性关系，说明反应体系的组织比较均匀，性能稳定。对比两条曲线可发现，随着 Mg/SiO_2 摩尔比的增加，复合材料的磨损量减小，并且曲线的斜率也呈现减小趋势，这是因为 $Al-SiO_2-Mg$ 系具体发生的化学反应与铝基体中Mg和 SiO_2 相对量有关，摩尔比的增大导致了反应产物颗粒尺寸的改变，增强相颗粒减小，从而提高了材料的磨损性能。

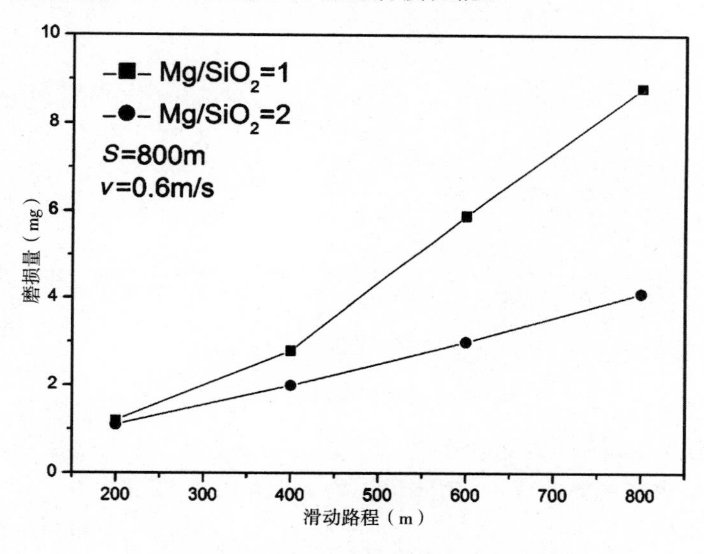

图4 磨损量与滑动路程的关系曲线

图5a、5b为增强相体积分数均为30%的 $Al-SiO_2-Mg$ 系（$Mg/SiO_2=1$、2）的随滑动路程变化的摩擦系数曲线，载荷为20N，滑动速度为0.6m/s。可以看出，两个曲线均在0.5上下波动，可波动幅度不一，两个曲线密度也不一样。Mg/SiO_2 摩尔比为2的曲线波动密度相对摩尔比为1的曲线稀疏，且摩擦系数略大（$\mu_a \approx 0.53$，$\mu_b \approx 0.61$）。

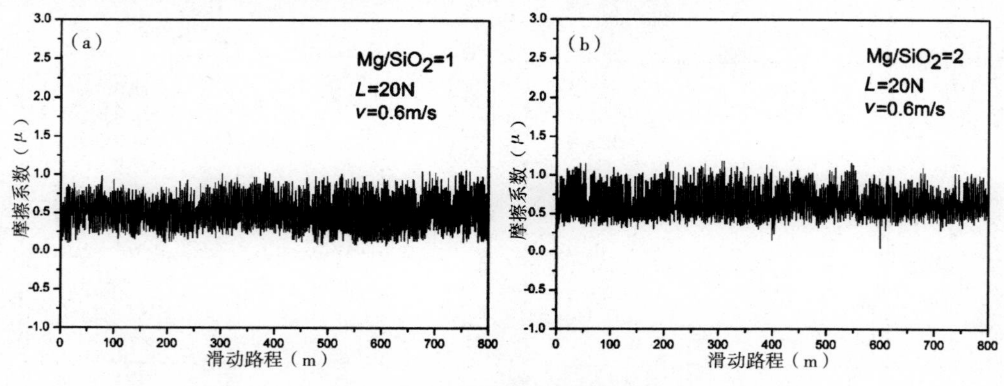

图5 不同滑动路程的摩擦系数曲线

(a) $Mg/SiO_2=1$；(b) $Mg/SiO_2=2$

3.2.2　载荷对复合材料干滑动磨损性能的影响

图 6 为增强相体积分数为 30％时 Al－SiO_2－Mg 系的磨损量与载荷之间的变化曲线，滑动路程为 200m，滑动速度为 0.6m/s。从图中可以看出，随着载荷的增加，材料的磨损量不断增大。而在同一载荷下，磨损量大致随 Mg/SiO_2 摩尔的增大而减小，表明 Mg/SiO_2 摩尔比的增大有利于耐磨性的提高。

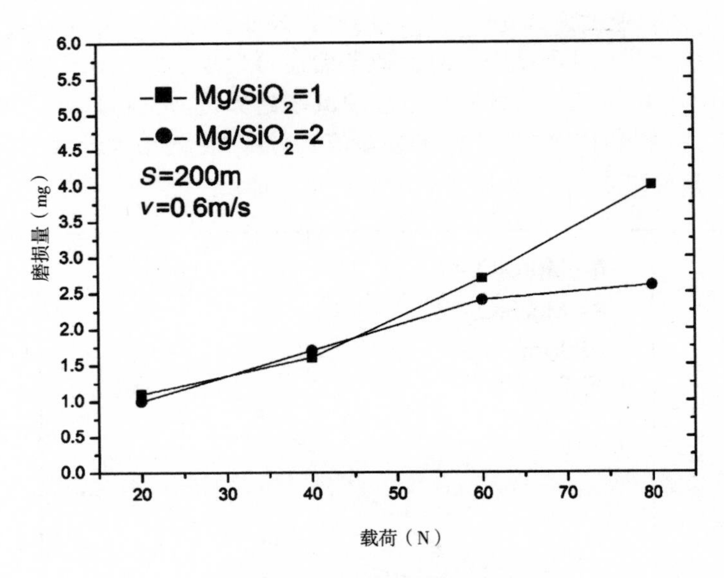

图 6　磨损量与载荷的关系曲线

图 7 和图 8 分别为增强相体积分数为 30％时 Al－SiO_2－Mg 系（Mg/SiO_2＝1、2）的复合材料随载荷变化的摩擦系数曲线，滑动路程均为 200m，滑动速度为 0.6m/s。可以看出，不同摩尔比的曲线在载荷从 20N、40N、60N、80N 的变化过程中波动幅度逐渐变小，且曲线密度也随之变疏。这是由于载荷小的时候，磨面磨损极不稳定，因此摩擦系数变化范围较大。随着载荷的增加，两种摩尔比复合材料的摩擦系数改变不大，均在 0.5 上下波动。另外，Mg/SiO_2摩尔比的增大使得摩擦系数也相对增大，其原因是由于材料表面都是粗糙的，摩擦总是发生在一部分的接触峰点上，因此材料表面的增强相颗粒突起起主要支撑，作用随着 Mg/SiO_2摩尔比的增大，增强体颗粒尺寸减小，数量增多，接触点的数目增大，从而使实际接触面积增加，进而导致摩擦系数略有增加。

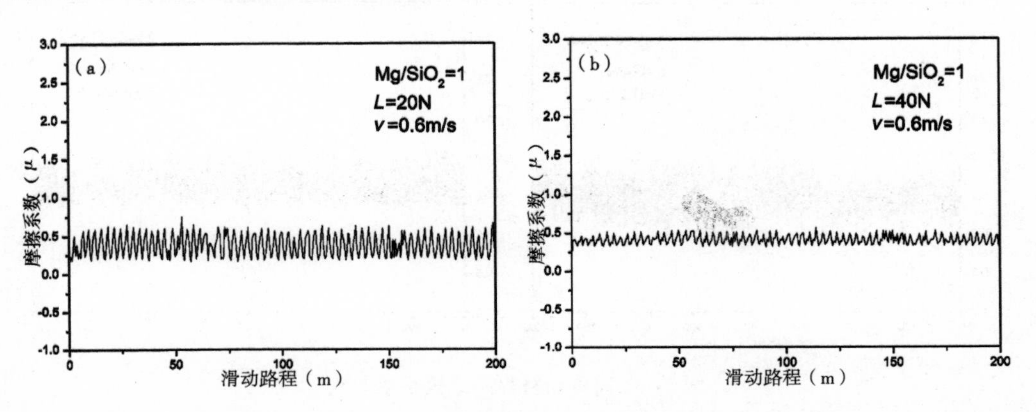

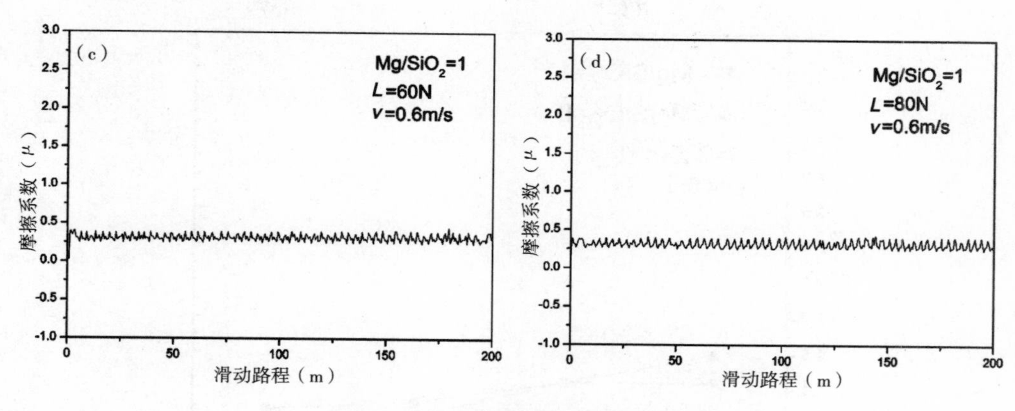

图 7　不同载荷下的摩擦系数曲线($Mg/SiO_2=1$)

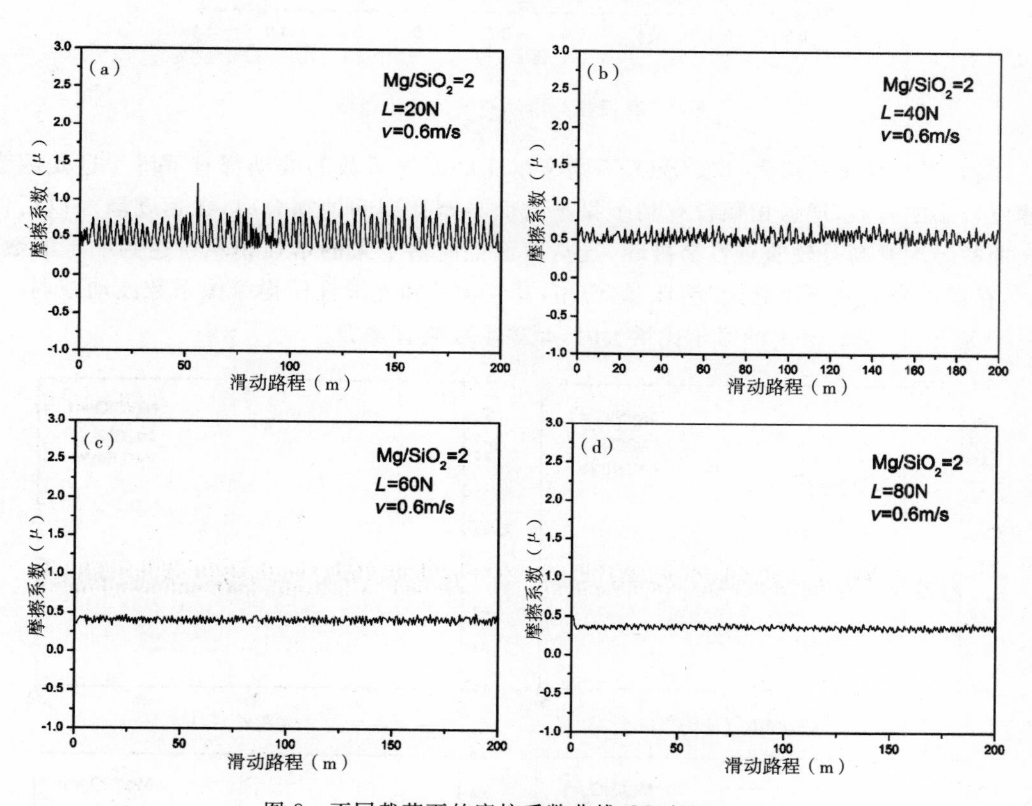

图 8　不同载荷下的摩控系数曲线($Mg/SiO_2=2$)

3.2.3　滑动速度对复合材料干滑动磨损性能的影响

图 9 为增强相体积分数为 30%时 Al－SiO_2－Mg 系的磨损量与滑动速度之间的变化曲线，滑动路程为 200m，载荷为 20N。从图中可知，磨损量均是随着速度的提高而呈现减小趋势的，这可能是由于在速度增大时，磨面与摩擦副的啮合程度不如速度小时好，所以两者之间的磨损逐渐减弱，磨损量减少。而在其他条件相同的情况下，当 Mg/SiO_2的摩尔比大时磨损量少，耐磨性好。

图 10 和图 11 分别为增强相体积分数为 30%时 Al－SiO_2－Mg 系($Mg/SiO_2=1$、2)的复合材料随滑动速度变化的摩擦系数曲线，滑动路程均为 200m，载荷为 20N。从图 10 中可以

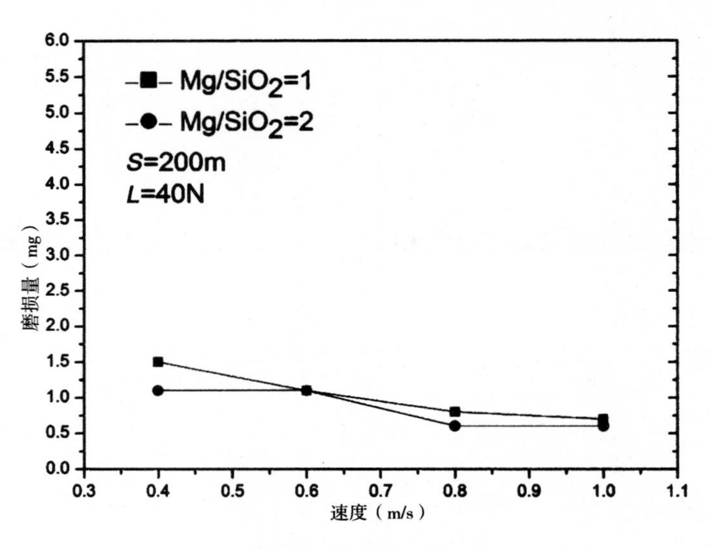

图 9　磨损量与滑动速度的关系曲线

看出，随着滑动速度的增大，Mg/SiO_2不同摩尔比的摩擦系数的波动都有下降。这是因为，在速度较小的时候，增强相颗粒有利于提高磨面与摩擦副间的啮合力，在速度增加以后，摩擦表面的温度升高且硬质点容易破碎，当从磨面上脱落下来的增强相颗粒达到一定的数量之后，在磨损表面就可以起到“滚珠”的作用，其流动性和光滑性使得摩擦系数波动减弱。在同一工况下，当 Mg/SiO_2的摩尔比增大时，摩擦系数略有增加。

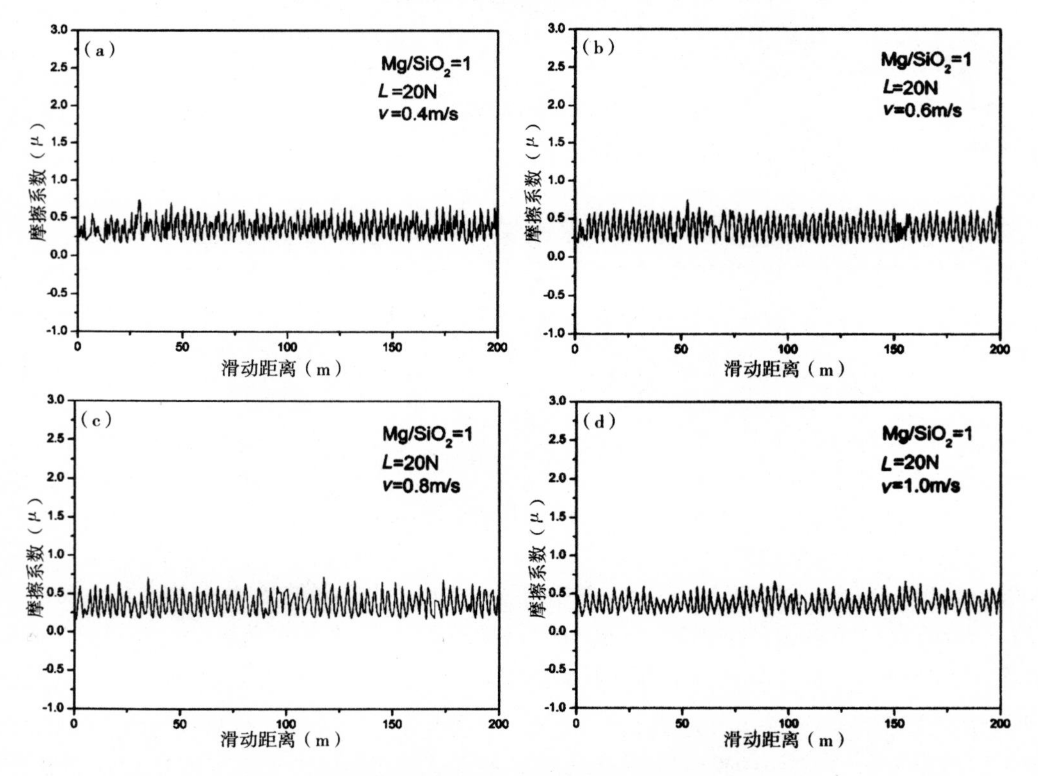

图 10　不同滑动速度下的摩擦系数曲线（$Mg/SiO_2=1$）

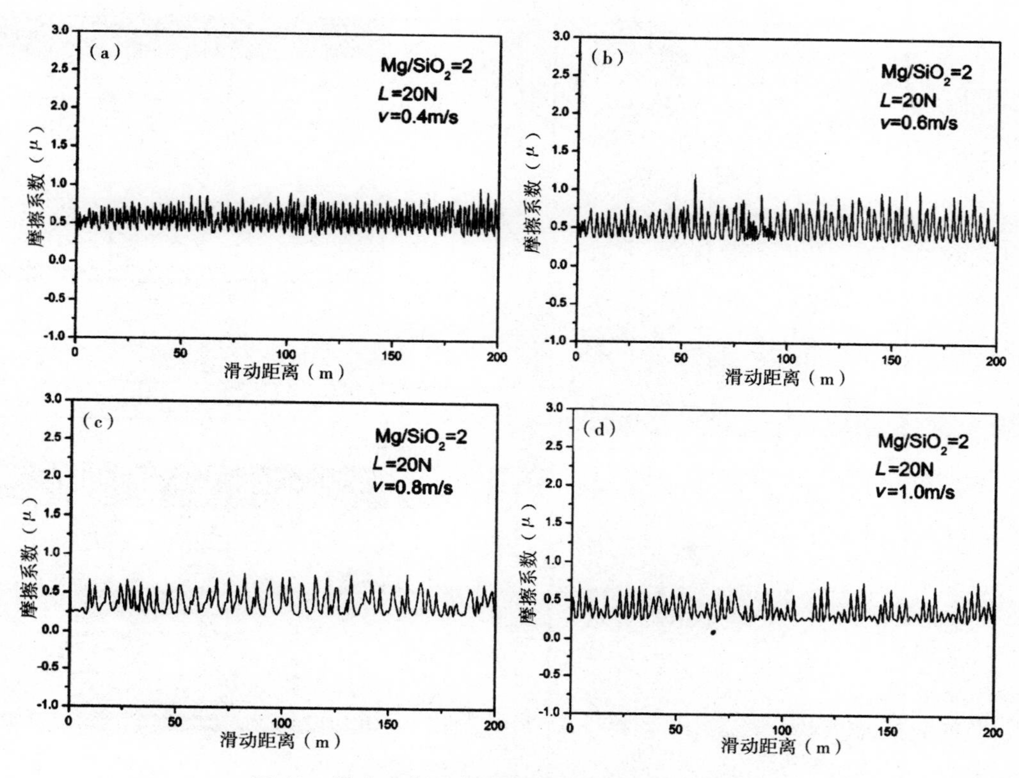

图 11 滑动速度对摩擦系数的影响($Mg/SiO_2=2$)

3.3 $Al-SiO_2-Mg$ 系的磨损机理

$Al-SiO_2-Mg$ 系铝基复合材料中有细小颗粒的存在，且在基体中呈分布均匀，因此磨面上的微凸体，也就是微小颗粒，与磨面接触而造成磨损。一般情况下，颗粒与基体结合较好.在较小的作用力下不易分离，起到了支撑减摩的作用，因此该这类材料的耐磨性一般较好。但是随着摩擦的不断进行，磨面的温度不断升高，表层金属的塑性提高并被磨盘逐渐带走，使得增强相颗粒渐渐裸露于表面。随着摩擦的继续进行或者条件的改变，部分脱落的颗粒在形成磨屑后在磨盘转动过程中又被嵌入基体，属于粘着磨损。另外，在摩擦力的作用下，颗粒在基体表面滑行并产生细小的犁沟现象。如果载荷加大到一定程度导致增强相破碎离开基体，使之成了基体与对磨面之间的磨粒，则加剧了磨粒磨损。

图 12(a)和 12(b)分别是增强相体积分数为 30%的 $Al-SiO_2-Mg$ 系磨面的能谱图，图中 Fe 元素含量较大，说明此时对磨盘上出现了明显的 Fe 元素的转移。单个增强相颗粒上的粘着力及犁沟的截面积都较小，但因其数量大，磨面上的粘着力依然较大，所以该类材料的磨损机理主要是以粘着磨损为主，磨粒磨损为辅。由图可以看出摩尔比大的摩擦面相对光洁，说明粘着磨损现象较弱，磨损性能更好。

4 结 论

本文采用原位反应合成方法制备的 $Al-SiO_2-Mg$ 系铝基复合材料，通过运用 MG2000 型磨损试验机对该复合材料的磨损性能进行研究，运用 SEM、EDS 及金相分析等手段分析了该系的磨面的微观组织，并探究了其磨损机理，得到的主要结论如下：

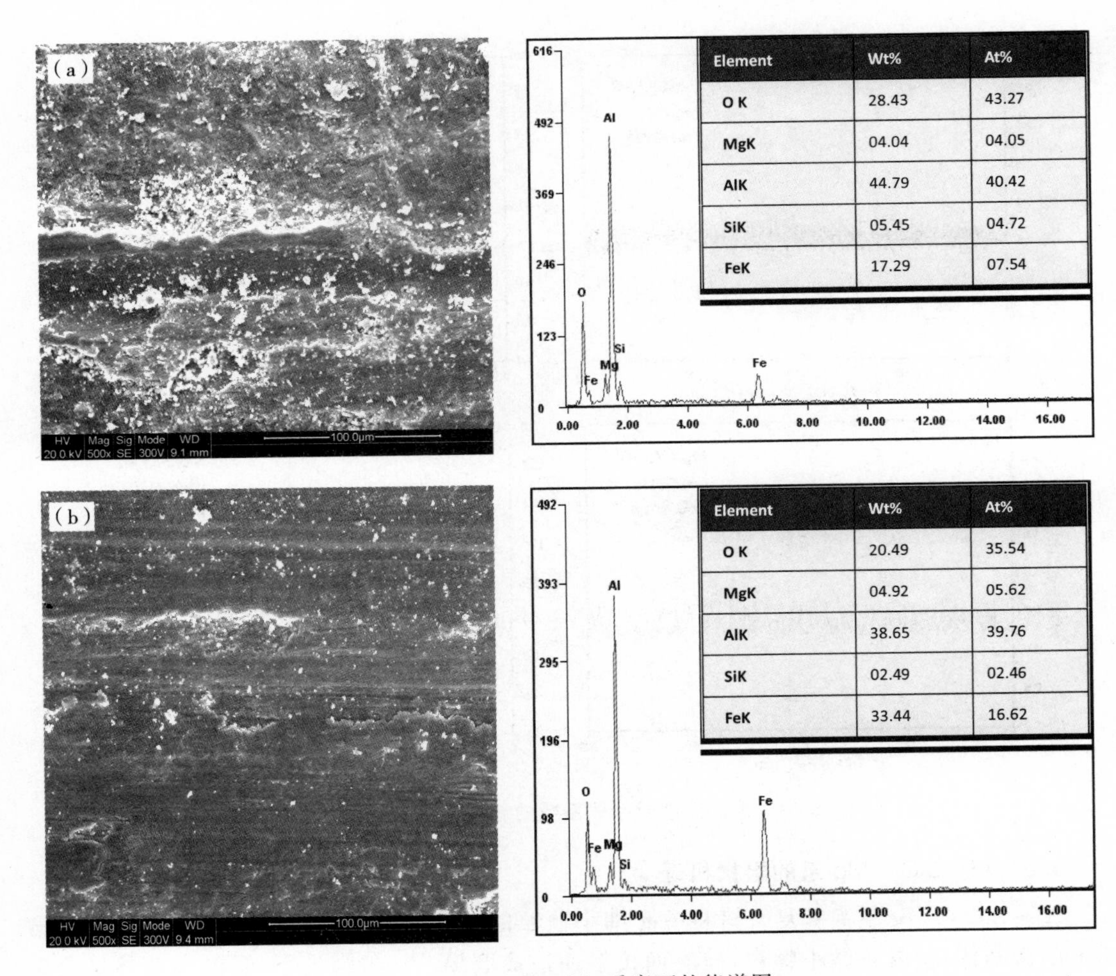

图 12　Al - SiO_2 - Mg 系磨面的能谱图

(a) Mg/SiO_2 = 1；(b) Mg/SiO_2 = 2

(1) Al - SiO_2 - Mg 系铝基复合材料的磨损量与滑动路程呈良好的线性关系，说明该材料的组织均匀性较好，摩擦系数在某一均值上下浮动，Mg/SiO_2 的摩尔比大的摩擦系数略大。

(2) Al - SiO_2 - Mg 系铝基复合材料的磨损量随载荷的增加而不断增大，摩擦系数基本保持不变，而曲线波动逐渐减弱。另外，在同一载荷下，磨损量大致随 Mg/SiO_2 摩尔比的增大而减小，摩擦系数略有增大。

(3) Al - SiO_2 - Mg 系铝基复合材料的磨损量随滑动速度增加而减小，摩擦系数基本保持不变，曲线波动逐渐减弱。而在同一工况下，摩擦系数随 Mg/SiO_2 摩尔比的增大略有增大。

综合(1)～(3)，说明常温时在相同的磨损条件下，增强相体积分数为 30% 的 Al - SiO_2 - Mg 系铝基复合材料的摩擦磨损性能与 Mg/SiO_2 的摩尔比大小有关，随着其摩尔比的增加，有利于材料的磨损性能。

(4) Al - SiO_2 - Mg 系铝基复合材料的显微组织呈 Al_2O_3 和 Mg_2Si 增强体颗粒大致均匀分布在基体上，磨损时主要以粘着磨损为主，磨粒磨损为辅。

参考文献

[1] Hooker J A, Doorbar P J. Metal matrix composites for aeroengines[J]. Mater Sci Tech 2000, 16(8): 725 - 731.

[2] Kaczmar J. Pietrzak K, Wlosinski W. The production and application of metal matrix composite materials[J]. Mater Pro Tech 2000, 106(11): 58 - 67.

[3] 艾利君. 颗粒增强 Al 基复合材料的研究[D]. 兰州大学 2007.

[4] 金鹏, 刘越, 李曙. 颗粒增强铝基复合材料在航空航天领域的应用[J]. 材料导报, 2009, 23(6): 25 - 27.

[5] 陈华辉, 邢建东. 耐磨材料应用手册[M]. 北京机械工业出版社, 2006.

[6] Tjong S C, Ma Z Y, Li R K Y. The dynamic mechanical response of Al_2O_3 and TiB_2 particulate reinforced aluminum matrix composite produced by in situ reaction. Mater Lett, 1999, 18: 39 - 44.

[7] 吴洁君, 王殿斌, 桂满昌. 颗粒增强铝基复合材料干滑动摩擦性能述评[J]. 稀有金属, 1999, 23(3): 214 - 219.

[8] Zhu H G, Wang H Z, Ge L Q, et al. Study of the microstructure and mechanical properties of composites fabricated by the reaction method in an Al - TiO_2 - B_2O_3 system. Materials Science and Engineering A, 2008, 478: 87 - 92.

磨粒磨损对 WC－8%Co 硬质合金的微观组织和力学性能影响

巨 佳[1] 薛 烽[1] 周 健[1] 何惠国[2] 郝明洪[2]
（1. 东南大学，材料科学与工程学院； 2. 江苏四明工程机械有限公司）

摘 要：在磨料磨损过程会产生大量热，使硬质合金温度升高，严重影响了合金的组织和性能。本文对 WC－8%Co 硬质合金在磨料磨损过程中摩擦温度、磨损量、合金微观组织以及力学性能进行研究。结果表明：在磨粒磨损过程中，随着磨损时间的延长，合金摩擦温度和磨损量呈整体上升趋势。合金的微观组织在磨损初期阶段，基本上未发生改变，但是在磨损稳定阶段合金的硬质相出现脱嵌现象，最后在磨损加速阶段合金的脱嵌现象加剧，同时生成脆性 η 相。合金的硬度随着磨损时间的延长逐渐下降，与之相反，断裂韧性则先缓慢升高后加速上升，最后急剧下降。

关键词：磨料磨损；硬质合金；微观组织；力学性能

1 引 言

近代工业发展中，硬质合金由于具有高强度、高硬度和良好的韧性等特点，被冠以工业牙齿之称[1,2]。WC－Co 型硬质合金是硬质合金家族一个重要分支，其中，WC 作为硬质相，具有高熔点、高硬度和耐磨性等特点；金属 Co 作为粘结相，具有良好延展性和韧性[3,4]。在高温烧结过程中，液相 Co 与 WC 颗粒之间具有良好的润湿性，使粘结相与硬质相能良好结合从而达到烧结致密化。因此采用粉末烧结法获得的 WC－Co 型硬质合金具有优异的耐磨性和良好的断裂韧性，广泛地应用于耐磨要求高的矿山和工程机械等领域[5]。

WC－Co 硬质合金主要由硬质相 WC 和粘结相 Co 构成。当温度上升到 1000℃左右时，WC 会部分固溶于 α－Co 中形成固溶体（即 γ 相）。与此同时，合金在高温下也会发生脱碳现象产生脆性脱碳相（即 η 相），从而大大降低合金的韧性，使其在摩擦过程中产生裂纹而失效[6]。另一方面，WC－Co 硬质合金在磨粒磨损的过程中会与磨料之间发生剧烈摩擦，产生大量的热，其中部分热量会流向硬质合金，使合金温度升高从而改变合金的微观组织，影响其力学性能，甚至造成合金失效。因此，研究磨粒磨损过程中 WC－Co 硬质合金微观组织和力学性能改变具有一定的现实意义。本文选取硬质相粒径为 1～5 μm 的 WC－8%Co 硬质合金，研究该合金在磨粒磨损过程中微观组织和力学性能的改变。

2 试验材料和试验方法

2.1 试验材料

试样为常规粉末烧结工艺制备的 WC－8%Co 硬质合金。样品经线切割加工成 1cm×1cm×5cm 的长方体，其各面都用 SiC 砂纸打磨平整并抛光。

2.2 试验方法

磨粒磨损试验在 Z516C 台式钻床改装的磨粒磨损试验机(其结构示意见图 1)上进行,钻床转速为 570rpm。试验中与试样对磨材料为 SiC 砂轮,砂轮平放在弹簧上,通过压缩弹簧变形对试样加恒载,并且在砂轮与试样周围填充 50～60 目的 SiC 砂粒。砂粒不重复使用,每次均需换用新砂。对磨试样固定在钻头试样夹上,与砂轮直接接触。

在磨粒磨损试验前试样先在超声波清洗机中用丙酮超声清洗 10～15min,然后取出放入真空干燥箱中干燥,待完全干燥后用 AE240 型电子分析天平(精确到 0.001g)测试样的质量(m_1)。然后装样开始磨粒磨损试验,试验过程中温度采用 CEM DT—8833 便携红外测温仪测量。磨损试验结束后,取出样品在超声波清洗机中用丙酮超声清洗干净,待真空干燥后再在天平上测量磨损后质量(m_2)。试样的磨粒磨损性能用试验前后的失重(即 $m=m_1-m_2$)来衡量。试验过程中每个条件均取三个样品测试,并取平均值。

磨损前后的试样,样品的微观组织采用 FEI-Sirion200 型场发射扫描电镜(SEM)观察样品表面形貌并经行能谱(EDS)分析。样品的硬度采用数显洛氏硬度计测试。试样断裂韧性采用压痕法在 HVS-50 维氏硬度计上测量,测量条件为:载荷 30kgf,保压时间 30s。测量后读出维氏硬度 HV,并测量菱形压痕两条对角线方向上的裂纹长度 $L_i(i=1,2,3,4)$,然后通过下式计算出断裂韧性 K_{IC}:

$$K_{IC}=0.15\times\sqrt{\frac{1000\times HV}{\sum L_i}}$$

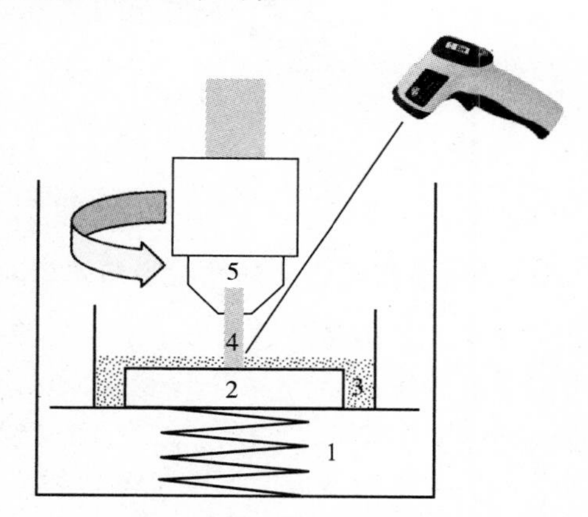

图 1 磨粒磨损试验机示意图

1. 弹簧; 2. 砂轮; 3. SiC 磨粒; 4. 试样; 5. 台钻夹头

3 试验结果与分析

3.1 磨损时间对磨粒磨损过程中温度和磨损量的影响

在磨粒磨损过程中,WC-8%Co 硬质合金与砂轮以及 SiC 磨粒之间会剧烈的摩擦,产生大量的热。图 2 为恒定压力下磨损时间对合金摩擦温度和磨损量的影响。如图 2 所示,随着磨损时间的延长,摩擦温度明显升高,磨损量也在逐渐增大。其温度上升和磨损的过程可以明显地分成三个阶段。第一阶段为 0～5min,此时合金磨损量小,温度上升比较缓慢,属于磨损初始阶段。这是由于合金表面光滑,摩擦力相对较小,同时,WC 又具有良好的导热性,将产生的热量很好的向外传递出去。第二阶段为 6～73min,此时合金磨损率(单位时间内磨损量)基本上保持一致,温度呈线性升高,属于磨损稳定阶段。这一阶段的形成主要有两方面原因:一方面是由于经过磨损初始阶段,合金表面粗糙度保持不变,摩擦力恒定;另一方面,热量的缓慢积累导致温度的线性上升。第三阶段为 74～120min,此时合金的磨损率显著增高,磨损温度上升趋势有所降低,属于磨损加速阶段。这一阶段,由于前期热量的积累,导致合金温度过高,温度最高达到 934℃,大大降低了合金的硬度,使其耐磨性显著降低,从而加速磨损。

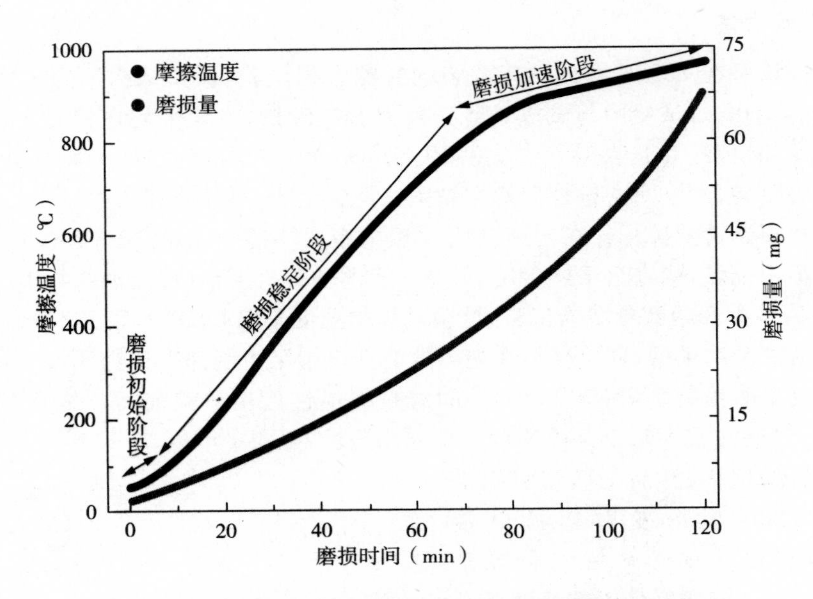

图 2 磨损时间对磨粒磨损过程中温度和磨损量的影响

3.2 磨粒磨损对合金的微观组织的影响

通常硬质合金的磨损退化决定于合金的微观组织，其机制主要有四种[7]，分别是①对磨材料的混合及嵌入；②WC 颗粒的破碎；③粘结相的脆变和衰退；④WC 颗粒的氧化和腐蚀。

图 3 为 WC－8％Co 硬质合金在不同磨损阶段的微观形貌。从图中可以明显看出，磨损前合金的组织主要为多边形颗粒状 WC 硬质相和 Co 粘结相的两相结构，WC 颗粒大小尺寸不均匀，粒径范围约为 3～5 μm。其中 WC 与 Co 结合致密无明显缺陷[如图 3(a)]。在磨损初始阶段，由于磨损量较小合金的微观形貌没有发生明显变化，依然是 WC 和 Co 的双相结构，但是其表面能观察到白色的摩擦痕迹[如图 3(b)]。到了磨损稳定阶段，合金的形貌发生了明显改变。合金的硬质相和粘结相已经无法观察到明显的界限，此外有明显的黑色坑洞出现[如图 3(b)]。这可能是由于粘结相较软，在磨损过程中首先被磨损掉，韧性较高的粘结相粉末在磨损过程中粘附在样品表面，使 WC 和 Co 的边界变得模糊而无法明显观察到，同时，也使而失去了粘结的 WC 颗粒在砂轮横向切应力作用下发生脱嵌产生坑洞。对硬质相 WC 边沿[如图 3(c)红色记号处]进行 EDS 分析发现，合金仍保持硬质相 WC 和粘结相 Co 的结构，并没有产生新相。最后到了合金磨损加速阶段，合金表面产生大量的坑洞，使与原本在磨损稳定阶段无法明显观察到的 WC 颗粒又能够清晰地看到，同时，WC 颗粒之间结构棱角分明，说明发生过脆性断裂[如图 3(d)]。这是由于一方面高温使粘结相 Co 的硬度进一步下降，磨损更严重，使 WC 颗粒失去粘结剂，而发生大量脱嵌形成坑洞。另一方面通过 EDS 分析 WC 边沿[如图 3(d)红色记号处]发现有 Co－C－W 化合物存在，说明合金在磨损加速阶段发生了脱碳，产生了脆性的 η 相，使 WC 颗粒在磨损过程中发生脆性断裂，造成棱角分明的结构。

3.3 磨粒磨损对合金的力学性能的影响

图 4 是 WC－8％Co 硬质合金在不同磨损阶段的硬度。如图，合金的硬度随着磨损时间呈明显下降趋势。其中在磨损初期阶段，合金的硬度下降幅度较低，这是因为在初期摩擦温

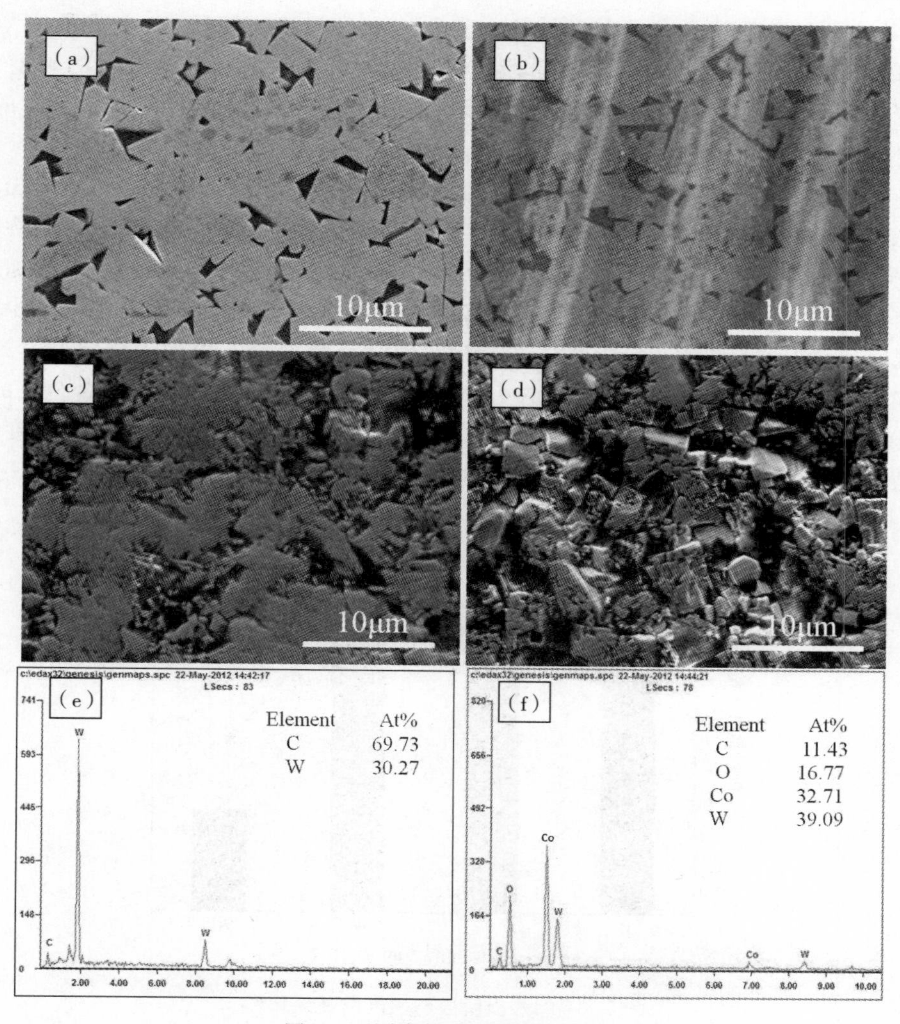

图 3 不同磨损阶段的微观组织

(a)磨损前;(b)磨损时间为 4min 时;(c)磨损时间为 40min 时;(d)磨损时间为 90min 时

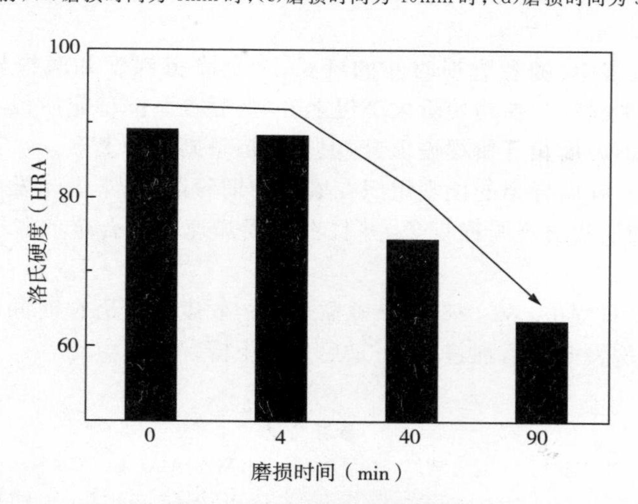

图 4 不同磨损阶段的硬度

度较低，同时合金的微观结构基本没有什么变化。在磨损稳定阶段，合金的硬度呈线性下降，下降幅度稍有增加，这是由于稳定阶段温度的线性上升造成合金粘结相的硬度下降，同时磨损造成表面硬质相的脱嵌，使合金整体硬度线性下降。到了磨损加速期，合金的表面脱嵌现象更加严重，同时产生了脆性的 η 相，进一步降低了合金的硬度。

图 5 是磨粒磨损对 WC－8%Co 硬质合金的断裂韧性影响。从图 5 中可以看出，断裂韧性（K_{Ic}）在合金的磨粒磨损过程中呈现出先上升后急速下降的趋势。在磨损初期阶段，合金 K_{Ic} 值缓慢上升；随后到了磨损稳定阶段，合金的 K_{Ic} 值开始加速上升；但到了磨损加速器，合金的 K_{Ic} 值发生了急剧的下降。产生这一现象主要是由于磨损初期合金摩擦产生少量热量，使合金温度稍微升高，增强了粘结相 Co 的韧性，使合金断裂韧性得到缓慢提升。到了磨损稳定阶段，合金的摩擦温度线性升高，进一步增强了粘结相 Co 的韧性，同时合金表面没有过多的缺陷，使合金的断裂韧性也稳步上升。最后到了磨损加速阶段，虽然摩擦温度很高，但是合金磨损后表面缺陷过多，而且还生成了脆性 η 相，使合金的断裂韧性产生了急速下降。

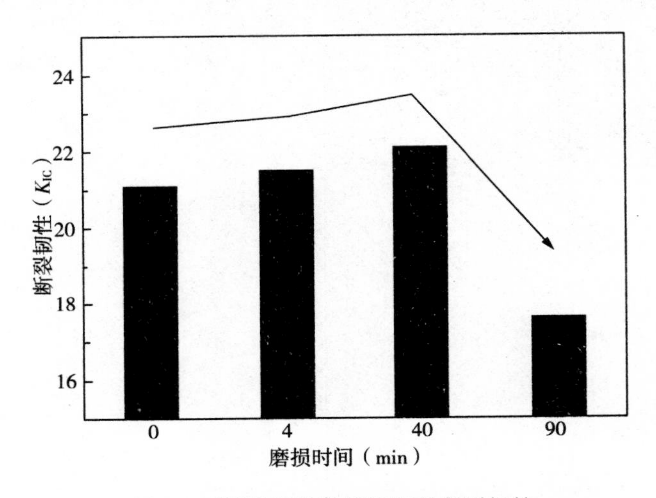

图 5　不同磨损阶段的硬度的断裂韧性

4　结　论

（1）磨粒磨损过程中，随着磨损时间的延长，合金摩擦温度和磨损量呈整体上升趋势。其摩擦温度和摩擦磨损在磨损初始阶段缓慢上升，然后在磨损稳定阶段开始加速上升，最后在磨损加速阶段摩擦温度又开始缓慢上升，但是摩擦量则加速上升。

（2）WC－8%Co 硬质合金的微观组织在磨损初期阶段，基本上未发生改变，但是在磨损稳定阶段，合金的硬质相出现脱嵌现象，并且在磨损加速阶段合金的脱嵌现象加剧，同时生成脆性 η 相。

（3）在磨粒磨损过程中，WC－8%Co 硬质合金的硬度随着磨损时间的延长逐渐下降，但是其断裂韧性则先缓慢升高后加速上升，最后急剧下降。

参考文献

[1] Qiao, Z. H., Ma, X. F., Zhao, W., et al. A novel (W－Al)－C－Co composite cemented carbide prepared by mechanical alloying and hot-pressing sintering, International Journal Of Refractory Metals & Hard Materials [J] 2008. 26 (3), 251－255.

[2] Prakash, L. J. Application of Fine-Grained Tungsten Carbide-Based Cemented Carbides, International Journal Of Refractory Metals & Hard Materials [J] 1995. 13 (5), 257 - 264.

[3] Oladijo, O. P., Venter, A. M., Cornish, L. A. Correlation between residual stress and abrasive wear of WC - 17Co coatings, International Journal Of Refractory Metals & Hard Materials [J] 2014. 44, 68 - 76.

[4] Xu, J., John, H. Krafczyk, A. Wear Resistance of Hard Materials in Drilling Applications, Advanced Ceramic Coatings and Interfaces Iv [J] 2009. 30 (3), 55 - 66.

[5] Konyashin, I. Ries, B. Wear damage of cemented carbides with different combinations of WC mean grain size and Co content. Part II: Laboratory performance tests on rock cutting and drilling, International Journal Of Refractory Metals & Hard Materials [J] 2014. 45, 230 - 237.

[6] 孙宝琦,吴国龙,周建华. WC - Co 硬质合金中的 η 相及其对合金性能的影响[J]. 硬质合金, 1999. 16 (2), 5.

[7] Pirso, J., Letunovitš, S. Viljus, M. Friction and wear behaviour of cemented carbides[J]. Wear, 2004. 257 (3 - 4), 257 - 265.

W－0.5wt.% TaC合金的制备及其显微组织性能的研究

谭晓月[1] 罗来马[1,2] 陈泓谕[1] 朱晓勇[1,2] 程继贵[1,2] 昝 祥[1,2] 吴玉程[1,2]
1. 合肥工业大学材料科学与工程学院； 2. 安徽省粉末冶金工程技术研究中心
(罗来马,0551－62901362,luolaima@126.com)

摘　要:湿化学法制备 W/TaC 粉末后,用放电等离子体烧结(SPS)技术得到 W/TaC 块体。场发射扫描电镜(FESEM)及其配置的 EDS 能谱、X 射线衍射仪、透射电子显微镜(TEM)及其配置的 EDS 能谱对材料的形貌、组织、结构进行分析。其中 TaC 主要分布在晶界和晶粒内部,且晶界的颗粒比较大,晶内的比较小。显微硬度和室温下的抗拉强度对材料的力学性能进行了表征。发现 TaC 的加入,虽然降低了材料的显微硬度,但是提高了材料的抗拉强度,并且通过降低材料的弹性模量改善了材料的脆性。

关键词:W/TaC 合金;放电等离子体烧结;抗拉强度;弹性模量

1 引　言

目前,聚变能作为一种新能源已经引起国际上的注意。然而,需要一种能够承受高温、高辐照和高热应力的材料作为面对等离子体的材料来适应这种极其恶劣条件使用[1,2]。钨及其合金因为具有高熔点、高温强度、高导热、低的热膨胀系数、高溅射阈值能和好的抗辐照性能,被认为是最有前景的面对等离子体材料[3~5]。然而,钨材料具有高的韧脆转变温度(DBTT)和低的再结晶温度(RCT),因而具有差的机械加工性能,限制其应用条件[6~8]。

有研究表明,细小弥散的第二相(如:TiC、ZrC、HfC、La_2O_3、Y_2O_3等)加入到钨基材料中,可以降低 DBTT 和提高 RCT[9~14]。G. Liu 等人认为控制第二相在晶粒内部和晶界的分布,使晶界处的第二相阻碍晶粒长大,减小沿晶断裂的趋势;同时,晶粒内部细小弥散分布的第二相颗粒在拉伸过程中可以有效地位错聚集进而提高材料拉伸过程中的加工硬化能力,避免过早出现局部软化。表明,这两种效果的联合作用会使钼等难熔金属在室温拉伸时具有良好的延展性[15]。

制备钨及其合金的方法传统上,一般用机械合金化来制备细小的粉体,然后用传统的烧结方式来制得第二相细小弥散分布在钨基复合材料。然而,球磨过程中会引入一些杂质元素,严重影响材料的力学和热学性能[16,17]。目前用湿化学方法制备可以克服机械球磨引入的杂质,制备出细小的粉体,然后烧结得到钨及其合金[18,19]。

本实验采用湿化学方法制备 W/TaC 粉体,并用 SPS 烧结技术得到烧结块体。目的是制备出 TaC 可以分布在晶粒内部的材料,来改善材料的脆性。

2 实验方法

2.1 粉体制备

通过化学计量法,制备 W－0.5wt.%TaC 复合粉末。称取一定量的仲钨酸铵(APT)溶解在去适量的离子水中。然后往其中加入 50～100nm 左右的 TaC 纳米粉末(加入的量是根据化学计量法确定)后,置于超声波里超声得到黑色的悬浮浊液。往上述液中加入适量的草酸($C_2H_2O_4 \cdot 2H_2O$),溶解后置于175℃的甲基硅油的油浴锅中。搅拌、蒸干得到W/TaC前驱体粉末块体。用玛瑙研钵研碎后置于刚玉坩埚内,放在管式氢气炉里面还原。还原工艺如图1所示。

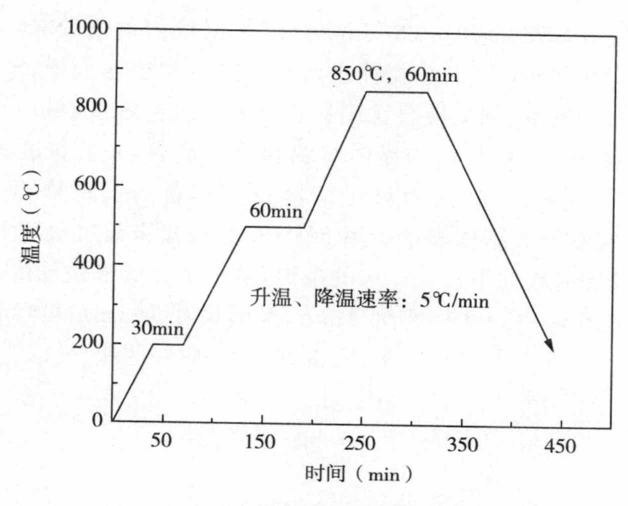

图1 前驱体粉末还原工艺曲线图

2.2 SPS烧结

还原后的粉体,用放电等离子体烧结(SPS)(FCT Group,SE—607,德国)。烧结工艺如图2。还原后粉体首先平铺在直径为20mm的石墨模具里面,然后放置在SPS设备中。试样在三次抽真空后,给试样一个在轴上为9.6MPa的预加力后,给试样一个轴向的大电流给试样加热,到450℃时,加压到15.9MPa。以100℃/min的升温速率到700℃保温2min,使试样中的气体排出;再以100℃/min的升温速率升到1350℃保温5min,对试样给以预烧结致密;然后以100℃/min的速率升温至1750℃,再以50℃/min的速率升温到1800℃保温1min后,以100℃/min降温至500℃后炉冷。在此升温过程的同时,压力在温度升至700℃

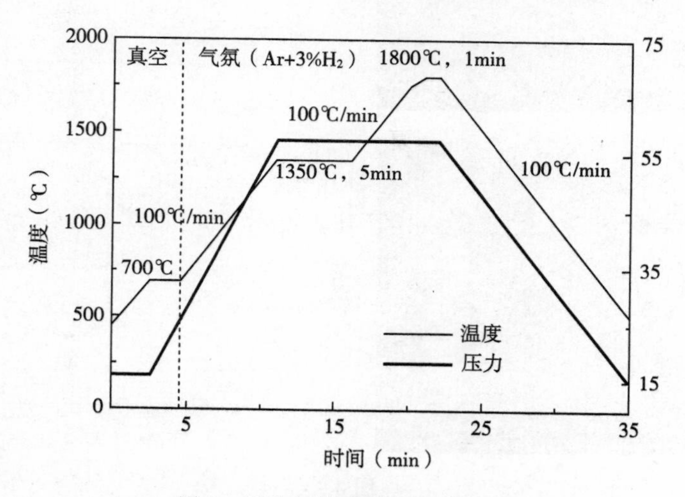

图2 SPS烧结试样的工艺曲线

到 1350℃时，以均匀的速度升至 59.3MPa，一直保持恒定的压力到降温前。然后在温度降到 500℃期间又以匀速降压到 15MPa 后卸载。为了防止试样高温时有所氧化，在 700℃开始升温之后，使试样在一个 Ar+3vol. %H_2的气氛中烧结。

2.3 材料表征

用场发射扫描电镜（FESEM，SU8020，Japan）和 X 射线衍射仪（XRD）对加入的 TaC 粉体和湿化学法得到的 W－05wt. %TaC 粉体进行表面形貌和成分表征；SPS 得到试样，用阿基米德排水法测出材料的密度，根据混合法则计算材料的理论密度，最后得到材料的相对密度。FESEM 和 EDS 表征了材料的金相显微组织和断口形貌；晶粒粒度是根据金相显微组织的 FESEM 图进行了判断。同时，用离子减薄技术制备透射试样，用透射电子显微镜（TEM）对试样进行组织和微观结构表征。用 MH－3L 型显微硬度计对材料的显微维氏硬度进行了表征，使用 1Kg 的载荷下保持 15s 的条件，每个试样的显微硬度值是十个点的平均值。用电火花线切割技术切出四个标距为 7mm，截面尺寸为 1mm×1.5mm 的拉伸试样。在 INSTRON－5967 型设备上进行拉伸实验，得到应力-应变曲线。

3 结果和讨论

3.1 粉体表征

图 3a 是加入的纳米级 TaC 粉末的 FESEM 图像，可以看出粉末粒径约为 50～100nm 左右。图 3b 是 TaC 粉末的 XRD 谱图，可以看出只有 TaC 的峰，表明 TaC 粉末纯度较高；经过标定后，发现和标准衍射卡号为 PDF＃35－0801 相符合；图 3c 是还原后得到的 W－0.5TaC 粉体的 FESEM 图，粉末粒度呈现双峰分布，为纳微米级别的粉末。图 3d 是 W－

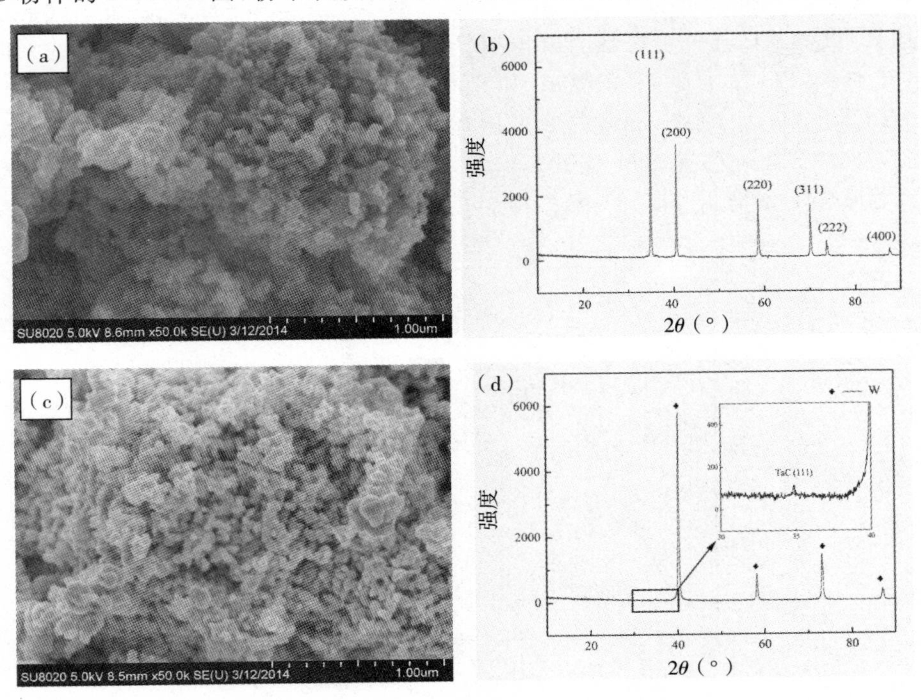

图 3

(a)(c)分别是加入 TaC 粉末和还原后的 W/TaC 粉末的 FESEM 图；(b)(d)分别是相应两种粉末的 XRD 谱图

0.5TaC 的 XRD 谱图，可以看出，还原得到的粉体纯度高，不存在其他的杂峰。其中还原得到的 W 和标准衍射卡片中的 PDF＃04－0806 相对应；由于 TaC 的量很少，TaC 峰非常弱，在图 d 中黑色选框放大图可以发现 TaC(111)的峰，这间接说明了加入的 TaC 的含量很少。

3.2 烧结块体表征

表 1 列出了 W 和 W/TaC 合金的一些物理机械性能，其中 W 的性能是用同种方法制备得到的。可以看出在相同条件下 SPS 烧结后，W/TaC 合金的密度和显微硬度均比纯 W 低。一般第二相的加入会强化基体材料，材料的显微硬度应比较高、然而，材料的显微硬度一般和材料的密度、第二相分布、组织结构有关。TaC 的加入导致材料显微硬度值降低的原因应该是材料的密度低所致。另外，TaC 的加入，材料的晶粒有所细化。材料的抗拉强度有所增加和弹性模量的降低这应该是和 TaC 的分布及其作用有关，在后面会探讨。

表 1 W/TaC 合金的一些物理力学性能

材料	密度	相对密度	晶粒尺寸(μm)	显微硬度(Hv)	抗拉强度(MPa)	弹性模量(GPa)
W	18.54	96.3%	6～25	291.8	97.16	15.35
W－0.5TaC	17.78	92.6%	12～20	278.2	130.46	10.44

图 4(a)是 W/TaC 合金的金相抛光后腐蚀后的低倍 FESEM 图，可以看粗晶粒尺寸大概分布在 12～20 μm 之间。图 4(b)、(c)分别是较高倍数的 FESEM 图和相应区域的背散射电子得到扫描图，可以发现在 W 晶粒内部存在不同于 W 的第二相(如箭头所示)，对图 4(c)中白色选取做 EDS 能谱图 4(d)可以确定这种第二相是 TaC。然而，金相表面是破坏性表面，可能是抛光时，使第二相嵌入晶粒内部。因而没有足够的证据说明有第二相 TaC 存在在 W 晶粒内部，所以我们用 FESEM 对室温下拉伸得到的新鲜断口进行了断口形貌分析。

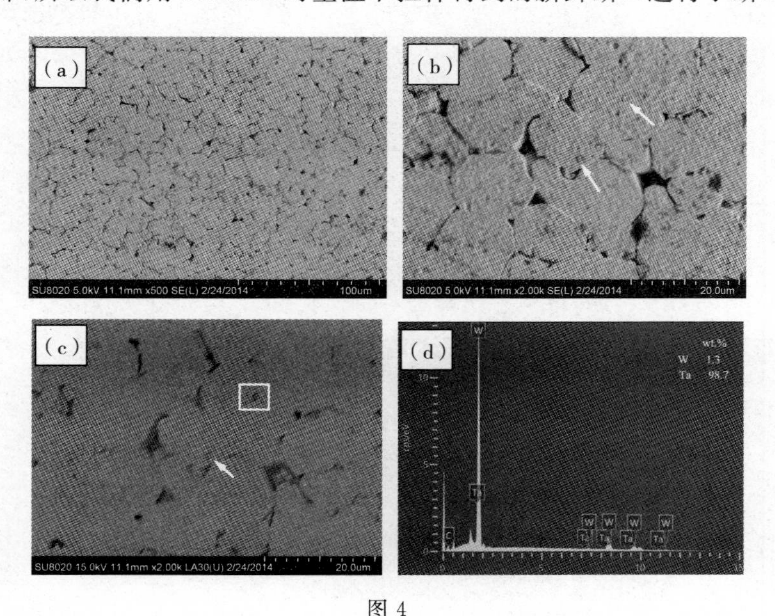

图 4

(a)W/TaC 低倍 FESEM 图；(b)高倍 FESEM 图；

(c)与图 4(b)相对应的背散射电子下的 SEM 图；(d)图 4(c)中白色方框选取的 EDS 谱图

图 5(a)是 W/TaC 合金在室温下拉伸断后新鲜断口形貌图，可以看到材料断裂方式既有穿晶断裂又有沿晶断裂。在图 5(a)中的插图是穿晶断裂的晶粒图，可以发现在白色选框内存在第二相颗粒。图 5(b)是这选框的 EDS 谱图，可以确定该颗粒是 TaC，这和图 4(b)，(c)中看到的第二相晶粒相符合。另外，发现穿晶断口表面不像沿晶表面那么光滑，是一个粗糙的表面，在材料断裂时可以形成粗糙表面来释放能量，从而可以缓解材料断裂。材料的断裂一般是由裂纹源的形成，到裂纹的扩展，最后断裂。从断口上看，材料断裂无论是穿晶面上还是沿晶面上都存在有第二相 TaC 颗粒。可以认为，第二相的加入在断裂的时候是作为裂纹源。在晶粒内部存在第二相颗粒，可以促使材料发生穿晶断裂。

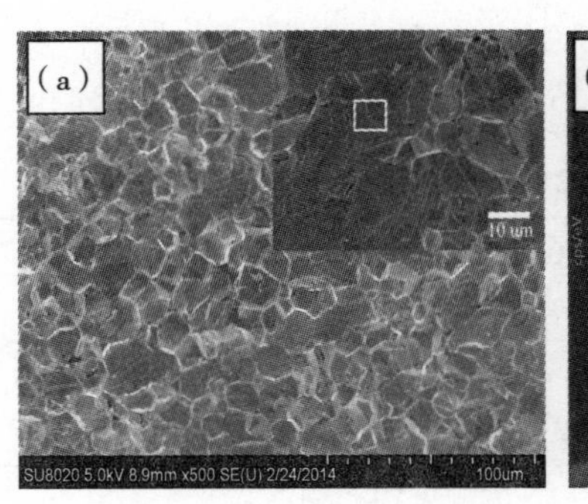

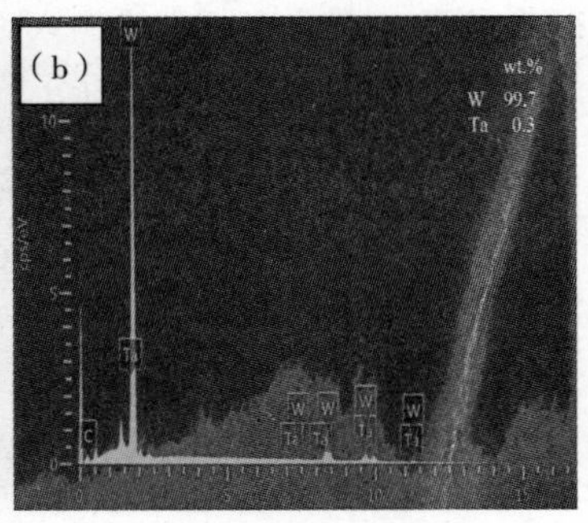

图 5

(a)W－0.5TaC 的断口形貌图，插图是穿晶断裂的穿晶晶粒放大形貌图；

(b)是图 5a 插图中白色选框的 EDS 谱图

为了进一步确定第二相 TaC 的分布情况，对 W－0.5wt.%TaC 做了 TEM 表征。图 6(a)是 W/TaC 的 TEM 明场像，可以发现第二相有分布在三叉晶界，也有分布在晶粒内部(如白色选框所示)。图 6(b)，(c)是对第二相进一步表征。图 6(b)是图 6(a)中黑色选取中第二相的高分辨图(HRTEM)，通过测量得到{100}晶系的晶面间距为 0.454nm，{110}晶系的晶面间距为 0.312nm，这和 fcc 的 TaC 相对应。图 6(b)插图是选取的衍射斑点图谱，电子入射防线是[100]方向，即是晶带轴的方向，这和 HRTEM 相匹配。说明分布在晶界的这一第二相颗粒即是 TaC 颗粒，与此相似的颗粒也有理由推测是 TaC。图 6(c)是图 6(a)中白色矩形选取的 EDS 谱图，发现存在 W，Ta 和 C 的峰。这说明存在这晶粒内部的纳米颗粒即是加入的 TaC 纳米颗粒。可以发现存在晶粒内部的 TaC 颗粒仍然保持原来的晶粒尺寸，而分布在三叉晶界的 TaC 相尺寸比较大，可达到几百纳米，这可能是陶瓷颗粒分布在晶界容易聚集长大所致。

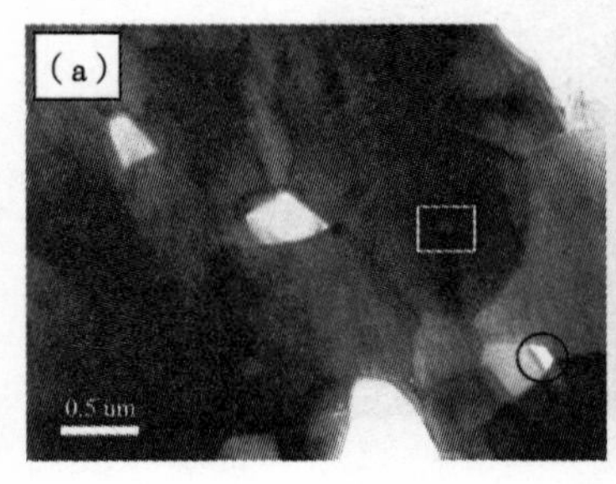

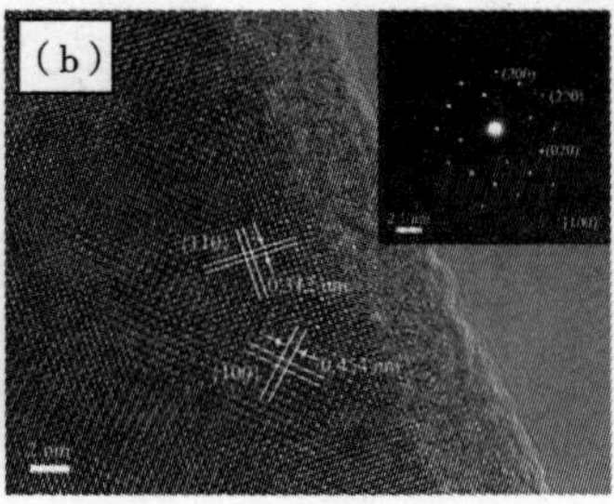

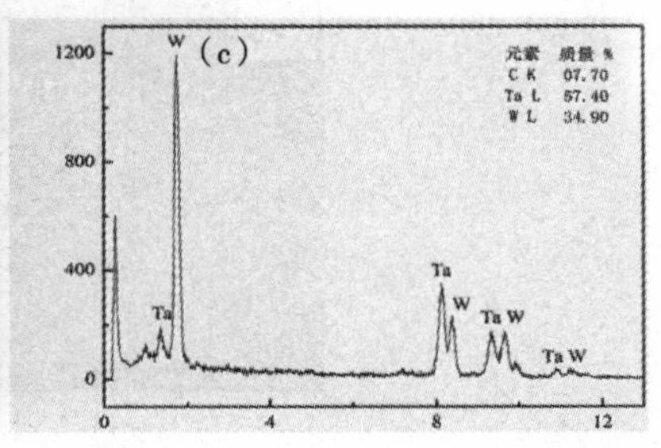

图 6

(a)W/TaC 的明场像；(b)是(a)中黑色选取的高分辨图(HRTEM)插图是相应的选取衍射斑点图谱；

(c)是(a)中白色选框的 EDS 谱图

图 7 是 W/TaC 和纯 W 在室温下的应力-应变曲线。可以看出，材料均为脆性断裂，W/TaC 的抗拉强度明显高于纯 W。对 W 和 W/TaC 的应力应变曲线做抗拉强度值时的斜率，来初步计算其弹性模量，发现纯 W 的斜率明显高于 W/TaC。抗拉强度和弹性模量值如表 1 中所示，通过比较说明，尽管 TaC 的加入使材料的密度有所降低，显微硬度降低，但是其可以提高材料的抗拉强度；可以降低材料的弹性模量改善材料的韧性。

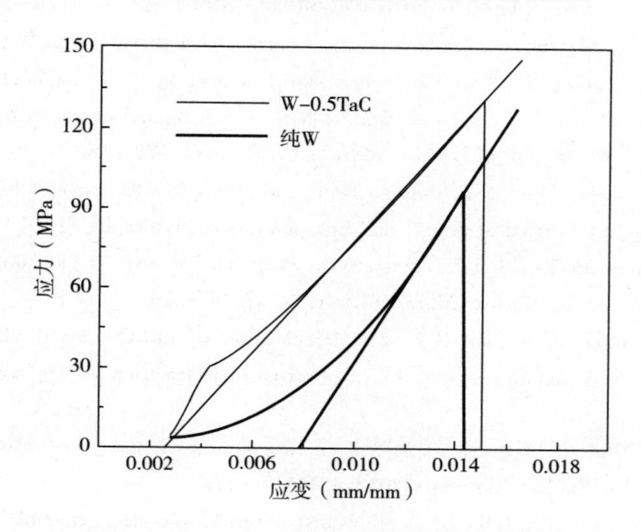

图 7　W 和 W/TaC 的室温下的应力-应变曲线

4　结　论

用湿化学法可以制备出纳微米级别的 W/TaC 粉体，材料经过 SPS 技术烧结后，尽管在密度和显微硬度有所降低，但是材料的抗拉强度是提高的。TaC 的加入降低了材料的弹性模量，从而从本质上改善了材料的脆性。材料具有沿晶断裂和穿晶断裂两种方式，在穿晶断口面上可以发现第二相 TaC 的存在，说明了 TaC 颗粒在晶粒内部有分布。在金相表面的 FESEM 图和材料的 TEM 明场像可以发现，第二相 TaC 分布在晶界和晶粒内部。这和我们预先设计的 TaC 分布有着良好的效果。

参考文献

[1] M. Battabyal, R. Schäublin, P. Spätig, et al. W - 2 wt. % Y_2O_3 composite: Microstructure and mechanical properties [J]. Materials Science and Engineering A, 2013, 538: 53 - 57.

[2] M. V. Aguirre, A. Martín, J. Y. Pastor, et al. Mechanical properties of Y_2O_3-doped W-Ti Alloys [J]. Journal of Nuclear Materials, 2010, 404: 203 - 209.

[3] M. Battabyal, P. Spätig, B. S. Murty, et al. Investigation of microhardness of pure W and W-2Y_2O_3 materials before and after ion-irradiation [J]. Int. Journal of Refractory Metals and Hard Materials, 2014, 46: 168 - 172.

[4] K. Schmid, V. Rieger, A. Manhard. Comparison of hydrogen retention in W and W/Ta alloys[J]. Journal of Nuclear Materials, 2012, 426: 247 - 253.

[5] S. C. Cifuentes, A. Muñoz, M. A. Monge, et al. Influence of processing route and yttria additions on the oxidation behavior of tungsten [J]. Journal of Nuclear Materials, 2013, 442: S214 - S218.

[6] Xiaoxin Zhang, Qingzhi Yan, Chuntian Yang, et al. Mcrostruction, mechanical properties and

bonding characteristic of deformed tungsten [J]. Int. Journal of Refractory Metals and Hard Materials, 2014, 43: 302 - 308.

[7] B. Savoini, J. Martínez, A. Munñoz, et al. Microstructure and temperature dependence of the microhardness of W-4V-1La_2O_3 and W-4Ti-1La_2O_3 [J]. Journal of Nuclear Materials, 2013, 442: S229 - S232.

[8] R. Mateus, M. Dias, J. Lopes, et al. Correia. Blistering of W-Ta composites at different irradiation energies [J]. Journal of Nuclear Materials, 2013, 438: S1032 - S1035.

[9] H. Kurishita, S. Matsuo, H. Arakawa, et al. Superplastic deformation in W-0.5 wt.% TiC with approximately 0.1 μm grain size [J]. Materials Science and Engineering A, 2008, 477: 162 - 167.

[10] Z. M. Xie, R. Liu, Q. F. Fang, et al. Spark plasma sintering and mechanical properties of zirconium micro-alloyed tungsten [J]. Journal of Nuclear Materials, 2014, 444: 175 - 180.

[11] Jungmin Lee, Jae-Hee Kim, Shinhoo Kang. Advanced W-HfC cermet using in-situ powder and spark plasma sintering [J]. Journal of Alloys and Compounds, 2013, 552: 14 - 19.

[12] Min Xia, Qingzhi Yan, Lei Xu, et al. Sythesis of TiC/W core-shell nanoparticles by precipitate-coating process [J]. Journal of Nuclear Materials, 2012, 430: 216 - 220.

[13] Lei Xu, Qingzhi Yan, Min Xia, et al. Preparation of La_2O_3 doped ultra-fine W powders by hydrothermal - hydrogen reduction process [J]. Int. Journal of Refractory Metals and Hard Materials, 2013, 36: 238 - 242.

[14] R. Liu, Y. Zhou, T, Hao, et al. Microstructure synthesis and properties of fine-grained oxides dispersion [J]. Journal of Nuclear Materials, 2012, 424: 171 - 175.

[15] G. Liu, G. J. Zhang, X. D. Ding, et al. Nanostructured high-strength molybdenum alloys with unprecedented tensile ductility [J]. Nature Materials, DOI: 10.1038/NMAT3544.

[16] R. K. Barik, A. Bera, A. K. Tanwar, et al. A novel approach to synthesis of scandia-doped tungsten nano-particles for high-current-density cathode applications [J]. Int. Journal of Refractory Metals and Hard Materials, 2013, 38: 60 - 66.

[17] Y. Zhou, Q. X. Sun, R. Liu, et al. Microstructure and properties of fine grained W - 15 wt.% Cu composite sintered by microwave from the sol-gel prepared powders [J]. Journal of Alloys and Compounds, 2013, 547: 18 - 22.

[18] Sverker Wahlberg, Mazher A. Yar, Mohammad Omar Abuelnaga, et al. Fabrication of nanostructured W-Y_2O_3 materials by chemical methods [J]. Journal of Materials Chemistry, 2012, 22: 12622 - 12628.

[19] Mazher Ahmed Yar, Sverker Wahlberg, Hans Bergqvist, et al. Mamoun Muhammed. Chemically produced nanostructured ODS-lanthanum oxide-tungsten composites sintered by spark plasma [J]. Journal of Nuclear Materials, 2011, 408: 129 - 135.

低温宽温高直流偏置电感磁芯的研究

申承秀
江苏鹰球集团有限公司
(申承秀,0513—88162898,scx@jsyq.cn)

摘　要:调整原材料配方,通过工艺过程的优化,改善 MnZn 铁氧体的本征性质,提高网络变压器电感磁芯的导磁率、饱和磁通密度等使用特性,实现低温(−40℃)及宽温(−40℃～85℃)、高直流偏置(0.35Oe)条件下具有高导磁率($\mu_e \geqslant 2800$)、高饱和磁通密度(B_s)。

关键词:低温;宽温;高直流偏置;电感磁芯

1　引　言

21 世纪是互联网时代,电脑、手机、电视、导航、安防、智能家电、汽车、家居、远程教育、远程医疗等都将成为网络的终端,网络技术成为当代先进的科学技术的重要组成部分,如综合业务数字网 SDN、局域网 LAN、数字用户通信技术 XDSL 等均以获得广泛应用。高直流偏置电感磁芯主要应用于各种网络变压器,是网络变压器的核心部件。作为网络通信技术的重要部件,各种网络变压器是网络接口数据输入终端的重要器件,其对数字信号的传输质量与速度起着及其重要的作用。目前,通讯组件的小型化、微型化以及应用环境的严格,对电感磁芯的性能要求更加严苛,其使用温度范围也不断扩大。对变压器核心——电感磁芯的研究成了国内外磁性材料及器件行业的重要内容。

本文以开发面向高端网络变压器应用的电感磁芯为目的,旨在开发出在高直流偏置(0.35Oe)条件下具有高导磁率($\mu_e \geqslant 2800$)的电感磁芯材料。

2　实　验

实验所用的原料及配方如表 1 所示。图 1 所示为磁芯制备工艺流程。实验过程中将高纯度原材料按表 1 配方与微量元素 CoO、TiO_2 等进行充分混合均匀。随后采用单组结晶预烧工艺预烧,以 SiC(黑)为匣钵,$ZnFeO_4$ 和 $MnFeO_4$ 的预烧温度分别为 800℃～850℃ 和 900℃～950℃。预烧过程中全程防止有害杂质(如重金属离子、Si^{4+}、Al^{3+}、Cu^{2+}、Mg^{2+} 等)混入。

表 1　制备低温宽温高直流偏置电感磁芯用原材料及配方

原材料	Fe_2O_3	MnO_2	ZnO	CoO	TiO_2	备　注
比例范围(mol)	51%～56%	28%～33%	15%～20%	$(0\sim50)\times10^{-3}$	$(0\sim10)\times10^{-3}$	高纯度

预烧后通过砂磨、造粒,砂磨机采用高硬度 18Mn 钢材,以减少砂磨过程中产生的机械杂质。所得粉末压制成形后,采用钟罩炉,在氮气保护下进行烧结,并严格控制温度曲线及

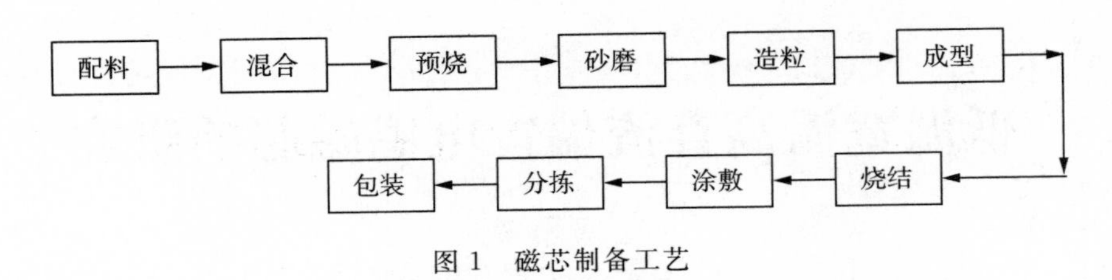

图 1　磁芯制备工艺

各温区的氮气含量，烧结匣中用同质材料作垫衬焙烧，防止有效成分(Zn^{+2})挥发。烧结产品表面镀膜覆膜。

3　结果与分析

3.1　Fe_2O_3含量对直流偏置特性的影响

图 2 所示 Fe_2O_3 含量对饱和磁通密度 B_s 的影响。从中可以看出，主配方中适当过量的 Fe_2O_3 含量可以提升材料的饱和磁通密度 B_s，延迟磁芯的饱和磁化。

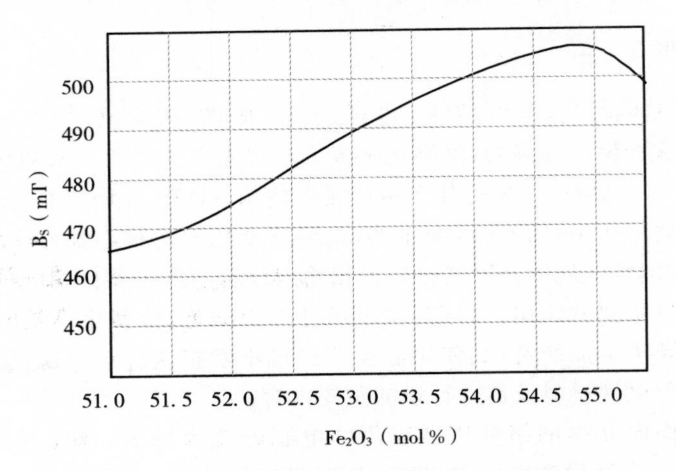

图 2　Fe_2O_3 含量对饱和磁通密度 B_s 的影响

首先，直流磁化场环境中，直流偏置特性是锰锌铁氧体材料的重要性能参数。材料性能因叠加直流磁化场而发生显著变化，也就是导磁率的变化。在直流偏置场条件下，材料的导磁率称为可逆导磁率 μ_e。较低直流偏置场下 μ_e 会稍有增加，当直流偏置场进一步增大时 μ_e 持续减小，此时磁芯趋近饱和磁化状态。在低场叠加状态下，外加磁化场 H 的增大会导致磁芯磁通密度 B_s 的增大，当 H 增大到一定值时 B_s 停止增大，H 超过这一定值将导致导磁率的下降，此时磁芯趋近饱和磁化。因此磁芯趋近饱和磁化状态是可逆导磁率减小的原因，改善材料的直流偏置特性即要推迟磁芯的饱和磁化，即材料首先要有高的饱和磁通密度 B_s。

3.2　剩余磁通密度与可逆导磁率的关系

因为较高的 B_s 和较低的剩余磁通密度 B_r 使磁芯的饱和磁滞回线向横轴方向倾斜，此时磁芯饱和磁化需要更大的外加场，从而改善了材料的直流偏置特性。所以，同时提高材料的 B_s 和降低 B_r，即较大的 $B=B_s-Br$ 是软磁铁氧体材料具有良好直流偏置特性的前提条件。

图 3 所示为在相同工艺条件下，不同 Fe_2O_3 含量对材料 μ_e 的影响。图中显示，在较低温度下 μ_e 随 Fe_2O_3 含量增加而呈上升趋势。因为适当过量的 Fe_2O_3 可以生成更多的 Fe^{2+} 离子，补偿锰锌铁氧体负的磁晶各向异性常数 K_1。而且 B_s 随 Fe_2O_3 量增加而增大，即适当过量的 Fe_2O_3 可以提高材料的饱和磁通密度，延迟磁芯的饱和磁化。同时，过量的 Fe_2O_3 也有利于减小材料的 B_r，从而改善材料的直流偏置特性。所以，通过适当调整主配方，特别是适当增加 Fe_2O_3 含量可以显著提高锰锌铁氧体材料直流偏置特性。

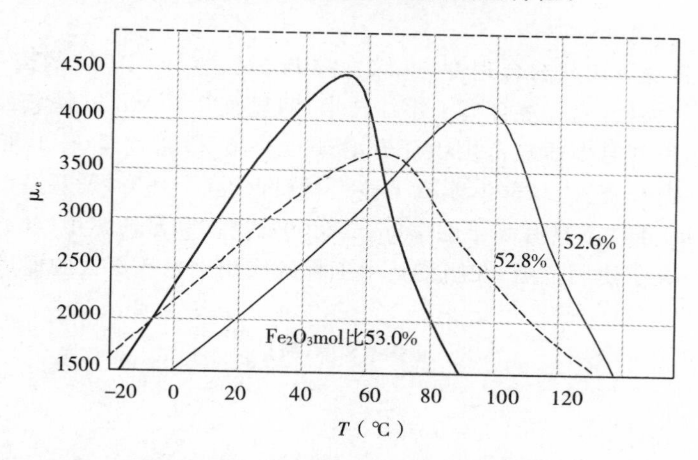

图 3 Fe_2O_3 含量对 μ_e 的影响(Hdc=0.35Oe, f=100kHz)

3.3 微量元素 CoO、TiO₂ 对直流偏置特性的影响

如图 4 所示，主配方形成了 $\mu_e - T$ 曲线(1)的特性，添加不同含量 CoO、TiO_2 得到曲线(2)、(3)、(4)、(5)的特性。

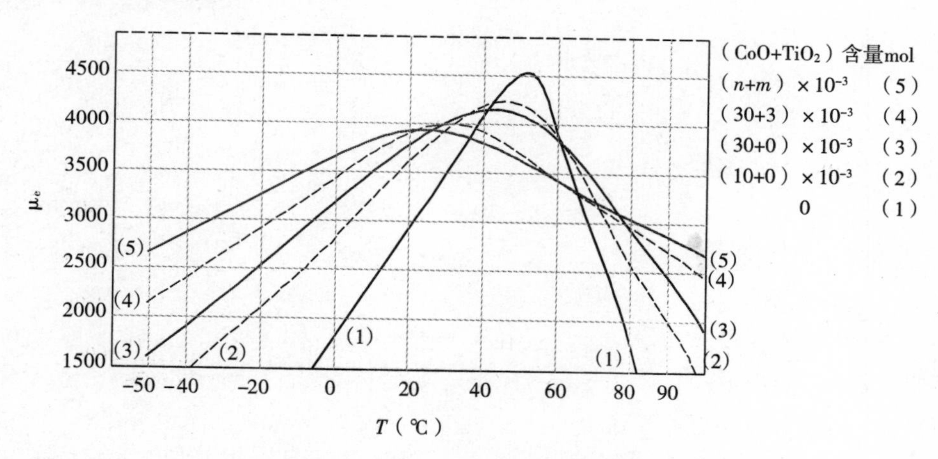

图 4 CoO、TiO_2 掺入量对 $\mu_e - T$ 特性的影响

锰锌铁氧体中添加 CoO 时生成 $CoFe_2O_4$，具有正的磁晶各向异性常数，可以补偿材料负的磁晶各向异性常数 K_1；主配方中用 Fe^{2+} 补偿锰锌铁氧体负的磁晶各向异性常数 K_1，在补偿点以下，K_1 为负值，在补偿点以上，K_1 为正值；而用 Co^{2+} 补偿的材料则刚好相反。综合利用 Fe^{2+} 和 Co^{2+} 对 K_1 的补偿作用，可以得到材料 K_1 值的多个补偿点，可使材料在宽的温度范围内获得较低的磁晶各向异性常数 K_1。

Ti^{4+} 是一种非磁性离子，在铁氧体中它将占据八面体位置，因而导致净磁矩下降，从而

使剩余磁通密度 B_r 和磁导率下降。TiO_2 的加入对锰锌铁氧体的 K_1-T 曲线有很大影响，通常 Ti^{4+} 对 K_1 有正的贡献，使得锰锌铁氧体的第二峰值向负温方向移动，使磁导率变化更平坦一些，从而改善磁导率的温度特性。

通过综合控制 Fe^{2+}、Co^{2+} 和 Ti^{4+} 添加剂量，最终获得了锰锌铁氧体超低温高直流偏置电感磁芯的优良品质，图 3 中 μ_e-T 曲线(5)所示。

4 结 论

通过对原材料及添加剂的合理配方，综合控制 Fe^{2+}、Co^{2+}、Ti^{4+} 的离子含量，同时进行工艺流程的改进与优化，应用复合离子添加技术，明显改善了 MnZn 铁氧体材料在低温区的高直流偏置特性，使其温度适应范围由原有的(0℃～70℃)拓宽至(－40℃～85℃)，可逆导磁率由 $\mu_e \geqslant 2200$ 提升至 $\mu_e \geqslant 2800$，实现了该类材料低温(－40℃)及宽温(－40℃～85℃)高直流偏置(0.35Oe)条件下具有高导磁率($\mu_e \geqslant 2800$)、高饱和磁通密度(B_s)，提高了网络变压器的使用质量，扩大了使用范围，在网络技术工程的应用中发挥更大的促进作用。

参考文献(略)

球磨时间对钢结硬质合金烧结材料组织与性能的影响

李国平[1,2] 陈 文[2] 郭丽波[2] 罗丰华[1*]
1. 中南大学粉末冶金国家重点实验室；
2. 莱芜职业技术学院莱芜市粉末冶金先进制造重点实验室
(罗丰华,0731－88830614,fenghualuo@mail.csu.edu.cn)

摘 要:研制了一种中锰含量的碳化钛钢结硬质合金烧结材料,研究了球磨时间对材料的密度、硬度、抗弯强度、组织以及耐磨性能的影响。结果表明,球磨时间对材料的物理力学性能有显著影响,当球磨时间超过 36h 时,材料在 1390℃烧结后具有较好的综合性能。

关键词:钢结硬质合金;TiC;球磨时间;组织与性能

1 引 言

钢结硬质合金是由一种或多种碳化物(常用的有 TiC、WC、TaC、NbC)作硬质相,用高速钢或合金钢作黏结相,通过粉末冶金工艺制造的[1]。碳化物相赋予硬质合金良好的耐磨性和耐热性,钢黏结相提供硬质合金可热处理、可切削加工性、可锻性和可焊性等工艺性能,因此,钢结硬质合金是一种介于合金钢和硬质合金之间的一种新型工程材料[2~4]。

与碳化钨钢结硬质合金相比,碳化钛基钢结硬质合金具有一系列的优点,TiC 具有硬度高、抗氧化、耐腐蚀、比重小、热稳定性好等优异的物理化学性能,并且在烧结过程中晶粒长大倾向小,一般晶粒呈圆形,从而使合金具有优良的使用性能,是一种比较理想的硬质相材料[5]。另一个重要的优点是其原材料的资源丰富,制备工艺简单,成本低廉,而密度仅为 4.90g/cm^3,TiC 中的碳含量能在很大的范围波动,这在成分上提供了极大的灵活性。这些优异的性能特点使 TiC 系列的钢结硬质合金在切削工具和模具领域,以及作为耐磨构件得到了广泛应用[6]。本文中研制了一种中锰含量的碳化钛基钢结硬质合金粉末冶金模具材料,研究了球磨时间对其组织与性能的影响。

2 实验过程

碳化钛粉末由株洲昂立西科技有限公司生产,颗粒平均尺寸 3.3μm,其名义化学成分见表 1。材料的配方设计如表 2 所示,其他粉末粒度均为负 300 目。按照表 2 的成分混合后,过 60 目筛,以使其混合更均匀,然后将混合好的粉末放入球磨机中湿磨,球磨介质为酒精,球料比 3∶1,球磨时间 36h,每隔 12h 取样分析。球磨后的混合料经干燥、掺胶、造粒,压制烧结成 15×30×40 的块状试样,烧结温度为 1390℃,保温时间 60min。用扫描电子显微镜对碳化钛原料、球磨料的颗粒形貌进行了观察,用 HR—150B 硬度计测试材料的硬度,采用阿基米德排水法测量了烧结件的密度,用 M—2000A 摩擦磨损试验机进行了摩擦磨损实验,并对磨损后的表面用扫描电子显微镜进行了观察。

表 1　实验用粉末的名义化学成分(wt. %)

Powder	Ti	total C	dissociative C	O	N	Fe	Al≤	Si≤	K≤	Na≤
TiC	Bal.	19.28	0.10	0.44	0.20	0.20	0.015	0.07	0.06	0.05

表 2　配方设计(质量分数,%)

TiC	Ni	Mo	Mn	C	Fe
56%	2.85	1.12	7.22	0.62	Bal.

3　结果与讨论

3.1　粉末颗粒形貌观察

图 1 是原料 TiC 粉末的扫描电子显微镜照片。可以看出,TiC 颗粒的形状是圆滑的,与 WC 颗粒形状相比,WC 颗粒的边角呈直线,多呈锐角的形式。因此,TiC 基硬质合金的摩擦系数比较小,耐磨性能好。而且颗粒不容易团聚和晶粒长大。但由于 TiC 颗粒尺寸非常小,表面活性大,在混料、球磨时,如果工艺不当或者时间较短,还是存在颗粒的聚集,导致烧结材料中硬质颗粒的"桥接",从而影响材料的使用性能。

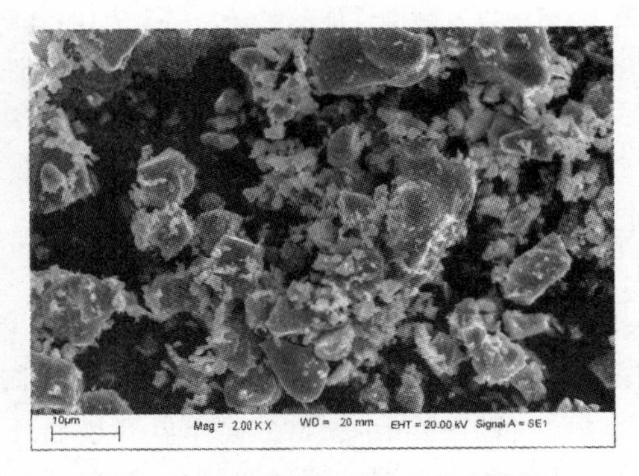

图 1　TiC 粉末的颗粒 SEM 照片

图 2 是分别球磨 12h、24h、36h 后的混合粉末颗粒形貌。可以看出,随着球磨时间的延长,混合粉末出现较为明显的细化,而且 TiC 硬质颗粒也逐渐球化。有些实验研究为了得到更细化的粉末,其球料比选择的更大一些,达到 10∶1 及以上,其球磨、细化粉末及合金化的效果会更好[7~8]。总体上看,如果要想提高烧结材料的性能,适当延长球磨时间是必要的,因为随着球磨时间的延长,颗粒变得越来越细小,表面活性增大,有利于烧结的致密化。

图 2　混合粉末球磨后的颗粒 SEM 照片

(a)球磨 12h;(b)球磨 24h;(c)球磨 36h

3.2 烧结材料的物理力学性能检验

为了保证烧结材料的性能，生坯的压制密度要达到理论密度的60%～65%以上，否则，即使烧结温度和保温时间足够，也难以达到理论设计的致密化程度[1]。本研究中，采用阿基米德排水法对生坯的密度和烧结材料的密度进行了检验，生坯的压制密度控制在3.80g/cm^{3}以上，在设计的烧结温度和保温时间下，烧结件的密度达到6.0～6.10g/cm^3。图3是不同球磨时间的粉末的生坯和烧结件的密度，生坯的压制压力是200MPa。从图3可以看出，随着球磨时间的增长，生坯密度和烧结坯密度都有所增加，但当球磨时间增加到36h时，无论是生坯密度、还是烧结坯的密度，其增加幅度较大(烧结坯：0.09g/cm^3)；而球磨时间从12h延长至24h时，密度增加幅度不大(烧结坯：0.02g/cm^3)。

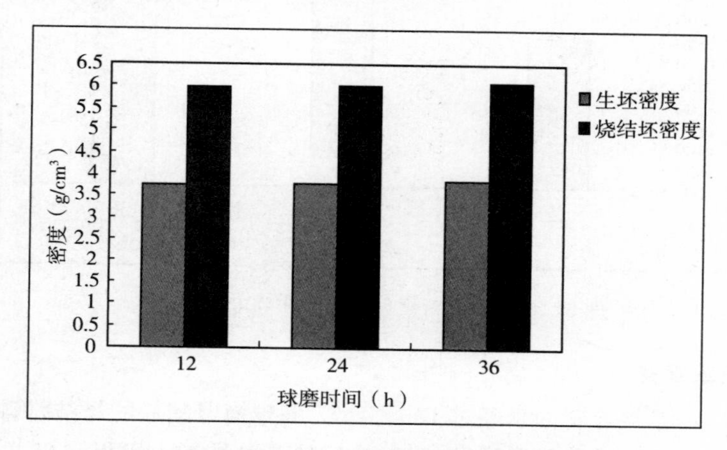

图3 球磨时间对生坯密度和烧结密度的影响

图4是不同球磨时间的粉末烧结材料的硬度，可以看出，随着球磨时间的延长，烧结材料的密度增加，说明球磨时间对提高生坯密度和烧结件密度有显著影响，特别是生产高性能钢结合金材料，适当延长球磨时间对提高材料的密度及性能影响很大。有研究表明[8]，对于铬钼钢结合金，当球磨时间过长(超过48h)，球磨产生的细粉过多，也会对材料的性能有不利影响。对球磨时间为36h的混合料压制、烧结后，采用HR—150B硬度计连续检验5批次的烧结材料的硬度，每批次测量5个值，硬度的平均值为HRC65.8。

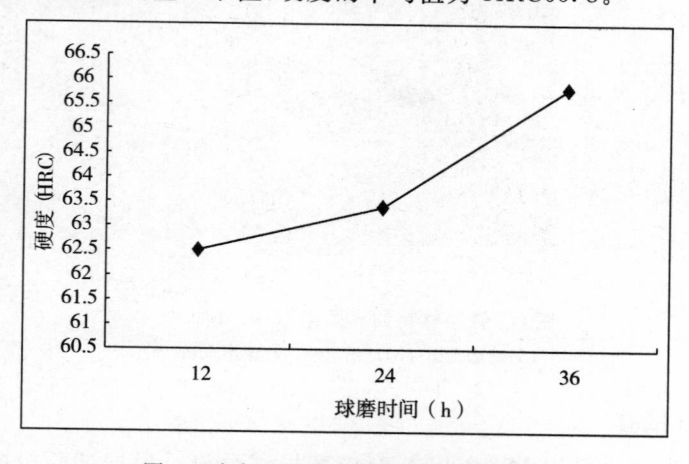

图4 球磨时间对烧结材料硬度的影响

图5为球磨时间分别为12h、24h、36h后烧结材料的抗弯强度数值，可以看出，随着球磨时间的延长，抗弯强度有明显的升高。球磨36h的混合料的抗弯强度已经达到1850MPa，对于硬度值达到HRC65以上的烧结材料来讲，其性能已经非常好。

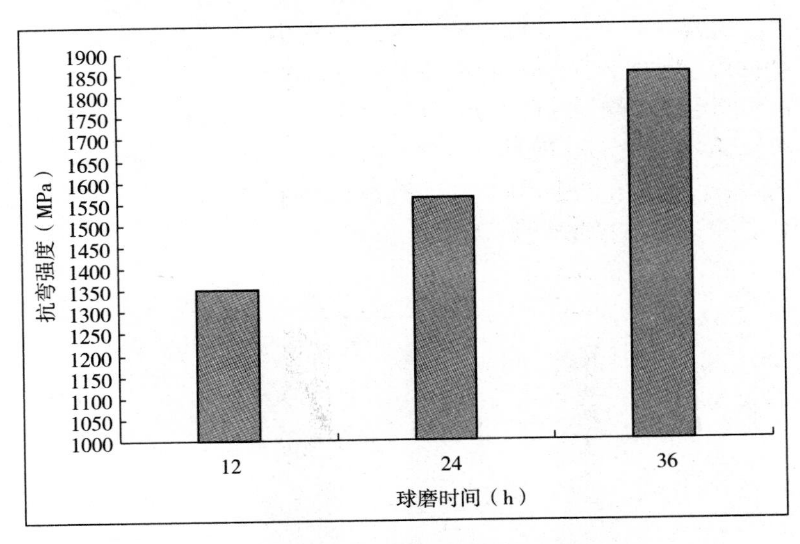

图5　球磨时间对烧结材料抗弯强度的影响

3.3　显微组织观察

图6(a)、(b)、(c)是混合料分别经过12h、24h、36h球磨时间后的烧结材料的扫描电子显微镜照片。图中灰暗的区域是TiC颗粒，明亮的区域是粘结剂。可以看出，(a)、(b)中由于球磨时间较短，TiC粉末的团聚现象仍然比较严重，会显著影响烧结材料的组织与性能。因为，由于TiC颗粒的团聚，其相互接触部分之间没有粘结剂，主要是固相烧结，结合强度比较低，受力条件下在TiC颗粒接触区域最先出现裂纹并扩展，导致材料断裂。图(c)中看出，由于延长了球磨时间，TiC颗粒细化，而且颗粒相互之间的团聚、粘结大大减轻，从整体上看，碳化钛的分布比较均匀，这对提高材料的性能是有益的。

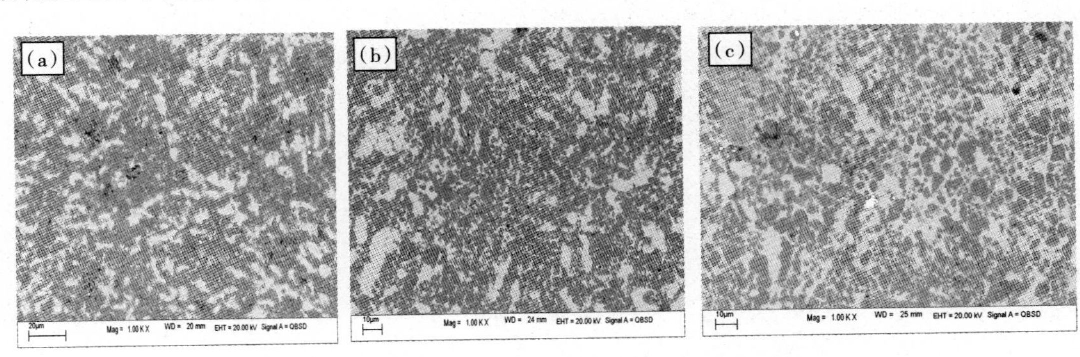

图6　烧结材料的显微组织SEM照片

(a)球磨12h；(b)球磨24h；(c)球磨36h

3.4　摩擦磨损试验

材料的摩擦磨损实验采用M—2000A摩擦磨损试验机。根据试验机的夹头形状和尺寸，加工的试样尺寸为 31.5×6.5×5.0，试样表面经过磨削、抛光后，表面粗糙度值 R_a0.2。试验机转速 200r/min，试验压力 200N，对偶摩擦件为 45 钢，硬度为 HRC50～52，表面粗糙度不大于 R_a0.2。试验滑动距离 3000m。表 3 是三种试验材料试验后的质量减重。可以看出，在合适的烧结温度下（1390℃），球磨时间对烧结材料的耐磨性影响很大，相对耐磨性从 5.39～15.58 之间变化。

表 3　摩擦磨损试验结果

序号	球磨时间 (h)	试样减重 (g)	对偶件减重 (g)	相对耐磨性 (ε)	研磨介质
a	12	0.0142	0.0765	5.39	—
b	24	0.0065	0.0626	9.63	—
c	36	0.0038	0.0592	15.58	—

图 7 为烧结的三种材料摩擦磨损表面，可以看出，图(a)、图(b)中，划痕比较明显，烧结材料的粘结剂部位出现了明显的疏松、空洞，说明材料由于摩擦磨损而脱落，而图(c)中，表面的划痕很不明显，几乎没有，说明这种材料与前两种相比，耐磨性较好。

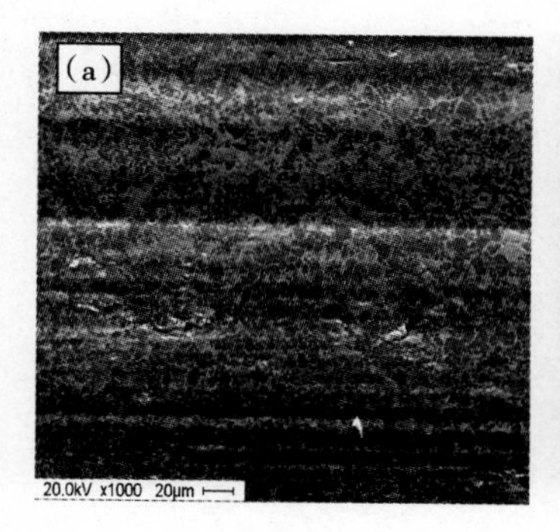

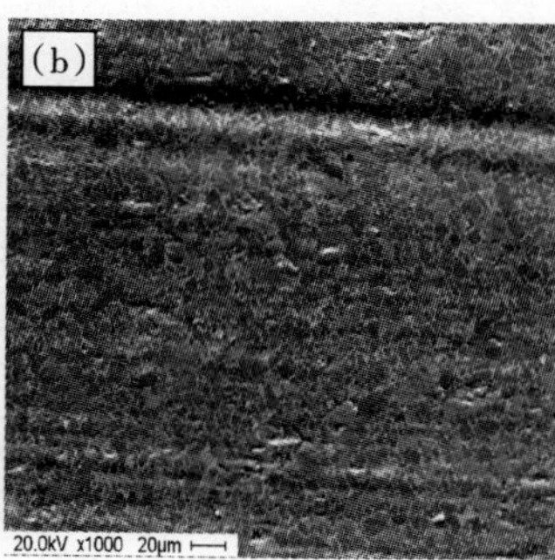

图 7　磨损表面的 SEM 照片

4　结　论

(1)随着球磨时间的延长，粉末的粒度逐渐细化，TiC 颗粒逐渐圆化。

(2)烧结材料的密度、硬度、抗弯强度、耐磨性等指标随着球磨时间的延长而提高，说明，要得到性能较好的材料，合适的球磨时间应当在 36h 以上，这种烧结材料可以不再经过其他热处理，直接作为中等要求的粉末冶金零件生产的模具材料。

(3)烧结材料性能提高的另一个主要原因是在较长的球磨时间下，硬质颗粒 TiC 分布比较均匀；另外，由于球磨时间的延长，粘结剂中的纯 Mo 粉逐渐消失，向 TiC 颗粒表面扩散形成固溶体，增加了 TiC 与粘结剂的润湿性，从而提高了材料的性能。

参考文献

[1] 株洲硬质合金厂．钢结硬质合金[M]. 北京：冶金工业出版社，1982.

[2] 李沐山．国外钢结硬质合金最新进展[J]. 国外金属材料，1992(5)：23－27.

[3] 陈兆盈，陈蔚．TiC 硬质合金[J]. 硬质合金，2003，20(4)：197－199.

[4] 张焱，尤显卿，田四光，等．钢结硬质合金的发展现状[J]. 热处理，2008，23(1)：12－15.

[5] 刘均波，王立梅，刘均海，等．粘结相对原位合成 TiC 钢结硬质合金组织结构和性能的影响[J]. 粉末冶金技术，2007，25(4)：266－272.

[6] 刘舜尧，张春友．GT35 钢结硬质合金应用技术研究[J]. 稀有金属与硬质合金，2001(145)：25－30.

[7] 熊拥军，李溪滨，刘如铁，等．高能球磨对 TiC 钢结硬质合金孔隙度影响的研究[J]. 硬质合金，2006，23(2)：65－68.

[8] 熊拥军，李溪滨，刘如铁，等．高能球磨对新型 TiC 钢结硬质合金组织和性能影响的研究[J]. 粉末冶金技术，2006，24(3)：187－191.

喷射成形高铅锡青铜中自润滑铅相的尺寸效应对磨损率的影响

严鹏飞[1] 王德平[1] 严 彪[1,2]

1. 同济大学材料科学与工程学院； 2. 上海市金属基功能材料开发应用重点实验室

摘 要：近来，高锡青铜的磨损性能被广泛关注。本文通过扫描电镜和滑动摩擦实验研究了自润滑铅相的尺寸和分布效应对喷射成形高铅锡青铜摩擦性能的影响。与常规的此类铸态青铜相比，喷射成形呈现更细弥的铅相，以形成更多的自润滑膜。这个过程导致了更小的磨损率。

关键词：喷射成形；高铅锡青铜；自润滑；磨损率

1 引 言

广泛用于轴承、电刷的高铅锡青铜(铅质量含量大于7%)，有时还要承载高速、重载和酸腐蚀的环境[1~5]，是一些铅颗粒复合的金属耐磨复合材料。如果当这些材料处于设计的工况条件下，他们的自磨损机理可以被认为是一种流体动力的润滑机理[6]。

有研究表明，一些复合了较细自润滑相的自润滑耐磨复合材料，相比传统耐磨复合材料，呈现出较好的摩擦性能[7~13]，因为细尺寸的自润滑相可以形成更多的自润滑膜[7~9,14~15]。这些自润滑膜对于改善磨损性能非常重要，因为只有较细的自润滑相可以通过塑形变形形成自润滑膜，而粗大的自润滑相则不能形成。然而，现在研究自润滑高铅锡青铜耐磨合金的自润滑相尺寸和分布效应尚少，而尺寸的细化与弥散分布对于一种典型快速凝固工艺的喷射成形来说是较容易实现的[16~20]。而且，尽管其他一些铜合金已经使用喷射成形来制备[16]，然而对于这种青铜合金，鲜有使用喷射成形制备的报道。

本文使用了喷射成形制备高铅锡铜 Cu-7Sn-13Pb 合金。通过调整喷射成形的部分关键工艺参数，从而改变了自润滑铅相的尺寸，并由此结合滑动摩擦试验的结果，分析了自润滑铅相的尺寸效应对于磨损率的影响。然而，通过很少有研究报道该牌号和成分的合金，因此，我们选择了在文献中相近的 Cu-6.7Sn-14.8Pb 青铜合金[21]，来比较该喷射成形合金青铜试件的耐磨性能。

2 实验过程

本文分析的是喷射成形高铅锡青铜的盘状试件。通过同济大学自研的喷射成形装置，采用的是 USGA 超音速雾化喷嘴，成形了一枚直径 150mm 和 15mm 厚的盘状试样。合金材料的配比为纯铜、纯锡和纯铅以锡为 7%、铅 13%和铜为余量的重量百分比制备，而预熔炼过程采用感应加热，并保证熔体适当的过热度。雾化过程中，雾化气体采用的是工业氮气，雾化压力为 20 公斤。粉末飞行距离是从导液管口到雾化沉积盘的距离，制备过程中，这段距离大致在 400mm 左右。

该摩擦试验在 100 和 300N 的荷载下进行，滑动摩擦线速度为 0.42m/s。表 1 所示的是

2 种摩擦块品的干摩擦试验工况。摩擦副材料是 45 号钢，所有样品都进行了 502.4m 的滑动。在测试之后，使用电子天平测量磨损量，测量精度达到 10^{-4}g。

对于组织分析，所有样品先进行了金相抛光，以便扫描电镜与金相观察，对于金相观察的样品，还要进行金相腐蚀。

表 1　干摩擦试验工况

试样编号	荷载/N	滑动摩擦线速度/(m/s)
1	100	0.42
2	300	0.42

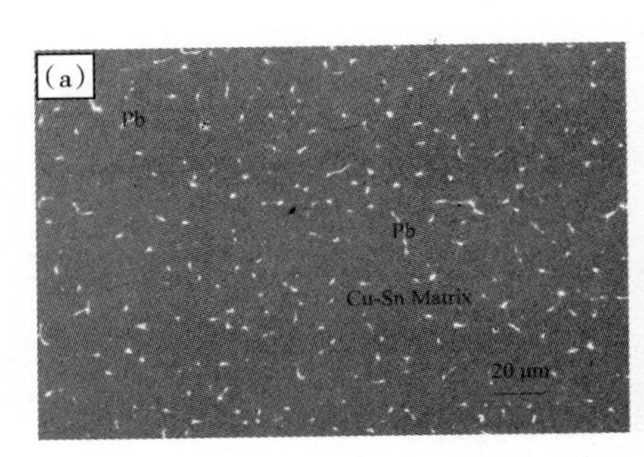

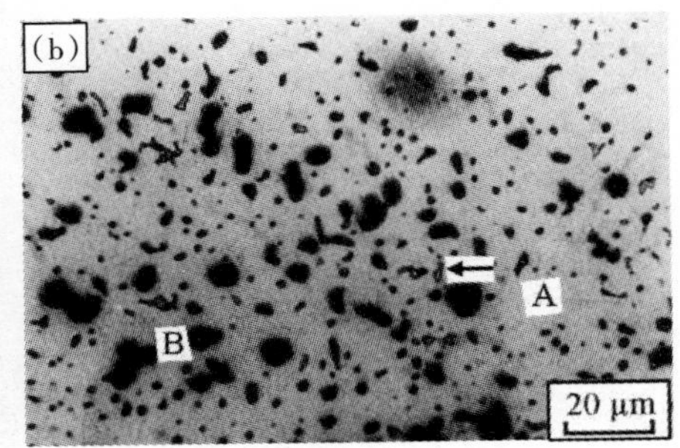

图 1　喷射成形高铅锡青铜的组织形貌金相照片

(a)喷射成形铅相尺寸约 5μm；(b)铸态试样约 10μm(A—箭头所指为铜锡合金基体；B—铅沉淀相)

3　结果与讨论

本文中喷射成形制备的高铅锡青铜 Cu－7Sn－13Pb 呈盘形，直径约 160mm，厚约 18mm，从扫描电镜背散射形貌下看，散布的白点就是弥散的铅相。

表 2 列出了试样的磨损率。磨损率由式 1 通过磨损失重换算。这里，ρ 代表的不是由排水法测得的材料实际密度而是理论密度因为空隙不包括在磨损失重中；ΔM 代表了可测量的磨损失重；而 L 代表了测试摩擦运动总长(502.4m)。表 2 罗列了所有的测试值。图 2 即根据表 2 和相似的铸态高铅锡青铜 Cu－6.7Sn－14.8Pb(从文献[21]中摘录)作图所得。图 2 中铸态试样对应图线所取的荷载值是通过文献所对应数值变换得到，变换方法是压力值与试样磨损面积的乘积[21]。这里，50N 相当于 1MPa 的荷载。

表 2　干滑动摩擦测试工况和磨损率

试样编号	荷载/N	滑动摩擦线速度/(m/s)	磨损率/(10^{-12} m^3/m)
1	100	0.42	0.8096
2	300	0.42	1.466

图 1(b)和 1(a)分别是高铅锡青铜的铸态和喷射成形组织。喷射成形的试样组织比铸态组织更细，这是因为在喷射成形凝固过程中冷却速度更快。比较了图 2 所示两种试样的磨损率—荷载曲线，喷射成形高铅锡青铜比铸态的试样具有更好的耐磨性能，尽管，喷射成形试样的铅含量还略小于铸态试样。因此，根据文献[21]，在此类耐磨铜合金中，铅相的尺寸

密切影响着铅自润滑膜的形成，而这些自润滑膜正是使摩擦对偶件在摩擦过程中，接触部位磨损情况得到缓解。而且根据文献[7]，喷射成形试样中的较细铅相将在摩擦过程中有利于产生更多有效的自润滑膜。

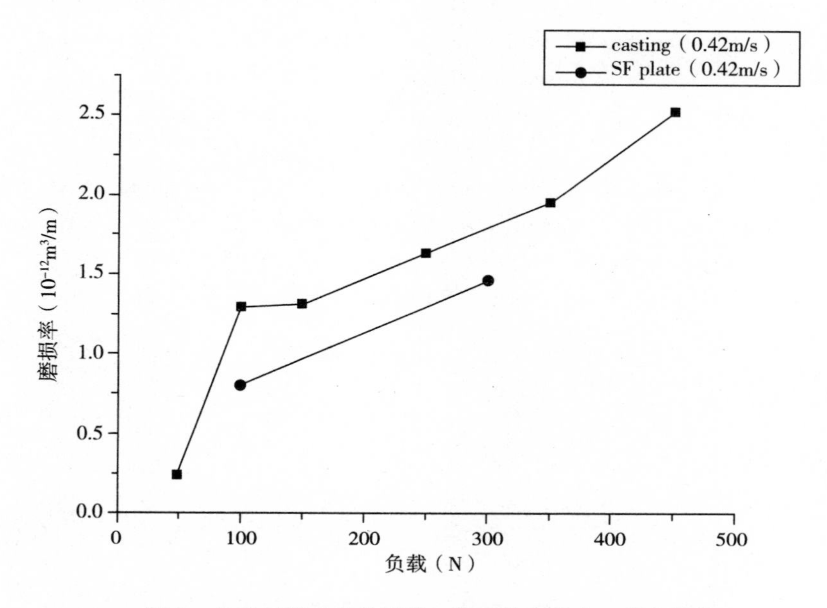

图 2　几种干滑动摩擦测试工况下的磨损率—荷载图线

4　结　论

(1)通过喷射成形工艺，成功制备了直径约 160mm，厚约 18mm 的盘状 Cu－7Sn－13Pb 耐磨高铅锡青铜试样。

(2)喷射成形的耐磨高铅锡青铜试样具有更细的铅相，在磨损过程中有利于形成更多的铅自润滑膜，降低了该耐磨材料的磨损率。

参考文献

[1] H. Turhanet et al. Materials Processing Technology, 2003(114): 207－211.

[2] R. F. Schmidtet et al. ASM Handbook, Formerly 10th Edition, Metals Handbook, Vol. 2, American Society of Metals. 346(1993).

[3] Franklin Bronze & Alloy Company, Brass & Bronze Castings.

[4] A. S. M. A. Haseeb et al. Fuel Processing Technology. 91, 329－334(2010).

[5] Proc Kenneth et al. SAE International. 01, 3641(2005).

[6] Yan Lu et al. Tribology International. 60, 169－175(2013).

[7] Chun-Hua Ding et al. Composites Science and Technology. 70, 1000－1005(2010).

[8] Prioli R et al. Appl. Phys.. 87, 1118－22(2000).

[9] Muratore C et al. Thin Solid Films. 515, 3638－43(2007).

[10] Wong MS et al. Appl. Phys. Lett. 54, 2006－8(1989).

[11] Hu JJ et al. Compos. Sci. Technol. 67, 336－47(2007).

[12] Prioli R et al. Compos. Sci. Technol. 67, 336－47(2007).

[13] Voevodin AA et al. Compos. Sci. Technol. 65, 741－8(2005).

[14] Singh V et al. Compos. Acta Mater.. 57,335 - 44(2005).

[15] Voevodin AA et al. Appl. Phys.. 82(2),855 - 8(1997).

[16] Nicole Jordan et al. Mat. Sci. Eng. A-Struct,51,326 (2002).

[17] S. Annavarapu et al. Metallurg. Trans. A19A,3077(1988).

[18] D. Apelian et al. Process of Structural Metals by Rapid Solidfication,FL,107(1986).

[19] Rafael Agnelli Mesquita et al. Mat. Sci. Eng. A-Struct. 383,87 - 95(2009).

[20] A. G. Leathamet et al. Powder Metall,2009(475):18 - 21.

[21] B. K. Prasad,Wear,2003(257):110 - 123.

[22] Mauri K. Veistinenet et al. The International Journal of Powder Metallurgy,1989(25):89

[23] Zubiao Hong. Numerical Studies on Resonant Behaviors of an Ultra-Sonic Gas Atomization Nozzle with Zero Mass-Flux Jet Actuators,2010.

[24] D. V. Kudashovet et al. Mat. Sci. Eng. A-Struct,2008(477):43.

烧结条件对 Fe－P 软磁材料性能的影响

董金杨　尚德刚　马华荣　邓恩龙　官劲松　马小垣

扬州保来得科技实业有限公司

（董金杨，15952734911，dongjy@mail. porite. com. cn）

摘　要：本文简要概述了软磁材料矫顽力（Hc）、剩磁（Br）等磁性能参数的基本含义；主要探讨烧结气氛、温度等烧结条件及回火等后处理工艺对粉末冶金软磁材料矫顽力大小的影响。

关键词：软磁材料；矫顽力；粉末冶金；烧结条件

目前，粉末冶金软磁材料制品已大量应用于汽车领域，汽车领域应用的粉末冶金软磁材料制品对磁性能有着严格的要求。而矫顽力作为表征磁性材料磁化难易程度的关键参数，对烧结条件较为敏感。因此，对烧结条件影响矫顽力大小的进行探讨十分必要。

本文对材料磁性能参数的基本含义进行介绍，并结合粉末冶金的固有特性，探讨不同的烧结条件及后处理工艺对软磁材料矫顽力大小的影响。

1　软磁材料简介

1.1　软磁材料含义

按照磁滞回线形状的不同，铁磁材料可主要分为软磁材料与硬磁（永磁）材料两大类。其中磁滞回线窄、剩磁和矫顽力都小的磁性材料即被称为软磁材料，反之则称为硬磁材料。如图 1 和图 2 所示[1]。

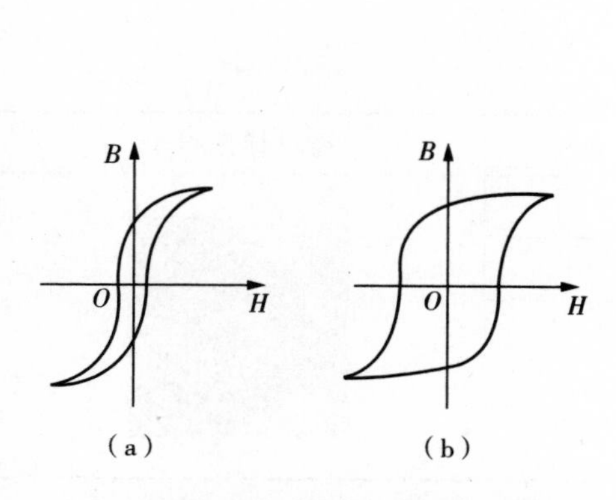

图 1　软磁材料与硬磁材料磁滞回线

(a)软磁材料；(b)硬磁材料

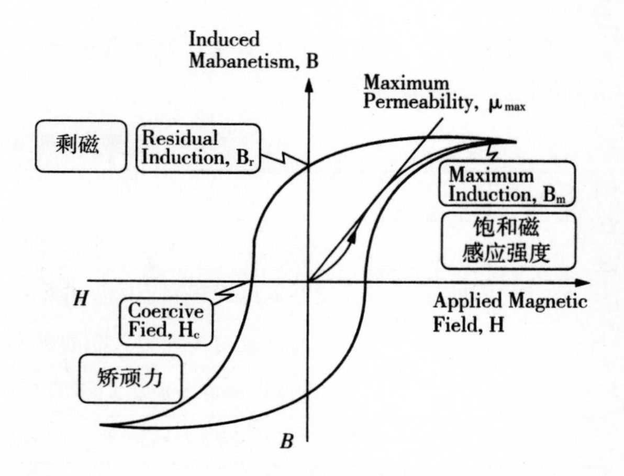

图 2　典型磁滞回线图示

1.2 磁学参数含义及意义

1.2.1 饱和磁感应强度 B_m

当外加磁场强度达到一定值后，铁磁质中磁感应强度不再增加，趋于饱和状态时的磁感应强度。

1.2.2 剩余磁感应强度 B_r

磁滞回线中，达到饱和磁感应强度后，外加磁场降低直至为零时，铁磁质中所具有的磁感应强度。

1.2.3 矫顽力 H_c

使铁磁质中的剩余磁感应强度降低为零所需的反向磁场强度。软磁材料矫顽力一般低于 10^2 A/m（数量级），比较小，在外加磁场下容易磁化及退磁，磁滞损耗低，工作效率高；饱和磁感应强度高、剩磁低，可迅速响应外磁场极性（N－S 极）翻转，功率损失小，节省资源。

1.3 粉末冶金软磁材料

粉末冶金软磁材料是由铁基粉末制造而成的。铁基粉末可采用没有合金化的或者添加磷（或者硅）的预合金粉末。铁—镍合金系材料需要采用预合金化粉末。碳的存在会减低磁性能，因此，对于软磁材料来说，碳是一种有害的合金化元素。对于一种给定材料，磁感应强度与密度值直接相关，密度越高，产生的磁感应强度就越高。矫顽力与磁导率都与烧结条件以及材料间隙杂质敏感，烧结温度越高以及杂质含量越少，矫顽力场就越小和磁导率就越高[2]。

2 实验

2.1 实验方案

以符合 MPIF35FY—4500—17X 材质规范的 Fe－P 粉样件为实验对象，材料成分如下：

Fe：余量；P：0.40％～0.50％（重量）；C：0.00％～0.03％（重量）；O：0.00％～0.10％（重量）；N：0.00％～0.01％（重量）。

样件密度设定为 7.0～7.1g/cm^3；并以表 1 中不同处理方式对样件进行处理；做好标记；检测样件矫顽力数值。

表 1 实验方案

NO.	实验项目	测试样件照片
1	烧结气氛对矫顽力大小的影响	
2	烧结温度对矫顽力大小的影响	
3	是否回火对矫顽力大小的影响	
4	是否预烧结对矫顽力大小的影响	
5	退火与退火温度对矫顽力大小的影响	

2.2 实验结果

2.2.1 烧结气氛对矫顽力大小的影响

烧结温度设定为 1120℃，网带式烧结炉，烧结时间：25h。

表 2 氨分解气与丙烷分解气烧结样件矫顽力数据

烧结气氛 \ 样件		矫顽力(A/cm)					
		1	2	3	5	5	平均
1	氨分解气	1.842	1.858	1.796	1.843	1.825	1.833
2	丙烷分解气	1.992	2.014	1.954	1.966	1.947	1.975

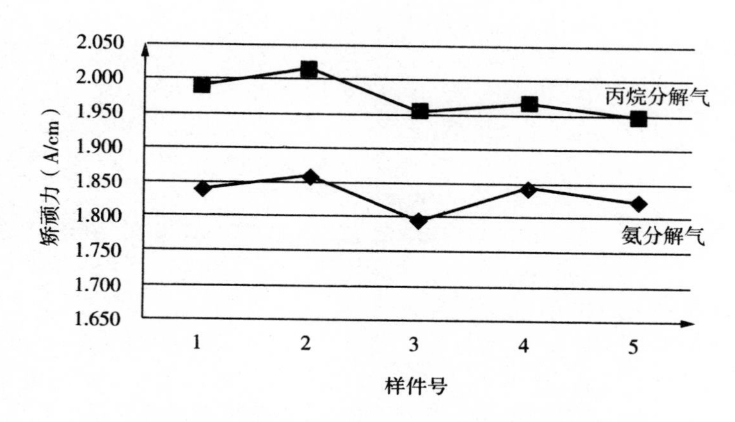

图 3 氨分解气与丙烷分解气烧结样件矫顽力折线图

2.2.2 烧结温度对矫顽力大小的影响

保护气氛为:氨分解气;网带式烧结炉,烧结时间:25h。

表 3 烧结温度 1120℃与 1140℃烧结样件矫顽力数据

烧结温度 \ 样件		矫顽力(A/cm)					
		1	2	3	5	5	平均
3	1120℃	1.907	1.915	1.858	1.843	1.842	1.873
4	1140℃	1.701	1.74	1.712	1.705	1.707	1.713

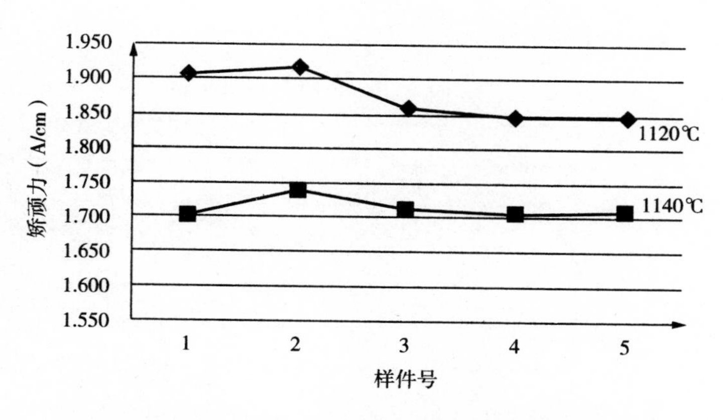

图 4 烧结温度 1120℃与 1140℃烧结样件矫顽力折线图

2.2.3 回火对矫顽力大小的影响

保护气氛为：氨分解气；烧结温度：1120℃；网带式烧结炉；烧结时间：25h。

表4 不回火与180℃回火样件矫顽力数据

是否回火 \ 样件		矫顽力(A/cm)					
		1	2	3	5	5	平均
5	不回火	1.842	1.858	1.796	1.843	1.825	1.833
6	180℃回火	2.446	2.342	2.394	2.359	2.493	2.407

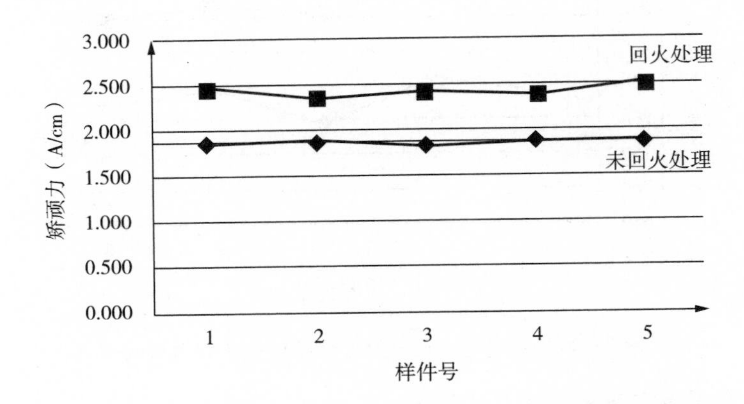

图5 不回火与180℃回火样件矫顽力折线图

2.2.4 预烧结对矫顽力大小的影响

保护气氛为：氨分解气；烧结温度：1120℃；网带式烧结炉；烧结时间：25h。

表5 不预烧结与890℃预烧结样件矫顽力数据

是否预烧结 \ 样件		矫顽力(A/cm)					
		1	2	3	5	5	平均
7	不预烧	1.842	1.858	1.796	1.843	1.825	1.833
8	890℃预烧结	1.861	1.847	1.822	1.831	1.843	1.841

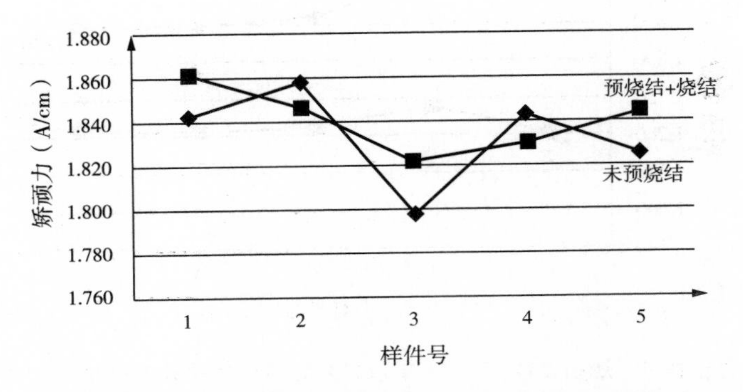

图6 不预烧结与890℃预烧结样件矫顽力折线图

2.2.5　退火对矫顽力大小的影响

保护气氛为：氨分解气；烧结温度：1120℃；网带式烧结炉；烧结时间：25h。（外径加工（精整）余量为+0.01mm；内径及全长无加工余量）

表6　烧结、烧结并加工、烧结并退火样件矫顽力数据

是否退火 \ 样件		矫顽力(A/cm)					
		1	2	3	5	5	平均
9	烧结	1.842	1.858	1.796	1.843	1.825	1.833
10	烧结+加工	2.041	2.004	1.987	2.003	1.974	2.002

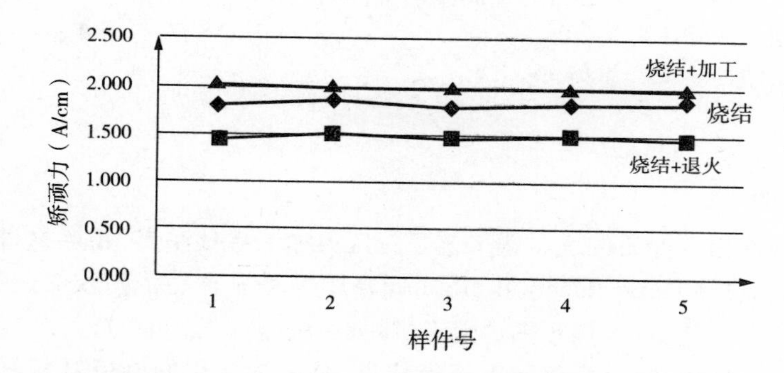

图7　烧结、烧结并加工、烧结并退火样件矫顽力折线图

3　实验结果

（1）烧结保护气氛对矫顽力的影响：丙烷分解气下烧结样品的矫顽力大于氨分解气下烧结样品的矫顽力；

（2）烧结温度对矫顽力的影响：矫顽力随烧结温度递增呈递减趋势；

（3）回火处理对矫顽力影响：回火后样品矫顽力增大；

（4）预烧结对矫顽力的影响：是否预烧结对矫顽力无显著影响；

（5）退火对矫顽力的影响：矫顽力随退火温度提高呈现递减趋势。

4　推　论

软磁材料的典型组织是由单相的、具有大的等轴晶粒的铁素体组织组成的。烧结温度越高与烧结时间越长，平均晶粒尺寸就越大与基体孔隙就越球化，微观组织的这两个特性展现的烧结状况越充分，磁性性能就越好。

参考文献

［1］严密，彭晓领．磁学基础与磁性材料．浙江：浙江大学出版社，2006.
［2］美国MPIF标准35粉末冶金结构零件材料标准，2007.

钨钼材料的粉末注射成形工艺研究

欧阳明亮
厦门虹鹭钨钼工业有限公司，福建省厦门市集美区连胜路 338 号
（欧阳明亮，0592－6298300，ouyang. mingliang@cxtc. com）

摘　要：采用粉末注射成形用的镧钨粉、钼粉作为原料，开发了一种适合钨、钼粉末注射成形的石蜡—高分子体系的粘结剂，基于上述粉末和粘结剂制备的喂料具有较高的临界装载量和好的注射流变特性，采用该喂料批量生产了杯状镧钨电极和微波炉用钼端帽产品，产品的尺寸、密度、纯度和微观结构等方面均满足产品要求，且工艺的稳定性好。

关键词：金属注射成形；钨；钼；电极；钼端帽

1　前　言

形状复杂的钨钼零件的传统制造工艺是对压力加工后致密钨、钼棒材进行机加工，成本很高。金属注射成形（Metal injection molding，MIM）是一种经济高效的制造小尺寸复杂形状零件的近净成形工艺，对于钨钼等高熔点、难加工的金属尤为有效[1]。

镧钨具有电子逸出功低、高温强度好等特点，是一种常用的电极材料，但镧钨加工性能差，采用 MIM 制备镧钨零部件是一个好的方案。Philips AMS 是较早开展难熔金属注射成形研究和开发的单位之一，采用 MIM 制造高压气体放电灯用钨电极，与传统钨丝缠绕式电极相比，MIM 可以成形复杂形状的电极，从而使设计人员可以灵活设计其形状[2]。德国 KIT 的研究人员采用费氏粒度（FSSS）1～3 μm 的钨粉进行了镧钨的 MIM 试验，在 1600℃烧结后再进行热等静压处理，得到基本全致密的零件[3]。钼端帽是微波炉用磁控管的关键零件，具有形状复杂、尺寸精度高、需求量大的特点。

MIM 技术工序较多，包括粉末处理、粘结剂制备、粉末与粘结剂的混合、注射、脱脂和烧结、后处理等[4]，所以需要对过程实施严格控制，从而保证大批量生产的一致性。提高粉末在喂料中的装载量可以减小产品在烧结过程中的收缩率，有利于提高尺寸精度[5]。然而，常规还原法生产钨钼粉末团聚严重，流动性差，难获得高的装载量，本研究采用针对 MIM 工艺开发的特殊还原工艺制备的粉末作为原料。另一方面，在流道和浇口料的重复利用中，粘结剂在多次注射过程中必须具有良好的抗降解和抗挥发性能。本研究采用 MIM 专用的镧钨粉、钼粉及自行研制的粘结剂，开发了钨钼材料的粉末注射成形工艺，实现了杯状镧钨电极、钼端帽产品的批量稳定生产。

2　试　验

2.1　喂料制备

采用费氏粒度为 0.4 μm 的镧钨粉（La_2O_3含量为 1.5wt.％，通过将 $La(NO_3)_3 \cdot 6H_2O$ 的酒精溶液喷雾到 WO_3前驱体中的方式添加）和费氏粒度为 2.8 μm 的钼粉作为原料，镧钨粉末的扫描电镜（SEM，S3400N model，Hitachi，日本）照片如图 1（a）所示，编号为

HLMIM1,钼粉的扫描电镜照片如图 2(a)所示,编号为 HLMIM2,普通氢气还原工艺制备的镧钨粉(CWL)和钼粉(CM)分别如图 1(b)和图 2(b)所示。

图 1 FSSS 粒度 0.4μm 镧钨粉末的 SEM 照片

(a)HLMIM1;(b)CWL

图 2 FSSS 粒度 2.8μm 钼粉的 SEM 照片

(a)HLMIM2;(b)CM

本文采用一种自主开发的石蜡—高分子粘结剂用于制备 MIM 用喂料,该粘结剂由 51wt.%的石蜡,30wt.%的聚丙烯,16wt.%聚乙烯和 3wt.%的硬脂酸组成。采用转矩流变仪确定喂料中粉末的临界装载量及观察喂料的流动性,装载量指金属粉末占整个喂料的体积分数,装载量过低,烧结坯收缩很大,不易控制产品的尺寸精度;装载量过高,喂料干燥,流动性差[3]。混料温度为 158℃,辊子的转速为 60rpm,通过向捏炼腔内添加粉末使喂料中的装载量每次以 1vol.%提升,直到转矩不稳定或迅速上升为止,这说明喂料已经达到或超过临界装载量,无法实现粘结剂和粉末的均匀混合。

2.2 注射成形

用注射机(Allrounder 360S,Arburg)进行注射,根据临界装载量实验过程中喂料的流动性,实际生产过程中镧钨粉喂料的装载量设计为 49vol.%,钼粉喂料的装载量设计为 52vol.%,均可顺利注射。

用镧钨喂料开发一种杯状的镧钨电极,形状如图 3 所示,用钼喂料开发了一款钼端帽,形状如图 4 所示,这两款产品尺寸小,且具有薄壁、大长径比盲孔、异型台阶等特征,所以通过机加工方法制备较困难,电极的模具有 4 穴,钼端帽的模具有 8 穴,表 1 是 2 个产品的注射工艺参数。

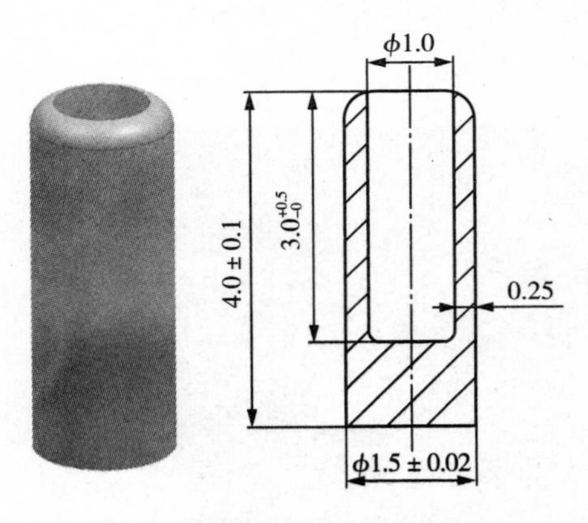

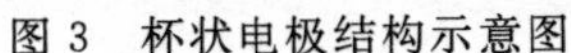

图 3　杯状电极结构示意图

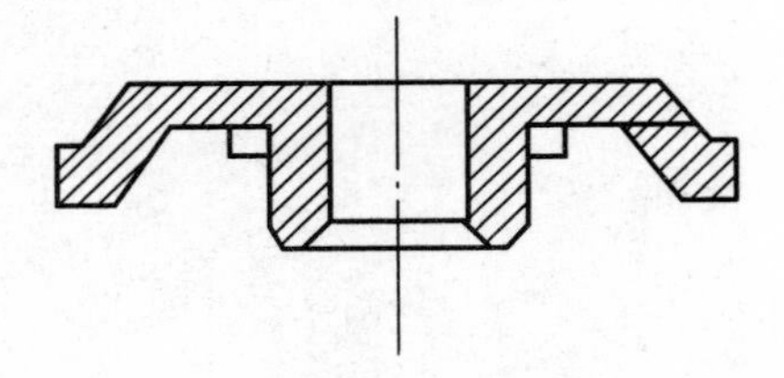

图 4　钼端帽产品结构示意图

表 1　电极和钼端帽产品的注射成形工艺参数

	镧钨电极	钼端帽
料温	150	150
注射速度/($cm^3 \cdot s^{-1}$)	16	21
注射压力/MPa	120	95
注射体积/cm^3	3.5	6.8
料垫/cm^3	1.65	1.98
背压/MPa	2.2	3.0
冷却时间/s	2	3
保压压力/MPa	80	65
保压时间/s	0.3	0.4

2.3　脱脂与烧结

生坯首先进行溶剂脱脂，然后进行热脱脂和预烧结。溶剂脱脂在37℃正庚烷中进行，浸泡时间为120min，热脱脂在氢气中进行，先以1.5℃/min升温到450℃并保温120min，然后以2℃/min升温到900℃并保温60min，热脱脂过程中采用H_2作为保护气氛。

热脱脂后的镧钨电极产品在2100℃的高温下烧结5h，钼端帽产品在1700℃的高温下烧结100min，烧结气氛为氢气，烧结后采用排水法测量零件的密度，用扫描电镜分析材料的显微组织。

3　结果与讨论

3.1　粉末的比较

表2列出了HLMIM1、HLMIM2粉末与普通还原工艺生产粉末的粒度分布和振实密度数据，结合图1和图2中粉末的显微形貌分析，针对MIM工艺生产的镧钨粉、钼粉末具有团聚少、粒度分布窄、振实密度高的特点，团聚少有利于粘结剂对粉末颗粒表面的润湿，可增

加喂料的均匀性和流动性，粒度分布窄和密度高可获得高的装载量，减小烧结过程中产品的收缩，有利于产品尺寸稳定性的控制。

表 2 本研究用粉末与普通还原工艺粉末的特征比较

	粒度分布			振实密度(g/cm^3)
	D_{10}(μm)	D_{50}(μm)	D_{90}(μm)	
CWL	0.519	5.222	22.136	3.37
HL MIM1	0.195	0.664	6.389	5.12
CM	2.081	5.390	20.727	2.22
HL MIM2	1.619	2.704	4.479	4.35

3.2 烧结件的性能

烧结后零件的密度测量结果如表 3 所示，镧钨电极的相对密度可达到 99.1%，钼端帽的相对密度可达到 97.6%，均达到产品标准。

表 3 烧结后产品的相对密度

	1700℃ 100min	2100℃ 5h
HL MIM1 镧钨粉	—	99.1%
HL MIM2 钼粉	97.6%	—

镧钨电极烧结后 C 含量为 5ppm，La_2O_3 颗粒主要分布在晶界上，晶粒尺寸约为 3～5 μm，显微结构如图 5 所示，图 6 为镧钨电极的注射和烧结坯照片。

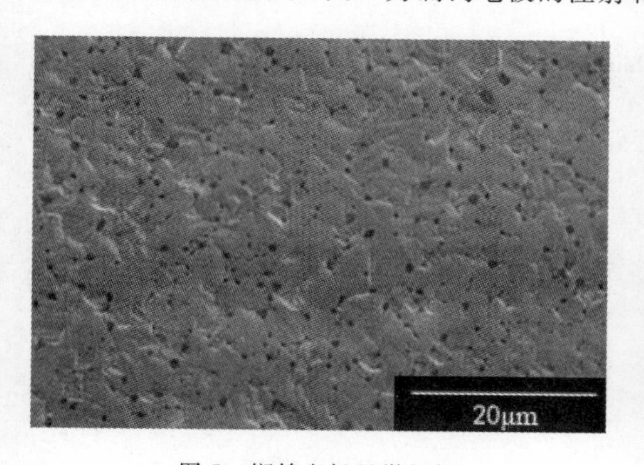

图 5 镧钨电极显微组织

图 6 镧钨电极生坯与烧结坯照片

钼端帽烧结后的纯度高于 99.95%。C 和 O 含量分别为 8ppm 和 10ppm，晶粒尺寸小于 10 μm，显微结构如图 7 所示，图 8 为钼端帽的注射和烧结坯照片。

4 结 论

(1)HLMIM1 镧钨粉末和 HLMIM2 钼粉具有团聚少、粒度分布窄、振实密度高的特点，适合粉末注射成形工艺；

(2)采用0.4μm的镧钨粉作为MIM工艺原料，可以获得99%以上的致密度；

图7　钼端帽显微组织

图8　钼端帽生坯与烧结坯照片

(3)基于HLMIM1镧钨粉末、HLMIM2钼粉及自行开发粘结剂制备的喂料已经成功应用于大长径比杯状镧钨电极、钼端帽产品的批量生产，产品满足使用要求。

参考文献

[1] R. M. German，宋久鹏．粉末注射成形——材料、性能、设计与应用[M]．北京：机械工业出版社，2011.

[2] JADOUL F. Phlips AMS selects metal injection moulding for HID lamp electrodes [J]. Powder Injection Moulding International，2008，2：58－61.

[3] ZEEP B，PIOTTER V，TORGE M. Powder injection moulding of tungsten and tungsten alloy [C]. Euro PM 2006—Powder injection moulding，European Powder Metallurgy Association，Shrewsbury，UK，2006，85－89.

[4] R. M. German and A. Bose：'Injection molding of metals and ceramics'，1997，Princeton，New Jersey，USA，MPIF.

[5] 范景莲，黄伯云，曲选辉．注射坯成形质量与尺寸精度的控制模型[J]．稀有金属材料与工程，2005，24(3)，367－370.

放电等离子烧结制备 W - 2wt%TiN 复合材料组织与性能

王 爽[1] 罗来马[1,2] 丁孝禹[1] 朱晓勇[1,2] 李 萍[1,2] 程继贵[1,2] 吴玉程[1,2]
1. 合肥工业大学材料科学与工程学院； 2. 有色金属与加工技术国家地方联合工程研究中心
（罗来马，0551－62901362，luolaima@126.com）

摘 要：采用机械合金化及放电等离子烧结制备了 W - 2wt. %TiN 复合材料，采用扫描电镜，显微硬度计，拉伸仪对其组织结构力学性能进行研究。研究表明，高能球磨有助于细化粉体，增大表面积和内部缺陷，提高烧结活性。可观察到烧结后 TiN 在钨基体中均匀分布，没有出现大面积团聚现象。经测量复合材料的致密度，显微硬度，极限抗拉强度为 99%，855.6Hv，180.332MPa，而导热系数为 55.93W/(m·K)。

关键词：W - TiC 复合材料；机械合金化；放电等离子烧结；显微组织；力学性能

1 前 言

钨具有高熔点，高弹性模量，高导热率，良好的耐热冲击性能，低物理溅射率，低蒸汽压以及低肿胀的特点，成为聚变反应堆中最有前途的面对等离子体材料[1~4]。然而面对等离子体放电过程中产生的高热负荷，高离子通量和中子负载[5,6]，钨存在韧脆转变温度低，再结晶温度高，在高温环境下强度急剧下降和热导率降低等问题[7,8]。欲改善钨的性能，就要改善钨的微观组织，目前，国内外采用向钨中加入 Re、Ta 等金属元素进行合金化[9~11]，或者加入少量第二相如 TiC、HfC 等碳化物或者加入 Y_2O_3、La_2O_3 氧化物进行弥散强化的方式来提高其综合性能[12~14]。据报道，TiN 具有高熔点，低密度，良好的抗腐蚀性等是良好的金属基增强体。纳米颗粒因具有小尺寸效应，量子尺寸效应，表面界面效应等优点[15]，因此可向钨中加入纳米 TiN 颗粒来改善钨的性能。

目前的快速烧结技术有微波烧结，放电等离子体烧结，超高压力通电烧结[16]。放电等离子烧结是目前新兴的低温烧结技术，与传统烧结相比，以其升温速度快，烧结时间短，烧结体致密度高被广泛地应用于金属以及陶瓷粉体的烧结中。将放电等离子体烧结用于钨基复合材料烧结有助于在低温下获得高致密度，能够有效防止晶粒过度长大。

本文采用机械合金化制备 W - 2wt. %TiN 复合粉末，通过机械合金化细化粉末颗粒，有利于提高粉末颗粒的表面能，获得较高的烧结活性。并采用放电等离子烧结方式进行烧结，并探究了 TiN 对钨组织和性能的影响。

2 实验方法

实验所用原始钨粉粒度为 1.2 μm，纯度为 99.9%；TiN 粉末粒度为 20nm，纯度为 99.9%。混合粉末中 TiN 的含量为 2wt. %。

球磨过程是在 QM - 3SP2 高能球磨机上进行。用天平分别称取钨粉和 TiN 粉末放入不锈钢球磨罐中，再加入一定量的不锈钢球（其中 ϕ20 的球数是 2 个，ϕ10 的球数是 40 个，ϕ6 的球数是 250 个）。球料比是 20：1，球磨转速为 400r/min，球磨时间 5h。再将 15g 球磨后的粉末填装在直径为20mm的石墨磨具中，在1800℃保温1.5min，最大压力为55MPa，升温和降温的速度均为100℃。放电等离子体烧结炉的型号为SE—607，Germany。采用阿基米德方法测量烧结体的致密度。采用场发射扫面电镜观察球磨粉末粒度，烧结体表面及断口形貌。采用显微硬度计对室温下显微硬度进行测量，载荷为200gf，保压时间为10s。高温拉伸在300℃下进行，拉伸速率为0.5mm/min，拉伸仪器的型号为Instron5967。并对式样进行热导测试，热导仪的型号为LFA457。

3 实验结果分析

3.1 球磨后复合粉末形貌

图1(a)为原始钨颗粒形貌图，从图中可见钨颗粒为球形，表面光滑，颗粒大小在1.2μm左右。图1(b)为球磨后复合粉末的FE-SEM形貌图。从图中可以看出，经过磨球的不断撞击使粉末破碎，粉末粒度得到明显细化，颗粒大小不均一，小颗粒可以达到1μm以下，出现了团聚现象，基本无法区分W颗粒和TiN颗粒。与未球磨的原始钨粉相比，球磨后的颗粒形状不规则，因为W和TiN为脆性相，未出现扁平的颗粒，且经球磨后表面粗糙，增大了其内部缺陷，有助于烧结致密度的提高。

图1 粉末扫描电镜照片

(a)原始钨颗粒SEM形貌图；(b)W-2wt.%TiN球磨后粉末SEM形图

3.2 烧结体组织与性能分析

图2为烧结后复合材料表面SEM形貌图，图中黑色区域经EDS检测为富Ti区，因为是采用不锈钢球磨，因此，其中部分引入了Fe和Cr杂质元素。浅色区域为钨基体。从分布

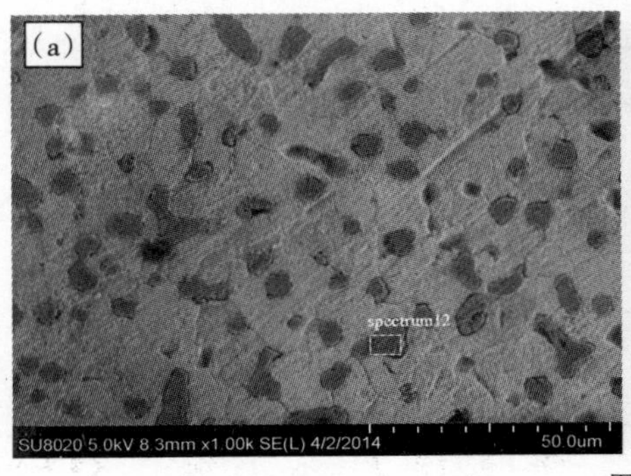

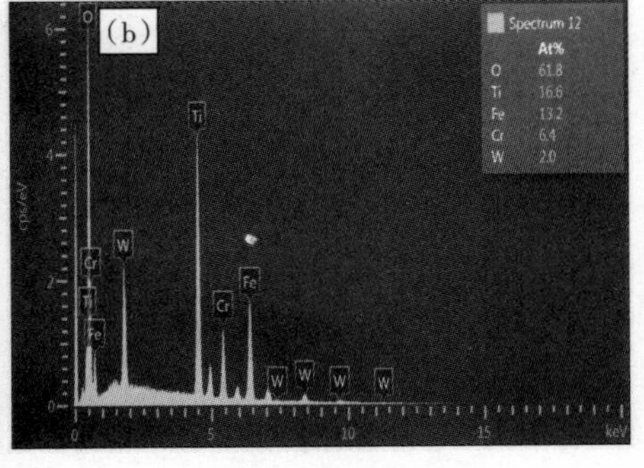

图2

烧结后复合材料表面SEM照片(a)和EDS元素分析图谱(b)

情况可见，第二相在钨中分布比较均匀，没有出现大面积的团聚现象。

表1列出了W-2wt.%TiN复合材料的力学性能。经测量，烧结后复合材料的致密度为99%，可见放电等离子烧结和添加第二相有利于致密度的提高。其原因可能是第二相填充了钨颗粒之间的孔隙。实验还对对复合材料的室温显微硬度进行了测量，每个试样测量了十个点，结果显示放电等离子烧结后复合材料的硬度为855.6Hv，相比与纯钨有明显的提高，其原因是TiN是硬质相，加入到钨中有利于复合材料硬度的提高。此外，复合材料的致密度比纯钨要高也是促使硬度提高的原因。实验采用激光热导仪对对复合材料的热扩散系数进行了测量，结果表明复合材料的导热系数为55.93W/(m·K)，相比纯钨是呈下降趋势的。此外，实验还对复合材料进行高温拉伸实验，实验温度为300℃，拉伸速率为0.5mm/min，数据显示其极限抗拉强度为180MPa，拉伸曲线并未出现塑性阶段。

表1 W-2wt.%TiN复合材料的力学性能

试样	致密度 %	显微硬度 Hv	导热系数 W/(m·K)	极限抗拉强度 MPa
W-2wt.%TiN复合材料	99%	855.6	55.93	180.332

图3为复合材料的断口形貌图，据文献报道，纯钨为典型的沿晶断裂，断口平直，而复合材料的断口形貌为沿晶和穿晶断裂的混合型断裂方式，说明TiN的加入有助于提高基体的界面强度。在穿晶断裂的晶粒上可见解理状花样和河流状花样，断口比较曲折，在钨晶粒内部可观察到TiN拔出基体断裂。

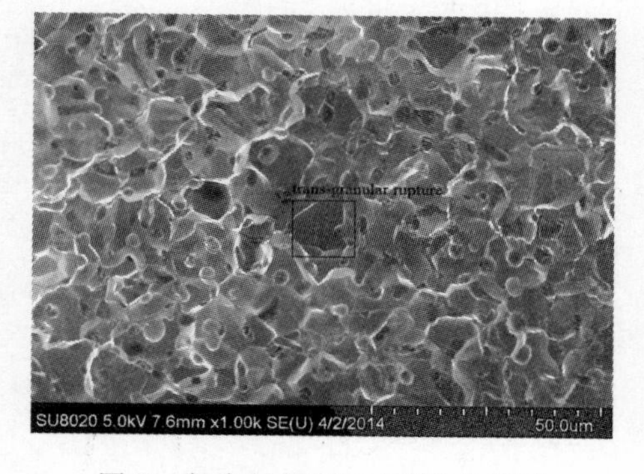

图3 复合材料断口SEM形貌图

4 结 论

(1)采用高能球磨的方式制备W-2wt.%TiN复合粉体，粉末细化效果明显，并增大了烧结活性，并采用放电等离子烧结的方式制备复合材料，可观察到第二相在基体中均匀分布，起到了弥散强化的作用。

(2)复合材料与纯钨相比较，致密度，显微硬度极限抗拉强度均有所提高，而导热系数有所降低，纯钨是典型的沿晶断裂，而复合材料是沿晶断裂和穿晶断裂混合型断裂方式，并观察到解理断口和河流状花样。

参考文献

[1] Z. M. Xie, R. Liu, Q. F. Fang. Spark plasma sintering and mechanical properties of zirconium micro-alloyed tungsten[J]. Journal of Nuclear Materials, 2014, 444: 175-180.

[2] H. Kurishita, S. Matsuo, H. Arakawa. Development of re-crystallized W-1.1%TiC with enhanced room-temperature ductility and radiation performance[J]. Journal of nuclear materials, 2010, 398: 87-92.

[3] R. Mateus, M. Dias, J. Lopes. Blistering of W-Ta composites at different irradiation energies[J]. Journal of nuclear mat4erials, 2013, 438: S1032-S1025.

[4] Michio Kajioka, Tatsuaki Sakamoto. Effects of plastic working and MA atmosphere on

microstructures of recrystallized W-1. 1%TiC[J]. Journal of nuclear materials,2011,417:512 - 515.

[5] K. Schmid,V. Rieger,A. Manhard. Comparison of hydrogen retention in W and W/Ta alloys[J]. Journal of nuclear materials,2012,426:247 - 253.

[6] M. Rieth. Recent progress in research on tungsten materials for nuclear fusion applications inEurope[J]. Journal of nuclear materials,2013,432:482 - 500.

[7] 张顺,范景莲,成会朝. W-TiC 合金的烧结行为及其显微组织演变[J]. 中南大学学报,2012,43(8):2938 - 2942.

[8] R. Liu,Z. M. Xie,T. Hao. Fabricating high performance tungsten alloys through zirconium micro-alloying and nano-sized yttria dispersion strengthening[J]. Journal of Nuclear Materials,2014,451:35 - 39.

[9] J. Das,G. A. Rao,S. K. Pabi. Oxidation studies on W-Nb alloy[J]. Int. Journal of Refractory Metals and Hard Materials,2014,47:45 - 37.

[10] S. Wurster,B. Gludovatz,R. Pippan. High temperature fracture experiments on tungsten-rhenium alloys[J]. Int. Journal of Refractory Metals and Hard Materials,2010,28:692 - 697.

[11] S. Wurster, B. Gludovatz, A. Hoffmann. Fracture behaviour of tungsten-vanadium and tungsten-tantalum alloys and composites[J]. Journal of Nuclear Materials,2011,413:166 - 176.

[12] K. E. Rea, V. Viswanathan, A. Kruize. Structure and property evaluation of a vacuum plasma sprayed nanostructured tungsten-hafnium carbide bulk composite[J]. Materials Science and Engineering A, 2008,477 :350 - 357.

[13] Dongju Lee,Malik Adeel Umer,Ho J. Ryu. The effect of HfC content on mechanical properties HfC-W composites[J]. Int. Journal of Refractory Metals and Hard Materials,2014,44:49 - 53.

[14] Z. J. Zhou, J. Tan, D. D. Qu. Basic characterization of oxide dispersion strengthened fine-grained tungsten based materials fabricated by mechanical alloying and spark plasma sintering[J]. Journal of Nuclear Materials,2012,431:202 - 205.

[15] 于福文,吴玉程. W - 1wt%TiC 纳米复合材料的组织结构与力学性能[J]. 中国科学技术大学学报,2008,38(4):429 - 433.

[16] 张苹苹,沈卫平,周亚南. 纳米碳化钽对 SPS 烧结钨显微结构的影响[J]. 稀有金属材料与工程,2012,41(8):1431 - 1434.

铝合金表面耐腐蚀涂层制备与性能研究

詹载雷[1,2]　赵冠楠[1,2]　严彪[1,2]

1. 同济大学　材料科学与工程学院；2. 上海市金属功能材料开发应用重点实验室

（严彪，80416@tongji.edu.cn，zjzhanzailei@163.com）

摘　要：本文通过两种不同的涂层制备工艺，在Al-8Fe-4Re合金上分别制备NiAl涂层和316L不锈钢涂层。利用浸泡法对所得涂层进行静态腐蚀实验，对比分析两种涂层的耐腐性能。利用X射线衍射仪进行物相分析，利用扫描电子显微镜进行微观组织观察和元素分布分析。实验结果表明：NiAl涂层表面生成了许多小颗粒状、菱形状的NiS腐蚀产物，少部分边缘区域的涂层产生剥落；而316L不锈钢涂层表面只有很少的部分区域有褐色腐蚀产物，所含元素Cr的硫化物其保护作用，具有更好耐腐蚀性。

关键词：NiAl涂层；316L涂层；耐腐蚀性

1　前　言

金属硫极集流体是在高温硫及硫化盐等熔融状态下工作，为了提高钠硫铝合金集流体的耐腐蚀性能，同时又能满足集流体有良好导电性能，并且能方便加工制作，最适合的方案是在铝合金基体表面制备出具备良好导电率及耐腐蚀性能的涂层[1]。

在探索新的钠硫电池集流体耐腐蚀涂层材料的过程中，经过分析发现，NiAl金属间化合物具有高熔点（1638℃）、低密度（5.86g/cm^3）、较高的热导率（78W/mk）以及优良的高温抗氧化性能，因而是一种具有极大潜力的高温涂层材料[2]，同时，Ni在硫及硫化钠熔盐中比Fe有更好的耐腐蚀性，腐蚀产物硫化镍的电阻率也比硫化亚铁低[5,6]。在热喷涂应用中，镍铝常被用作粘结底层，在工作层和基体间起屏蔽作用，以保护基体防止环境氧化和腐蚀，同时热喷涂镍铝的反应过程是一放热过程，喷涂时熔化粒子到达基体时能与基体发生熔合，形成微焊接，能增加工作涂层与基体的结合强度[3]。并且NiAl材料的电阻率较低，因此，NiAl涂层作为一种钠硫电池集流体的耐腐蚀涂层的可选材料之一值得探讨。

目前国内有厂家以316L不锈钢作为钠硫集流体材料，虽然具有良好的耐腐性，导电性能以及高温机械性能，但是此类不锈钢价格昂贵，质量大不利于大部件的整装和搬运，局部区域会发生局部腐蚀，有击穿危险。

本文通过制备NiAl、316L不锈钢两种涂层，比较两种涂层的性能优劣，并通过微观组织结构观察进行分析探讨。

2　实验材料和方法

用于制备NiAl涂层的NiAl混合粉末成分为：M(Al)％＝17％～20％，其余为Ni，并还有少量的Fe、Cu、C、O等杂质元素，粒度为325目，制备方法为等离子喷涂（APS）方法，是由上海大豪瑞法喷涂机械有限公司的DH-1080大气等离子喷涂设备完成，采用喷枪外垂直送粉方式进行喷涂制备[4]。主要的喷涂工艺参数如下：以氩气作为主气，次气为氢气，电压为 150V，电流为 315A，喷涂距离为 125mm。氩气作为送粉载气，送粉气压力为 0.5MPa。制备 316L 不锈钢涂层的金属粉末使用粒度为 325～500 目制备方法为超音速火焰喷涂(HVOF)[5]法，由上海大豪公司的 DF－3000 超音速火焰喷涂设备完成。喷涂以丙烷-氧气混合燃烧为热源，主要工艺参数如下：丙烷压力为 0.6～0.7MPa，流量为 65～100L/min，氧气压力为 1.2MPa，流量为 150～170L/min；火焰枪中粉末颗粒速度 550～650m/s。基材合金为 Al－8Fe－4Re 合金。在喷涂前基材合金都用乙醇进行表面清洗并抛光，以除去表面油垢和其他污染杂质。涂层制备好后选用浸泡法进行耐腐蚀实验，腐蚀介质为 S 及 Na_2S_4，摩尔比为 1∶1，腐蚀温度为 350℃，腐蚀时间为 20h。

腐蚀过后取出试样利用光学显微镜和 SEM 表面形貌，微观组织观察；利用显微硬度计测量涂层硬度；用 X 射线衍射仪(XRD)测试两种试样的涂层面，对两种涂层进行物相分析。

3 实验结果与分析

3.1 涂层组织形貌及物相分析

由 NiAl 涂层图 1(a)与 316L 不锈钢涂层图 1(b)的表面形貌可知，两种涂层表面均表现为凹凸不平形貌，粗糙度较大，而且两者的表面状态也不完全相同。

NiAl 涂层的微观形貌从图中可以看出，大多数 NiA1 颗粒经过等离子喷涂后，得到了充分的熔化和摊平。由涂层截面图可知 NiAl 涂层呈现出多相交错的层状组织结构，涂层内部存在少许孔洞，这是喷涂过程中熔融或半熔融态粉末依次堆积互相搭接而形；与基体结合紧密，二者之间没有缝隙；涂层和基体界面较平整，表面有少许裂纹，可能会影响涂层的结合强度，但是能够减少涂层产生的内应力。

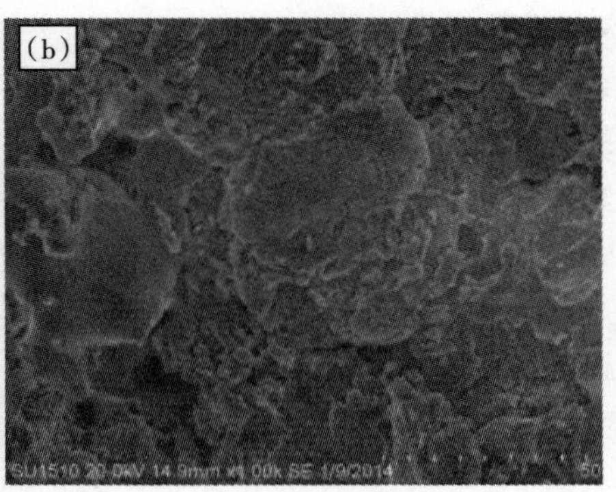

图 1 涂层表面形貌的 SEM 照片

(a)NiAl 涂层；(b)316L 不锈钢涂层

用扫描电镜软件里的测距功能选取涂层上厚薄均匀的十个位置测量涂层厚度，如图 2 所示，再取平均值，测得 NiAl 涂层的平均厚度为 37.2 μm，316L 不锈钢涂层的平均厚度为 56.7 μm。由于热喷涂方法的不同，以及制备工艺参数的差异，导致 316L 不锈钢涂层的厚度要比 NiAl 涂层要大，同时涂层的厚度也更均匀。

对两种涂层利用 X－Ray 衍射仪分别进行物相检测，结果如图 3 所示。NiAl 涂层的表面 XRD 分析表明，在 NiAl 涂层中，主要存在的相为 Ni 与 NiO，还有少量 Al。等离子喷涂过程中有一些粉末不可避免的被高温氧化，表面的 Ni 与氧气反应生产 NiO[6]。316L 不锈

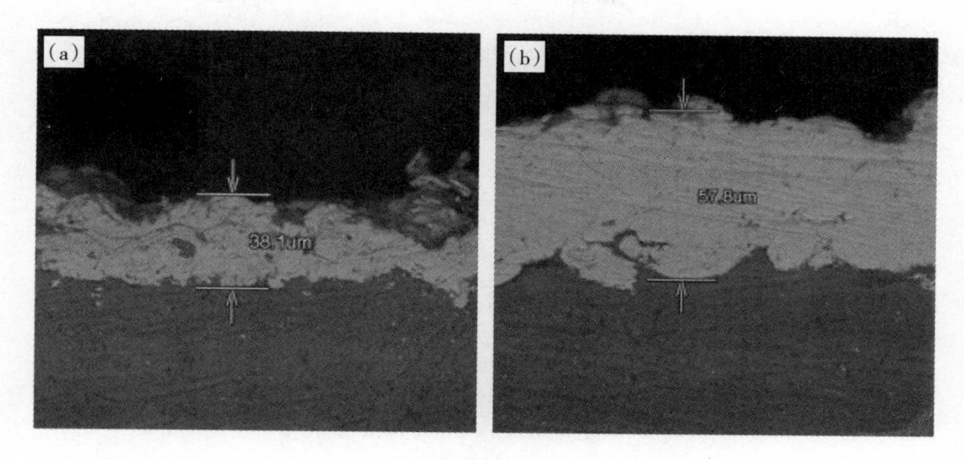

图 2　两种涂层的厚度

(a)NiAl 涂层厚度;(b)316L 不锈钢涂层厚度

钢涂层表面 XRD 分析表明,在 316L 不锈钢涂层中主要存在的相为 FeNi 相与 FeCr 相,同时表面也有一些有超音速火焰喷涂过程中的高温氧化产生的氧化铁[7,8]。

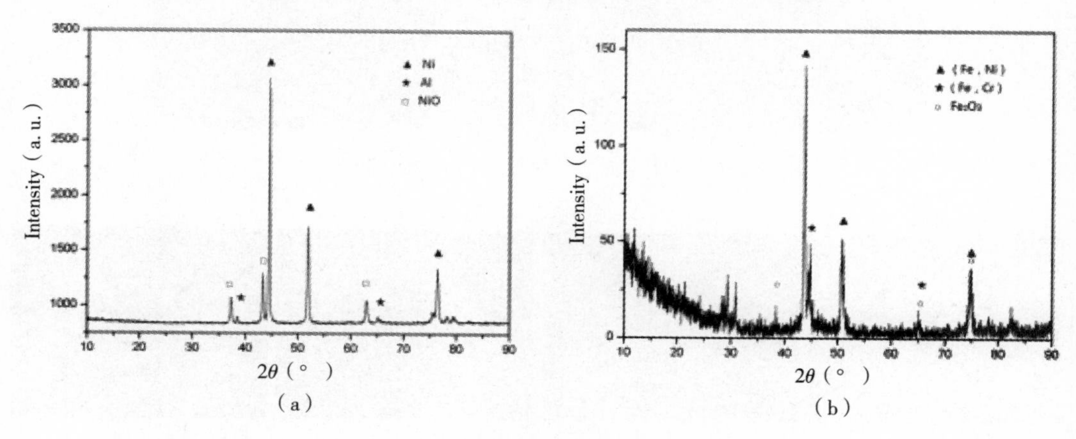

图 3　两种涂层的 XRD 谱图

(a)NiAl 涂层;(b)316L 不锈钢涂层

3.2　涂层及 Al－8Fe－4Re 合金的耐腐蚀性能研究

3.2.1　NiAl 涂层

图 4 为 NiAl 涂层铝合金试样在 350℃熔融硫—硫化钠中静态腐蚀前后对比的宏观形貌照片,腐蚀前 NiAl 涂层为深绿色,表面呈颗粒状;腐蚀后涂层表面变为青黑色,表面为涂层同腐蚀介质产生的腐蚀产物膜,边角处有小部分腐蚀产物剥落现象,涂层中间部分没有产生剥落,这是因为腐蚀介质从铝与涂层结合处发生腐蚀导致剥落。

用扫描电镜观察腐蚀后的涂层表面,如图 5 所示,发现涂层表面生成了许多小颗粒状、菱形状的腐蚀产物(图 5)。结合能谱元素面扫描分析(图 6),以及 XRD 结果(图 7),可以确认生成的腐蚀产物主要为 NiS,其分布较为均匀,但是不是很致密。

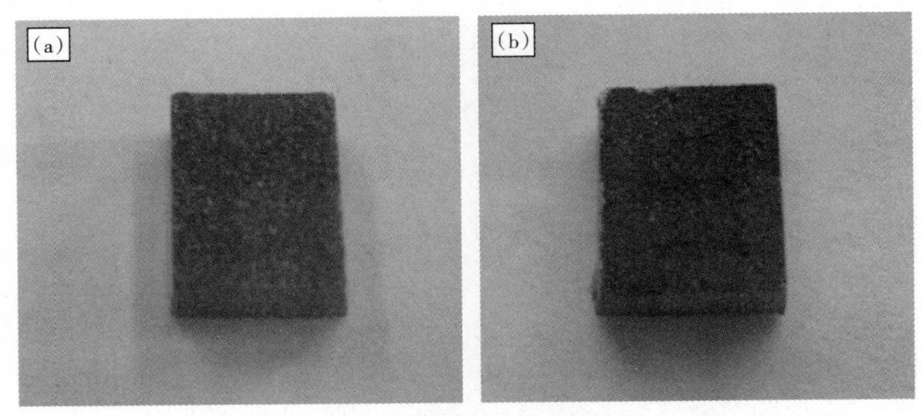

图 4　NiAl 涂层腐蚀前后表面形貌

(a)腐蚀前;(b)腐蚀后

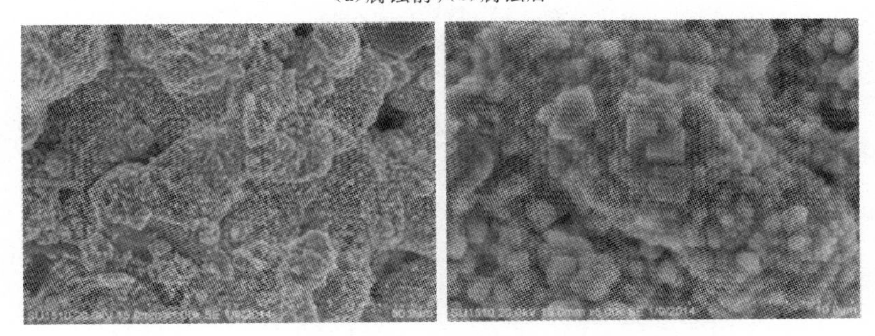

图 5　NiAl 涂层腐蚀后的表面形貌

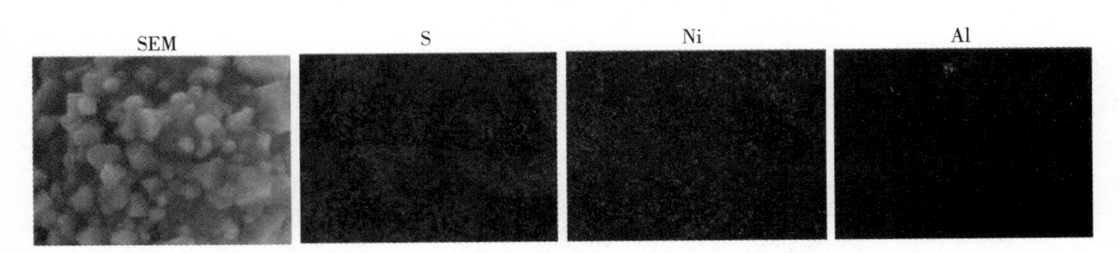

图 6　NiAl 涂层腐蚀后的能谱元素分布

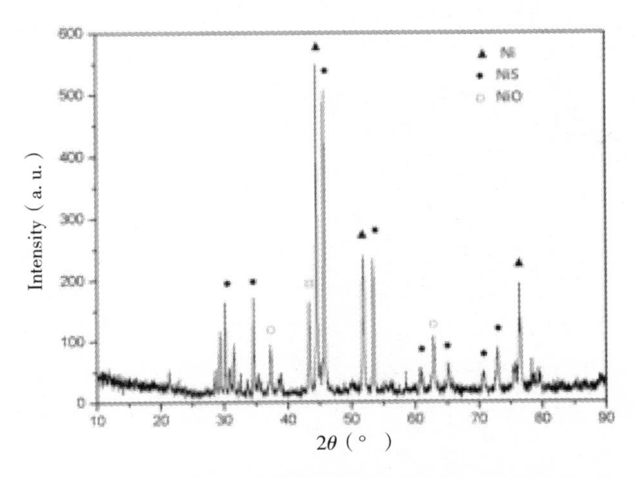

图 7　NiAl 涂层静态腐蚀后表面的 XRD 谱图

3.2.2 316L 不锈钢涂层

图 8 为 316L 不锈钢涂层铝合金试样在 350℃熔融硫—硫化钠中静态腐蚀前后对比的宏观形貌照片，腐蚀前 316L 不锈钢涂层为浅灰色，表面呈细颗粒状，较为平整均匀；腐蚀后涂层表面、颜色略微加深，表面有部分区域有涂层同腐蚀介质产生的腐蚀产物附着，并有一些褐色斑点。

图 8 NiAl 涂层腐蚀前后表面形貌照片

(a)腐蚀前；(b)腐蚀后

用能谱分析 316L 不锈钢涂层铝合金试样经过静态浸泡腐蚀过后表面的元素组成，如图 9 所示，主要元素均为 316L 不锈钢的组成元素，S 元素只占很小一部分，说明此涂层的耐腐蚀较好，产生了较少的腐蚀产物。

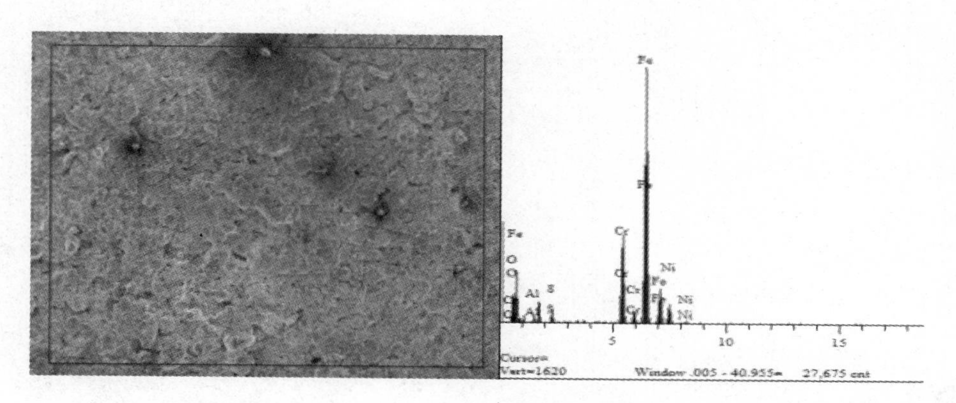

图 9 316L 涂层腐蚀后的元素分析谱图

腐蚀后的涂层表面经过 XRD 测试如图 10 所示，以及扫描电镜观察表面形貌如图 11 所示，确定腐蚀产物主要为 FeS_2 及 NiS，而且发生的是局部腐蚀。在涂层腐蚀表面生成了一些硫化物中，Fe 的硫化物呈菱形，Cr 的硫化物结晶度较差没有在 XRD 中反映出来。

在不锈钢涂层中，Cr 在试样中的扩散速率最低，并且 Cr 能跟 S 形成稳定的硫化物，在硫及硫化钠熔盐中的溶解度也较低。一些学者的研究表明，不锈钢被腐蚀时生成了一种典型的双腐蚀层，内层富含铬，主要是铬的硫化物。起保护作用的主要是这个内层膜，因为离子经由这层膜进行扩散比较困难，故而其耐腐蚀性较高[9,10]。

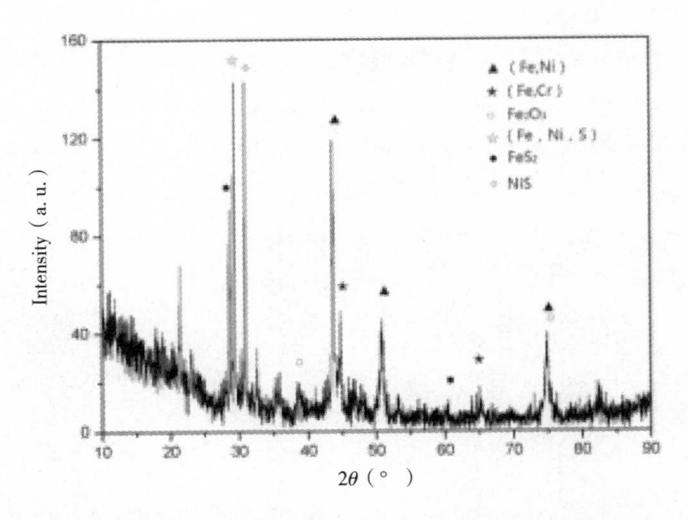

图 10　316L 不锈钢涂层静态腐蚀后的表面 XRD

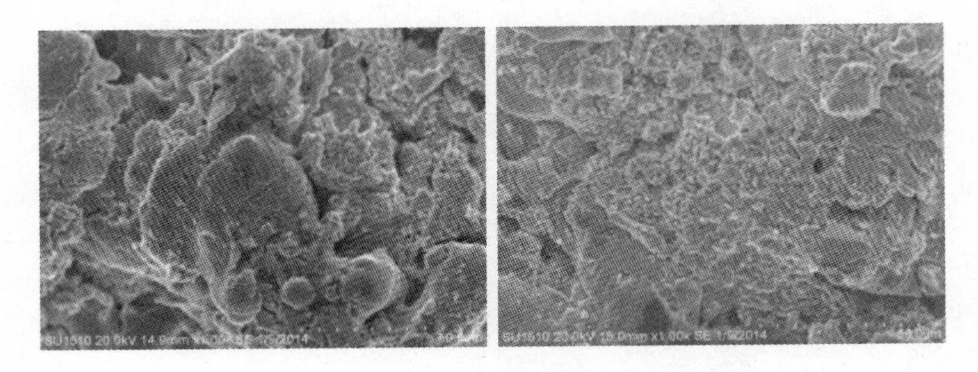

图 11　316L 不锈钢涂层腐蚀后的表面形貌 SEM 照片

3.2.3　Al－8Fe－4Re 合金

为了研究铝合金本身在硫—硫化钠熔盐中的腐蚀情况，故将 Al－8Fe－4Re 合金也进行静态浸泡腐蚀实验，图 12 为铝合金在腐蚀后表面的形貌微观照片。铝合金表面生成很多细小、致密的硫化物，且有一些长棒状的化合物附着在表面。

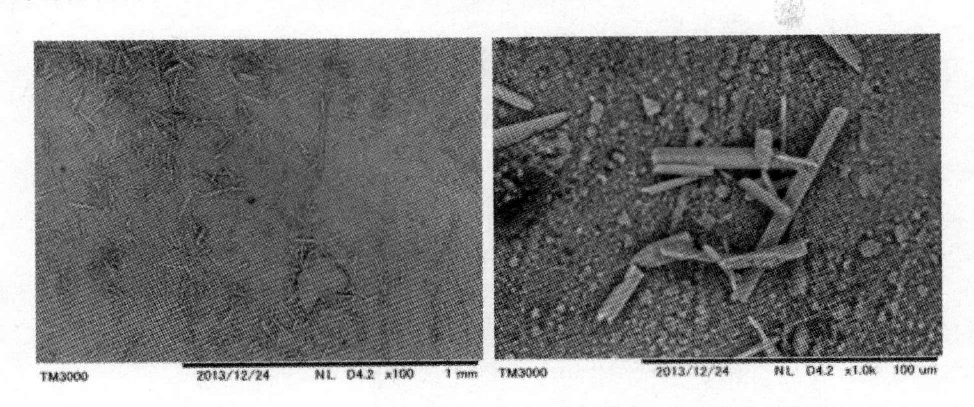

图 12　铝合金腐蚀后表面的形貌 SEM 照片

通过能谱对样品表面进行元素面扫描分析,结果如图13所示。可见,表面附着的细棒状的化合物主要含S及Na元素,推断为硫化钠盐,经过分析为腐蚀后样品用酒精清洗过程中未完全洗净残留下来的。

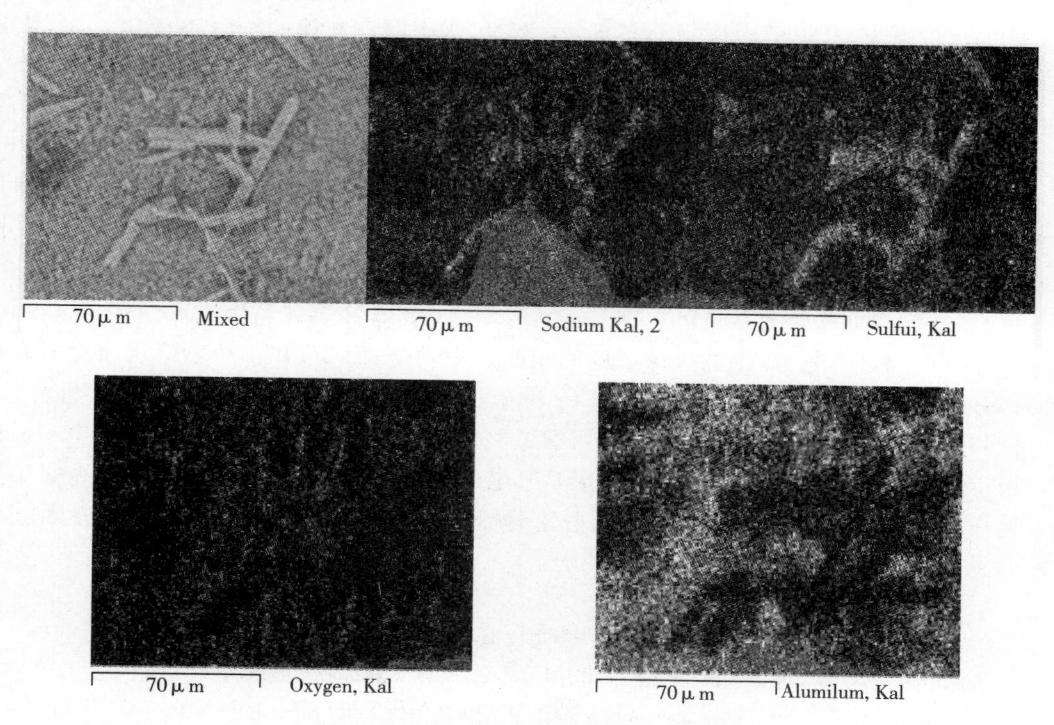

图13 铝合金腐蚀后表面的元素分析谱图

而在铝合金表面,经过腐蚀原本光滑的表面变成一个个颗粒状,Al在350℃温度条件下与硫及硫化钠迅速反应,但是生产了一层薄而稳定的Al_2S_3,这层硫化物相当于一个保护层如图14所示,防止铝合金与硫及硫化钠继续反应,提升了铝合金的耐腐蚀性能,但是Al_2S_3的电阻率过高,提升了电池内阻,影响电池的容量及充放电循环性能,这便是我们在铝合金表面制备防腐涂层的原因。但是在实际使用过程中,即使耐腐蚀涂层脱落,铝合金外壳也不会被严重腐蚀,强度及完整性不会受到影响,这对钠硫电池的安全性能极为重要。

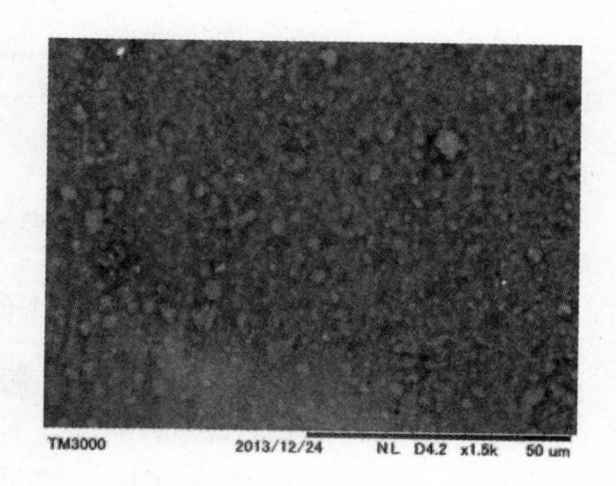

图14 铝合金腐蚀后的表面形貌SEM照片

3.3 涂层硬度和结合强度

经过显微硬度计测量,NiAl涂层与316L不锈钢涂层的平均硬度值在现靠近铝合金基底的部分要稍高于靠近涂层表面。这是因为涂层内部受到夯实作用,而且表面涂层具有更高的孔隙率[6]。这些涂层的硬度值均高于铝合金基体的硬度值,能起到增强表面硬度、保护钠硫电池铝合金集流体的作用。

通过涂层与基体的结合力测试，测得 NiAl 涂层的结合强度为 17MPa，316L 不锈钢涂层的结合强度为 13MPa。NiAl 涂层作为一种经常使用的打底层，喷涂过程中熔化的粒子到达基体时能与基体发生熔合，形成微焊接，能有效改善涂层与基体的结合性能[7]而 316L 不锈钢涂层的厚度更大，产生的内应力会稍大[8]，故 NiAl 涂层与基体的结合强度比 316L 涂层更大。

4 小 结

(1)用等离子喷涂制备的 NiAl 涂层以及用超音速火焰喷涂制备的 316L 不锈钢涂层均致密、均匀，与铝基体结合紧密；316L 不锈钢涂层的厚度、硬度均比 NiAl 涂层大，但是其电阻率要比 NiAl 涂层高。铝合金经过热喷涂制备这两种涂层材料后的导电性能依然良好。

(2)在腐蚀介质中经过 350℃下静态腐蚀试验后，NiAl 涂层表面生成了许多小颗粒状、菱形状的 NiS 腐蚀产物，少部分边缘区域的涂层产生剥落；而 316L 不锈钢涂层表面只有很少的部分区域有褐色腐蚀产物，所含元素 Cr 的硫化物其保护作用，故具有更好耐腐蚀性。

(3)将 Al－8Fe－4Re 合金进行静态腐蚀试验时，铝合金迅速与腐蚀介质反应生产一层薄而稳定的 Al_2S_3，使其不被继续腐蚀。但是其电阻率很高，增大了电池内阻，故铝合金不适宜直接作为硫极容器，但是当耐腐蚀涂层脱落时铝合金外壳也不会被严重腐蚀，强度及完整性不会受到影响。

参考文献

[1] 黎樵燊，朱又春．金属表面热喷涂技术[M]. 北京：化学工业出版社，2009.

[2] 周克崧，宋进兵，刘敏，等．热喷涂技术替代电镀硬铬的研究进展[J]. 材料保护，2002，35(12)：1.

[3]文魁，刘敏，余志明，等．喷嘴形状对 Al_2O_3－3TiO_2粒子扁平化及其涂层性能的影响[J]. 中国表面工程，2012，25(4)：49－53.

[4] R. Tongsrle，J. Minay，R. P. Thackray. Microstructures and their stability solidified Al－Fe－(V－Si) alloy powder[J]. J. Mater. Sci，2001，36：1845－1858.

[5]肖于德，钟掘，黎文献，等．喷射沉积 AlFeVSi 合金热暴露过程中相转变与沉积态组织特点[J]. 中南大学学报(自然科学版)，2007，38：796.

[6] 沈英俊，季道馨．RS/PM Al－Fe－MRE 耐热粉末铝合金成形工艺，组织与性能的研究[J]. 材料工程，1995 (12)：38－40.

[7] 王亚平，崔建国，杨志懋，等．微晶 CuCr 材料的制备及电击穿性能的研究[J]. 西安交通大学学报，1997，31(3)：86－91.

[8] 刘胜林，孙冬柏，樊自拴，等．热喷涂纳米结构涂层的研究现状[J]. 材料保护，2006(9)：40－46.

[9] akashi Ando，Yoshio Harada. An Outline of NAS Battery and Sulfidation Resistance of High Cr－Fe Alloy Coatings Formed by Plasma Spraying Process[J]. Zairyo-to-Kankyo，2005，54：201－206.

[10] 贾鹏，宫劭佳．两种不同成分 NiAl 涂层性能的对比研究[J]. 中国民航大学学报，2011，29(2)：32－35.

[11] 郭孟秋，张兴华，阙民红，等．超音速火焰喷涂 316L 不锈钢涂层性能研究[J]. 失效分析与预防，2013，8(4)：216－221.

[12] H. S. Wroblowa，R. P. Tischer，G. M. Crosbie，et al. Candidate materials for the positive current collector in sodium-sulfur cells-Ⅰ. Ceramic oxides[J]. Corrosion Science，1986，26：1 93－203.

[13] K. R. Kinsman，D. G Oei，152nd Electrochmical Society Meeting[J]，Atlanta，1977.

混料方法对粉末冶金产品精度的影响

孙姗姗　胡曙光　王士平　杨传芳
马鞍山华东粉末冶金厂
（孙姗姗，18609614075，cc508720@126.com）

摘　要：我国家用电器行业已进入平稳发展阶段，家用电器及其材料的质量日显重要，特别是家用电器中被广泛应用的粉末冶金零件尤为引人注目。本项目研制应用于洗衣机的锯齿轴套。由于轴套对精度要求高（属于装配尺寸），成形时需严格控制，另对产品内齿齿形精度要求高，充分考虑产品机械性能要求的同时尽可能减少产品烧结变形量。通过改进混粉方式提高粉料工艺性能、产品尺寸精度及合格产品率。

关键词：混料；粉料性能；尺寸精度；孔隙率

1　引　言

为提高铁基粉末冶金材料的精度，目前众多研究都着眼于高压缩性基粉、压制方式和烧结技术的改进，然而要获得高精度粉末冶金产品仅靠此是很难实现的。本实验通过对粉末性能、压制和烧结变形的对比分析，研究了混料方式对粉末冶金产品精度的影响。

锯齿轴套的三维图如图 1 所示。此锯齿轴套尺寸精度要求高，在成形、烧结过程中难以控制，轴套力学性能及技术要求见表 1。

图 1　锯齿轴套

表 1　锯齿轴套尺寸

项目	内齿跨棒距/mm	齿顶圆/mm	总高/mm	硬度/HRB
尺寸	17.9＋0.07＋0.03	20.46±0.02	21.9±0.04	65～73
检测工具	专用跨棒量距	专用检棒	0～25mm 千分尺	洛氏硬度计

本文考察了三种不同混料方法对锯齿轴套尺寸精度的影响，选出最有效的混料方式，以保证齿轮轴套的精度，最终生产出符合图 2 所示的锯齿轴套。

2　锯齿轴套混料工艺

根据齿轮轴套的性能要求选择合适的基粉、辅料及配比如表 2 所示。

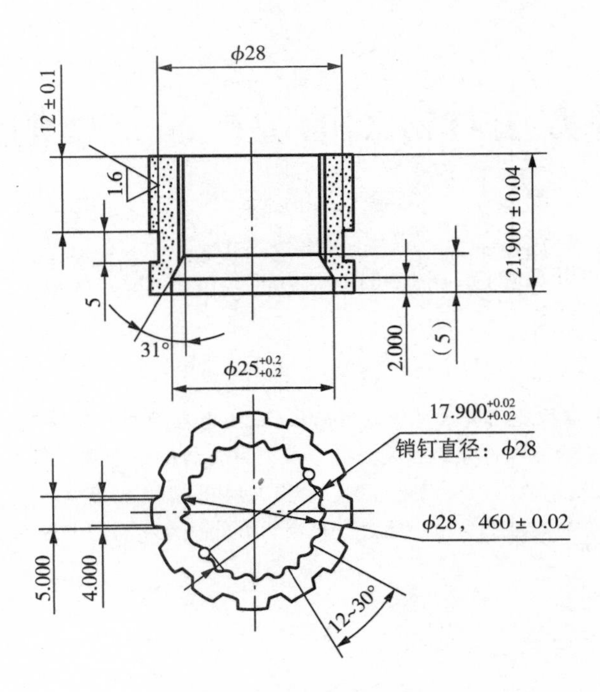

图 2　锯齿轴套

表 2　原料粉末配比

编　号	①	②	③	④	⑤	⑥
化学成分	石墨	铜粉	润滑剂	切削剂	粘接剂	铁粉
添加量/%	0.6	1.5	0.5	0.4	0.2	余量
100kg 添加量/kg	0.6	1.5	0.5	0.4	0.2	100

2.1　混料方式

本实验研究三种不同混料方式的粉料性能及在成形、烧结过程中试样尺寸精度的控制。润滑剂可改善铁粉的压制性能、使产品密度分布均匀、减少压模磨损、利于脱模；粘接剂可防止粉末混合料偏析、促进金属元素的均匀化；切削剂可提高产品的后加工性能，提高切削性能。

混料方式一（HD－01）：取基粉 100kg，称量 0.6kg 粘接剂浅埋于铁粉内，通过漏斗装料到混料机中，混合 15min；称量相应重量的石墨、润滑剂、铜粉及切削剂手工初混，加入混料机中混合 45min。混料结束后，过 60 目筛，静置 2h 后送检。

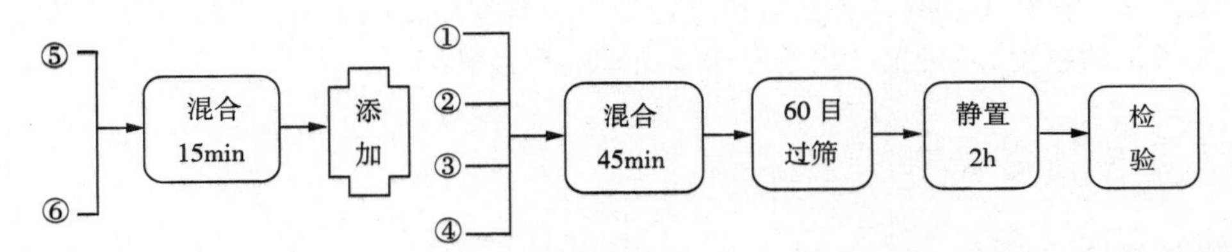

混料方式二(HD－02):取基粉 100kg,称量相应量的石墨、润滑剂、铜粉、切削剂、粘接剂,采用分层装料法进行混料。把铁粉分为 5 份,其中一份加石墨,一份加润滑剂、切削剂和粘接剂,一份加铜粉;将每份料用手工初混,按顺序(铁粉→加石墨的铁粉→铁粉→加润滑剂的铁粉→铁粉→加铜粉的铁粉→铁粉)混合 60min。混料结束后,过 60 目筛,静置 2h 后送检。

混料方式三(HD－03):取基粉 100kg,称量相应量的石墨、铜粉及切削剂,混合 25min;称量相应量的润滑剂及粘接剂,加入混料机中混合 35min。混料结束后,过 60 目筛,静置 2h 后送检。

对混合后的粉料进行取样检验,从料斗不同部位取样,一般取 5 个,每个约 10g,之后送检。

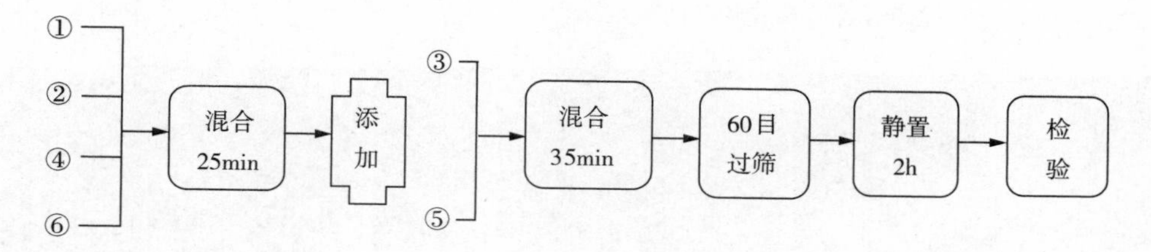

2.2 粉末的性能

检验三种方式混合所得粉末的松装密度、流动性、压缩性等性能。结果如表 3 所示。

表 3 三种不同混料方式所得混合粉末的性能

名称		松装密度/g/cm³	流动性/sec/50g	压缩性(600MPa) g/cm³	碳偏析/<0.05%
测试值	HD－01	3.06	28.1	7.04	OK
	HD－02	3.02	29.3	7.00	OK
	HD－03	3.14	27.0	7.10	OK

2.3 成　形

锯齿轴套在 50T 机械压机上进行成形,压制密度 6.8～6.85g/cm³ 范围的产品各 100 件,进行测量,记录数据如表 4 所示。

表 4 压制产品测试值

名称		吨位 /T	压坯高度 /mm	内齿跨棒距/mm		顶圆/mm(伸出轴套)	
				数值	锥度	数值	锥度
测试值	HD－01	12.9～14.2	21.87～21.95	17.926～17.955	0.03	55～64	4.5
	HD－02	13.6～15.0	21.85～22.01	17.920～17.955	0.035	50～65	5.0
	HD～03	12.7～13.4	21.88～21.94	17.929～17.950	0.02	54～62	3.6

2.4 烧　结

三种压坯置于瓷板上进行高温烧结,对烧结件尺寸及性能进行测定,测定结果见表 5。

表5 轴套烧结件检测结果

名称		表面硬度/HRB		内齿跨棒距/mm		顶圆/mm	
		数值	上下差	数值	锥度	数值	锥度
测试值	HD—01	64～75	7	17.930～17.975	0.035	60～84	9
	HD—02	58～70	10	17.925～17.980	0.05	55～90	12
	HD—03	66～72	4	17.935～17.960	0.025	61～75	5

2.5 孔隙率

通过金相实验分析了三种产品的孔隙率，如图3所示。由图3可知，HD—03烧结件试样孔隙少且很均匀，优于HD—01和HD—02。

图3 烧结件试样孔隙金相照片(100×)

(a)HD—01；(b)HD—02；(c)HD—03

3 结论

(1)用第三种混料方式(石墨、铜粉及切削剂初混25min，加入润滑剂及粘接剂混合35min)，粉料的工艺性能优异；压制过程中吨位及轴套高度稳定；烧结过程变形量小；轴套跨棒距及顶圆易于控制；孔隙少且均匀；硬度均匀。

(2)第三种种混料方式提高了生产效率、降低了废品率，在保证产品尺寸精度的同时提高了产品性能，从根本上降低了生产的成本。

(3)经过发黑处理后的锯齿轴套密封性好、精度高、性能稳定，已通过装机试验并稳定大批量生产。

参考文献

[1] 曲庆文，周兰，张浩谦，等．混料方法对摩擦片性能的影响[J]. 润滑与密封，2008，33(5)：17－21.

[2] 李崔昕，黄钧声，范文涛．热处理对粉末冶金温压铁基合金组织和性能的影响[J]. 材料研究与应用，2010，5(4)：34－36.

[3] 周作平，申小平．粉末冶金机械零件使用技术[M]. 化学工业出版社，2006.

铜基干式粉末冶金摩擦材料的组织分析

许成法[1] 李 专[2]
1. 杭州前进齿轮箱集团股份公司技术中心； 2. 中南大学粉末冶金国家重点实验室

摘 要：本文利用XRD、SEM、EDAX三种分析手段对广州博雅公司进口样品和杭州粉末冶金研究所样品进行了组织及成分的分析，找出国外样品与我们现有产品的差距，为进一步开发研制高性能干式铜基粉末冶金摩擦材料提供依据及研制方向。

关键词：粉末冶金；摩擦材料；组织分析

1 引 言

铜基粉末冶金摩擦材料以Cu粉为主要成分，此外含有润滑组元石墨、摩擦组元陶瓷颗粒以及强化铜基体的合金元素等多种组分。铜基摩擦材料最早出现于1929年，是含少量的Pb、Sn和石墨的铜基合金。铜基粉末冶金摩擦材料在飞机、汽车、船舶、工程机械等刹车装置上的应用发展较快，在70年代之后使用较成熟。苏联于1941年后成功地研制了一批铜基摩擦材料，广泛应用于汽车和拖拉机上。美国对铜基摩擦材料的研究也较多，主要是致力于基体强化，以提高材料的高温强度和耐磨性[7]。20世纪初，铜基摩擦材料大多在干摩擦条件下工作，50年代以后，大约75%的铜基摩擦材料均在润滑条件下工作。这些摩擦材料都是以青铜为基，以Zn、Al、Ni、Fe等元素强化基体[8]。

在开发高性能粉末冶金摩擦材料方面，中南大学粉末冶金研究院、西安交通大学粉末冶金研究所等单位已做了一些工作，研究了铁基、铁-铜基粉末冶金摩擦材料，并正在开发其在航空方面的应用。国外的高速列车也在用粉末冶金摩擦材料，世界上三大高速列车国，日本、法国、德国形成了铁基、铁-铜基、铜基为主的粉末冶金摩擦材料体系。而我国对铜基粉末冶金摩擦材料在列车上的应用研究较少。铜基粉末冶金摩擦材料比铁基摩擦材料具有更好的综合性能，且具有优异的制动效果[6]。杭州粉末冶金研究所长期致力于高性能铜基摩擦材料的开发，但是，与国外同类产品有一定的差距。在研究干式铜基摩擦材料的过程中发现，与国外样片提供的样片相比，无论从外观上还是在性能方面有很大不同，尤其是性能方面，差距较大。为了研制与国外性能相当的摩擦片，本文对国外及自行研制的样片的组织进行分析对比。

2 材料的宏观形貌及基本性质

图1是试样的2个摩擦片的照片。其中试样2为国外产品。经测定试样1的硬度为HRF66.22，试样2的硬度为HRF76.33。试样1表面粗糙，孔隙度较大。

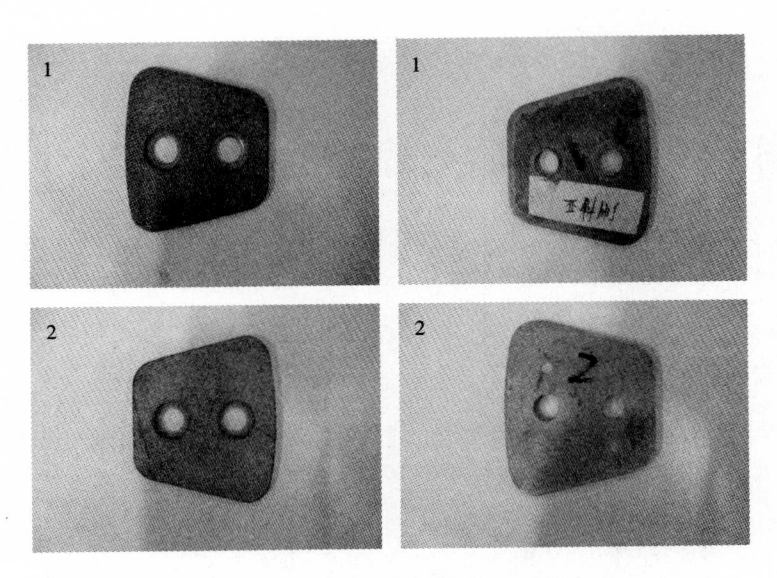

图 1　试验所用的两种摩擦片试样

2.1　试样 XRD 衍射分析

图 2 和图 3 分别为试样 1 和试样 2 的 X 射线衍射图谱图。分析结果表明，试样 1 的摩擦层为铜基材料，组成主要有 $Cu_{10}Sn_3$、$ZrSiO_4$ 以及石墨(表 1)。试样 2 摩擦层材料为铜基材料，主要组成有 Cu_3Sn、$ZrSiO_4$ 以及石墨。$ZrSO_4$ 替换传统材料中的 SiO_2 和 Al_2O_3，提高并稳定摩擦因素。

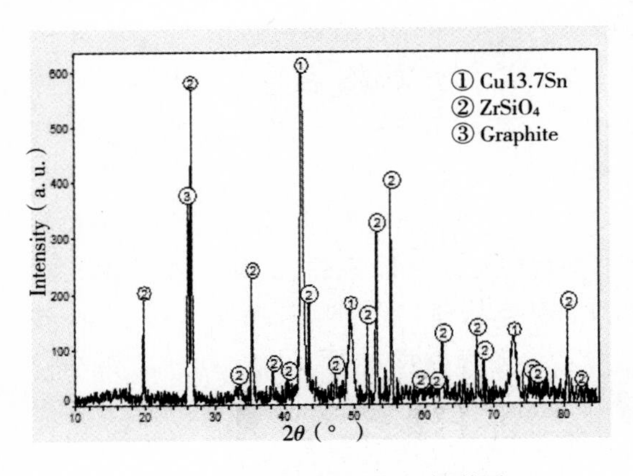

图 2　1 号试样 X 射线衍射谱图

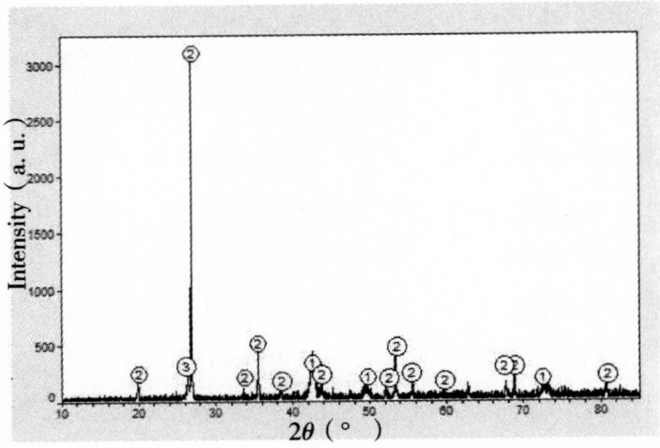

图 3　2 号试样 X 射线衍射谱图

2.2　试样定量分析

表 1　1 号和 2 号试样的组分(wt. %)

试样编号	$Cu_{10}Sn_3$	$Cu_{13.7}Sn$	$ZrSiO_4$	C
1	30.9(2.2)%	/	23.(1.8)%	45.5(3.9)%
2	/	36.1(2.6)%	31.2(2.3)%	32.7(2.4)%

3 显微结构分析

3.1 金相组织形貌

图4为1号试样的金相显微照片，连续基体为Cu－Sn合金，其上分布有少量孔隙。基体中镶嵌两种不同形貌物质，一种为颗粒状，另一种为片状，二者分布均匀。镶嵌物质与铜锡合金基体界面明显，两种物质对铜合金的润湿性差，片状镶嵌物倾向于与颗粒状镶嵌物交叉分布。图5为1号试样钢背和摩擦层之间的界面金相显微组织照片。可见，界面结合紧密局部有少量孔隙。图7为2号试样钢背和摩擦层之间的界面的金相照片。可见，界面结合紧密，没有发现孔隙存在。

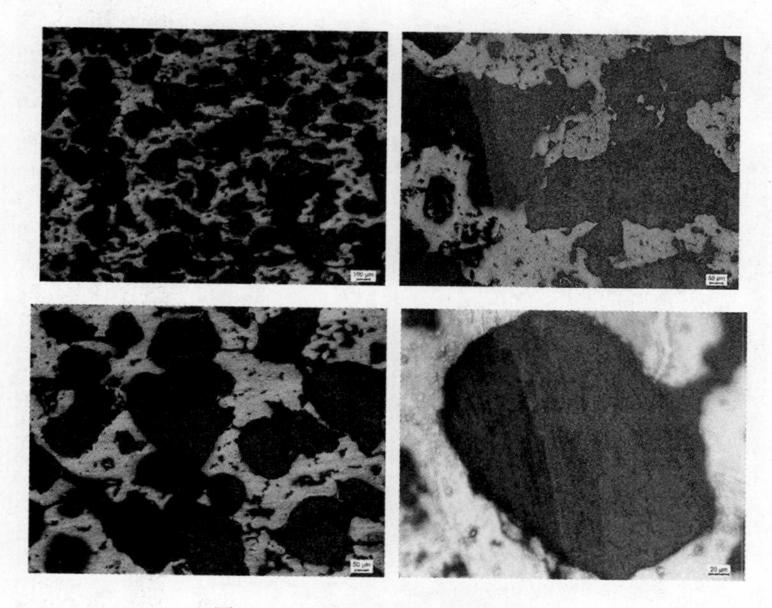

图4 1号样显微组织的金相照片

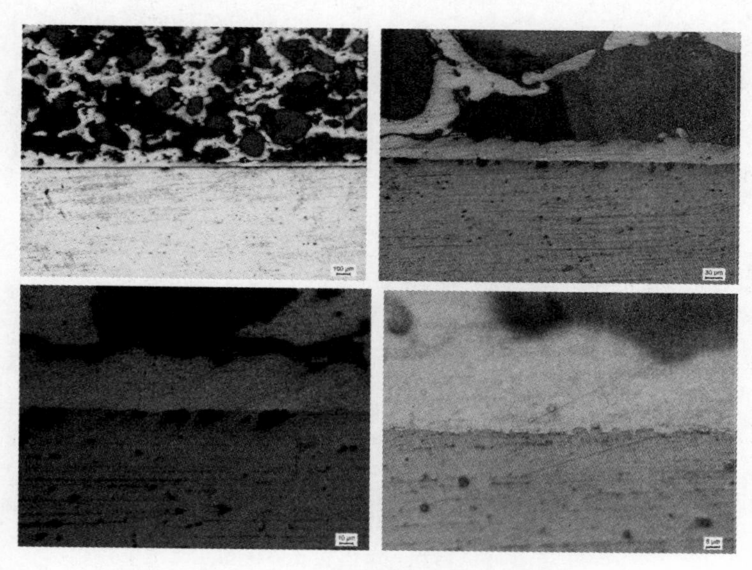

图5 1号样钢背—摩擦层界面金相照片

图 6 所示的 2 号试样的摩擦层金相组织与 1 号试样基本类似，连续基体为 Cu－Sn 合金，基体中孔隙量较 1 号试样多，基体中镶嵌颗粒状和大片及条状物质，镶嵌物质与铜锡合金基体界面明显，两种物质对 Cu－Sn 合金的润湿性差。试样 2 的镶嵌组元量较试样 1 要少。图 7 为 2 号试样钢背和摩擦层之间的界面的金相照片，可见界面结合紧密，没有孔隙存在。

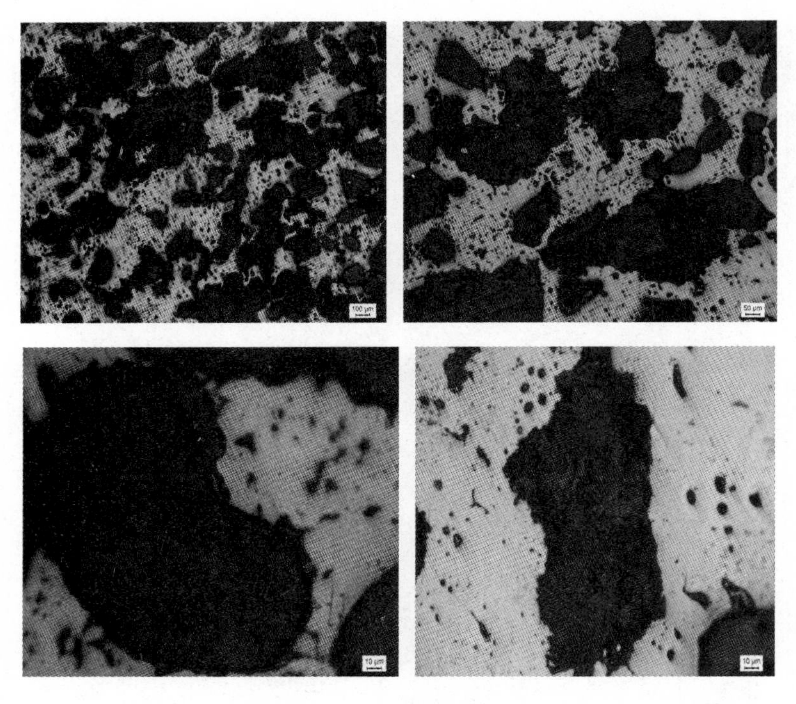

图 6　2 号样金相照片

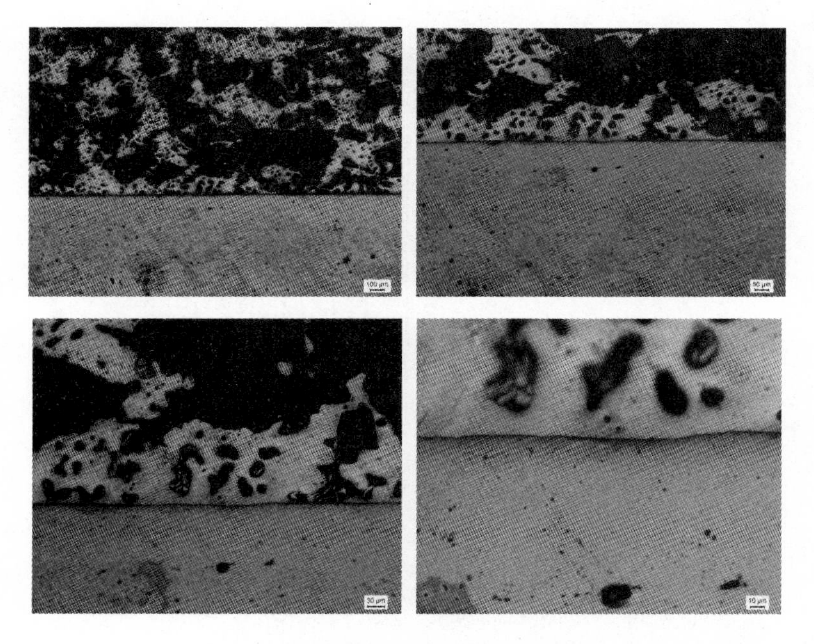

图 7　2 号样钢背—摩擦层界面金相照片

3.2 SEM 显微组织形貌及 EDAX 分析结果

图 8 为 1 号试样的 SEM 显微组织形貌，颗粒状镶嵌物直径在 80～250 μm，片状尺寸在 500～850 μm。钢背和摩擦层结合紧密。镶嵌物质与基体的润湿性差，边界明显，镶嵌物尖端或棱角处应力集中易产生裂纹。

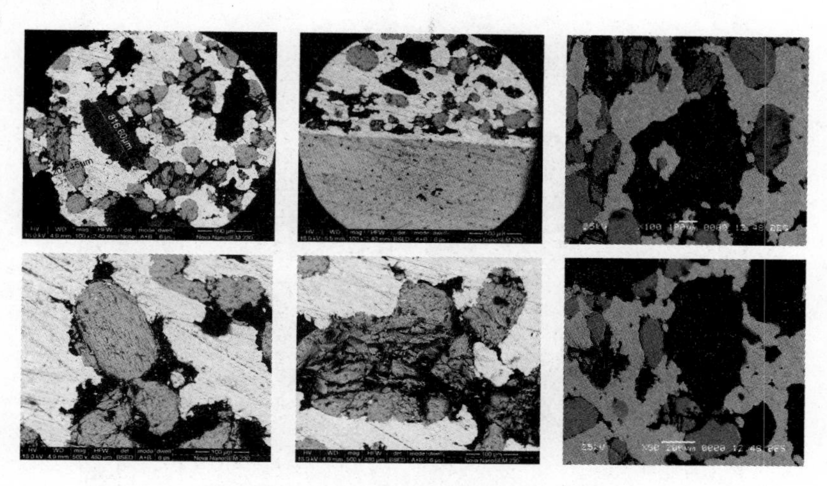

图 8　1 号试样 SEM 显微形貌 SEM 照片

图 9 为 1 号样的 EDAX 分析结果，基体材料主要为 Cu－Sn 合金，浅灰色的基体含 C 量要低于深灰色基体。颗粒镶嵌物主要为 $ZrSO_4$，片状相主要为石墨。Fe 钢背与摩擦层紧密结合。

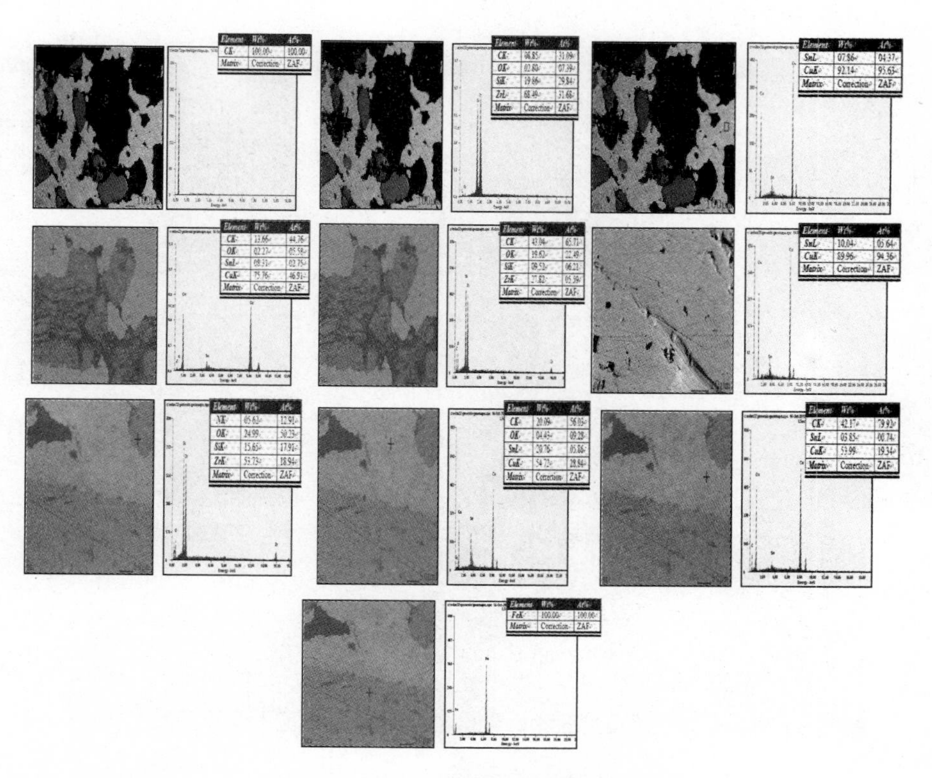

图 9　1 号试样的 EDAX 谱图

图 10 为 2 号试样的的 SEM 显微组织形貌，可见颗粒状镶嵌物直径主要分布在 40～150 μm之间，片状直径主要分布在 250～600 μm 之间。钢背和摩擦曾结合紧密。镶嵌物质与基体的润湿性差，存有明显界面，镶嵌颗粒和石墨粒度较 1 号试样小，边角和尖端不易产生裂纹。

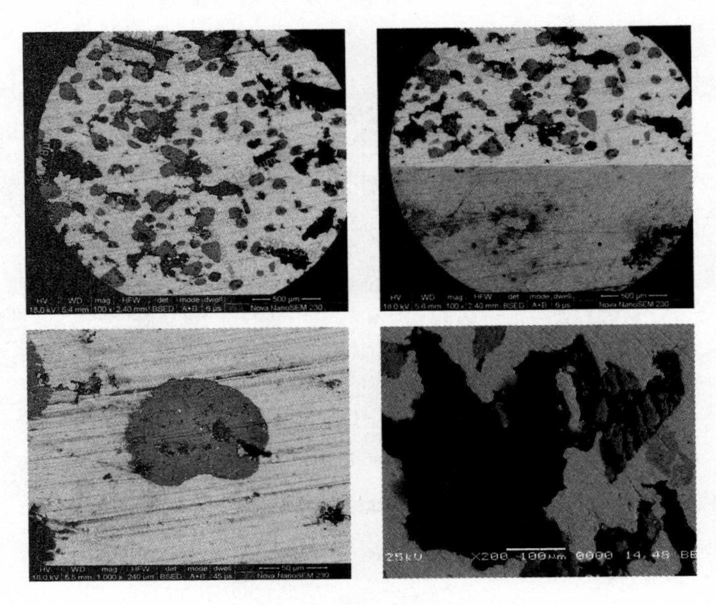

图 10　2 号试样的 SEM 照片

图 11 为 2 号样的 EDAX 分析结果。基体材料主要为 Cu - Sn 合金，颗粒镶嵌物主要为 $ZrSO_4$，片状镶嵌物主要为石墨。

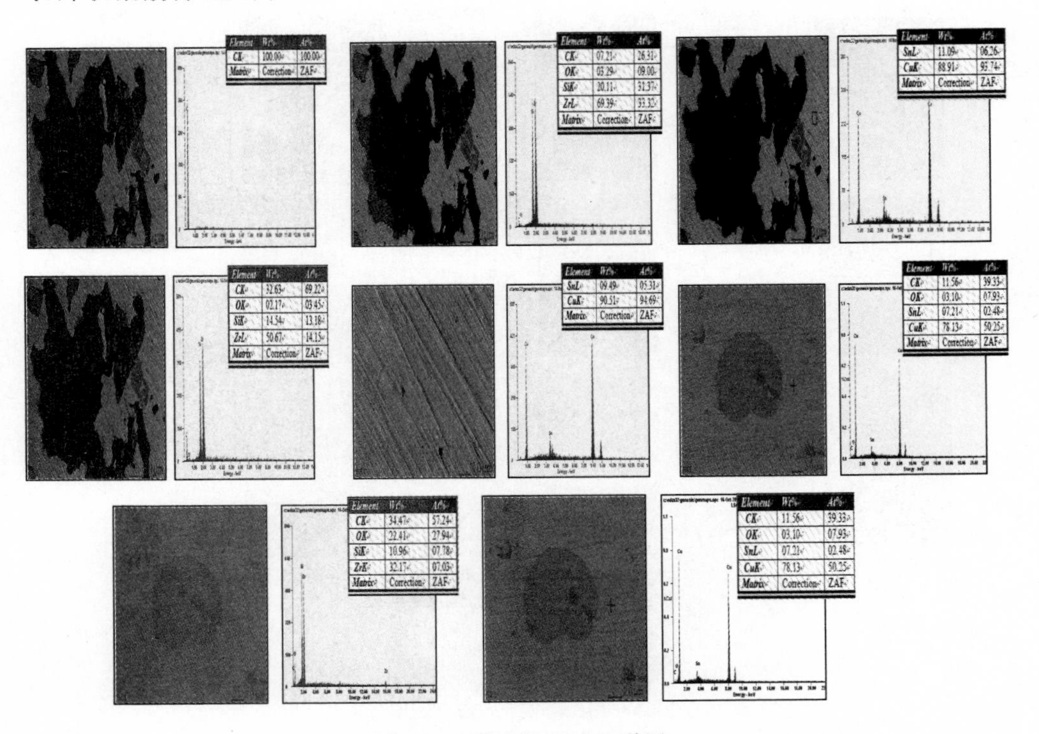

图 11　2 号试样 EDAX 谱图

4 结 论

(1)两种试样的金相显微组织均为连续基体为 Cu - Sn 合金,其上分布有少量孔隙。基体中镶嵌两种不同形貌物质,一种为颗粒状,另一种为片状,二者分布均匀。镶嵌物质与铜锡合金基体界面明显,两种物质对铜合金的润湿性差,片状镶嵌物倾向于与颗粒状镶嵌物分布。

(2)颗粒状镶嵌物质为 $ZrSiO_4$,片状镶嵌物质为石墨。1 号试样颗粒状镶嵌物直径在 80～250 μm,片状直径在 500～850 μm。2 号试样颗粒状镶嵌物直径主要分布在 40～150 μm 之间,片状直径主要分布在 250～600 μm 之间。

(3)两种试样成分存在明显差异。

(4)1 号试样钢背与摩擦层结合紧密局部有少量孔隙,2 号试样的摩擦层金相与 1 号试样金相基本类似,连续基体为 Cu - Sn 合金,基体中孔隙量较 1 号试样多,钢背与摩擦层结合紧密,没有发现孔隙存在。

参考文献(略)

铁基结构零件渗铜的质量控制

陈宝群　　胡曙光　　王士平
马鞍山市华东超硬材料研究所
（陈宝群，13866407056，cyscbq610805@126.com）

摘　要：粉末冶金铁基结构件，通过渗铜可减少基品的孔隙度，进而提高制品的密度和硬度，进而可提高制品的抗拉强度，尤其是可以明显提高制品的韧性。正确地选择渗铜剂、基体材料和渗铜工艺才能有效地控制渗铜制品质量。

关键词：铁基结构零件；渗铜工艺；硬度；抗拉强度

1　引　言

熔渗是粉末冶金制品生产中特有的一种工艺技术。熔渗就是将一种金属合金充填入另一种由粉末冶金工艺制造成的金属合金骨架的孔隙中的工艺过程。渗铜就是利用两种材料的熔点不同，在烧结过程中，将低熔点的铜渗入到高熔点的铁基零件骨架的孔隙中，Cu 熔点 1083℃，Fe 熔点 1538℃，两者熔点差距较大。铁基结构零件烧结温度通常在 1100℃～1150℃之间，熔渗剂 Cu 的熔点 1083℃，烧结时已熔化，液相 Cu 随即在毛细管力作用下渗入铁基零件骨架的孔隙内，小部分铜和铁固溶，形成饱和的铜铁合金，大部分以游离态单质金属铜存在。一方面铜与铁固溶强化，一方面游离态单质金属铜填充了铁基结构零件的空隙，提高了烧结密度。从而提高了铁基结构零件的硬度和抗拉强度、韧性等。这一工艺已广泛用于各种复杂的铁基结构零件中，但是如果渗铜、基体材料选择不当，渗铜剂量控制不好，渗铜工艺不合理，会大大影响制品的质量。

2　渗铜剂的选择

2.1　渗铜剂的选择要求

渗铜剂好坏直接影响到制品的质量，一般渗铜剂要符合以下几点要求：①来源广泛，价格合理，易采购；②熔点低于烧结温度，性能稳定，易于保存；③易于成形，为了配合不同的产品渗铜，渗铜剂要制成各种形状；④渗铜效果好，渗铜后的铁基结构零件表面干净，没有麻点、残渣、腐蚀、沟痕等缺陷。

2.2　渗铜剂的选择的结果对比

实验中选择了紫铜片，纯铜粉、铜-铁-锰合金粉等分别作为渗铜剂，在相同的工艺条件下，对相同的产品渗铜，结果发现，以紫铜片、纯铜粉作为渗铜剂的制品，表面有麻点、残渣、腐蚀、沟痕等缺陷，而且制品尺寸变形较大，变形无规律。而以铜-铁-锰合金粉作为渗铜剂的制品，表面只有一点浮灰，无其他缺陷，而且尺寸稳定，变形小。

常温下，Fe 和 Cu 是互不相溶的，而在 700℃以上，Cu 在 Fe 中有一定的固溶度，且溶解度随温度升高而增大；除了 Cu 在 Fe 中溶解外，Fe 在 Cu 中也有部分溶解，用纯铜作为渗铜剂时，在 1120℃下烧结，Cu 在 1083℃时已经熔化，和渗铜剂接触的基体材料表面的部分 Fe 和渗铜剂中的 Cu 相互溶解，因此在 Cu 渗入基体材料的同时，基体材料表面的 Fe 在 Cu 中溶解，并逐步达到饱和，结果使基体材料表面产生麻点、腐蚀、沟痕等缺陷。而用铜-铁-锰合金粉作为渗铜剂作为渗铜剂，在 Cu 未完全熔化以前，铜-铁-锰合金粉中的铁已与 Cu 相互溶解并达到饱和，所以在渗铜烧结过程中，基体材料表面的 Fe 就不会再溶入到渗铜剂中的 Cu 当中，制品表面就不会产生麻点、腐蚀、沟痕等缺陷。同时铜-铁-锰合金粉中的铁提高了合金粉的熔点，降低了渗铜剂在烧结过程中的熔化速度，使 Cu 能有序的均匀的渗入到基体材料的连通孔隙中，锰大大增加了 Cu 和铁的浸润性，使渗入到基体材料中的 Cu 和 Fe 结合得更充分、更均匀，这样就保证了渗铜烧结尺寸变形小。铜-铁-锰合金粉，比纯铜粉更稳定，不易氧化，易储存。

综上所述，我们选择用铜-铁-锰合金粉作为渗铜剂，制品的综合性能最佳。

3 基体材料的选择

基体材料的选择也是渗铜烧结制品质量控制的关键之一，基体材料是渗铜烧结制品的骨架，是根本，具体要求如下：①基体材料中铁粉粒度分布均匀、合理，这样保证压坯烧结时能形成均匀连通的孔隙，利于渗铜剂渗入和分布均匀；②基体材料中润滑剂粒度－300 目以下，纯度高，烧结时易充分挥发，留下均匀连通的孔隙，没有杂质；③基体材料中先混入一定量的铜，烧结时铜一方面和铁产生固溶强化反应，提高基体材料的硬度和强度，另一方面，溶入基体材料中的铜起到诱导作用，有利于渗铜烧结时铜向基体材料中渗入，提高渗铜效果。

4 渗铜剂量的确定

渗铜剂量可由下列公式确定：

$$Q=V(1-\gamma_1/\gamma_2)\gamma_3 S$$

式中：Q——渗铜剂质量，g；

V——骨架体积，g/cm^3；

γ_1——骨架的实际密度，g/cm^3；

γ_2——骨架的理论密度，g/cm^3；

γ_3——渗铜剂的理论密度；

S——修正值(一般 0.90～1.0)。

修正值 S，是指基体材料中连通孔隙度在总孔隙度中所占的比例，一般取 0.95。

在实际生产中，也可以按总含铜量(基体材料中含铜量＋渗铜剂含铜量)5%～15%计算，具体情况按实际需要而定。从节约成本方面考虑，尽量减少渗铜剂用量，一般以填充满连通孔隙为准。渗铜剂量太大，一方面表面会有残存，另一方面会从制品表面流出，破坏了制品的尺寸精度，这样反而会降低制品的韧性，同时也是一种浪费。对一些特殊要求产品，只要求对零件某一部分渗铜，可以通过金相组织来具体确定渗铜剂质量。图 1(a)和(b)就是一产品烧结渗铜后渗铜部位和远离渗铜部位金相组织。

5 渗铜工艺流程和工艺参数的设计

渗铜分为一次烧结渗铜和两次烧结渗铜，具体工艺流程分别如图 2 和图 3 所示。

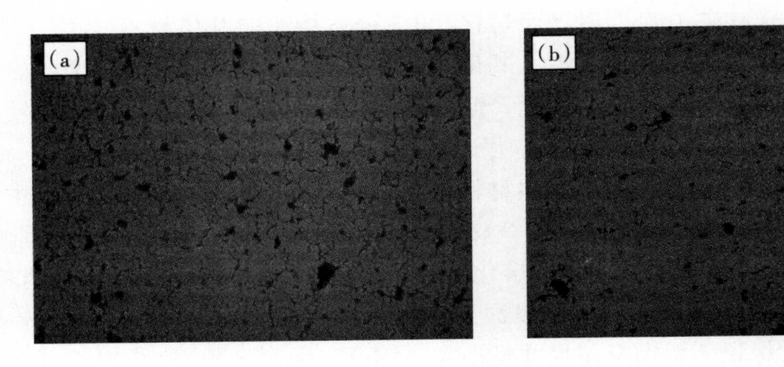

图 1　烧结渗铜后金相照片

(a)靠近渗铜部位;(b)远离渗铜部位

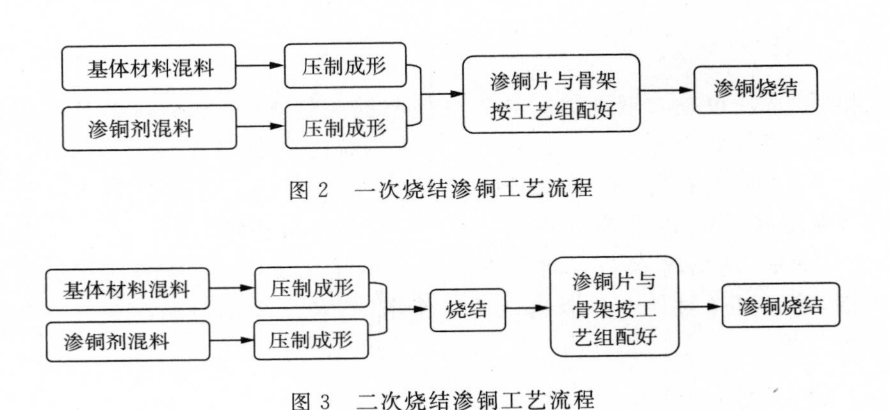

图 2　一次烧结渗铜工艺流程

图 3　二次烧结渗铜工艺流程

一次烧结渗铜工艺简单,简化一道烧结工序,能耗和工时费用降低。但这种工艺流程存在明显不足,就是骨架烧结和熔渗会发生相互干扰,即骨架基体材料烧结尚未完成,熔渗也随之开始,妨碍骨架材料的进一步烧结,使骨架材料力学性能下降。

二次烧结渗铜,即将基体骨架材料烧结以后,再与渗铜压坯组配复合好重新进入炉内进行熔渗作业。这种工艺基体骨架的烧结和熔渗都能较好地完成,能制得高质量、性能稳定的熔渗制品。但多一道烧结工序,成本有所提高。

针对具体产品,结合产品性能要求及成本考虑,可适当选取用一次烧结渗铜和二次烧结渗铜工艺。下面举二例说明。

例 1 为如 4 所示的传动套零件的一次烧结渗铜。传动套零件结构复杂,台阶多,强度要求高,特别是六个异形凸台,要求分别能承受不小于 50N · m 的力矩而不脱落,圆台要求硬度 HRC40～45,能承受 20000 次耐久实验不磨损,因此选用烧结渗铜钢后续热处理来生产该产品。试验时,分别采用一次烧结渗铜与二次烧结渗铜两种方法。零件经碳氮共渗热处理后,一次烧结渗铜零件凸台扭矩为:55～65N · m,硬度:HRC40～43,二次烧结渗铜零件凸台扭矩为 60～70N · m,硬度:HRC41～43。虽然二次烧结渗铜由于基体骨架烧结已完成,熔渗才开始,避免了骨架烧结和熔渗之间的相互干扰,提高了零件的力学性能[1],但多了一道烧结工序,增加了成本,而一次烧结渗铜已使零件力学性能达到要求,所以选用一次烧结渗铜工艺。为使熔渗效果好,提高六个凸台强度,适当提高烧结温度并延长烧结时间很有必要。

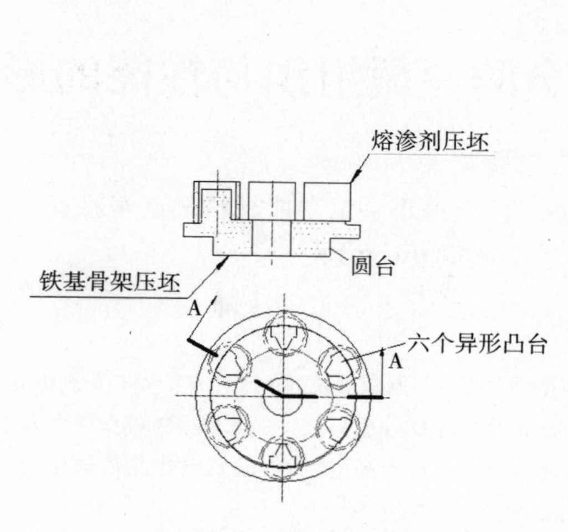

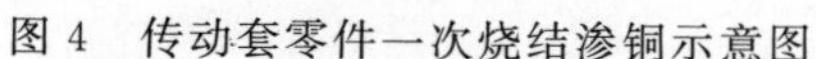
图 4 传动套零件一次烧结渗铜示意图

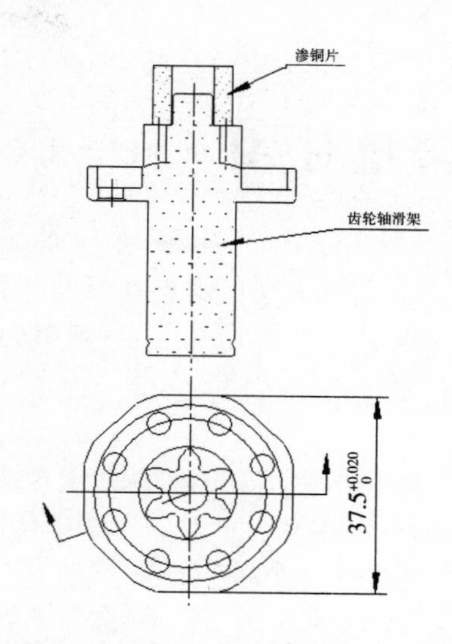

图 5 齿轮轮轴二次烧结渗铜示意图

例 2 为如图 5 所示的齿轮轴零件二次烧结渗铜。齿轮轴作为汽车座椅单向器中的传动零件，轴和齿轮合成一个整体，在运转的过程中传递扭矩，故对产品的齿轮单齿扭力要求较高(≥50N·m)，同时轴和轴承配合，要求轴耐磨性好(硬度 HRC40～45)，且尺寸精度要求较高。综合产品上述要求，我们选用烧结渗铜钢加热处理，适当的机加工来生产该产品。烧结渗铜时，考虑产品主要要求齿轮的单齿扭力较高，所以渗铜片摆在齿轮部位，产品齿轮部圆台不好成形，需通过后加工来完成，而渗铜片摆放也需要圆台来定位，因此我们选用了二次烧结渗铜工艺。先把齿轮轴基体骨架烧结完成，加工出齿部圆台，再把渗铜压坯摆放在产品齿轮部位，以圆台定位，进行熔渗烧结。这样虽然增加了一道烧结工序，但可以减少渗铜片的重量，控制好，使其基本上在齿部熔渗，提高齿部的力学性能。而下段 37.5 的扁宽，由于铜熔渗少，有利于其尺寸精度的控制。这样生产出的零件，单齿扭力在 52～58N·m，轴部位硬度 HRC41～45，完全达到产品性能要求。

6 结 论

(1)选用铜-铁-锰合金粉对铁基制品进行烧结渗铜，可以得到表面少残渣，无麻点，综合性能好的产品；

(2)根据产品的力学性能及结构特点，选用一次烧结渗铜工艺和二次烧结渗铜工艺，可以在节约成本的同时，得到综合性能较好，符合要求的产品；

(3)利用金相分析，可以计算相对合适的渗铜剂压坯的质量，以使渗铜效果达到最佳，避免过渗导致不必要的浪费，量少达不到所需的性能要求。

参考文献

[1] 周作平，申小平．粉末冶金机械零件实用技术[M]. 北京：化学工业出版社，2006.

[2] 杨传芳，王士平．粉末冶金传动套零件的研制[J]. 粉末冶金工业，2011，1(21)：2.

[3] 王林山，汪礼敏，徐景杰，等．熔渗剂成分对烧结钢渗铜性能的影响[J]. 2010，5(15)：10.

[4] 徐景杰，汪礼敏，王林山，等．渗铜烧结钢用高性能熔渗剂的研究及应用[J]. 2011，6(12)：12.

Ce含量对 Al-Fe-Ce 合金的显微组织与性能的影响

王嘉婧　张　晴　詹载雷　严　彪
1. 同济大学　材料科学与工程学院；　2 上海市金属功能材料重点实验室
（严彪，84016@tongji. edu. cn）

摘　要：采用组织观察（透射电子显微镜）和力学性能检测（显微硬度）结合的方法，对用多功能真空电弧熔炼制备的铸态 Al-Fe-Ce 合金的微观组织了显微硬度进行分析研究。结果表明，随着稀土元素 Ce 含量的增加，稀土与 Fe 形成稀土化合物，呈细小的花朵状均匀分布于晶内，能够起到细化晶粒的作用，显微硬度也随之增大，提高了 Al-Fe-Ce 合金的力学性能。

关键词：Al-Fe-Ce 合金；显微组织；显微硬度

1　引　言

铝合金因其有质轻、延展性好等特点被广泛应用于各个工业领域。对于铝合金家族中的铝铁合金，由于其既保持了铝合金质量轻的特点，又具有硬度高、耐热、耐磨、抗腐蚀等优良力学性能，越来越受到关注[1]。从 20 世纪 70 年代开始，人们已经把 Al-Fe 合金作为一个合金系来研究。Thurs field 研究了 Al-8Fe 和 Al-8Fe-X(X 为 Cr、Mn、Zr 等)，制得了强度较高的材料[2]。然而至今 Al-Fe 合金尚未作为一种工程结构材料应用于工业生产实践中，主要是由于普通熔铸 Al-Fe 合金的 Al_3Fe 相粗大，割裂基体，大大降低其力学性能。但是 Al-Fe 合金质量轻、耐热性好、原料丰富、价格低，可以部分取代钛合金、常规耐热铝合金和钢等材料，使构件质量和成本大幅度下降，因此在航空、航天、兵器和汽车等领域具有广阔的应用前景[3,4]。稀土元素的加入使得稀土铝合金成为一种性能优良、用途广泛的新型材料。研究表明，随着稀土元素的加入，铝合金的强度、塑性均有所提高，这主要得益于稀土元素对合金组织的改善以及弥散的稀土化合物强烈的沉淀强化效应。添加稀土元素可以导致合金断裂过程中裂纹萌生位置与扩展途径发生改变，有利于合金的韧化[5,6]。同时，稀土的增加可使铝合金的抗拉强度、硬度提高，而延伸率略有下降[7]。由此可见，稀土元素能够改善铝合金的机械性能。在耐热铝合金 Al-Fe 系中，由于 Al-Fe-Ce 基合金中的析出相较多，相组织析出过程相对复杂，故迄今在此方面的文献报道甚少。本文研究了 Ce 含量对 Al-Fe-Ce 合金的显微组织与力学性能的影响。

2　实　验

用纯铝丝(99.999%)、中间合金 Al-20.7Fe 和中间合金 Al-10.4Ce，在多功能真空电弧熔炼炉里制备成不同 Ce 含量的 Al-Fe-Ce 合金锭。将熔铸得到的母合金锭加工成直径为 5mm×5mm×8mm 的长方柱体，在砂轮上磨去氧化皮后，用酒精超声去除块体表面残留的油渍。随后将不同含量 Ce 的合金样品分成两部分，分别镶嵌制成金相样品和显微硬度测试样品。显微硬度计测试不同 Ce 含量样品表面的硬度，加载 100g，时间为 15s，取 7 次平均值。

3 结果和分析

3.1 稀土元素 Ce 含量对铸态 Al-Fe-Ce 合金组织形貌的影响

用多功能真空电弧熔炼制备的铸态 Al-Fe-Ce 合金成分如表 1 所示。分别对 Al-6.9Fe-2.7Ce、Al-7.0Fe-3.6Ce 和 Al-6.9Fe-4.0Ce 合金进行金相组织的观察。在铸造铝铁合金中，Fe 在 α-Al 中的固溶度极小(在共晶温度时只有 0.052%)，而富铁相熔点高于初生相 α-Al，此时在液态熔体中微观细小颗粒增加到一定的数量，在凝固初期发生溶质再分配时，富集在结晶前沿的 Fe 的浓度很快就达到了共晶成分点，形成 Al+Al_3Fe 的共晶组织。Fe 元素随即依附在微观粒子表面优先形核生长成长针状富铁相，过早地阻碍 Al 液的补缩通道，降低合金的流动性，增加组织不均匀性，致使凝固后的铸件中存在诸多的缩松、缩孔缺陷[8]。

微量混合稀土是一种有效的变质剂，可使工业纯铝中富铁杂质相由粗大长针(条)状或骨骼状变为细小的团球状、短棒状，且分布较均匀，从而能明显提高材料的强度和塑性。由于稀土 Ce 元素在铝中的平衡固溶度很小，多在界面前沿的液相边层中富集，并对铁原子有一定吸附作用，减小了 Fe 原子进入 Al 基体的概率，抑制粗大针条状等不利于基体的富铁相的生长，因而获得较为细小的组织[9]。稀土与 Fe 形成稀土化合物，呈细小的花朵状均匀分布于晶内，细化晶粒，提高 Al-Fe 合金的性能[10]。

图 1 为铸态 Al-Fe-Ce 合金的金相照片，其组织比较复杂，主要是由于在铁模铸造过程中的冷却速度不均衡，导致合金试样不同位置的组织会有差别。在图 1(a)中合金组织主要由基体和粗大的针条状以及网状共晶相组成，部分区域呈现枝晶状形态，粗大的针条状相一束束的存在一定方向性，且方向不一，尺寸较大，严重割裂了基体。在图 1(b)中除了粗大的板条状组织外，还有一些针状相出现分枝，并形成了少量规则以及不规则的花朵状。在图 1(c)中，出现了大量的花朵状均匀分布在晶内，晶粒得到了细化，而粗大的针条状组织则基本观察不到。然而，在铸态组织中存在着缩松、缩孔缺陷，甚至存在少许的孔洞。由此可以看出，随着 Ce 的增加，粗大针条状组织现象减弱，花朵状组织明显，证实了 Ce 能够抑制粗大针条状等不利于基体的富铁相的生成。

表 1 铸造 Al-Fe-Ce 合金成分

Elt.	Line	Intensity (c/s)	Atomic %	Conc	Units	Error 2-sig	MDL 3-sig	
Al	Ka	1365.25	95.883	90.327	wt.%	.496	.119	
Fe	Ka	45.27	3.558	6.938	wt.%	2.861	.184	
Ce	La	11.57	.559	2.736	wt.%	5.534	.289	
			100.000	100.000	wt.%			Total

Elt.	Line	Intensity (c/s)	Atomic %	Conc	Units	Error 2-sig	MDL 3-sig
Al	Ka	1389.06	95.595	89.355	wt.%	.492	.125
Fe	Ka	48.30	3.664	7.042	wt.%	2.739	.170

（续表）

Elt.	Line	Intensity (c/s)	Atomic %	Conc	Units	Error 2 - sig	MDL 3 - sig	
Ce	La	16.45	.761	3.602	wt. %	4.403	.301	
			100.000	100.000	wt. %			Total

Elt.	Line	Intensity (c/s)	Atomic %	Conc	Units	Error 2 - sig	MDL 3 - sig	
Al	Ka	1300.71	95.626	89.182	wt. %	.507	.116	
Fe	Ka	44.25	3.558	6.868	wt. %	2.887	.186	
Ce	La	16.45	.816	3.951	wt. %	4.344	.307	
			100.000	100.000	wt. %			Total

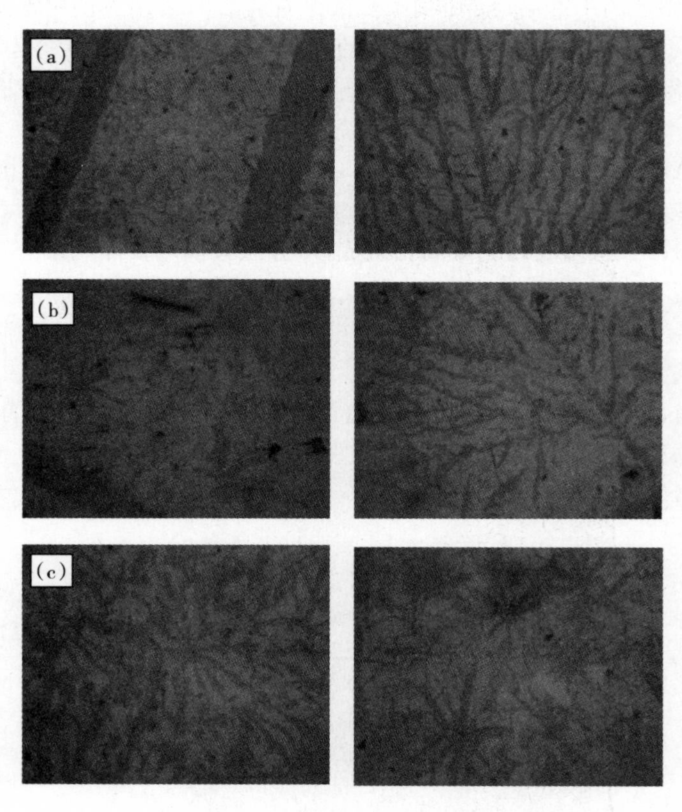

图 1　为铸态 Al - Fe - Ce 合金的金相照片

(a)Al - 6.9Fe - 2.7Ce;(b)Al - 7.0Fe - 3.6Ce;(c)Al - 6.9Fe - 4.0Ce

3.2　稀土元素 Ce 含量对铸态 Al - Fe - Ce 合金性能的影响

稀土 Ce 的加入对 Al - Fe - Ce 合金硬度的影响主要有以下两个方面原因：

(1)加入稀土 Ce 后合金的组织明显细化。一般情况下，金属材料的硬度与晶粒的大小有以下关系：

$$HV=A+Bd^{-1/4}$$

其中,A、B 为常数,HV 为维氏硬度,d 为晶粒平均直径。

由上式知,金属材料的硬度与晶粒的大小成反比,晶粒越细小,金属材料的硬度越高。因此,细化晶粒可显著提高合金的力学性能。

(2)添加稀土 Ce 后,Al－Fe－Ce 合金中的富铁相由粗大的针状相转变细小的和花朵状,减少了对基体割裂趋势。同时,由于 Al_3Fe 等金属间化合物具有极好硬度、耐磨性和热稳定性,添加稀土 Ce 后增加了合金中花朵状 Al_3Fe 相的数量,从而提高合金的力学性能。

图 2 为铸态 Al－Fe－Ce 合金的硬度随稀土 Ce 含量的变化曲线。由图可知,随 Ce 含量的增加,Al－Fe－Ce 合金的硬度呈上升趋势。与 Al－Fe－Ce 合金的微观组织形态相结合,分析可知,随着 Ce 含量的增加,合金中的富铁相由针状变为花朵状,说明 Al－Fe－Ce 合金中富铁相的形貌得到改善且尺寸也明显减小,从而使合金中对基体有益的富铁相的数量也相应的增多,有效地改善了合金的性能。

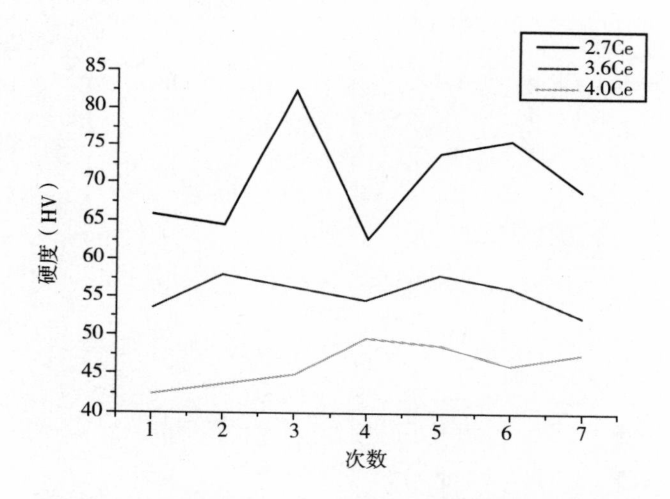

图 2　Ce 含量与铸态 Al－Fe－Ce 合金的显微硬度关系曲线

4　结　论

(1)随着 Ce 含量增多,稀土与 Fe 形成稀土化合物,呈细小的花朵状均匀分布于晶内,能够起到细化晶粒的作用。

(2)Al－Fe－Ce 合金的显微硬度随 Ce 含量增加而变大,从而提高了 Al－Fe－Ce 合金的力学性能。

参考文献

[1] 贺毅强,徐政坤,陈振华．快速凝固 A－l Fe 系耐热铝合金的研究进展[J]. 材料科学与工程学报,2011,29(4):633－638.

[2] Thursfield G. ,Stowell M. J. Mechanical properties of Al－8% Fe based alloys prepared by rapid quenching from the liquid state[J] . Journal of Material Science,1974,9(10):1644－1660.

[3] Skinner D. J. ,Bye R. L. ,Raybould D. Dispersion Strengthened A－l Fe－V－Si Alloys [J]. Script Metal Mater,1986,20(6):867－872.

[4] Skinner D. J. The physical metallurgy of dispersion strengthened Al - Fe - V - Si alloys [M]. Dispersion Strengthened Aluminum Alloys, Editor, Kim Y. W.; Editor, Griffith W, M. The Mineral Metal and Materials Society, Warrendale, PA, 1988, 181 - 197.

[5] Griffith W. M., Somders R. E., Hildman G. J. Elevated temperature aluminium alloys for aerospace application [J]. High-Strength Powder Metallurgy Al Alloys, 1982, 209 - 224.

[6] Skinner D. J., Okazaki K., Adam C. M. Rapid Solidified Powder Aluminum Alloys [M]. ASTM, 1985.

[7] Howard J. Prediction versus experimental fact in the formation of rapidly solidified microstructure [J]. ISIJ International, 1995, 6(35): 751 - 756.

[8] 孙常明．利用稀土改善富铁铝合金组织和性能的研究 [D]. 呼和浩特：内蒙古工业大学，2007.

[9] 贾祥磊，朱秀荣，陈大辉．耐热铝合金研究进展[J]. 兵器材料科程，2010，32(2)：108 - 113.

[10] Nack J., Kim D. L. Light Materials for Transportation Systems [J]. Journal of Occupational Medicine, 1994, 10.

三、粉末、原料及装备

超高纯钨粉及其制品应用的介绍

白 锋
厦门虹鹭钨钼工业有限公司，福建省厦门市集美区连胜路339号
（白锋，15805933962，Bai.Feng@cxtc.com）

摘 要：超高纯度（＞99.9999 wt％6N）或高纯度（＞99.999 wt％5N）钨（W）可提高灯的性能和使用寿命，在高强度放电（HID）灯里作为重要的电极材料。另一方面高纯度钨合金靶材（＞99.99wt％或99.995wt％，4N或4N5）在半导体领域通过磁控溅射的方法沉积镀膜。本研究介绍了一种高效率和低成本生产6N钨粉的方法，并以6N钨粉作为原材料生产纯度为5N和6N的钨杆和钨丝作HID灯电极。此外，以6N钨粉作为原材料通过真空热压烧结的方法成功制备出高纯度钨钛（W-Ti）和钨硅（W-Si）合金靶材。

关键词：高纯钨；钨电极；钨钛；钨硅

1 介 绍

以超高纯钨粉（W）（W＞99.9999 wt％，6NW）为原材料生产的高性能高强度放电灯（HID）电极杂质含量极低，在使用过程中不会放气从而提高了HID灯的质量和使用寿命。高纯钨及其合金在半导体领域里常用作栅电极、连接布线、扩散阻挡层等，扩散阻挡层是利用钨合金靶材镀膜后具有较高的抗电子迁移性、高温稳定性从而阻止Cu和Al布线向Si层扩散[1]。使用6N钨粉作为原材料，通过粉末冶金的方法制备出物理气相沉积（PVD）领域用的溅射靶材。

本研究介绍了一种低成本、高效率制备6N钨粉及其制品的方法，基于超高纯或高纯钨粉可生产出5N钨杆和6N钨丝并作为HID灯电极使用，以及用于半导体领域作为PVD镀膜材料钨合金靶材。

2 实 验

本研究主要选择低铀（U）、低钍（Th）的高纯仲钨酸铵（APT）作为原材料制备超高纯钨粉（6N），在氢气（H_2）气氛下进行二次还原得到超高纯度的钨（W）粉[2]。使用6N钨粉作为原材料制备得到高纯钨电极，根据直径的不同将其分成钨杆和钨丝，均可应用在HID灯作电极使用。

直径在12～40mm的钨杆，采用CIP成形后，在氢气气氛中经2000℃烧结，烧结坯进一步锻造以提高致密度，得到高纯度、高密度的钨杆。直径在0.02～12mm的钨丝，采用CIP成形后垂熔烧结至2700℃～2800℃，将垂熔坯旋锤、拉拔制备高纯度、高密度钨丝。

6N钨粉和Ti粉或Si粉按比例进行混合，得到W－10Ti（Ti：10wt%）和W－30Si（Si：30wt%）的合金粉末，通过真空热压烧结的方法制备出钨合金靶材，真空热压的温度控制在1350℃～1550℃并持续加压至35～50MPa，图1为高纯钨及钨合金制品生产的流程示意图。

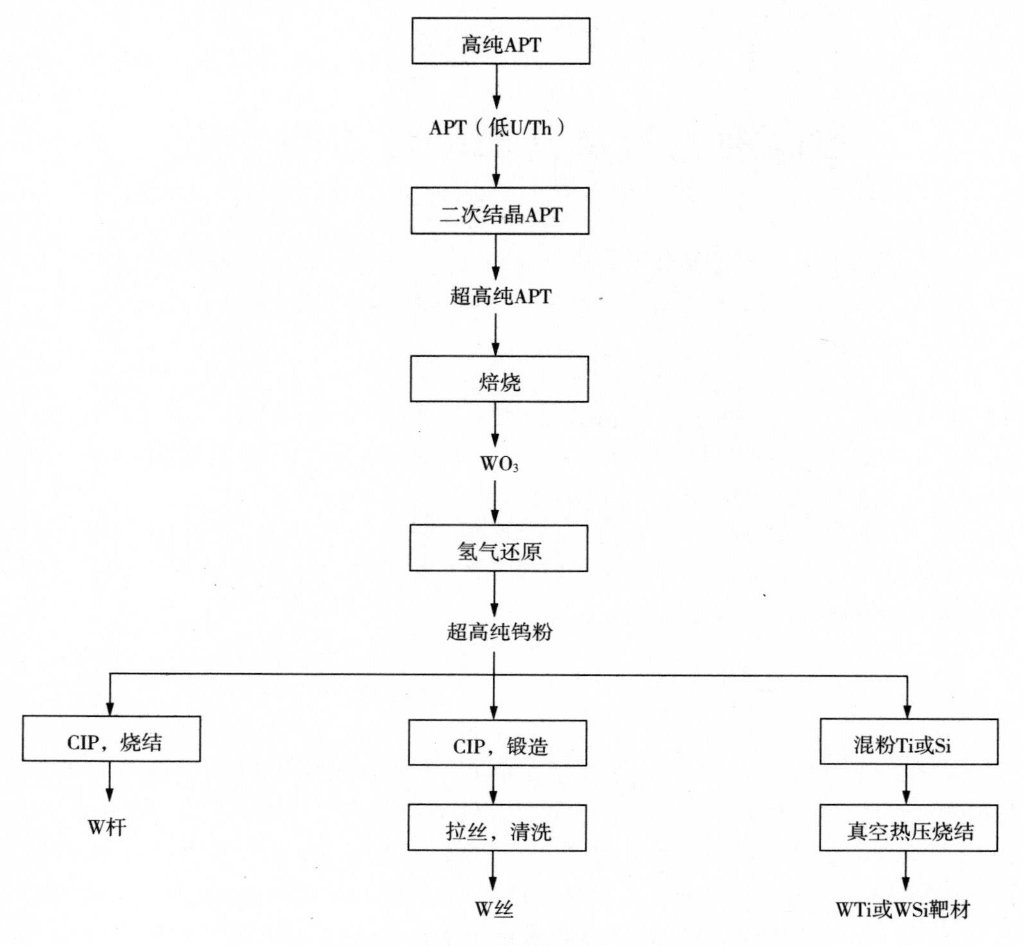

图1　高纯钨制品的工艺流程图

3　结果和讨论

高纯钨粉及钨制品全元素检测结果如表1所示，钨杆和钨丝的纯度（除气体杂质元素）大于5N甚至更高，钨钛（W－10Ti）和钨硅（W－30Si）合金溅射靶材的纯度（除气体杂质元素）大于5N和4N，如表1所示。采用中频感应烧结炉制备钨杆过程中很容易引进铁（Fe）金属杂质，但是通过垂熔烧结的方法，温度控制在2700℃～2800℃内可以保证钨杆、钨丝的纯度，因为在热变形过程中可以适当地去除钨杆和钨丝表面的氧化皮杂质和污染物。

表1　高纯钨及钨制品纯度

纯度（wt%）				
W粉	W棒	W丝	W－10Ti	W－30Si
W：99.999931	W：99.99989	W：99.999922	W＋Ti：99.999	W＋Si：99.990

通过锻造可以制备出纯度为 5N、直径 ϕ35mm 和密度 19.15g/cm^3 的钨杆，其相对密度可以达到钨理论密度的 98.4%，钨杆的显微硬度可达到 430(HV30)。锻造态钨杆的径向和轴向的微观组织如图 2 所示。由图 2 可见，钨杆边部的微观组织比芯部的微观组织晶粒略微粗大，因为在锻造过程中边部受到的变形力比芯部要大，使得晶粒容易发生再结晶，产生二次长大。在径向截面上平均晶粒约为 44.9 μm，根据 ASTM E112 标准对比判断为 6 级。在纵向截面的晶粒由于受锻造力影响晶粒被拉长。

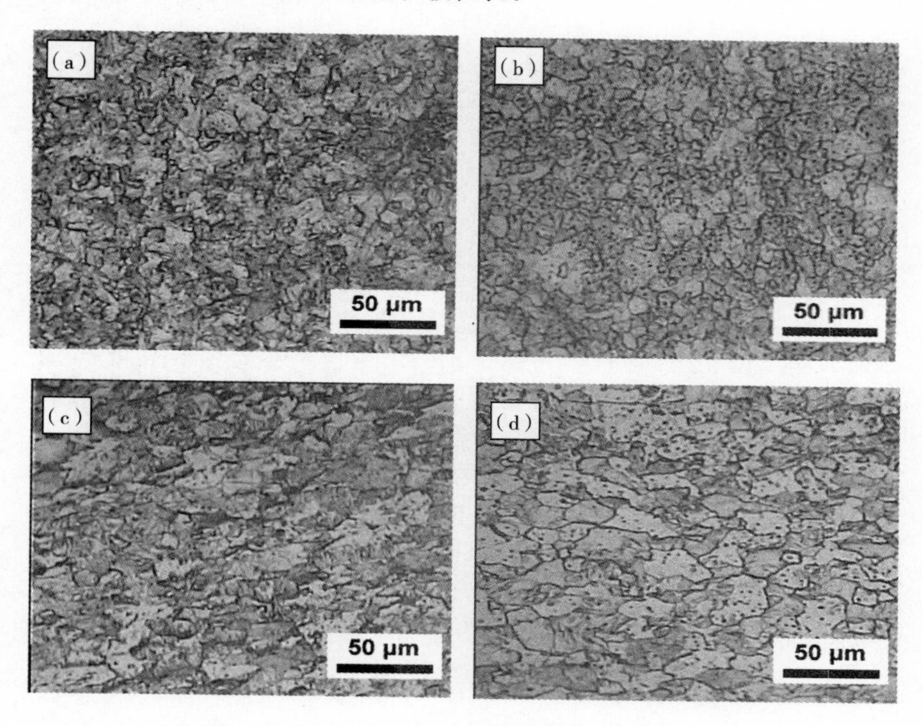

图 2 直径 ϕ35mm、纯度 5N 的钨杆微观组织金相照片

(a)在径向方向的截面，芯部组织；(b)在径向方向的截面，边部组织；
(c)在轴向方向的界面，芯部组织；(d)在轴向方向的界面，边部组织

直径在 12～40mm 范围内纯度为 5N 的钨杆被用作高性能短弧灯(图 3)的阳极材料，适用功率在 150watts 到 10000watts 范围内的水银氙直流和氙直流配置灯。短弧灯被用于类似电影放映、舞台和演播室娱乐照明、视频投影、医疗和太阳能仿真领域等。

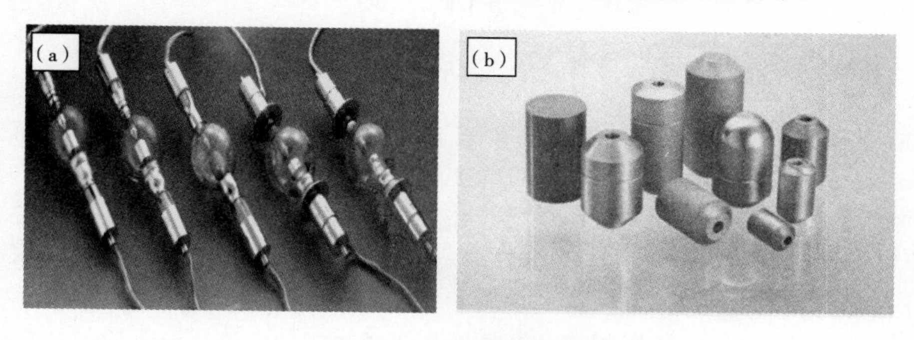

图 3 短弧灯阳极用高纯钨杆实物图

(a)短弧灯；(b)纯度为 5N 的阳极钨杆

纯度 6N 的钨棒或钨丝直径为 0.02～12mm，因在锻造、拉拔等过程中材料的变形量非常大，所以钨杆和钨丝的密度均大于 19.2g/cm^3，几乎完全致密。纯度为 6N 的直径 ϕ1.2mm 的钨丝显微硬度为 528(HV30)。纯度为 6N 钨丝用于 HID 灯(例如：GE 公司的迷你型或短弧灯，飞利浦公司的投影系列 UHP 灯)如图 3 所示。这些灯使用温度一般为 3422℃，而普通钨电极在此环境下有气体释放会降低其使用寿命。图 4 是该钨丝在轴向和径向截面的微观金相组织。

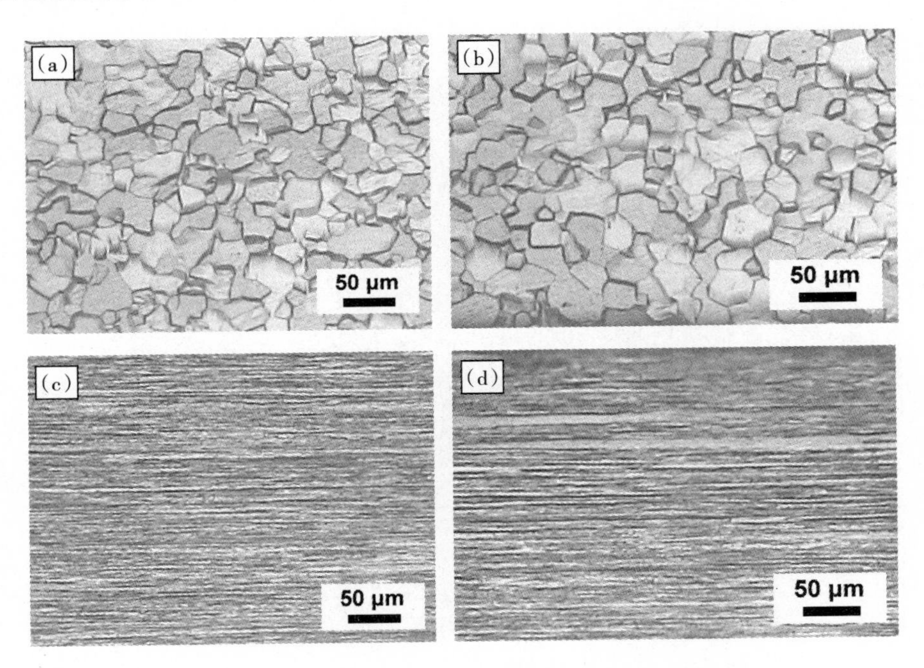

图 4　直径 ϕ1.2mm 的 6N 钨丝金相照片

(a)在径向方向的截面，芯部组织；(b)在径向方向的截面，边部组织；

(c)在轴向方向的界面，芯部组织；(d)在轴向方向的界面，边部组织

钨钛合金靶材和钨硅合金靶材用于半导体领域作为溅射靶材，通过磁控溅射的方法镀膜至基体材料作为扩散阻挡层，防止 Cu、Al 或 Ag 的布线与 Si 之间发生扩散。扩散阻挡层对溅射靶材的纯度要求非常高，W＋Ti 和 W＋Si 合金粉末的纯度通常大于 4N，4N5 甚至 5N[4,5]。图 5 为真空热压烧结法制备的纯度为 4N5 的 W－10Ti 和 W－30Si 合金靶材的实物图及 SEM 照片。

4　结　论

(1)采用 U/Th 含量较低的二次结晶 APT 作为原材料，成功研发出一种较为经济、高效率的 6N 钨粉生产方法；

(2)基于 6N 钨粉通过压力加工、塑性变形的方法，采用旋、锻、拉拔等工艺生产出纯度为 5N 和 6N 的高纯钨杆和钨丝。此类 5N 和 6N 高纯钨杆和钨丝在 HID 灯里得以应用；

(3)将 6N 钨粉和 Ti 粉或 Si 粉混合并通过真空热压烧结的方法可制备出晶粒细小、组织均匀、高密度的钨合金靶材，可用于半导体领域作为 PVD 镀膜材料使用。

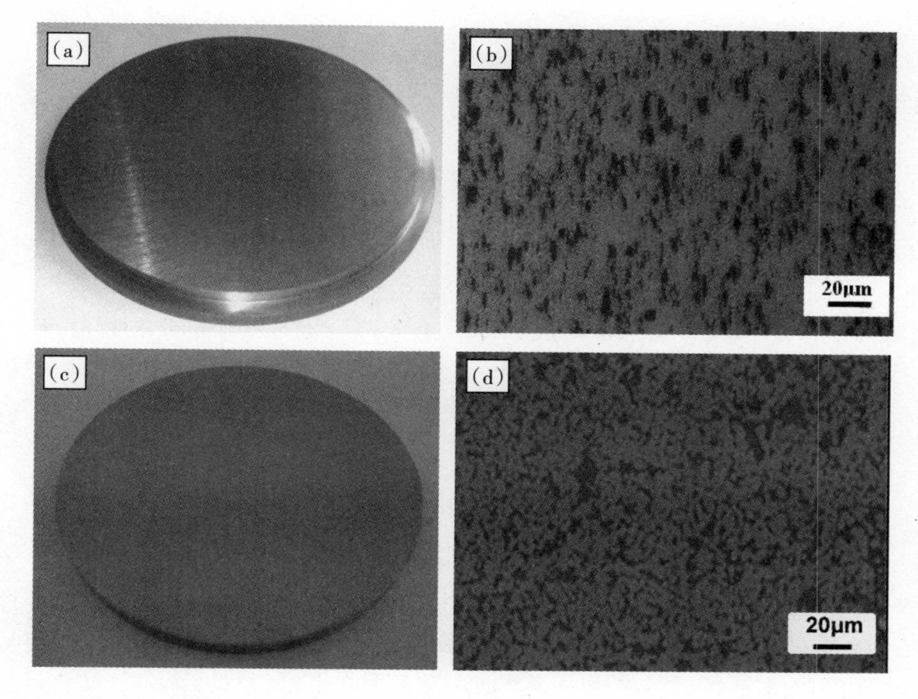

图 5 真空热压烧结法制备出纯度为 4N5 的 W-10Ti 和 W-30Si 合金靶材
(a)W-10Ti 合金靶材实物图;(b)未腐蚀 W-10Ti 材料的 SEM 照片
(c)W-30Si 合金靶材实物图;(d)未腐蚀 W-30Si 材料的 SEM 照片

参考文献

[1] Z. Tóth, H. Lovas. Chemistry of materials science phenomena in high-intensity discharge lightsources[J],Pure Appl. Chem. ,2007,79,1771-1778.

[2] E. Lassner, W.-D. Schubert. Tungsten:Properties,Chemistry,Technology of the Element Alloys and Chemical Compounds[M],Kluwer Academic/Plenum Publishers,New York,NY,1998.

[3] G. Derra, H. Moench, E. Fischer, et al. UHP lamp systems for projection applications[J]. J. Phys. D:Appl. Phys. ,2005,38:2995-3010.

[4] D. R. Marx,J. C. Turn, J. Shi. Tungsten titanium targets for VLSI device fabrication[J]. MRC Technical Note,1994,202:1-10.

[5] J.-W. Hoon, K.-Y. Chan. Sputtered deposited tungsten silicide films for microelectronics applications[M]. Infomacije MIDEM,2010,40:85-87.

溶胶凝胶—自蔓延法制备纳米 MnZn 铁氧体粉末

陈璐璐[1]　彭元东[2]　任昊文[2]
1. 江苏鹰球集团有限公司；2. 中南大学粉末冶金国家重点实验室

摘　要：以硝酸盐作为原料，采用溶胶凝胶-自蔓延法制备了粒度分布均匀、分散性好和无团聚的纳米级 MnZn 铁氧体粉体。所得粉末的平均晶粒度为 21.5nm，饱和磁感应强度为 39.18emu/g，且矫顽力只有 18.1Oe。与传统方法制备的 MnZn 铁氧体粉末对比，其磁性能更加优异。

关键词：纳米 MnZn 铁氧体；溶胶凝胶-自蔓延合成法；显微组织；磁性能

1　前　言

锰锌铁氧体是由锰、锌、铁组成的具有亚铁磁性的非金属复合氧化物，是一种性能优良的软磁材料。与其他软磁铁氧体相比，锰锌铁氧体具有高的起始磁导率、低的损耗、高的饱和磁感应强度和相对高的居里温度[1]。其已广泛应用在电脑、通信、办公自动化、远程监控、视听设备、家用电器及工业自动化技术中[2]。目前制备锰锌铁氧体粉料的主要方法分为湿法和干法。其中湿法有共沉淀法、水热法、溶胶-凝胶法和微乳法[3~9]。湿法的优点是所制备的粉末分散均匀，一致性好；粉末烧结活性和均匀性较好，粉末粒度能够达到纳米级。但湿法也存在一定的缺点，如工艺路线长、工艺要求严格、条件敏感、产物稳定性差、生产成本较高等。干法有传统陶瓷工艺法、自蔓延高温合成法和高能球磨法等[10~13]。干法的优点是工艺简单，配方准确，生产成本低，应用较为普遍。但采用氧化物作原料，其预烧过程较长，粉末的烧结活性和混合的均匀性受到限制，从而制约了产品性能的进一步提高。

纳米级锰锌铁氧体粉末因其纳米效应与传统微米级粉末有着许多不同的性质，具有更为广泛的应用[14]。为此，本文结合了干法工艺和湿法工艺的优点，使用溶胶凝胶-自蔓延燃烧法制备了纳米锰锌铁氧体粉末，并对合成产物的结构和性能进行了表征。

2　实　验

表 1 为实验所用试剂，其中包括硝酸铁、硝酸锌、硝酸锰、柠檬酸以及氨水，氨水的浓度为 26%，以上试剂纯度均为分析纯。

表 1　实验所用试剂

试剂名称	分子式	纯度	厂家
硝酸铁	$Fe(NO_3)_2 \cdot 9H_2O$	分析纯	夏县运力化工有限公司
硝酸锌	$Zn(NO_3)_2 \cdot 6H_2O$	分析纯	夏县运力化工有限公司
硝酸锰	$Mn(NO_3)_2$	分析纯	夏县运力化工有限公司
柠檬酸	$C_6H_8O_7$	分析纯	宿迁市中亚化工贸易有限公司
氨水(26%)	$NH_3 \cdot H_2O$	分析纯	南昌市西湖区龙玉化工材料

实验按 $Mn_{0.5}Zn_{0.5}Fe_2O_4$ 化学计量将硝酸锰、硝酸锌及硝酸铁进行成分配比。考虑到损耗等因素，金属离子摩尔与柠檬酸之比按照 1∶1.1 称量柠檬酸。将上述样品分别溶于去离子水再混合于烧杯中。将烧杯放在恒温水浴中加热到 70℃保温并磁力搅拌，加入适量的氨水将溶液的 pH 调至 6。继续将水分蒸发直至转子因为液体粘稠形成胶体而停转，此时停止加热。再将烧杯放入干燥箱中于 130℃下干燥，从而得到蓬松多孔的锰锌铁氧体干凝胶。将干凝胶放于玻璃皿中点燃，使得反应开始进行。随着反应的进行，干凝胶迅速膨胀，形成疏松多孔的珊瑚状样品。将获得的珊瑚礁状样品碾碎，在玛瑙研钵里反复碾压至粉末状，即得所需的锰锌铁氧体粉末。

将溶胶凝胶-自蔓延法制备得到的粉末在日本 D8 Discover 型 X 射线衍射仪中分析相的组成以及根据 Scherrer 公式 $D=\frac{\kappa\lambda}{\beta\cos\theta}$ 计算晶粒的尺寸，这里 D 为晶粒直径，k 是谢乐常数(0.89)，λ 为 x 射线的波长(0.15418nm)，β 是衍射峰半高宽，θ 为衍射角。并对 XRD 图进行了精修，使用的软件是 Materials Studio 6.0 软件。通过 ICSD 库内的空间群及原子占位信息在 Materials Studio 6.0 中构建 3D 模型，进而进行 XRD 模拟并通过精修来确定组成成分及晶格常数等。使用美国 FEI 公司生产的 Tecnai G2 F20 型场发射透射电子显微镜观察粉末的形貌。使用美国 quantum design 公司设计的 PPMS～9T 型材料综合物性测量系统中测试了粉末的磁滞回线。

3 结果与讨论

3.1 MnZn 铁氧体纳米粉末的相组成及微观结构

图 1 为不同放大倍数下的纳米锰锌铁氧体粉末的 TEM 照片。从图 1 中可见，所得粉末粒度分布均匀，粒度大约为 20～30nm；粉末的分散性好，无团聚现象。

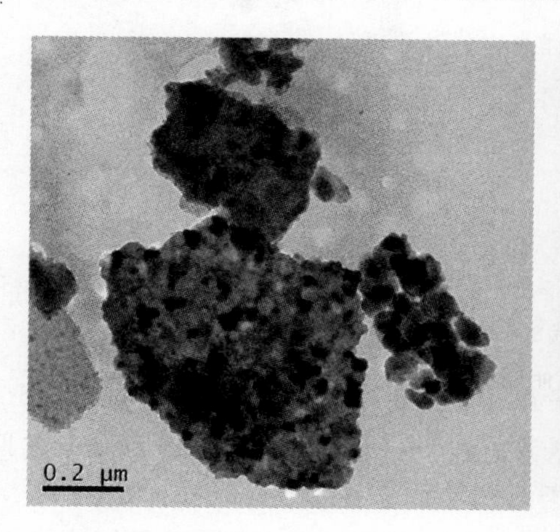

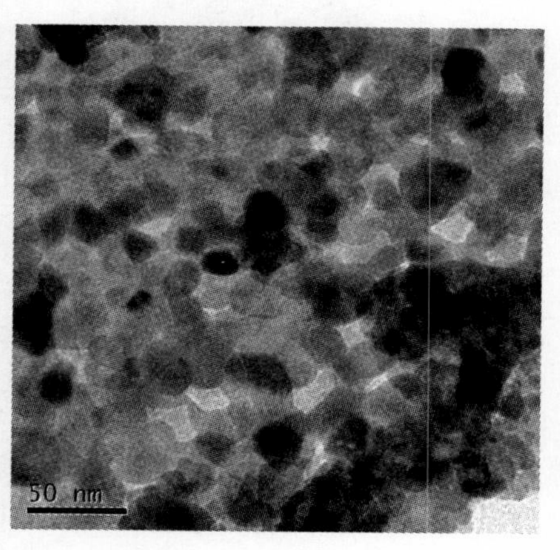

图 1 纳米锰锌铁氧体粉末 TEM 照片

图 2 为纳米锰锌铁氧体粉末 XRD 谱图。由图可见，粉末具有很好的结晶性，其相为 $Mn_{0.5}Zn_{0.5}Fe_2O_4$。这表明在制备过程中物料之间发生了化学反应。这是因为凝胶中的硝酸根离子具有氧化性，处于凝胶结构中的硝酸根离子与柠檬酸根离子在一定温度下发生“原位”氧化-还原反应，从而发生低温自蔓延燃烧，伴随的放热使金属离子发生固相反应形成尖晶石结构的铁氧体。

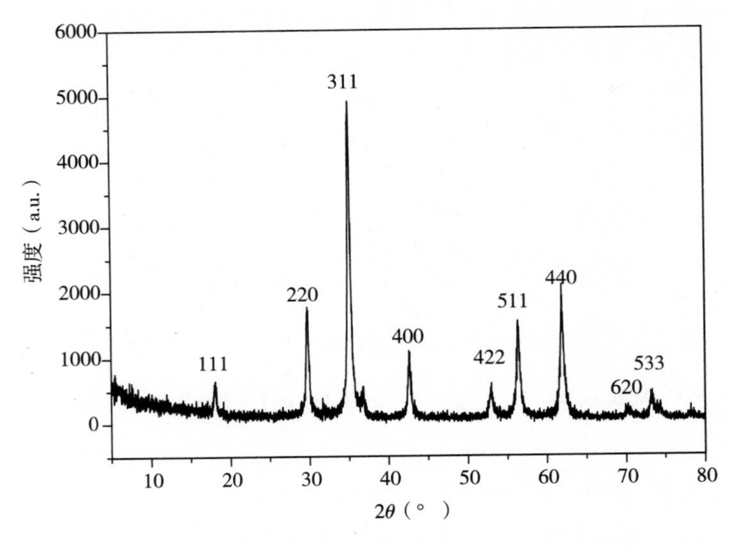

图 2 纳米锰锌铁氧体粉末（$Mn_{0.5}Zn_{0.5}Fe_2O_4$）XRD 谱图

MnZn 铁氧体尖晶石型的晶体结构示意图如图 3 所示。从图中可见，尖晶石型晶体结构的一个晶胞中包括 8 个（Mn－Zn）Fe_2O_4分子，共有 56 个离子，如左图所示；其中由氧离子的空间密堆积形成两类次晶格，其中，64 个四面体次晶格，占 A 位；32 个八面体次晶格，占 B 位。如右图所示。

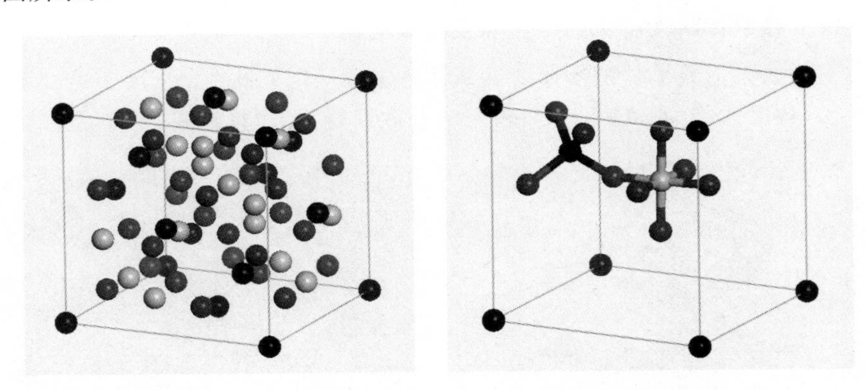

图 3 尖晶石型锰锌铁氧体的晶体结构示意图

为了得到有关晶格常数的相关信息，并了解其原子占位信息，对粉末 XRD 进行了精修。受 XRD 图像的质量（扫描时间过短，步长过长）以及仪器所限，精修无法达到很高的匹配值。由于 Zn 原子对于 A－site 有强烈的占有性，因此只将一个晶胞中 A－site 中的 4 个 Mn 使用 Zn 原子替换掉，以达到该效果。B－site 中的 16 个位置使用 Fe 原子进行填充。由于 B－site 组合过多，因此没有进行过多替换探究。当参数 Occupancy 为 Mn＝0.6、Zn＝0.4 时，R_{wp}＝10.78%；而 Occupancy 使用 Mn＝0.5、Zn＝0.5 作为参数时，R_{wp}＝10.23%，精修拟合结果如图 4 所示。可以认为 Mn∶Zn＝1∶1 其结果与模拟更加符合，因此推断所合成的锰锌铁氧体中锰锌之比为 1∶1，这与原来的成分设计是相符的。在 ICSD 卡片中，$Mn_{0.5}Zn_{0.5}Fe_2O_4$的晶格常数 a 介于 8.479～8.498，但是通过精修得到的 a 为 8.475，略小于该数据。分析其原因，晶格常数的减小与颗粒的尺寸有很大的关系；纳米级的颗粒由于表面曲率大，因此表面的张力远大于普通微米级颗粒，从而导致了较大的压应力。压应力的产生对于颗粒来说的作用是使得内部原子受压，从而使得晶格常数变小。

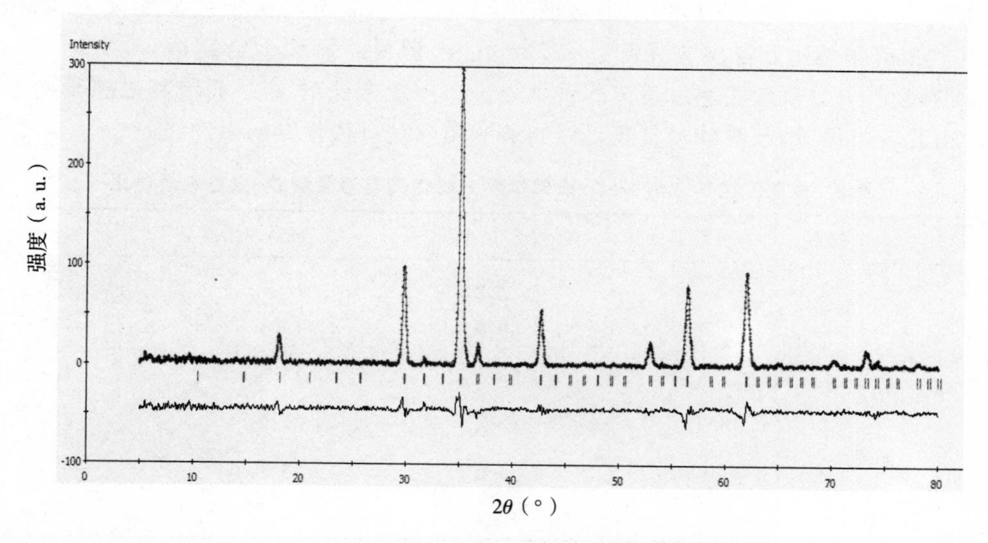

图 4 纳米锰锌铁氧体粉末 XRD 谱图精修结果

(Materials Studio 3. 6. 0)($Mn_{0.5}Zn_{0.5}Fe_2O_4$)(R_{wp}=10. 23%，R_p=25. 25%，a=8. 475)

根据谢乐公式计算的粉末晶粒度约为 21. 5nm，这与 TEM 观察到的粉末粒度大小非常接近。P. Mathur 等从能量等角度出发，得出锰锌铁氧体临界单畴颗粒的直径为 25. 8nm，这与本实验所得纳米粉末粒径和晶粒度均相当接近，均为 20～30nm 范围，因此所得粉末中有许多是单畴单晶颗粒[15]。

3. 2 纳米粉末磁性能

图 5 为 VSM 检测的纳米 MnZn 铁氧体粉末磁滞回线。由图可见，粉末的饱和磁化强度 M_s 为 39. 2emu/g，矫顽力 H_c 为 18. 1Oe。所得粉末性能具有高饱和磁化强度和低矫顽力特性。

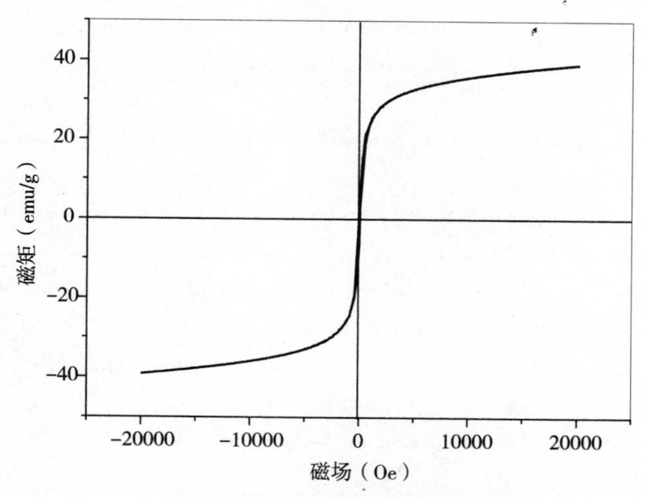

图 5 VSM 检测的纳米锰锌铁氧体粉末磁滞回线

进一步把溶胶凝胶—自蔓延法制备的粉末与传统工艺制备的粉末磁性能进行对比。传统工艺所合成粉末磁性能来源于文献 16。由表 2 可见，传统工艺所制备的粉末在各种合成温度条件下，980℃合成时所得矫顽力最低为 43.4Oe，但其饱和磁感应强度仅为 22.2emu/g；而 1010℃时虽然饱和磁感应强度达 24.8emu/g，但此时矫顽力已高达 54.8Oe[16]。相比而言，溶胶凝胶—自蔓延法制备粉末的矫顽力仅为传统方法的 1/3，而饱和磁感却增加了近一倍。由此 3 可见，溶胶凝胶—自蔓延法制备的粉末具有较优异的磁性能。

表 2 传统工艺所合成 MnZn 铁氧体粉末磁性能与溶胶凝胶-自蔓延法对比

样品		Hci/(Oe)	Bs/(emu/g)	Br/(emu/g)
传统法合成（合成温度）	890℃	61.6	17.7	1.9
	920℃	69.9	13.4	1.6
	950℃	53.3	13.4	1.4
	980℃	43.4	22.2	2.4
	1010℃	54.8	24.8	3.0
溶胶凝胶—自蔓延法		18.1	39.2	—

4 结 论

（1）通过以硝酸盐作为原料，采用溶胶凝胶—自蔓延法可得到颗粒度分布均匀、分散性好和无团聚的 MnZn 铁氧体纳米粉末。

（2）所得粉末的平均晶粒度为 21.5nm，饱和磁感应强度为 39.18emu/g，矫顽力为 18.1Oe。与传统方法制备的 MnZn 铁氧体粉末对比，其性能更加优异。

参考文献

[1] R. Arulmurugan, B. Jeyadevan, G. Vaidyanathan, et al. Effect of zinc substitution on Co - Zn and Mn - Zn ferrite nanoparticles prepared by co-precipitation[J]. J. Magn. Magn. Mater. 2005, 288: 470 - 477.

[2] 王自敏．软磁铁氧体生产工艺与控制技术[M]．北京：化学工业出版社，2013.

[3] C. F. Zhang, X. C. Zhong, H. Y. Yu, et al. Effects of cobalt doping on the microstructure and magnetic properties of Mn - Zn ferrites prepared by the co-precipitation method[J]. Physica B, 2009, 404: 2327 - 2331.

[4] E. Auzans, D. Zins, E. Blums, et al. Synthesis and properties of Mn - Zn ferrite ferrofluids [J]. J. Mater. Sci, 1999, 34: 1253 - 1260.

[5] J. Feng, L. Q. Guo, X. D. Xu, et al. Hydrothermal synthesis and characterization of Mn1xZn$x$$Fe_2O_4$ nanoparticles[J]. Physica B, 2007, 394: 100 - 103.

[6] X. L. Jiao, D. R. Chen, Y. Hu. Hydrothermal synthesis of nanocrystalline MxZn1 - $x$$Fe_2O_4$ (M= Ni, Mn, Co; x=0.40～0.60) powder[J]. Mater. Res. Bull, 2002, 37: 1583 - 1588.

[7] A. Thakur, M. Singh. Preparation and characterization of nanosize $Mn_{0.4}Zn_{0.6}Fe_2O_4$ ferrite by citrate precursor method[J]. Ceram. Int, 2003, 29: 505 - 511.

[8] K. Mandal, S. P. Mandal, P. Agudo, et al. A study of nanocrystalline (Mn - Zn) ferrite in SiO_2 matrix[J]. Appl. Surf. Sci, 2001, 82: 386 - 389.

[9] A. Kosak, D. Makovec, A. Znidarsic, et al. Preparation of MnZn-ferrite with microemulsion

technique[J]. Journal of the European Ceramic Society, 2004, 24: 959 - 962.

[10] Ke Sun, Zhongwen Lan, Zhong Yu, et al. Analysis of losses in NiO doped MnZn ferrites[J]. Journal of Alloys and Compounds, 2009, 468: 315 - 320.

[11] Ping Hu, Hai-bo Yang, De-an Pan, et al. Heat treatment effects on microstructure and magnetic properties of Mn - Zn ferrite powders[J]. J. Magn. Magn. Mater, 2010, 322: 173 - 177.

[12] C. C. Agrafiotis, V. T. Zaspalis. Self-propagating high-temperature synthesis of MnZn-ferrites for inductor applications[J]. J. Magn. Magn. Mater, 2004, 283: 364 - 374.

[13] Z. G. Zheng, X. C. Zhong, Y. H. Zhang, et al. Synthesis, structure and magnetic properties of nanocrystalline ZnxMn1xFe2O4 prepared by ball milling[J]. Journal of Alloys and Compounds, 2008, 466: 377 - 382.

[14] Daliya S. Mathew, Ruey-Shin Juang. An overview of the structure and magnetism of spinel ferrite nanoparticles and their synthesis in microemulsions[J]. Chemical Engineering Journal, 2007, 129: 51 - 65.

[15] Preeti Mathur, Atul Thakur, M. Singh. Effect of nanoparticles on the magnetic properties of Mn - Zn soft ferrite[J]. Journal of Magnetism and Magnetic Materials, 2008, 320: 1364 - 1369.

[16] Haowen Ren, Yuandong Peng. Microwave synthesis and magnetic properties of polycrystalline Mn - Zn ferrites powder[J]. Optoelectronics and Advanced Materials-Rapid Communications, 2014, 8: 5 - 6: 446 - 450.

水雾化铝粉制备工艺研究

解传娣　　陈　文
莱芜市粉末冶金先进制造重点实验室—省市共建重点实验室培育基地
(lzy6268361@163.com)

摘　要:本文采用水雾化工艺制备了铝粉,研究了水雾化工艺参数对铝粉的粒度分布、松装密度、流动性等物理性能的影响。结果表明:保持其他雾化参数不变,适当的提高水的压力使铝粉细粉量增加、粉末松装密度变大、流动性提高;而随着漏嘴直径的减小,铝粉的细粉率有一个最大值;最佳雾化参数为熔融合金温度950℃,水压15MPa,漏嘴直径5mm。

关键词:水雾化;粉末粒度;松装密度;流动性

1　引　言

铝粉广泛应用于涂料、航空、汽车、化工、铸造、粉末冶金等行业。目前铝粉的生产方法主要有氮气雾化法、水雾化法、离心雾化法、快速冷凝法和球磨法。其中关于氮气雾化法生产铝粉的研究比较多,而水雾化法研究较少,该方法具有无污染、效率高、能耗低、成本低等优点[1,2]。本文利用水雾化法生产铝粉,研究了高压水压力、雾化漏嘴直径等参数对铝粉性能的影响。

2 实验

本文采用WHZF—25雾化制粉设备生产铝粉,原料为工业纯铝锭(纯度>99.5%),每炉熔炼铝锭2kg。先将铝锭放入坩埚中,采用中频感应电炉进行加热熔化保温,保持100℃~150℃的过热度,铝液在高压水压力的作用下迅速凝固成铝粉,沉降于雾化罐中。试验流程如图1所示。

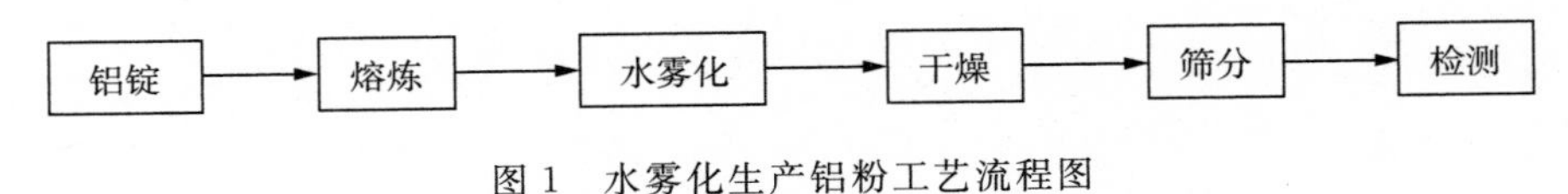

图1　水雾化生产铝粉工艺流程图

实验分两部分,第一部分是在保持熔融合金温度950℃和漏嘴直径5mm的条件下,通过改变高压水压力研究其对铝粉性能的影响;第二部分是在保持熔融合金温度950℃和高压水压力15MPa的条件下,通过改变漏嘴直径来调节铝液熔体的质量流量,进而研究漏嘴直径对铝粉性能的影响。

雾化结束后,将雾化罐中的粉末进行干燥,取200g粉末作为研究对象。对粉末样品使用标准筛进行筛分实验,并测量粉末的松装密度和流动性。另取样使用上海精科生产的721G型号的可见光光度计对水雾化铝粉进行含氧率的测量。

3　结果与讨论

3.1　高压水压力对铝粉性能的影响

调整雾化参数,保持水锥角26°,水流量40m^3/h,环缝宽0.7mm,熔融合金温度950℃,

漏嘴直径 5mm 等工艺参数和操作方式不变，使高压水压力分别为 20MPa、15MPa、10MPa，所得铝粉的相关性能及粒度分布如表 1 所示。

表 1 不同高压水水压条件下铝粉物理性能

水压 (MPa)	流动性 (s/50g)	松装密度 (g/cm^3)	粒度组成(%)					
			+80 目	−80，+100	−100，+160	−160，+200	−200，+250	−250 目
20	106	0.94	5.3	28.4	30.1	9	7.4	19.8
15	111	0.91	6.3	29.4	30	10.7	7.1	16.5
10	135	0.80	9.6	32.3	30.8	11.4	6.3	9.6

从表 1 可以看出，在其他条件不变的前提下，随着高压水压力的增加，粗粉率越来越低，而细粉率越来越高，这与 Small 和 Bruce 提出的随雾化压力增加，金属粉末的平均粒度减小的理论相符[3]。这是因为高压水压力越高，动能越大，金属液流被破碎的效果越好，因此，雾化水的压力直接影响粉末的粒度组成。此外，随着高压水压力的增加，铝粉的流动性和流动性均有所改善。当水压从 10MPa 增加到 15MPa，铝粉的流动性减少了 24，松装密度提高了 0.09，但当水压从 15MPa 增加到 20MPa，同样增加了 5MPa，铝粉的流动性仅减少了 5，松装密度仅提高了 0.03，因此最佳高压水压力选定为 15MPa，而且不可仅靠增加高压水压力来改善铝粉的流动性和松装密度。

3.2 漏嘴直径对铝粉性能的影响

本实验研究漏嘴直径对粉末性能的影响，目的是找出水雾化制备铝粉最适宜的漏嘴直径，因此在保持水锥角 26°、水流量 $40m^3/h$、环缝宽 0.7mm，熔融合金温度 950℃ 及水压 15MPa 不变的前提下，实验中分别采用漏嘴直径为 4mm、5mm、6mm、7mm，所得铝粉的物理性能如表 2 所示。

表 2 不同漏嘴直径条件下铝粉物理性能

直径 (mm)	流动性 (s/50g)	松装密度 (g/cm^3)	粒度组成(%)					
			+80 目	−80，+100	−100，+160	−160，+200	−200，+250	−250 目
4	129	0.86	11.3	31.4	28.4	8.3	5.8	14.8
5	111	0.91	6.3	29.4	30	10.7	7.1	16.5
6	135	0.82	14.7	32.3	24.8	10.9	6.1	11.2
7	160	0.78	20.2	37.8	19.6	9.9	5.6	6.9

由表 2 可以看出，当其他雾化参数和操作条件不变时，漏嘴直径为 5mm 时所得生粉粒度最细、松装密度和流动性最好。漏嘴直径越细，单位时间内进入雾化区域的熔体量越少，也就是单位熔体受到雾化水打击的能量增加，因而使得粉末更加细小，这对大多数金属和合金来说，会增加细粉率[4]。但是对于本文中的铝粉，金属液流有一个最佳直径 5mm，当漏嘴直径减小到 4mm 时，细粉率反而降低，这是因为在氧化性介质中雾化，液滴表面会形成高熔点的氧化铝，而且氧化铝随着漏嘴直径减少而增多，黏度增高，因而粗粉增加。另外，漏嘴直径太小会降低雾化粉的生产率，同时还容易堵塞漏嘴和使金属液流过冷，使之不容易得到细

粉，也不容易得到球形粉末。

3.3 最佳雾化参数

根据以上分析可知，要得到粒度最细且性能最好的粉末，应最大限度增加雾化压力。但在实际应用中，还需考虑生产成本和安全性等方面的因素。在本实验中，当水压达到15MPa后，再增大压力只会使生产成本增加而对粉末粒度及物理性能产生的影响较小，因此，通常认为15MPa是最佳雾化压力。当漏嘴直径减小到5mm时可以得到细粉率最高的铝粉。因此，5mm是本实验最佳漏嘴直径。

综上所述，本实验的最佳参数为：水锥角26°、水流量$40m^3/h$、环缝宽0.7mm，熔融合金温度950℃，水压15MPa，漏嘴直径5mm。

4 结 论

(1)其他雾化参数和操作条件不变时，高压水压力越高，所得铝粉粒度越细、松装密度越大、流动性越好。当压力超过一定值时，粉末细粉率增加很少，因此不可仅通过加大雾化高压水的压力提高细粉率。

(2)其他雾化参数和操作条件不变时，铝粉有一个最佳漏嘴直径为5mm，此时制得铝粉中细粉率较高、流动性最好。

(3)实验所得最佳雾化工艺参数为：高压水压力15MPa，漏嘴直径5mm。

参考文献

[1] 常正刚，吕娜．氮气雾化微细球形铝粉的生产工艺[J]. 硫磷设计与粉体工程，2009，1：37 - 41.

[2] 石广福，牟文祥，宋晓辉．影响雾化铝粉生产过程的因素[J]，2003，31(3)：47 - 48.

[3] Small S，Bruce TJ. The comparison of characteristics of water and inert gas atomized powders[J]. Int. J. Powder Metallurgy，1968，4 (3)：7 - 11.

[4] 解传娣，陈文．水雾化Cu - 0.3La预合金粉制备工艺研究[J]. 粉末冶金技术，2011，29(4)：279 - 282.

纳米镍粉的制备及其磁性能的表征

叶楠敏　　程继贵　　陈闻超
合肥工业大学，材料科学与工程学院，合肥，230009
（程继贵，0551－62901793，jgcheng63@sina.com）

摘　要：采用甘氨酸—硝酸盐法，以硝酸镍[$Ni(NO_3)_2 \cdot 6H_2O$]和甘氨酸为原料制备出了纳米镍粉，通过X射线衍射仪(XRD)、能谱仪(EDS)、透射电镜(TEM)、振动样品磁强计(VSM)所制备纳米镍粉的物相、粒度、形貌和磁性能等进行表征。结果表明，当甘氨酸与硝酸镍的摩尔比(G/N)为1.5时，可以得到纯度高、分散性好、平均粒径约为15nm的类球形镍粉，且所得纳米镍粉具有较高的磁饱和强度(M_s＝58emu/g)、矫顽力(H_c＝55Oe)和剩磁比(M_r/M_s＝0.13)。

关键词：纳米镍粉；甘氨酸—硝酸盐法；磁性能

1　引　言

纳米镍粉是指粒径分布范围在(1～100nm)之间的微小镍颗粒，由于其具有小尺寸效应、表面界面效应和量子隧道效应，在导电性、磁性、光吸收、化学活性等方面均表现出许多特殊的性质[1～2]，现已被广泛应用于催化剂、电池材料、粉末冶金、多层陶瓷电容器(MLCC)等领域[3～6]。

目前制备纳米镍粉的方法根据其制备原理可分为气相法，固相法，液相法等。气相法是指在Ar或He等惰性气氛下使金属镍转为气态，并使之在气体状态下发生物理变化或化学反应，最后在冷却过程中形成纳米微粒[8]。固相法是一种传统的制粉工艺，主要通过粗颗粒的微细化[9]。液相法是指选择合适的沉淀剂或还原剂将可溶性金属盐中的金属离子均匀沉淀或结晶出来，最后将沉淀或结晶物脱水或者加热分解而制得超微粉体。液相法具有设备简单、原料易获得、产物纯度高等优点，是目前制备纳米金属的研究热点[10]。

甘氨酸—硝酸盐燃烧法(glycine-nitrate process，简称GNP)由于其具有反应过程迅速、产物纯度高、点火温度低，而且合成粉体颗粒细小、产物易于收集、操作简便等优点在超细粉体，特别是陶瓷粉体的制备中得到广泛关注。近些年来，也有学者采用此种工艺来制备超细金属粉末。本文尝试用甘氨酸-硝酸盐燃烧法通过分组实验确定合适的甘氨酸与硝酸根摩尔比(G/N)，制备高纯度，形貌、粒度可控的纳米镍粉，并对制得的纳米镍粉的磁性能进行表征。

2　实　验

2.1　纳米镍粉的合成

以分析纯甘氨酸($C_2H_5NO_2$)、硝酸镍($Ni(NO_3)_2 \cdot 6H_2O$)为原料，将二者按照甘氨酸与硝酸根摩尔比(G/N)分别为0.8、1.1、1.3、1.5、1.6、1.8的配比混合均匀、形成稳定的浅绿色混合溶液，然后将混合溶液加热，并不断搅拌，随着水分的蒸发，混合溶液中溶剂不断蒸发，逐渐形成胶状物。随着温度的进一步升高，自蔓延燃烧反应发生，胶状物在着火点附近鼓泡，膨胀和燃烧，释放出大量气体，最终得到蓬松状的纳米镍粉。如图1所示为甘氨酸-硝酸盐法制备纳米镍粉的工艺流程。

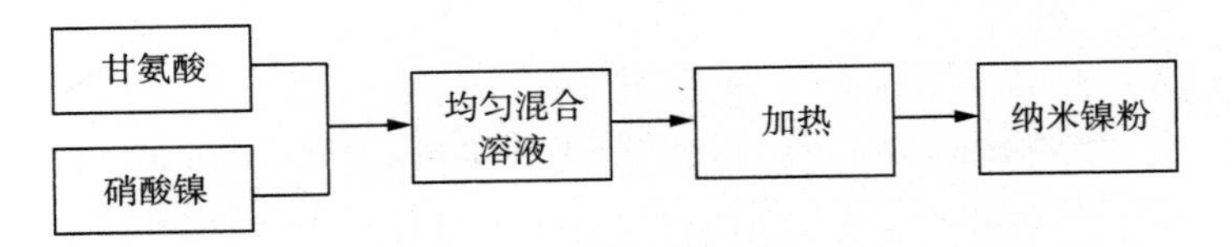

图1　甘氨酸-硝酸盐燃烧法法制备纳米镍粉工艺流程图

2.2　测试和表征

采用X射线衍射仪（XRD）分别对六组不同甘氨酸与硝酸根（G/N）摩尔比条件下得到的粉末进行物相分析；用透射电镜（TEM）对所得纳米镍粉的形貌及粒径分布范围进行观测；用振动样品磁强计（VSM）对所得的纳米镍粉的磁性能进行表征。

3　实验结果与讨论

3.1　X射线衍射分析

图2为各组实验所得粉末的XRD谱图。由图2可知，当G/N＝分别为0.8、1.1、1.3、1.6、1.8时，所得粉末为NiO与Ni组成的混合物；而当G/N＝1.5时，所得粉末为纯镍，XRD谱图中未见有明显杂峰。根据物相含量与衍射峰高成正比的规律可知，当G/N值从0.8增大至1.5时，各组产物粉末中NiO的含量逐渐减小；当G/N＝1.5时，产物粉末中未见有NiO的出现；当G/N值从1.5增大至1.8时，各组产物粉末中NiO的含量又逐渐增多。根据谢尔乐公式计算当G/N＝1.5时所得镍粉的晶粒平均尺寸约为15nm。

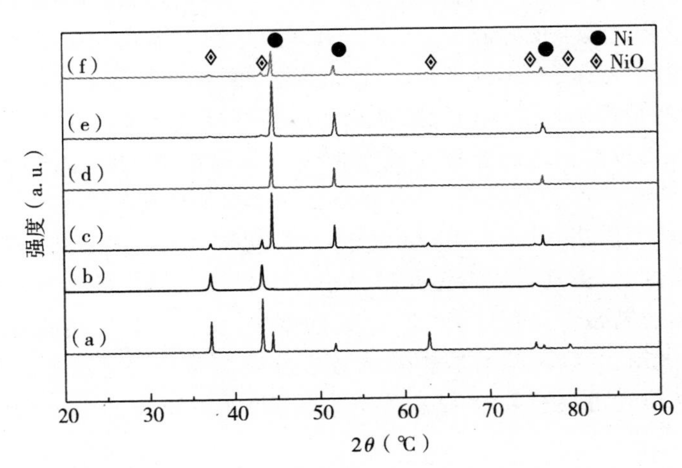

图2　不同G/N下所得粉末的X射线衍射谱图

(a)G/N＝0.8；(b)G/N＝1.1；(c)G/N＝1.3；(d)G/N＝1.5；(e)G/N＝1.6；(f)G/N＝1.8

3.2　能谱分析

图3为当G/N＝1.5时所得粉末的EDS谱图。从图中可知，该组所得粉末由Ni与少量杂质元素C组成，C元素的质量分数为0.3wt%。微弱碳峰的出现可能是甘氨酸-硝酸盐

燃烧反应不完全所引入的杂质 C 造成的。

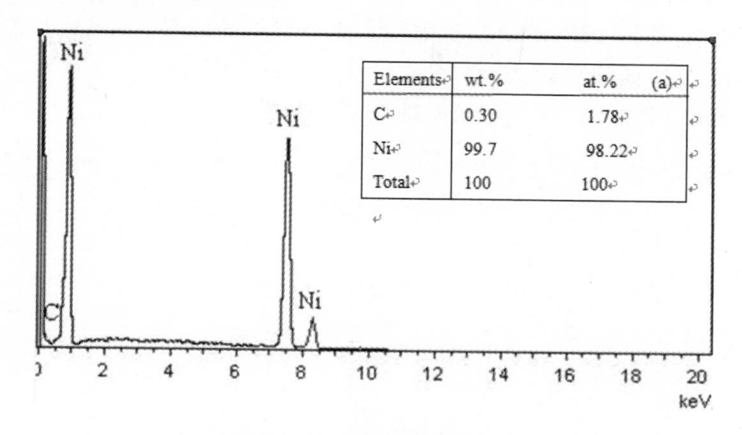

图 3 纳米镍粉的 EDS 谱图(G/N=1.5)

3.3 甘氨酸与硝酸根摩尔比(G/N)对产物组成的影响

甘氨酸本身是一种助燃剂,且其在溶液中可与 Ni^{2+} 形成络合物,大大增加了硝酸镍的溶解度。根据推进剂热化学理论,还原剂甘氨酸($C_2H_5NO_2$)的总化学价为(+4)×2+(+1)×5+(−2)×2=+9。氧化剂硝酸镍($Ni(NO_3)_2$)的总化学价为(+2)+(−2)×6=−10,氧化价与还原价平衡时(−10)×n+(+9)=0,n=1.1,所以反应平衡态时甘氨酸与硝酸镍的比值 G/N 为 1.1。由于短时间的燃烧过程中氧气含量不足,导致生成 CO、NO 和 C 等强还原性物质,使得各分组实验生成产物中的氧化镍可能会被还原成单质 Ni。在本次实验中发现当甘氨酸与硝酸镍的摩尔比 G/N=1.5 时产物粉末中的氧化镍能被全部还原成单质镍。

3.4 透射电镜表征及粒径分析

图 4 为当 G/N=1.5 时所得 Ni 粉的透射电镜照片。由图 4 可以观察到所得镍粉呈类球形、分散性良好、表面无杂质、平均粒径约为 15nm,这与 XRD 分析结果一致。

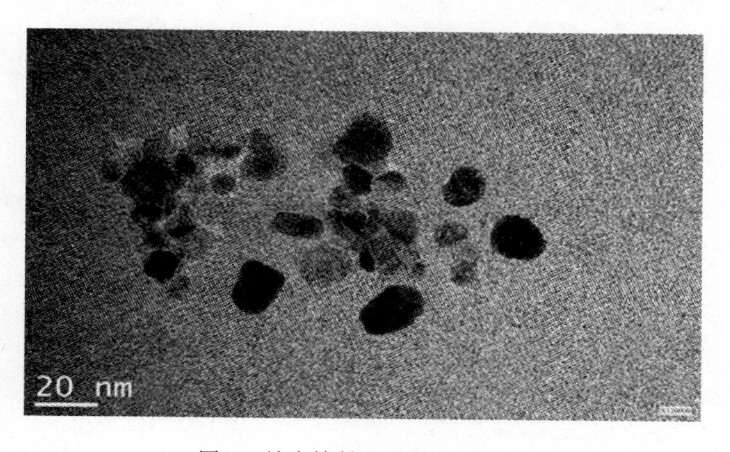

图 4 纳米镍粉的透射电镜照片

3.5 纳米镍粉粉的磁性能

图 5 为当 G/N=1.5 时所制得纳米镍粉在室温条件下测得的磁滞回线。当磁性粉体的

颗粒尺寸达到纳米级别时，由于具有量子尺寸效应和表面效应使其表现出与常规磁性材料所不同的磁性能。由图 5 可知，所得纳米镍粉表现出典型的铁磁性，其具有较高的磁饱和强度(M_s=58emu/g)和较高的矫顽力(H_c=55Oe)及剩磁比(M_r/M_s=0.13)。这是由于所制得镍粉颗粒尺寸较小，表面缺陷较多，结晶性能较差造成的。

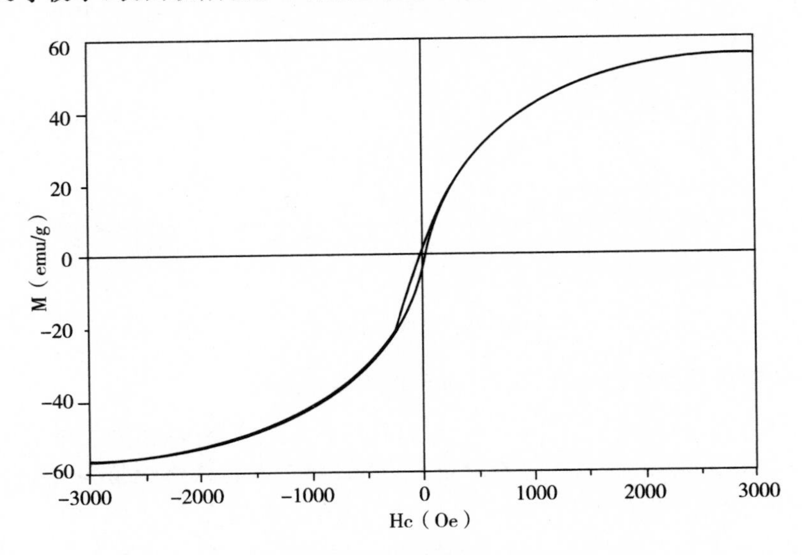

图 5　室温下纳米镍粉的磁滞回线

3　结　论

(1)采用甘氨酸-硝酸盐燃烧反应法通过调整甘氨酸与硝酸镍的摩尔比 G/N 制备出了高纯度、高分散、平均粒径约为 15nm 的纳米镍粉。

(2)甘氨酸与硝酸镍的摩尔比 G/N 对产物粉末的组成影响很大，当 G/N=1.5 时，所得产物粉末为纯镍。

(3)所制得的纳米镍粉由于具有独特的小尺寸效应、量子隧道效应使其拥有较高的磁饱和强度(M_s=58emu/g)、矫顽力(H_c=55Oe)及剩磁比(M_r/M_s=0.13)。

参考文献

[1] 张立德，牟季美．纳米材料和纳米技术[M]. 北京：科学技术出版社，2001.

[2] JUAN J, TORRES V, ROJAS T J. Determination of the threshold of nanoparticle behavior: structural and electronic properties study of nano-sized copper[J]. Physica B: condensed Matter. 2014, 436: 74－79.

[3] 谈玲华，李勤华，样毅，等．纳米镍粉的制备及其催化性能研究[J]. 固体火箭技术，2004, 27(3): 198－200.

[4] 吴行，饶大庆．镍基电屏蔽涂料的研究[J]. 功能材料，2001, 32(3): 240－242.

[5] Alfred P W, Martin S. Application of aerosol techniques to study the catalytic formation of methane on gas borne nickel nanoparticle. J Physic and chemistry, 2001, 105(39): 365－372.

[6] 都有为，徐明祥．镍超细微颗粒的磁性[J]. 物理学报，1992, 41(1); 149－153.

[7] Im Dong-Hyu, Hyun Sang-Hoon. Preparation of Ni Paste Using Binary Powder Mixture for Thick Film Electrodes[J]. Materials Chemistry and physic, 2006, 96(2－3): 228－233.

[8] Gleiter H,Klein H P,et al. Nano-crtstalline Materials-an Approach to a Novel Solid Structure With Gas-Like Disorder [J]J. Phys. lett. A. 1984,102(8):365-369.

[9] Eckert J,Holzer J C,Krill C E,et,al. Synthesis and characterization of ball milled nanocrystalline fcc metals[J]. Mater Res Soc Symp proc,1992,238:745-751.

[10] 秦振平,郭红霞,李东升,等．缩聚多元醇液相还原法制备纳米镍粉及其表征[J]. 功能材料及器件学报．2004,10(1):95-97.

注射成形常用喂料生产工艺过程对比分析

王恩泉
嘉兴市瑞德材料科技有限公司

摘　要:本文针对金属注射成形喂料粘结剂进行技术分析,着重讨论了喂料所用粘结剂的分类、成分组成及特性。针对不同的粘结剂喂料制作、脱除过程进行比对,分析了塑基、蜡基粘结剂的各自特点及其在生产中使用的实际情况。

关键词:金属注射成形;喂料;粘结剂;塑基;蜡基

1　概　述

1.1　粘结剂的作用

注射成形工艺过程中粘结剂作为一种载体,使粉末均匀装填进入模具形成所需形状,并保持形状直到烧结开始。粘结剂必须与粉末混炼成供注射成形用的均匀喂料。尽管粘结剂不决定最终的化学成分,但是它会直接影响整个工艺过程,包括粉末颗粒装填、混炼流变特性、成形、脱脂、尺寸精度等。

1.2　对粘结剂的基本要求

1.2.1　与粉末的相互作用

湿润角小且与粉末粘附良好;与粉末不发生化学反应。

1.2.2　流动特性

成形温度下粘度低于10Pa·s;成形过程粘度随温度变化小;冷却后坚固。

1.2.3　脱脂特性

特性不同的多组分;分解产物无腐蚀性、无毒;灰分量低;分解温度高于混炼和成形温度。

1.2.4　工艺制造性

价格低、容易获取;安全、无环境污染;贮藏寿命长、不吸潮;循环加热不变质;润滑性好、强度高、韧性好;热导性高、热膨胀系数低;可溶于普通溶剂;化学链长度短、无方向性。

2　粘结剂的分类

不同的注射成形工艺,主要是粘结剂成分以及脱脂工艺不同。通常粘结剂分为以下五类:①热塑性化合物;②热固性化合物;③水基体系;④胶体系;⑤无机物。

粘结剂可以有多种组分,尽管粘结剂种类很多,但是应用最广泛的还是热塑性粘结剂。目前国内用于工业生产的热塑性粘结剂喂料常用的种类有蜡基、塑基两种。本文就这两种常用粘结剂喂料在注射成形生产工艺过程的具体情况进行对比分析。

3 蜡基、塑基喂料的分析比对

3.1 化学成分

蜡基喂料粘结剂是以石蜡(PW)、棕榈蜡(CW)、蜂蜡(BW)等为主,适当加入聚乙烯(PE)、聚丙烯(PP)、硬脂酸(SA)等组成。

塑基喂料粘结剂是以聚甲醛(POM)为主,适当加入聚乙烯(PE)、聚丙烯(PP)等组成。

表 1 工业生产常用喂料粘结剂组分

蜡基喂料的组成			塑基喂料的组成		
石蜡	PW	60%	聚甲醛	POM	70%
聚乙烯	PE	20%	聚乙烯	PE	20%
聚丙烯	PP	10%	聚丙烯	PP	9%
氯化聚乙烯	CPE	8%	硬脂酸	SA	1%
硬脂酸	SA	1%			
二辛酯	DOP	1%			

表 2 各种粘结剂的物理性能、工艺性能

材料	性能	密度 g/cm³	导热率 $Wm^{-1}℃^{-1}$	熔点 ℃	沸点 ℃	抗拉强度 MPa	伸长率 %
石蜡	PW	0.91	0.3	60	300	4	
棕榈蜡	CW	0.99	0.3	80	382	8	
聚乙烯	PE	0.95	0.3	130	423	10	400
聚丙烯	PP	0.91	0.2	165	450	35	200
氯化聚乙烯	CPE	1.22	0.2	85	126	6	400
硬脂酸	SA	0.94	0.3	70	376	0.5	
聚甲醛	POM	1.43	0.31	180		70	15
二辛酯	DOP	0.98		−55	195		

3.2 混炼工艺

混炼的目的是使粘结剂与金属粉末有机结合,使金属粉末具有流动性,便于注射成形。混炼后的物料一般称为注射喂料。混炼过程粘结剂的加入将粉末间的孔隙填满,使粉末具有类似塑料般的流动性,可以在注塑机上注射成形成为形状复杂的零件毛坯。由于注射成形所选用的是很细的粉末,粉末粒度细且振实密度低。添加粘结剂后,粉末间的摩擦力减少,使得粉末的振实密度大幅增加。虽然粘结剂的密度都很低,大约在 1g/cm³ 左右,但是喂料的密度远高于粉末原始振实密度。

混合过程粘结剂要加热融化,混炼温度要高于粘结剂的熔点。热塑性物质的粘度取决于温度,降低粘结剂的粘度可以加大粉末的装载量。

混炼温度直接影响粉末的装载量。混炼过程随着温度的升高,固体粉末含量下降,这是因为混炼喂料的各种组分都有热膨胀性质，而且大部分粘结剂相对粉末有更高的热膨胀率。例如石蜡的热膨胀率大约是铁的 20 倍。

蜡基喂料由于石蜡熔点低，粘度小，混炼过程温度低，一般控制在 150℃左右。与塑基喂料相比，蜡基喂料粘度偏低、混炼温度低因而粉末装载量要高一些。

塑基喂料由于 POM 熔点比石蜡要高许多，所以塑基喂料混炼工艺温度要高。塑基喂料混炼工艺过程复杂且产生 POM 高温分解挥发有害气体，生产环境差。

聚甲醛 POM 粘度大，混炼搅拌扭力大，对混炼设备要求高。

3.3　注射工艺

注射成形工艺的特点就是利用粘结剂作为载体制成喂料，利用注塑机将喂料注射入模具型腔而制作出形状复杂的零件毛坯。其基本原理及技术大致与塑料成形工艺相似，差别在于注射成形喂料中含有近 80％的金属粉末，其热传导速率大于塑料，喂料加热及冷却速度快。

蜡基喂料熔点低，注射工艺过程料温低、模具温度也低，成形冷却速度快，时间短。零件毛坯强度低，脱模、修料及工序间转移过程零件毛坯容易破损，不易实施自动化生产。

塑基喂料熔点高，成形过程喂料温度高，模具温度高。零件毛坯强度高，易于开展自动化生产。零件毛坯硬度高，手工修料难度大。

3.4　脱脂工艺

脱脂是注射成形工艺过程重要的一环，虽然仅仅是中间工艺，但是蜡基喂料脱脂工艺主要采用溶剂脱脂加热脱脂。

蜡基喂料粘结剂脱脂过程基本是物理反应，首先通过溶剂脱脂在零件毛坯内部打开通道，然后再进行热脱脂。

溶剂脱脂过程：产品在溶剂中，开始是零件毛坯表面的一些粘结剂组分融化或溶解于溶剂之中。随着表面粘结剂的不断融化或溶解，溶剂逐渐渗入零件毛坯内部，反应持续进行最终在零件毛坯内部形成许多通道，直至零件毛坯心部，如图 1 所示。

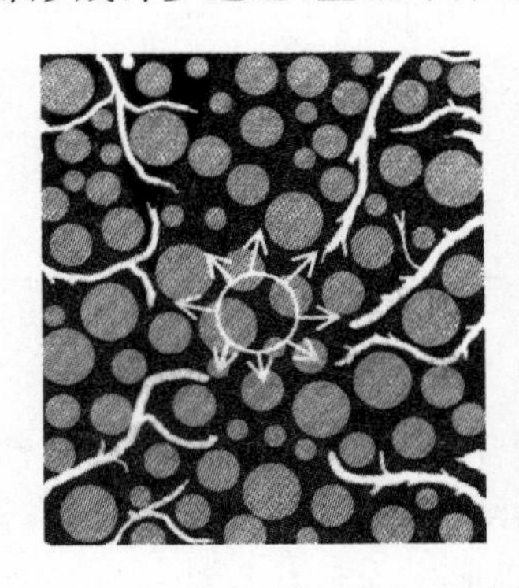
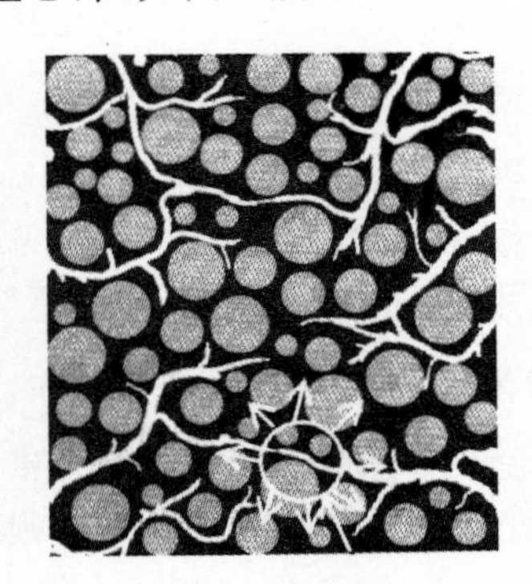

图 1　蜡基喂料溶剂脱脂通道形成过程示意图

从图 1 可以看到，位于零件毛坯中心部位的粘结剂脱除非常困难，整个工艺过程速度非常慢。

溶剂脱脂后在零件毛坯内部产生通道，在后续的热脱脂过程中，粘结剂热分解产生的气体可以沿着通道逸出。如果通道不畅通，气体便会在零件内部形成压力进而拓展成为气室。随着温度提高，气体压力持续上升，便会引起产品破裂或起泡。

蜡基喂料脱脂的优点是设备简单，安全稳定。缺点：反应速度慢，脱脂时间长，效率低。通常脱脂(溶脱＋热脱)时间达到 12 小时以上，对于壁厚超过 4 毫米的零件脱脂时间要延长许多。

因此蜡基喂料不适合做壁厚超过 8mm 的零件。

塑基喂料脱脂一般称为催化脱脂。

催化脱脂过程是化学反应，聚甲醛 POM 在一定温度条件下（110℃～140℃）在触媒气体如硝酸之作用下可以快速分解为甲醛气体。整个反应几乎无液体存在，而且所有粘结剂在此温度也不会裂解，所以零件毛坯不易变形。

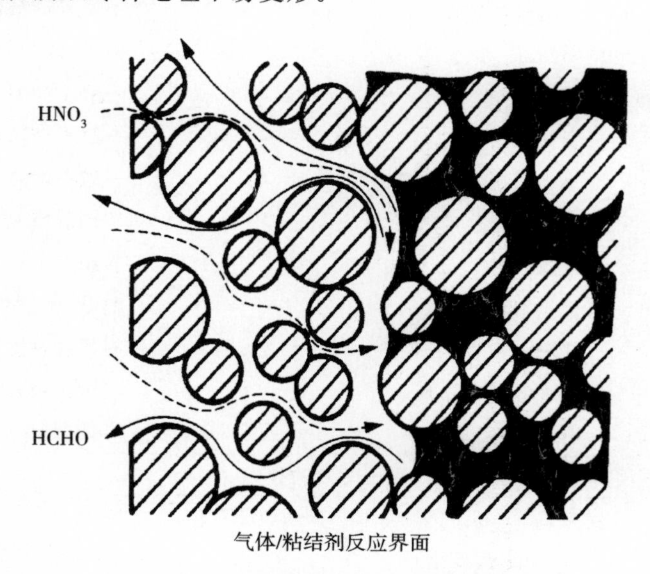

图 2　塑基喂料硝酸催化脱脂过程示意图

塑基喂料催化脱脂速度快，生产实践脱脂速率数据为 1mm/h，产品壁厚不受限制，可以制作体积较大的零件其脱脂过程。因此 MIM 零件制造不受限于壁厚、单重和体积。但是生产过程使用强酸，操作过程需加强防护措施，脱脂反应尾气(含酸废气)排出，需要特殊处理。

3.5　烧结工艺

烧结是加热到高温时粉末颗粒结合在一起的过程。注射成形零件毛坯的烧结前提是脱脂必须完全充分，如果有残留粘结剂在零件毛坯内部，烧结则无法正常进行，零件会出现严重缺陷。

蜡基、塑基两种喂料都要在完成脱脂后进行烧结，所以相同金属材料的烧结工艺过程差别不大。

现在国内多数厂家是完成溶剂脱脂或催化脱脂后进入脱脂烧结一体炉进行烧结。这个过程是缓慢升温，先将零件毛坯内部残留的粘结剂变为气态挥发，直至全部脱除。然后快速升温至材料烧结温度进行保温、烧结。

4　综合对比分析

注射成形常用蜡基喂料、塑基喂料对比项目还有许多，考虑到篇幅这里就不能展开详细叙述，综合列表如下：

表 3 注射成形蜡基、塑基喂料对比表

对比项目	塑基喂料	蜡基喂料
原料价格	较高	低
混炼工艺	温度高,有气味,扭力大	温度低,轻微气味,扭力小
金属粉末装载量	中	高
喂料流动性	较差	较好
注射	温度高,有气味	温度低,无气味
生产自动化	采用机械手方便	不易采用机械手
毛坯强度	韧性好	脆
产品壁厚	不受限制	一般不能超过 8mm
产品单重	不受限制	一般不能超过 200 克
产品单重	不受限制	一般不能超过 200 克
脱脂	催化脱脂速度快	溶剂脱脂、热脱脂速度慢
脱脂产品形状	保持较好	容易变形
脱脂设备	复杂,价格高	简单,价格低
操作过程	接触强酸,加强防护	有机物挥发,适当措施
环境污染	尾气需特殊处理	轻微污染,不需处理
脱脂材料成本	直接消耗,成本高	可以回收,成本低
综合对比		
生产效率	较高	较低
生产环境	有污染,需要措施	无污染,不需处理
良品率	高	高
生产成本	高	中

5 结 论

对比分析了蜡基、塑基两种喂料的组成、对注射成形工艺的影响,以及其各自的优点和不足。指出蜡基喂料是国内 MIM 行业自行研发的喂料,在国内工业生产中长期使用,多数 MIM 企业比较熟悉了解。蜡基喂料工艺过程简单,尽管存在一些问题但是基本处于可控状态。塑基喂料依靠进口,许多使用喂料的生产企业对这种喂料还不够了解。特别是一些掌握 MIM 技术不够全面成熟的企业使用起来问题很多。在一些生产企业,使用塑基喂料生产过程安全、环保问题一直没有很好地解决。

由于国际上对塑基喂料的使用情况也褒贬不一,MIM 技术发源地美国也主要在使用蜡基喂料。因此在实际工业生产中选择哪一种喂料要根据具体情况来决定。作者认为对于一个 MIM 生产企业,要全面掌握 MIM 技术,熟悉了解两种喂料,在生产中应该两种喂料共同使用。有喂料混炼能力的企业,应掌握两种喂料的混炼技术。

生产中还用根据产品形状尺寸等来选择喂料。对于形状简单、体积小、壁厚薄的零件可以使用蜡基喂料;对于产品形状复杂、壁厚较大、体积较大毛坯容易破损的产品可以考虑使用塑基喂料。

Zn－5Al 合金近零负压下的雾化行为研究

严鹏飞[1]　白云亮[1]　王德平[1]　严　彪[1,2]
1. 同济大学材料科学与工程学院；　2. 上海市金属基功能材料开发应用重点实验室

摘　要:本文研究了 Zn－5Al 合金在近零负压下的雾化行为。通过调节导液管位置可以改变导液管末端压力。在末端压力为近零负压时,通过摄像机观察到熔体成膜,而且可以雾化得到较细的粉末颗粒。因此,近零负压雾化有助于雾化过程的粉末细化。

关键词:限制性雾化;导液管伸出长度;末端出口压力;Zn－Al 合金

1　引　言

至今,合金的雾化可以采用的喷嘴可以分为两类,一种是比较稳定的非限制性的喷嘴紧耦合雾化器;另一种是雾化效率较高的限制性喷嘴[1~3]。而只有限制性喷嘴才可以条件导液管出口长度来明显调节熔体出口压力。

在雾化过程中,改变了熔体出口压力 ΔP,就能改变熔体金属在雾化过程中的流量大小和导液管近域的气流场[4~7]。当 $\Delta P>0$,金属熔体流量就会减少,甚至气体会通过导液管进入熔炼坩埚,致使出现气泡、熔体冻结等严重的雾化工艺问题。当 $\Delta P<0$,雾化过程中会发生熔体被卷吸进入导液管,这是对连续的雾化过程是有益的[6]。因此,负压状态被广泛用于连续的限制性雾化工艺。而且一些报告指出,当采用较大雾化压力(约 4MPa)下,出口压力会出现极高的负压时,然而此时,在导液管出口近域会出现了一些涡流,研究表明,这些涡流有助于膜状粉碎以得到更细的粉末粒径而对于出口压力为近零负压的情况,由于存在工艺不稳定的问题,这种工艺状态也很少被人研究[6,8~12]。然而,我们一次偶然的试验中观察到,在相同的雾化压力下,这次近零负压的雾化比采用负压状态要收得更细的粉末。在本文研究了 Zn－5Al 合金在近零负压下的雾化情况,确定该工艺状态是否起到粉末细化的效果。

2　实验过程

选择 Zn－5Al 为原料是由于其较好的熔体流动性和较低的熔点。合金成分为含铝 5% 的质量百分比,其余为锌。

在雾化过程中,我们使用了两种具有超音速缩放管特征的限制性喷嘴 TJ—U3 和 TJ—U2 型,试验条件如表 1 所示。其中,雾化压力采用非常低的 0.5MPa,以便更好做比对分析。出口负压是当坩埚固定后,使用一个正负压力表进行测量的,且是在仅单独通雾化气的条件下。而且,Anderson 和 Figliola 发现仅有气体和含有气体—金属熔体两相的出口压力值是相互对应的。

雾化过程采用数码摄像机进行捕捉记录。而雾化桶的形态也和常规不同,一种是较矮

(700mm),另一种是平底,这是为了记录雾化过程中金属熔滴。

收得的粉末通过150和300目的筛子进行筛分,得到三种尺寸范围:粗于150目,150～300目和细于300目。

表1 雾化工艺参数

试验编号		雾化器	雾化压力	导液管伸出长度	实测的出口负压
组1	1	TJ－U3	0.5[MPa]	3[mm]	－3.1[kPa]
	2			2[mm]	＋0.6[kPa]
组2	1	TJ－U2		6.5[mm]	<－3[kPa]
	2			3[mm]	－0.2－＋0.4[kPa]

3 结果与讨论

表2和表3分别列出了组1和组2两种雾化工艺条件下所得粉末的粒度分布。

由于雾化器具有超音速缩放管特征,结合火箭燃料雾化的原理,可以预见雾化过程可能会出现膜状粉碎过程[6,13]。

雾化过程中出口压力会随着雾化压力的改变而改变。在这种雾化器下,导液管伸出越多,出口负压越大。但导液管缩进至小于一个临界长度后的位置时,出口负压会转变成出口正压。

表2 组1试验在不同雾化条件下的粉末粒径分布

晒网大小	导液管生伸出不同长度/不同的出口压力	
	组1－1	组1－2
＋150	95.34%	78.1%
150－300	4.3%	17.1%
－300	0.36%	4.8%

表3 组2试验在不同雾化条件下的粉末粒径分布

晒网大小	导液管生伸出不同长度/不同的出口压力	
	G2－1	G2－2
＋150	接近100%	72.5%
150－300	接近0%	23%
－300	接近0%	4.5%

图1和图2是数码摄像机记录下的Zn－5Al合金的雾化过程,每一帧是1/50秒。当雾化器打开,并提起塞棒后,熔体液流开始下注。对于组1－2和组2－2的结果,熔体首先形成液膜然后液膜得到进一步雾化形成较细的粉末,如图1(1)和图2(2)所示。组1－2和2－2是常规的负压雾化过程。可以明显看出在近零负压工况条件下,细粉率有了明显的提高[1,6,14,15]。

从图上可以看到，相比图 2 中的 4 个图，我们可以看到它的流动状态出现了与文献 14 相似的状态。这是这种状态使金属熔体可以形成膜状粉碎的雾化趋势，若负压过大，这种膜状粉碎就消失了。所以，这有可能就是一些涡流所造成的特殊雾化行为，这种涡流可能是强于近零负压处，而当负压过大，有可能是超音速雾化气流撞击导液管壁后被迫进行竖直流动，明显减弱了气体能量和雾化冲击程度，并改变了该处的流体环境。

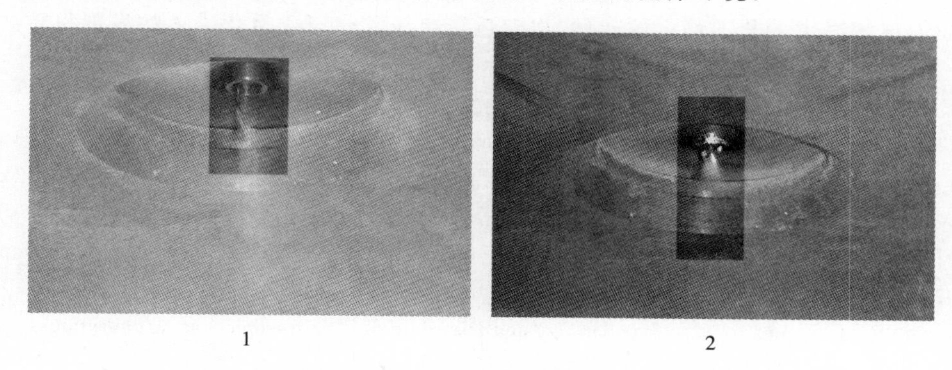

图 1 组 1 的可视化雾化样式和锥形
1 和 2 分别对应组 1 和 组 2 的试验条件

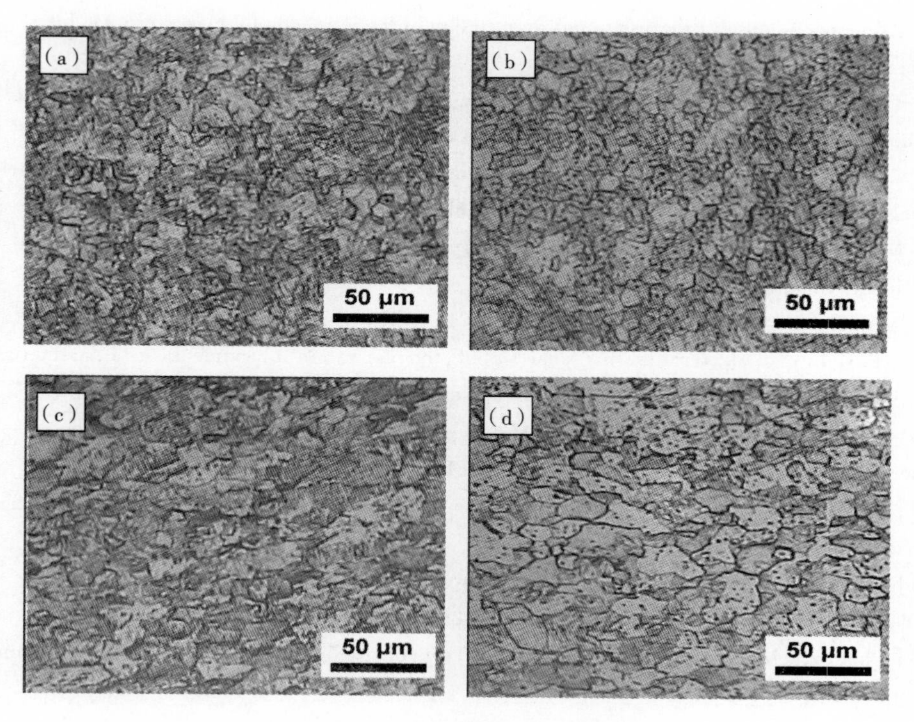

图 2 组 2 的可视化雾化样式和锥形
1 和 2 分别对应组 1 和组 2 的试验条件

对于现在在近零负压中也存在的工艺不稳定的问题，可以通过导液管加热保温或是在实验过程。一旦不稳定的问题得到解决，可以使用很少的雾化压力达到较高的细粉率，将可以降低设备运行维护的技术难题和大笔费用。

4 结　论

(1)出口近零负压雾化,可以提高细粉率;

(2)出口近零负压雾化,形成了提高细粉率的雾化特征流场,而这个效应在较大的负压工艺下不明显;

(3)如果解决了工艺不稳定的问题,出口近零负压雾化对于雾化工艺的发展很重要。

参考文献

[1] Ünal,R. The influence of the pressure formation at the tip of the melt delivery tube on tin powder size and gas/melt ratio in gas atomization method[J]. Journal of Materials Processing Technology,2006,180(1-3):291-295.

[2] Mauri K.,V.,et al. Jet Behavior in Ultrasonic Gas Atomization[J]. The International Journal of Powder Metallurgy,1989,2(25):89-92.

[3] G.,R.,L. E. and G. N. J. Powder Size and Distribution in Ultrasonic Gas Atomization[J]. Journal of Metals,1985(August):22-26.

[4] Si,C.,X. Zhang and J. Wang. Numerical Simulation on Flow Field of Laval-style Atomizer by Fluent. in Measuring Technology and Mechatronics Automation (ICMTMA)[J]. 2013 Fifth International Conference on. 2013.

[5] Allimant,A.,et al. Progress in gas atomization of liquid metals by means of a De Laval nozzle[J]. Powder Technology,2009,190(1-2):79-83.

[6] Ting,J.,M. W. Peretti and W. B. Eisen. The effect of wake-closure phenomenon on gas atomization performance[J]. Materials Science and Engineering:A,2002,326(1):110-121.

[7] Cui,C.,F. Cao and Q. Li. Formation mechanism of the pressure zone at the tip of the melt delivery tube during the spray forming process[J]. Journal of Materials Processing Technology,2003. 137(1-3):5-9.

[8] Modern Developments in Powder Metallurgy,in 19MPIF[J]. 1988:Princeton. p. 205.

[9] R. R.,R.,U. S. Patent No. 4,778,516.

[10] Anderson,I. E.,U. S. Patent No. 5,125,574.

[11] P. I, E.,et al. Aerodynamic analysis of the aspiration phenomena, in Characterization and Diagnostics of Ceramic and Metal Particulate Processing[J]. TMS,Warrendale,PA,1989.

[12] Anderson,I. E.,R. S. Figliola and H. Morton,Flow mechanisms in high pressure gas atomization. Materials Science and Engineering:A,1991,148(1):101-114.

[13] M.,G.,et al. Shear coaxial Injector Instability Mechanisms[J]. The 30th AIAA/ASME/SAE/ASEE Joint Propulsion Conference:Indianapolis,IN.

[14] Wolf,G.,H. W. Bergmann,Investigations on melt atomization with gas and liquefied cryogenic gas[J]. Materials Science and Engineering:A,2002,326(1):134-143.

[15] Chen,Z.,Multi-layer Spray Deposition Technology & Applications. Hunan[J]. China:Hunan University Press. 2003,140-141.

添加Cu粉对T10A磨屑粉体性能的影响

仲洪海 单 娜 倪 狄 申文浩 余亚岚 蒋 阳
合肥工业大学材料科学与工程学院
(仲洪海,0551－62901362,zhhustc@163.com)

摘 要:本文分析了T10A粉体的压制规律,探索了添加Cu对压坯密度、弹性后效、烧结密度和性能的影响及压制压力和烧结温度对密度的影响。结果表明:T10A粉体符合黄培云压制方程;在小于1400MPa的压力下,压坯的密度随压力的增大而增加。添加Cu可以提高压坯的烧结密度,且对弹性后效影响不大;当压制压力为1200MPa时,压坯密度为5.93g/cm^3,弹性后效为1.65%,H_2气氛中经1300℃烧结后2h密度为7.19g/cm^3;添加5%铜粉的压坯在H_2气氛中经1350℃烧结2h后密度达7.32g/cm^3,硬度为HRB60。

关键词:T10A工具钢;密度;弹性后效;铜粉;硬度

1 引 言

T10A是一种合金含量较少、具有良好性能、应用广泛的高级高碳碳素工具钢,经过淬火、回火后具有高且均匀的硬度、良好的耐磨性、较高的接触疲劳性能,是一种通用的低淬透性冷作模具钢,常用来制造工具,如冲模、量具、粉末冶金模具的模冲和芯棒等,也用于制造要求不高的农机、通用机械轴承。但在生产T10A钢球的过程中,光磨和硬磨会产生磨屑泥,磨屑泥一般作为工业废料处理,很容易污染环境。我国每年轴承钢废铁屑(泥)的产量有几千吨,对环境有很大的压力。轴承钢废铁屑(泥)的回收再利用不仅能治理污染,还能创造二次利润。本文以T10A钢光磨磨屑泥为原料,经过一系列工序处理后,得到T10A粉体。探索其作为一般粉末冶金结构材料用粉体,或生产工业机械上配重块的可行性。由于试验中的粉体来自于磨屑料,存在加工硬化现象,而且又是合金钢粉体,因此用提高压制压力来提高压坯的密度[1~3]。为了进一步提高样品的密度,向处理后的粉体中加入铜粉,作为合金添加剂和烧结助剂[4]。本文探索了添加铜对压坯的密度、弹性后效和烧结密度和性能的影响及压制压力和烧结温度对密度的影响。

2 实验过程

实验流程如图1所示。取T10A轴承球磨屑泥,边清洗边过滤,重复3～4遍。将过滤好的泥料放进真空干燥箱干燥,随后将干燥好的粉体放入管式炉中,在纯氢气氛下高温“回火”(770℃×2h)。将“回火”后的T10A轴承球磨屑取出筛分分级,得到粉体的粒度分布。过120目的标准筛,得到供压制和烧结用的T10A粉体。向T10A钢粉中加入0.7%的硬脂酸锌及不同量80目的铜粉[2~5],充分混匀。为了研究粉体的压制性能,将混合后的粉体在不同压力下压制成形,测量压制密度和弹性后效。选择一个合适的压力下压制圆形压坯和标准拉伸试样压坯,放进高温管式炉,在还原性气体H_2的保护下,加热到不同的温度保温2h

进行烧结。待烧结冷却后，取出烧结样品，测量其密度、硬度和抗拉强度及观察组织结构。

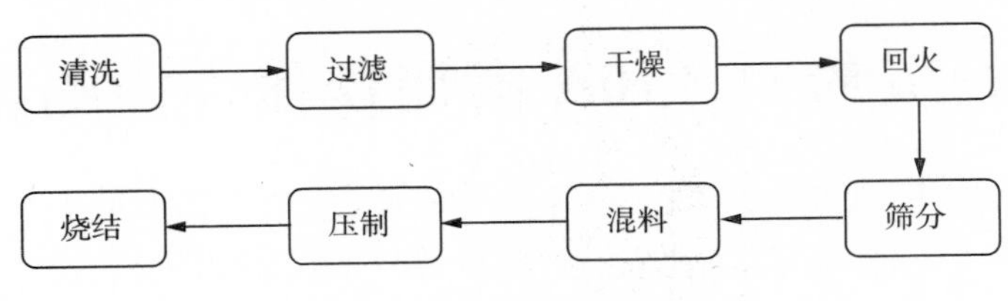

图 1　实验流程度

3　结果与讨论

3.1　粉末粒度分布和形貌

表 1 所示为从 T10A 磨屑泥经过一系列工序后，分别用 60＃、120＃、200＃、280＃的标准检验筛在筛分分级机上分级得到的钢粉粉末的粒度分布结果。从表中可以看出，T10A 磨屑粉末的粒度分布范围较宽，呈正态分布，在 50～74 μm 的区间内颗粒最多。考虑到对粉体的充分利用及要求密度较高的压坯，本文的压制、烧结试验选取过 120＃标准筛的筛下物粉末，此时粉末的利用率达到 88％以上。图 2 为过 80＃和 280＃筛后粉末的形貌，从图中可以看出，粉末的外形呈不规则的短条状或片状，符合轴承球磨屑的特点。

表 1　T10A 磨屑粉的粒度分布

124～250 μm	74～124 μm	50～74 μm	38～50 μm	<38 μm
11.96g	13.29g	44.88g	17.55g	16.16g
11.51％	12.79％	43.22％	16.90％	15.56％

注：共 105g，损失 1.16g

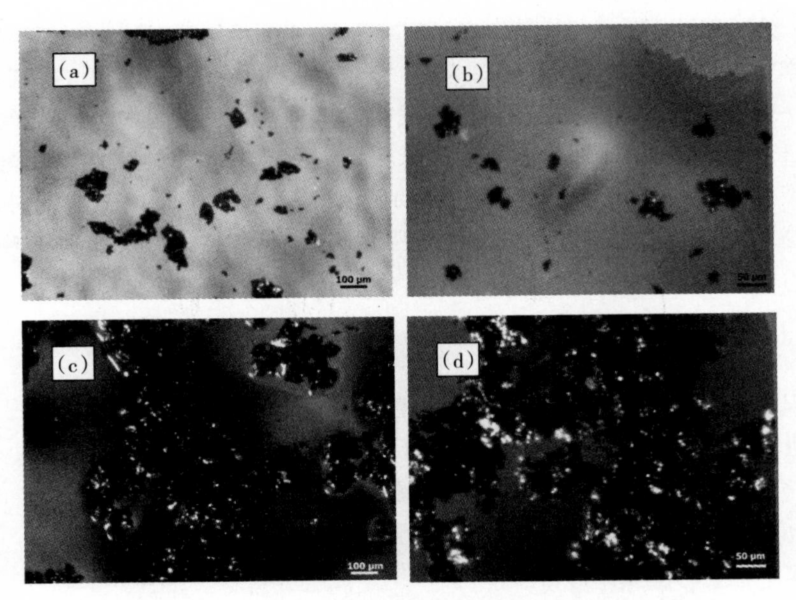

图 2　过筛后粉末的形貌照片

(a)80 目×100 倍；(b)80 目×225 倍；(c)280 目×100 倍；(d)280 目×225 倍

3.2 T10A 磨屑粉末的压形规律

表2为T10A磨屑粉模压数据的处理结果。T10A磨屑粉的压形规律可以通过黄培云压形方程来研究[6~8]：

$$\frac{m\lg\ln[(d_m-d_o)d]}{[(d_m-d)d_o]}=\lg P-\lg M$$

其中：d 是压坯密度(g/cm^3)；d_0是松装密度(2.4g/cm^3)；d_m是材料的理论密度(7.8g/cm^3)；m 是非线性指数，表示粉末成形过程中的硬化趋势；M 是压制模量(MPa)，表示的是粉末成形的难易程度；P 是压制压力(MPa)。

表2 黄培云方程对T10A粉末模压数据的处理结果

$P\times10^2$/MPa	d/g·cm^{-3}	$\lg P$	$\frac{\lg\ln[(d_m-d_o)d]}{[(d_m-d)d_o]}$
9.5	5.70	0.978	0.106
10.5	5.75	1.021	0.109
11.5	5.92	1.061	0.119
13.0	5.94	1.114	0.121
14.0	5.97	1.146	0.123

以 $\lg\ln[(d_m-d_o)d]/[(d_m-d)d_0]$ 为 x 变量，$\lg P$ 为 y 变量，采用最小二乘法对模压数据进行处理，其斜率：$m=(\sum x_iy_i-\sum x_i\sum y_i/N)/(\sum x_i^2-(\sum x_i)^2/N)$ 计算结果为8.5467，m 值较大，说明T10A磨屑粉的硬化趋势很强，这可能与T10A磨屑粉易回火和易加工硬化有关。压制模量 M 通过 $\lg M=(\sum y_i-m\sum x_i)/N$ 来计算，M 值为1.1912。M 值较小说明粉末容易成形，可能与粉末的不规则外形有关。因此T10A磨屑粉体具有良好的成形性，但不易获得高密度。通过 $R=m(\sigma_x/\sigma_y)$ 计算了相关数据 R，其中 σ_x 和 σ_y 分别是 x，y 的标准偏差，$R=0.9758$，说明T10A磨屑粉的压形规律符合黄培云压形方程。

3.3 Cu 粉添加对压坯密度和径向弹性后效的影响

图3表示T10A磨屑粉压坯径向弹性后效及密度随压制压力的变化曲线。可以看出，压制压力对T10A磨屑粉压坯的弹性后效有一点影响。压制压力在1150MPa～1400MPa之间，压坯弹性后效在1.65%左右，而压制压力在950MPa～10500MPa之间，压坯弹性后效为

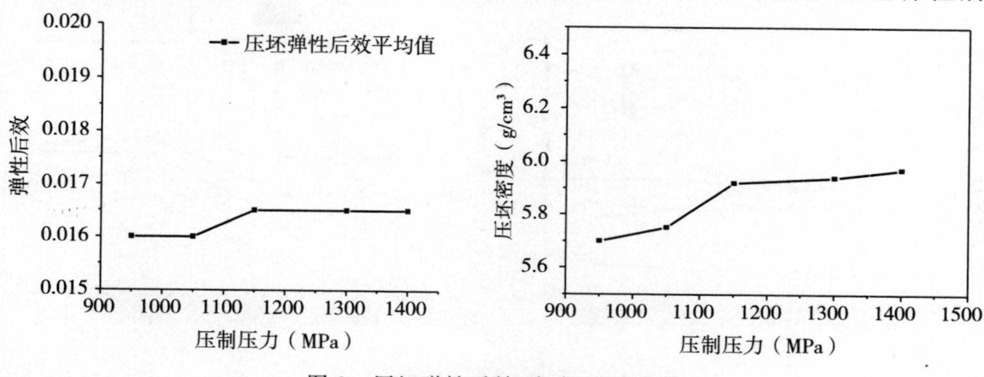

图3 压坯弹性后效、密度-压力曲线

1.6%。后面的烧结试验中选取压坯的压制压力为1200MPa，此时压坯密度为5.93g/cm^3。

图4为T10A磨屑粉添加不同量的Cu粉后，在1200MPa下弹性后效的变化。径向弹性后效随含铜量的变化不大，在1.53%～1.65%之间，比未加铜的压坯略小一点，但比普通铁基粉末的弹性后效大得多。

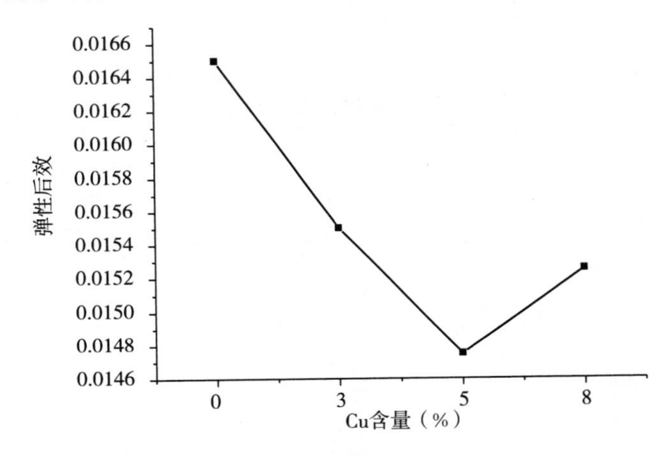

图4　压坯密度和弹性后效随含Cu量的变化

3.4　铜粉添加对T10A磨屑粉体烧结性能的影响

3.4.1　烧结密度、烧结收缩率和拉伸性能

图5为不同温度下烧结体密度随含铜量的变化曲线图。可以看出，在1200MPa压力下压制的压坯经过烧结后密度均有提高。未加入铜的样品在1300℃烧结后的密度达到了7.19g/cm^3。因此，处理后的粉体可以作为生产铁基结构材料用粉体（缺点是单位压制压力较大）。向T10A磨屑粉体中加入铜后，随着烧结温度的提高，烧结坯密度均提高。加入5%Cu粉的压坯密度较高，1350℃烧结后的密度达到了7.32g/cm^3。而加入8%Cu的压坯当烧结温度达到1350℃后密度均降低，这说明烧结温度过高，使样品过烧，致密度降低。可能是由于烧结温度过高，会造成晶界移动速率大、驱动力大，直接造成晶界移动速率大于气孔移动速率，容易形成异常长大的晶粒，从而造成气孔被包在晶粒内部，气孔难排除，坯体难以致密化，导致气孔率增加，密度降低[9]。

图6为不同烧结温度下径向烧结收缩率随含铜量的变化曲线图。在1250℃和1300℃下，烧结收缩率随含铜量的增加而降低。

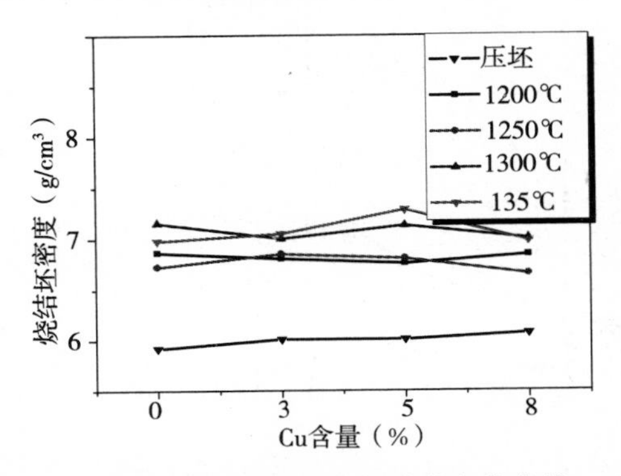

图5　烧结体密度随含铜量的变化曲线

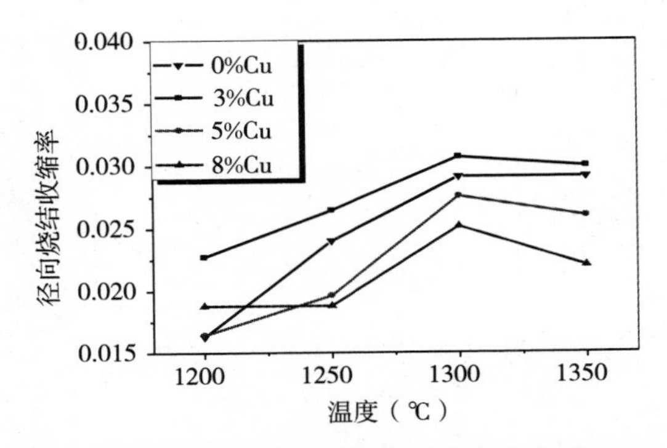

图6　烧结收缩率随铜含量的变化曲线

压制标准拉伸试样压力为600MPa，烧结后密度6.34g/cm³（烧结温度1300℃×2h，H_2气氛），抗拉强度270.45MPa。而加5%铜后抗拉强度为331.06MPa（压制压力600MPa，烧结温度1300℃×2h，H_2气氛，密度6.65g/cm³）。可见，相同的压制压力下，加入铜后烧结密度大于不加铜的样品密度，抗拉强度也大于未加铜的样品。

3.4.2 硬度

图7所示为加入5%Cu粉的T10A磨屑粉烧结体硬度与烧结温度的关系，可以看出随着烧结温度的升高，烧结体的硬度不断提高，在1300℃烧结后，烧结体的硬度达到HRB60。

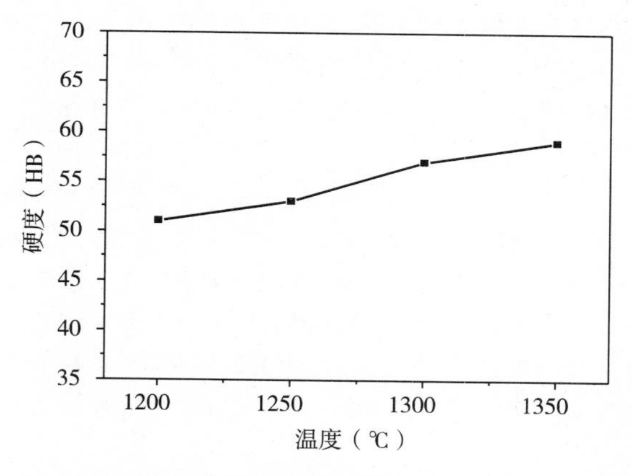

图7 烧结体的硬度随烧结温度的变化曲线

3.4.3 铜添加对烧结体显微组织的影响

图8所示为在金相显微镜400倍放大倍数下添加Cu的T10A粉末烧结体的显微组织。从图中可以看出：在同一温度下烧结的含8%Cu样品小孔隙少于含5%Cu的样品，而大孔隙与含5%Cu的样品差不多。在相同含5%Cu但不同烧结温度下的样品，明显看出1350℃下烧结的样品密度较高。这也与前面的密度测量结果一致。

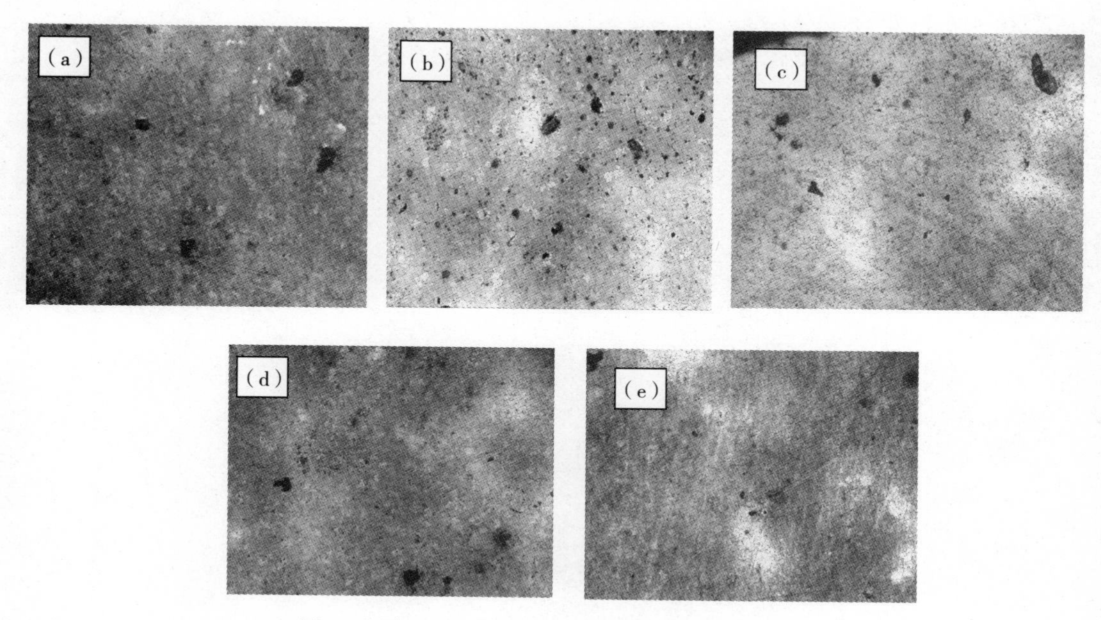

图8 添加Cu烧结样品的显微组织照片（400×）

(a)3%Cu，1200℃；(b)5%Cu，1200℃；(c)8%Cu，1200℃；(d)5%Cu，1300℃；(e)8%Cu，1300℃

4 结论

(1)T10A磨屑粉末的粒度分布范围较宽，呈正态分布，在50～74μm的区间内颗粒最多。T10A磨屑粉的压形规律符合黄培云压形方程。其中$m=8.5467$，硬化趋势很强；M值为 1.1912，粉体易成形。

(2)T10A 粉体在 1200MPa 下压制成的压坯，具有较高的密度和较高的弹性后效，密度为 5.93g/cm^3，径向弹性后效为 1.65%，在纯 H_2 中 1200℃烧结 2h 后的密度达 6.90g/cm^3。

(3)T10A 粉体中加入铜粉后，烧结体密度都会提高。实验发现铜粉加入量为 5%时，样品的烧结密度达到 7.32g/cm^3。压制标准拉伸试样压力为 600MPa，T10A 压坯烧结后密度 6.34g/cm^3，抗拉强度 270.45MPa；而加 5% 铜后密度为 6.65g/cm^3，抗拉强度为 331.06MPa，烧结条件均为温度 1300℃×2h，纯 H_2 气氛。

(4)铜粉加入量为 5%的压坯，1300℃烧结 2h 后，烧结坯硬度最大为 HRB60。

参考文献

[1] 曾德麟．粉末冶金材料[M]. 北京：冶金工业出版社，1997.

[2] 刘传习，周作平，解子章，等．粉末冶金工艺学[M]. 北京：科学普及出版社，1985.

[3] 张华诚．粉末冶金实用工艺学[M]. 北京：冶金工业出版社，2004.

[4] 周作平，申小平．粉末冶金机械零件实用技术[M]. 北京：化学工业出版社，2006.

[5] 李元元，李金花，倪东惠．润滑剂含量对模壁润滑温压工艺的影响[J]. 粉末冶金技术，2004，22(6)：341－344.

[6] 黄培云．粉末冶金原理(第二版)[M]. 北京：冶金工业出版社，1997.

[7] 蒋阳，许煜汾．含成形剂的纳米微晶 ZrO_2 粉末压形规律的研究[J]. 无机材料学报，1999，14(1)：165－169.

[8] 仲洪海，王文龙，张海青，等．用甘氨酸法合成 $Sm_{0.1}Ca_{0.9}MnO_3$ 粉体及热电性能表征[J]. 粉末冶金材料科学与工程，2011，16(1)：32－37.

[9] 徐润泽．粉末冶金结构材料学[M]. 长沙：中南工业大学出版社，2002.

HPP－P 系列全自动粉末成形压机的改进设计

闫德亮 潘学仁
扬州海力精密机械制造有限公司

摘　要：本文介绍了扬州海力精密机械制造有限公司 HPP－P 系列全自动粉末成形压机在设计上的一些改进，包括：(1)机器采用上、中、下三段组装结构，箱体加工方便，加工精度高。机器部装、总装精度易保证，对模架多模冲扩展功能适应性强。机器三段组装采用拉杆连接紧固，刚性、强度高；(2)主传动由二级传动改为三级传动，结构紧凑，运转平稳。飞轮装配于飞轮轴座上，消除了飞轮运行时巨大的动能对主传动轴产生的离心振动，安全性能得到了保证，主传动轴运行更为平稳可靠。本文还介绍了下横梁结构尺寸的设计依据、下滑柱垂直运动精度的机构保证等。

关键词：粉末成形压机；设计

1　前　言

随着粉末冶金技术的迅猛发展，粉末冶金零件在汽车、机械、电子、家电等领域的占有量呈爆发式的增长，并且今后还将呈现更加旺盛的发展势头，为适应不断提高的粉末制品零件的成型需要，在吸收国外粉末成型机先进技术的同时，结合国内粉末冶金行业制品成型对成型机功能的要求，本公司自主研发了适应市场需求的 HPP－P 系列全自动粉末成型机。机器结构更加先进和合理，机器刚性增强，动力传递稳定可靠，系统运行平稳，精度保持稳定，配制的功能运行良好，是一款性能较为优良的机型。

2　机器主体设计

图 1 为该机器的外形结构图，由上箱体部分、中立柱部分、下箱体部分组成。三部分由四根立柱及立柱内拉杆连接而成(图 2)。

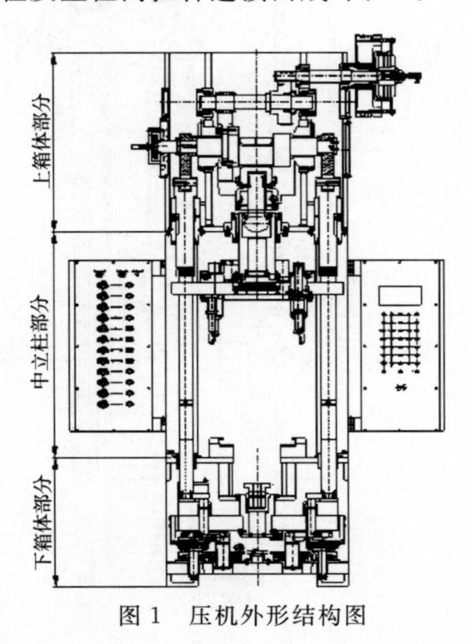

图 1　压机外形结构图

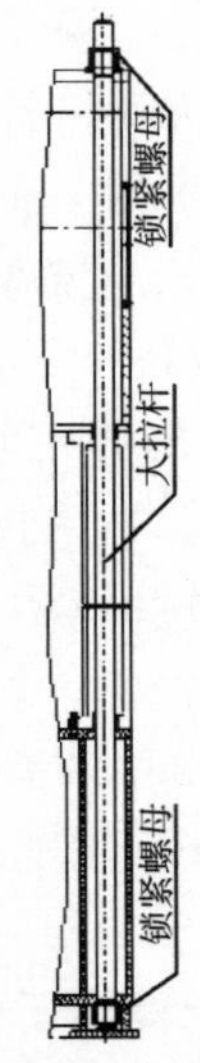

图 2　三部分连接图

3　主传动改进设计

目前国内外部分粉末成形压机，从电机到曲轴传动：一般为一级皮带轮减速加一级齿轮减速（图 3），这就要求齿轮减速比很大，曲轴上的大齿轮在满足轮齿的强度状况下，齿轮要做得很大，同时对箱体齿轮装配部位及其他零部件也要做得很大，增加了大齿轮加工难度。在设计 P 系列成型机主传动时，对其传动结构作了较大程度的改进设计，将一级皮带轮减速加一级齿轮减速设计成一级皮带轮减速加二级齿轮减速，减速比分配更加合理，齿轮组全部装入上箱体之内（图 4），结构紧凑，传动平稳，满足了主传动机构对动力和运动的传递要求。

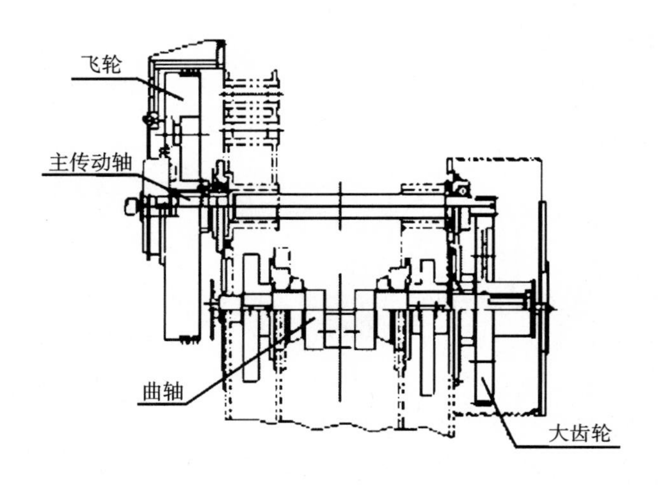

图 3　国外粉末成形压机结构图

在图 3 所示结构中，主传动轴上安装的飞轮，对于主传动来说，是悬臂梁，飞轮自重达 1 吨左右的重量全部作用主传动轴的悬臂处，受力状态不太好，既要承受传递动力和运动的必备功能，又要承受飞轮自重带来的附加不利因素，运动平稳性削减较多。长久以往，会影响机器的性能和精度，并缩短主传动轴——特别是飞轮端支承轴承的寿命。为了解决上述问题，在图 4 的箱体设计中，飞轮的重量落在了飞轮的固定轴座上，对主传动轴来说，没有附加重力，主传动轴在离合器吸合时，由飞轮带动做旋转运动，此时主传动轴只承担机器运行过程中传递动力和运动的必备功能，降低了主传动轴支承轴承的静载荷和动载荷，提高了支承轴承的使用寿命，消除了飞轮运行时巨大的动能对主传动轴产生的离心振动，安全性能得到了保证，同时对齿轮的啮合传动性能得到了提高。

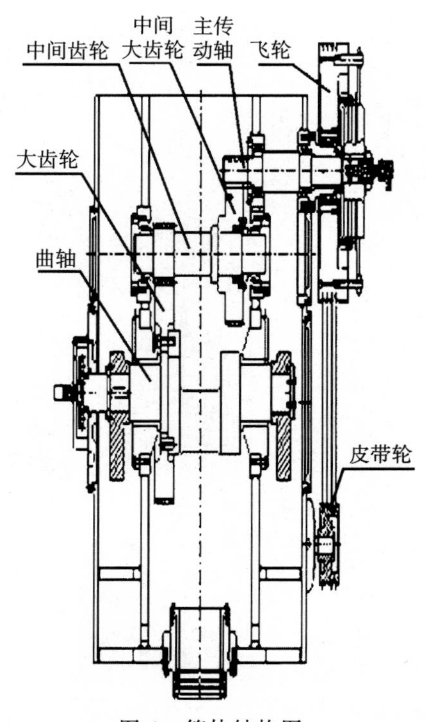

图 4　箱体结构图

4　下横梁设计

下横梁是机器下部重要的承力载体，必须承受制品成形时顶压力，同时与下横梁固结的下滑柱的上下运动，也对制品成形影响极大，因此下横梁的设计至关重要。图 5 为下横梁工作状态的受力图，这是一个简支梁，中间力 F 为压制时的作用力，两端为顶压时的支撑力 R_A 和 R_B，在 F 力的作用下，在下横梁的中间产生最大弯矩 M_w，此弯矩 M_w 将对下横梁产生弯曲挠度 y 和弯曲应力 σ_w，这会严重影响制品成型后的尺寸精度和制品密度。因此下横梁的刚性设计至关重要。根据材料力学弯曲理论，弯曲应力 σ_w 必须小于$[\sigma_w]$。弯曲应力计算：$\sigma_w = M_w/W$。

当机器技术参数确定以后，下横梁上作用力 F 和 R_A、R_B 就为一恒定值，在顶压支承位置确定后，下横梁上的最大弯矩也随之确定，提高刚性、减小弯曲应力的主要途径是提高下横梁的抗弯矩 W，这也是下横梁选材和设计结构尺寸参数的理论依据。

在设计时，还要考虑下滑柱上下运动精度对下横梁结构设计的要求：下滑柱是与下横梁连接成一体的，下滑柱的上下运动精度也就是下横梁的运动精度。HPP－P 系列成形机避开了其他机型在这方面先天缺陷，在下横梁两端对角位置设计增加了导柱导套导向装置（图 6），同时增加了下滑柱与箱体之间的防晃动的导向铜套，此处结构的设计改进，提高了下滑柱上下运动时的垂直精度。

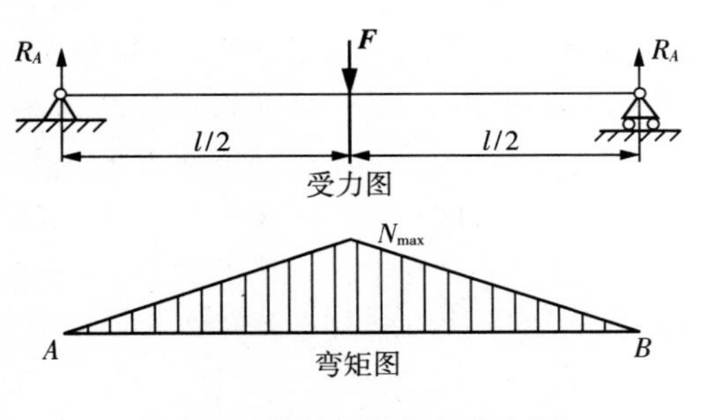

图 5　下横梁工作状态受力图

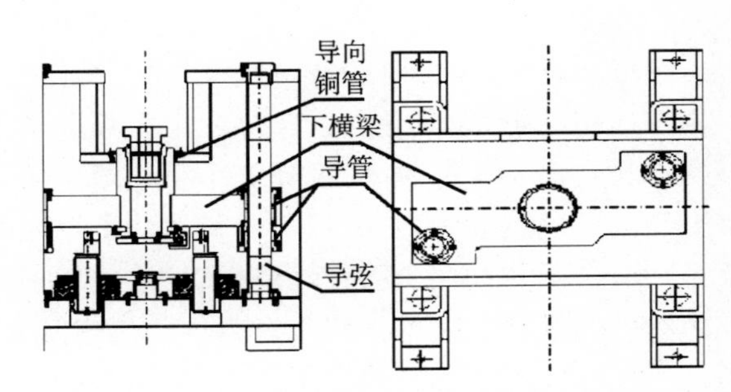

图 6　HPP－P 系列成形机结构图

5　结束语

粉末成形压机是粉末制品成形的专用设备，随着粉末制品行业对成型机性能提升和功能扩展的需求，真诚的期盼同行的专家学者、工程师及广大用户，提供宝贵的建议和经验，共同推动我国粉末成形技术的发展。

四、开发与应用

高热负荷喷撒摩擦材料的研究及应用

张国洪　　戴国文　　韩建国
杭州粉末冶金研究所

摘　要:本文综述了各组元对喷撒摩擦材料物理化学性能、摩擦磨损性能等的影响,着重探讨了高热负荷喷撒摩擦材料的基本组成、性能特点、生产工艺及摩擦磨损机理。

关键词:高热负荷;喷撒摩擦材料

1　前言

喷撒摩擦材料是20世纪80年代由杭州粉末冶金研究所通过从国外引进设备而研发的新型摩擦材料,与传统的压烧摩擦材料,相比其特点是比重轻、含油率高、耐热性好、噪声小、摩擦性能稳定,尤其是在生产过程中采用无磨削和无切削加工工艺既大幅提高了材料的利用率又提高了生产效率,且降低了生产成本,因此其应用前景十分广阔。然而,随着人类社会和经济的迅猛发展,工程机械负载的不断增加,车辆速度之大幅提高,原有配方已不能满足现有工况,主要表现为摩擦材料发生烧损、过铜、热变形,究其原因,主要是因为材料的热负荷能力低,因此,本文着重对高热负荷喷撒摩擦材料进行了详尽的探讨与研究。

2　喷撒摩擦材料的基本组成

喷撒摩擦材料分为Sn青铜基、Zn黄铜基、Sn－Zn混合基三类。填料为石墨、二氧化硅、硅酸锆、铁粉、铅粉等。由于Sn青铜基热负荷性能低但工艺性能好,而Zn黄铜基工艺性能差但热负荷性能高,因此本文针对Sn－Zn混合基进行高热负荷性能研究。

2.1　各组元的作用

(1)铜:广泛用作摩擦材料的基体。在铜基摩擦材料中,铜含量的范围为50%～90%。它具有较高的导热率,能保证材料在摩擦过程中具有良好的散热性;它具有良好的塑性变形能力,在产品加工过程中易于压制和精整;它与氧的亲和力小,在空气中氧化速度缓慢,烧结时对保护气氛无特殊要求。

(2)铅:经常用在铜基摩擦材料中,属塑性金属,加入混合料中改善材料的压制性能。它不溶于金属基体,以单独夹杂物存在。随其含量的增加而材料的强度、硬度和摩擦系数相应降低。它属重金属,对操作工人的身体及周边环境易产生不利影响。

(3)锡:粉末冶金锡青铜摩擦材料的组织和性能首先取决于锡的含量。大多数材料中铜锡比为9∶1。根据铜-锡相图,在烧结温度720℃～760℃下进入α固溶体的锡可达15%。铜-锡合金使摩擦材料具有良好的耐热性,较低的磨损量,但摩擦系数不够稳定。

(4)锌:锌与铜形成合金可提高材料的强度和孔隙度,可使材料存留更多的润滑油。与铜-锡材料相比,孔隙度较高的铜—锌材料具有较高的摩擦系数和较大的能量吸收能力。但与锡相比,它较难和铜形成合金,对烧结气氛的要求较高且单质锌在高温烧结过程中易逃逸,导致成分不稳定。

(5)石墨:铜基摩擦材料中加入石墨,可改善摩擦材料的抗咬合性能和耐磨性能,在铜-锡-石墨合金中,最佳石墨含量取决于含锡量,含锡量愈高,石墨加入量愈高。

(6)铁:铜基摩擦材料中添加铁能降低成本,在轻负荷工作条件下能胜任工作。但在中等和重负荷工作条件下,由于纯铁粉硬度比其他摩擦剂低,且抗氧化能力和抗粘结能力较差,在提高材料的摩擦系数和耐磨性能方面其贡献没有其他摩擦剂大,故很多中等和重负荷工作条件下的材料不添加铁作摩擦剂。

(7)二氧化硅和硅酸锆:它们具有较高的强度和硬度,并且在烧结温度和使用温度范围内不与其他组分发生化学反应,也不发生多晶转变,因此常作为摩擦剂添加到摩擦材料中,以达到提高摩擦系数的目的,同时消除对偶表面上从摩擦片转移过来的金属,从而稳定摩擦系数。由于基体合金对硅酸锆的润湿性较好,因此添加硅酸锆的材料比添加二氧化硅的材料更容易烧结,即基体强度更高。为防止摩擦材料刮伤对偶,一般采用粒度较小的摩擦剂。

3 高热负荷喷撒摩擦材料配方试验

根据各成分的作用,选用以下配方加工成 ϕ230mm×ϕ144.5mm×3mm 的喷撒摩擦片,依据 JB/T7909《湿式烧结金属摩擦材料摩擦性能试验台试验方法》进行台架考核。

3.1 配方组成

铜粉(-200 目)60%~70%;锡粉(-300 目)6%~8%;石墨粉(-150 目)7%~10%;硅酸锆粉(-200 目)9%~14%;锌粉(-300 目)8%~10%。

该配方与常规配方相比有以下特点:①不含铅,对环境无污染;②不含铁,产品不易氧化,可解决"产品入库后发生氧化需重新回炉还原"的问题,可省时省力省电,降成本;③采用硅酸锆粉(-200 目)而不是硅酸锆砂(-100)可避免高硬度硅酸锆颗粒划伤对偶;④采用锌粉形成铜锌合金提高了材料本身的热容量

3.2 生产工艺

喷撒摩擦材料生产工艺流程如图 1 所示。

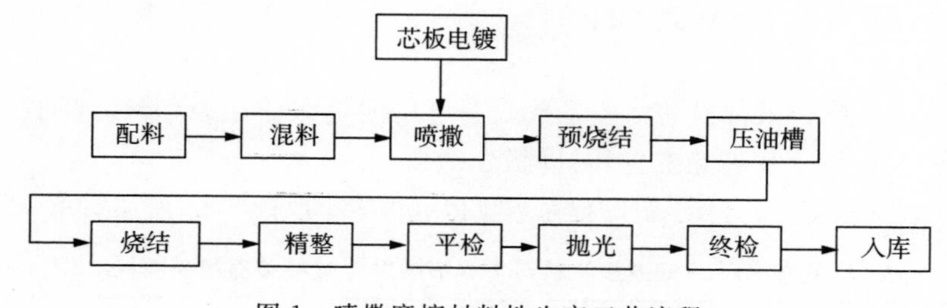

图 1 喷撒摩擦材料性生产工艺流程

常规喷撒摩擦材料在喷撒工序阶段要预撒一层粘结剂,然后再撒摩擦层粉,这样能让摩擦层与芯板粘结更牢固,但同时也产生了一个弊端,即粘结剂混入到了摩擦层粉内,导致材料成分发生了变化,据现场测试,3h 连续运转粘结剂可达摩擦层粉总重量的 12%~25%,因

此，为保证产品性能的稳定，高热负荷喷撒摩擦材料在生产过程中不撒粘结剂，而是通过配方的调整来增强摩擦层与芯板的结合强度。

3.3 材料的物理性能

把以上配方材料与常规配方材料进行物理性能对比，结果如表 1 和表 2 所示。

表 1 加工成可直接装配应用的相同产品

物理性能 / 材料类型	摩擦层硬度 HB(ϕ2.5/30s)	摩擦层密度 (g/cm³)	摩擦层孔隙率
常规喷撒摩擦材料	32～38	4.9～5.1	20%～25%
高热负荷喷撒摩擦材料	31～38	4.4～4.6	30%～38%

注：采用芯板为 1.5mm 厚的 65Mn 冷板分别与以上两种材料加工成总厚为 2.5mm 的摩擦片（单面摩擦层厚 0.5mm）。

由表 1 可以看出，在确保各自优良的摩擦磨损性能的前提下，高热负荷喷撒摩擦材料的孔隙率明显高于常规配方，且高热负荷喷撒摩擦材料的密度更低，可制造轻量化配件。

表 2 用相同重量的粉料加工成直径为 ϕ25mm 厚度为 2mm 的试样（无芯板）

物理性能 / 材料类型	试样硬度 HB(ϕ2.5/30s)	试样密度 (g/cm³)
常规喷撒摩擦材料	20～28	4.9～5.1
高热负荷喷撒摩擦材料	31～38	4.9～5.1

由表 2 可以看出，相同密度条件下，高热负荷喷撒摩擦材料的基体硬度更高，可提高产品的摩擦磨损性能。

3.4 台架试验

表 3 是高热负荷喷撒摩擦材料与常规喷撒摩擦材料摩擦磨损性能对比。可以看出：

① 常规喷撒摩擦材料性能指标符合《工程机械湿式铜基摩擦片技术条件》Ⅰ类标准，仅适用于中、小负荷传动，而高热负荷喷撒摩擦材料性能指标已达《工程机械湿式铜基摩擦片技术条件》Ⅱ类标准，可适用于重负荷传动；

② 高热负荷喷撒摩擦材料能量负荷许用值 C_m 较高可有效解决摩擦材料发生烧损、过铜和热变形等问题；

③ 高热负荷喷撒摩擦材料动摩擦系数较高可传递更大的扭矩，若传递同等扭矩设计上可减少摩擦副，从而缩小变速箱的体积，降低生产成本；

④ 高热负荷喷撒摩擦材料动、静摩擦系数更接近可减小换挡冲击，增加驾驶车辆的舒适度。

表 3 高热负荷喷撒摩擦材料与常规喷撒摩擦材料摩擦磨损性能对比

性能指标 / 材料类型	能量负荷许用值 C_m	动摩擦系数	静摩擦系数	磨损率 cm^3/J
常规喷撒摩擦材料	10000～20000	0.05～0.06	0.12～0.14	$0.5\sim1.0\times10^{-8}$
高热负荷喷撒摩擦材料	40000～60000	0.08～0.09	0.12～0.14	$0.6\sim1.1\times10^{-8}$

4 摩擦磨损机理

高热负荷喷撒摩擦材料其能量负荷许用值 C_m 大幅提高的原因一方面是因为该材料的孔隙率高(含油率高),当摩擦副高速旋转至界面近乎无油状态而产生高温时孔隙内的油及时释放出来降低界面温度,从而提高产品的热负荷能力,另一方面是因为动摩擦系数高,而动摩擦系数的提高可以从著名的 Steibeck 曲线去分析:

湿式摩擦副接合过程犹如滑动轴承在不同的载荷、速度和粘度下,动摩擦系数遵循图 2 所示的著名的 Steibeck 曲线,反映出摩擦副从液体润滑向边界润滑转化的三种工作状态:①流体动压润滑;②部分弹性流体动压润滑或混合润滑;③边界润滑。

图 2 中横坐标表征 s_0 = 粘度×速度/载荷,即流体润滑中 sommerfeld 数,纵坐标是摩擦系数。

在状态Ⅰ中,摩擦副表面被连续的油膜隔开,油膜厚度 h 大于表面粗糙度 R,表面间不发生实际接触,摩擦阻力来自于油膜的内摩擦,随着 s_0 的减小,摩擦系数降低,摩擦副不产生磨损。

在流体动压或弹性流润滑条件下,若油的粘度或速度降低或者载荷增大,则油膜就变得更薄,甚至油膜局部被撕裂,发生少量微凸体的相互接触,便达到混合润滑状态Ⅱ。在该状态中,正压力载荷一部分由油膜承受,另一部分由接触中的表面微凸体承受。摩擦阻力一部分由油膜的剪切引起,另一部分由微凸体的相互作用变形和剪切引起。

如果油粘度降低、载荷再加大,摩擦副接触面积内相互接触作用的微凸体数量增多,油膜厚度减小至几个单分子层或更薄,则到达边界润滑状态Ⅲ中。摩擦表面越粗糙及油槽的存在,油膜很快减薄,并撕裂油膜进入边界摩擦。对于多孔性表面,摩擦副一接合就进入边界摩擦,越过混合润滑摩擦状态,到达摩擦副,均匀地提高了从开始加速直到同步时的摩擦系数,得到一条平坦、均匀的加速线,也就是摩擦副接合过程中,摩擦系数逐渐上升,且中途没有下降的现象,即摩擦副接合平稳。

在边界润滑状态正压力几乎全部由微凸体的变形来承受,总摩擦系数包含液体、固体两部分,即流体摩擦系数。在状态Ⅲ中,摩擦材料、润滑剂、摩擦副界面上的物理—化学相互作用决定了摩擦副的摩擦磨损特性。

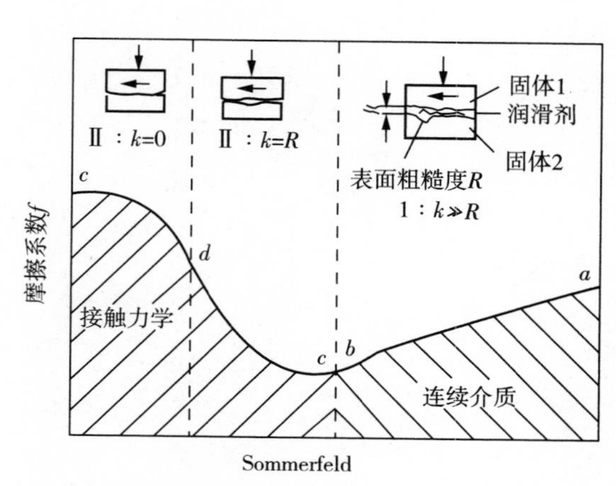

图 2 Steibeck 曲线

高热负荷喷撒摩擦材料的高孔隙率实际上是增加了产品的表面粗糙度,这样一方面缩短了剪切油膜的时间,使摩擦副迅速进入边界摩擦,另一方面众多的微凸体产生较大的摩擦阻力,从而提高摩擦系数;而摩擦系数的提高会相应增加摩擦副的磨损,但其磨损率仍符合《工程机械湿式铜基摩擦片技术条件》Ⅱ类标准,在湿式装置中,许用热负荷条件下,实际上摩擦副的磨损是微量的,除了初期每个摩擦面最大 0.05mm 的磨损外,后期几乎不产生磨损。

5 应用

高热负荷喷撒摩擦材料已在国内 ZL30E 装载机变速箱、ZL50 装载机变速箱内使用，尤其是 ZL30E 装载机变速箱对摩擦材料的设计要求是动摩擦系数大于 0.08，静摩擦系数为 0.12～0.14，热负荷许用值大于 32000，达重负荷传动要求，属《工程机械湿式铜基摩擦片技术条件》Ⅱ类标准，摩擦片经 2000 小时装机考核，完全能胜任实际工况，有效解决了摩擦材料发生烧损、过铜和热变形等问题，目前该材料正在积极推广应用。

6 结束语

高热负荷喷撒摩擦材料是一种性能可靠、结合平稳、对环境污染小且成本较低的新型摩擦材料。对原材料性能的进一步提升以及配方成分的合理优化将是今后高热负荷喷撒摩擦材料研究的发展方向。随着广大科研工作者的深入探索将会开发出应用前景更加广阔、性能更加优异的高热负荷喷撒摩擦材料。

参考文献

[1] 霍斯特·契可斯著，刘仲华等译．摩擦学(对摩擦、润滑和磨损科学技术的系统分析)[M]．北京：机械工业出版社，1980.

粉末冶金水泵半联轴器的研制

陈宝群　　王士平　　杨传芳
马鞍山市华东粉末冶金厂
(陈宝群,13866407056,cyscbq610805@126.com)

摘　要:水泵半联轴器结构复杂,尺寸较大,两半圆尺寸要求较高,用于水泵传动系统联接传动轴,要求与轴配合的两半圆表面光洁度高,同心度好,为提高产品耐腐蚀性能,最终产品表面需作电泳处理。针对上述要求,通过合理模具设计,优选工艺参数,利用适当的蒸汽处理工艺作封孔处理,采用粉末冶金方法成功生产出了该零件。

关键词:粉末冶金;半联轴器;模具设计;蒸汽处理

1　引言

水泵半联轴器结构复杂,尺寸较大,两半圆尺寸要求较高,用于水泵传动系统联接传动轴,要求与轴配合的两半圆表面光洁度高,同心度好,为提高产品耐腐蚀性能,最终产品表面需作电泳处理。因其结构形状复杂用切屑加工方法生产很困难,用铸造方法产品尺寸精度难以保证,因此考虑用粉末冶金方法制造。但其复杂的结构形状以及外形较大,使其成形难度较大,同时粉末冶金产品不可避免内部孔隙的存在,这对最终的电泳表面处理产生了困难,电泳液会从产品内部孔隙内返出来,导致产品表面出现白斑,影响外观。为此我们通过调整蒸汽处理工艺,利用蒸汽处理来使产品内部及表面孔隙封闭,从而使电泳液不会吸到产品内部。通过以上对零件结构和性能的分析,依据现有的技术装备,通过合理选材,适宜的模具设计以及工艺参数的优化,采用粉末冶金工艺在300吨机械压机上压制出压坯,经烧结、攻丝、蒸汽处理及电泳后得到了该零件。经用户使用,产品合格。

2　水泵半联轴器的研制过程

图1所示为水泵半联轴器零件图。可见该零件半圆1和半圆2的尺寸、同轴度、表面光洁度要求较高,结合产品要求表面电泳处理以提高其耐腐蚀性能,制定其粉末冶金生产工艺流程如下:

配料→压制→烧结→整形→攻丝→蒸汽处理→电泳检验→包装→入库

2.1　材料选择

此零件虽然密度要求不是很高,但由于零件比较大,台阶落差比较大,又由于该零件需加工2—M8螺纹孔,为提高其加工性能,我们选用了水雾化易切削粉铁粉作为基粉,该零件表面硬度要求HRB70以上,在水泵高速运转时,两螺纹孔联接处需承受较大的扭力,因此要求产品耐磨的同时也要有一定韧性,为此我们选择烧结铜磷钢来生产该零件[1]。产品的材料配比见表1,原料粉末的技术规格如表2所示。

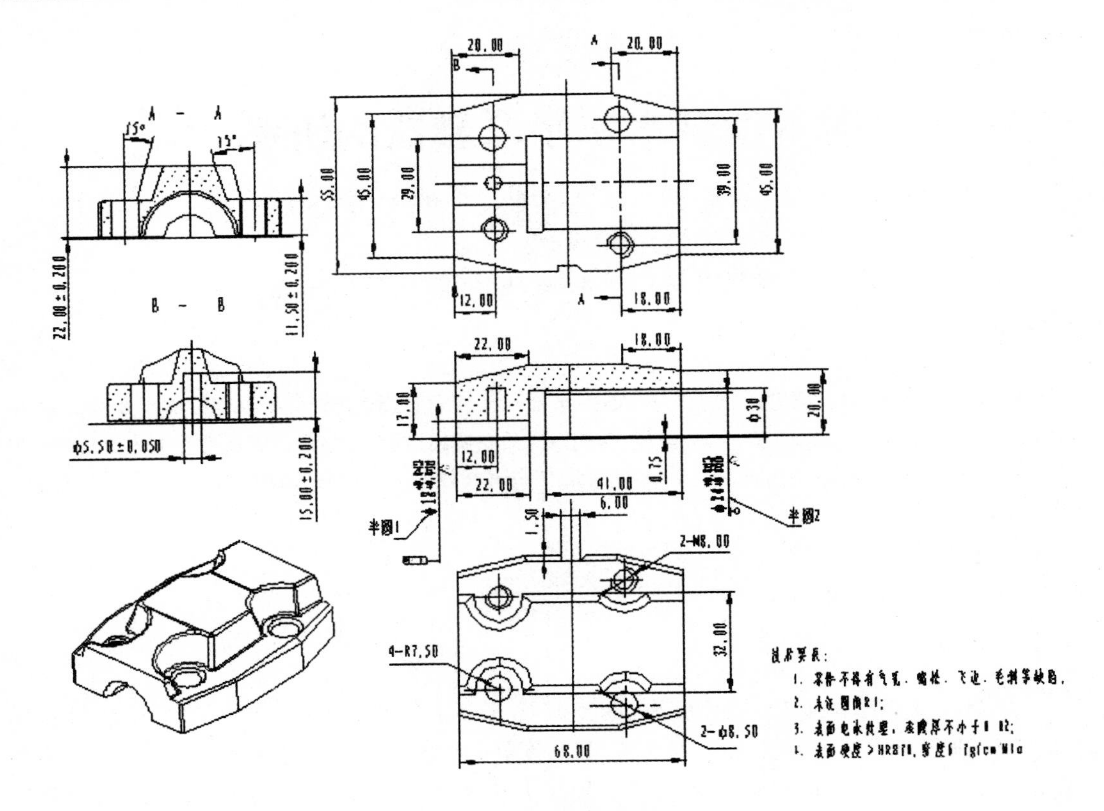

图 1　半联轴器零件图

表 1　材料成分(质量分数)配比(wt. %)

易切削铁粉	石墨粉	铜粉	铁磷合金粉	外加硬脂酸锌
余量	0.6	1.5	2%	0.8

表 2　原料粉末的技术规格

材料	材料牌号　/　纯度	制取方法	粒度/目
易切削铁粉	300WSA　/　≥99.6%	雾化	−100
石墨粉	MGF4 995　/　≥99.5%	天然	−200
铜粉	FTD3　/　≥99.8%	电解	−200
铁磷合金粉	FeP18　/　≥99.6%	预合金	−325

2.2　模具设计与调试

该产品形状复杂,宽 32 两边 15°凸起和宽 45 边,不容易分冲,为了减少两边方边和中间凸起的密度差,在模腔相对于两边方边的位置打了适当的逃粉槽,半圆 1 和半圆 2 尺寸精度要求高,同心度要求高,因此做在下一模冲面区上,模具上两半圆一起加工,确保两半圆同心度在 0.01mm 以内，尺寸公差控制在 0.01mm 以内，表面光洁度 0.4 以内。内 $\phi5.5$ 沉孔和 $\phi30$ 半圆高度落差比较小，因此做成下二冲，装在同一块下二冲垫上。图 2 所示为压制该零件所采用的上一下二模具装配示意图，图 3 为成形该零件的模具简图。

模具调试时，由于上模冲面区台阶落差，下一冲两半圆高度也有落差，下二冲成形的 $\phi5.5$ 沉孔和 $\phi30$ 半圆，高度上也有 0.75mm 落差，为了减少各台阶密度差，适当调整模腔开始浮动的角度，下一冲装粉及下二冲装粉量，下一冲和下二冲的浮动支撑力，为保证上模冲成形凸台的密度，总装粉的量需考虑此台阶的需求，两边按此装粉量成形，密度就会太高，因此模腔上对应位置打了逃粉槽，同时适当增加上模冲后压，以使上模冲成形的凸台能达到一定的密度要求，这样就可以在 300T 机械压机上成形出整体密度：6.7～6.8g/cm^3，各处密度基本均匀的半联轴器压坯。由于上模冲成形凸台相对于其他部位密度稍低，因此在压坯摆放和转运过程中，需注意避免此处碰伤。

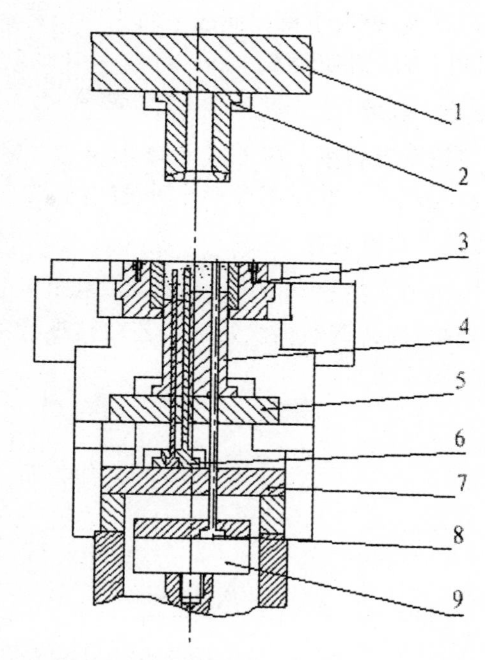

图 2 半联轴装配示意图（此图为装扮位置）
1—上模冲压垫；2—上模冲；3—中模；4—下一模冲；5—下一冲压垫；6—下二模冲；7—下二冲压垫；8—芯棒；9—芯棒接杆

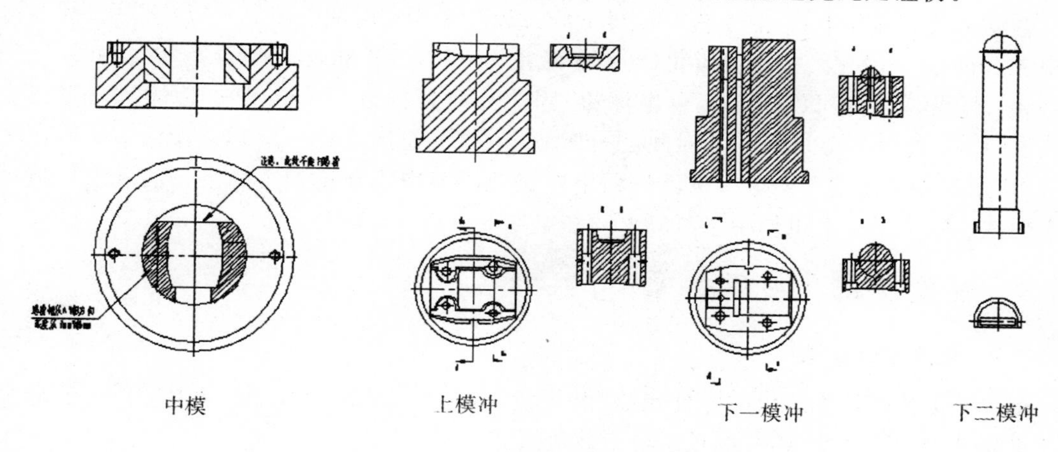

图 3 模具零件简图

2.3 烧结

烧结工艺为：在分解氨与氮气混合气氛中（N_2 ∶ H_2 ＝90 ∶ 10），于 1120℃烧结保温 45min，为尽量减少烧结变形，将压坯两半圆面朝下，整齐摆放在高铝陶瓷板上，再放到网带上烧结。

2.4 整形

为提高该产品半圆 1 和半圆 2 的表面光洁度和尺寸精度，在 200T 整形压机上，对两半圆进行整形，整形下模冲面区上两半圆凸起需一次加工成形，表面光洁度需达到 0.4 以上，两半圆同心度需控制在 0.01 以内。

2.5 攻丝

在钻床上利用专用工装定位，加工 2—M8 螺纹，攻螺纹时注意螺纹不能有断扣、乱扣、及螺纹与产品基准面不垂直等质量问题。

2.6 蒸汽处理

由于该产品表面需做电泳处理，因此在电泳前需对该产品做封孔处理。现有设备为蒸汽处理炉，因此调整蒸汽处理工艺对其进行蒸汽处理以使其内部及表面孔隙能封住。具体工艺如图 4 所示。

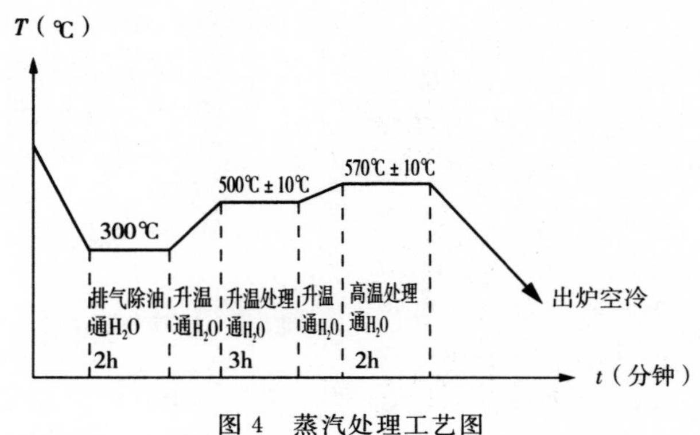

图 4　蒸汽处理工艺图

2.7 电泳

电泳工艺流程如下：①热水洗。温度 60℃（蒸汽加热），时间 2min。②冷水洗。流动冷水中洗 1min。③磷化。用中温磷化（60℃时磷化 10min）。④钝化。室温下 1～2min。⑤阳极电泳。电解液成分：H08—1 黑色电泳漆，固体分质量分数 9%～12%，蒸馏水质量分数 88%～91%。电压：（70±10）V；时间：2～2.5min；漆液温度：（15～35）℃；漆液 pH 值：8～8.5。注意工件出入槽要断电。电泳过程中电流随漆膜增厚会逐步下降。⑥清水洗。流动冷水中洗。⑦烘干。在烘箱中于（165±5）℃温度下烘 40～60min。

3 性能测试和使用效果

3.1 性能测试结果

按以上工艺条件生产出的零件经检测，密度：6.72～6.8g/cm^3，硬度 HRB72—80，产品尺寸也完全符合图纸要求，并通过了客户装机测试。

3.2 装机试验结果

客户经装机测试，产品装配尺寸，表面硬度及耐腐蚀性和使用性能均达到客户要求，现已批量生产该零件。

参考文献

[1]王士平，杨传芳，武国良．磷对烧结铜钢尺寸与性能的影响，粉末冶金技术，2013. 31(1)：32 - 39.

[2]周作平，申小平．粉末冶金机械零件实用技术[M]. 北京：化学工业出版社，2006.

[2]曾德麟．粉末冶金材料[M]. 北京：冶金工业出版社，1989.

等离子喷涂低镍白铜 B10 涂层的组织性能

孙联雷[1] 刘新宽[2] 刘平[1,2] 陈小红[2] 何代华[2] 马凤仓[2]
1. 上海理工大学机械工程学院； 2. 上海理工大学材料科学与工程学院
(孙联雷,13764508246,sunlianlei@126.com)

摘 要:以低镍白铜粉末为原料,采用等离子喷涂工艺在碳钢 Q235 表面制备 B10 涂层,喷涂功率 23.5～26.4kW,喷涂距离 130～180mm。研究了功率和喷涂距离对涂层结合强度的影响,采用扫描电子显微镜(SEM)观察涂层组织形貌,采用能谱仪(EDS)进行化学成分分析,采用 X 射线衍射(XRD)进行物相分析。结果表明:随着喷涂功率和喷涂距离的增大,涂层与基体间的结合强度先增大后减小;在喷涂功率 25kW,喷涂距离 150mm 时,涂层均匀致密,结合强度达到最大值 28.3MPa。B10 涂层具备良好的组织性能和使用性能。

关键词:低镍白铜;等离子喷涂;组织;强度

1 引言

低镍白铜 B10 又称为铁白铜,是以镍为主要合金元素的铜合金。具有优良的塑性变形能力、耐海水腐蚀性能和抗海生物附着特性等。因此,生产工艺难度小、价格低廉的 B10 广泛用于包覆船体、船舵、蒸汽船的副冷凝器冷凝管、海水淡化装置用热交换管等。随着国家远洋工程、海水淡化工程、滨海电站工程、深海石油勘探等的深入发展,对耐海水腐蚀性能的材料的需求量会越来越大。截至 2011 年,我国已探明铜矿储量为 0.3 亿吨,储量庞大但人均占有铜金属储量仅为世界平均水平的 12%[1～2]。我国的镍矿储量少,截至 2010 年,约占世界总储量的 1.58%[3]。资源不足、需求量又持续增加这一难题将日益尖锐。采用等离子喷涂技术可解决这一难题[4～7]。

等离子喷涂技术就是以等离子弧作为热源,将陶瓷、合金、金属等粉末材料加热至熔融或半熔融状态,且以高速喷向待喷涂工件表面并达到优化表面的工艺方法。其热源中心温度可达 20000℃以上,所以等离子喷涂设备几乎可以熔化并喷涂任何材料,且具有生产效率高、涂层孔隙率低、粘结强度大、不易氧化等优点,已成为热喷涂技术最重要的一项工艺技术[8～10]。

2 试验材料与方法

本试验涂层包括打底层和工作层两部分。打底层采用中国金属冶金研究总院生产的镍包铝(Ni/Al)粉末,其中镍铝含量比是 4∶1,粒度 200 目,纯度大于 99%。工作层所用白铜是市购白铜粉,粒度 200 目,纯度大于 99.5%。热喷涂前,将两种粉末均匀摊开放入 100℃的干燥箱内保温 1 小时以上。本实验采用普通碳素结构钢 Q235 为喷涂基体,ϕ30 的喷涂圆柱面,ϕ27 的喷涂横截面,喷涂前对基体进行磨削、除油、除锈,最后进行喷砂(白刚玉:粒度 W14)处理。

试验用喷涂设备是DH—2080大气等离子喷涂设备。打底层的喷涂工艺参数为：电压：40V，电流：450A，氩气（Ar）气流量：46L/min，氢气（H_2）气流量：6.5L/min，喷涂距离：150mm，送粉量：50g/min。打底层厚度控制在0.05～0.1mm间。B10涂层工艺参数见表1。本实验理想涂层结构设计如图1所示。

表1　B10涂层喷涂工艺参数

预热温度(℃)	喷涂功率(kW)	氩气(L/min)	氢气(L/min)	喷涂距离(mm)	喷涂角度(°)
120	23.5～26.4	46	6.5	130～180	90

喷涂时，基体装夹到工装上，转速350转/min，喷枪移动速度是1.2m/min，打底层喷涂结束后立刻喷涂工作层。喷涂结束后，以E44(6101)环氧树脂为基料、低分子650聚酰胺为固化剂、丙酮为稀释剂的封孔系统按1∶1∶1的比例混合，搅拌均匀至封孔剂流动性较好后对涂层进行封孔处理。封孔时采用刷涂方式进行封孔，试件表面要刷涂均匀、等厚，应尽量保证孔隙被浸透。刷涂均匀后，将试件放置于干燥清洁处固化，时间约为24小时。

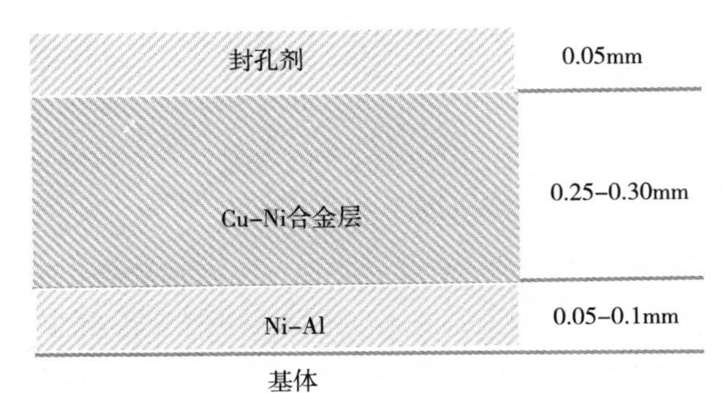

图1　B10涂层构成示意图

为研究等离子喷涂涂层的组织、结构、结合强度等性能，本实验采用了X射线衍射仪(XRD，D8－ADVANCE)、Quanta FEG450型场发射环境扫描电子显微镜(SEM)、偏光显微镜(Polarizing Microscope)、能谱仪(EDS)、ZWICK—Z050电子万能材料试验机等设备。

3　结果与讨论

3.1　界面形貌及元素分布

大气等离子喷涂制备的B10涂层表面呈暗红色，为了清楚的描述涂层的组织结构，选取最优工艺条件下(喷涂距离150mm，喷涂功率25kW)的涂层如图2所示。从图中可以看出，打底层、基体、工作层紧密地结合在一起。其中A区为Q235基体，B区为Ni/Al涂层，C区为B10涂层，这里没有显示封孔剂的区域。B、C区在大程度上融合在一起，没有清晰的界线，但从涂层的颜色、层状结构等特点，可区分开来，说明Ni/Al涂层和B10涂层结合紧密。其中C区的层状结构很好的展现等离子喷涂涂层的特点[11～12]。由图可以看出：涂层均匀致密、界面没有大的裂纹和孔隙；只有局部存在着很少几处相互之

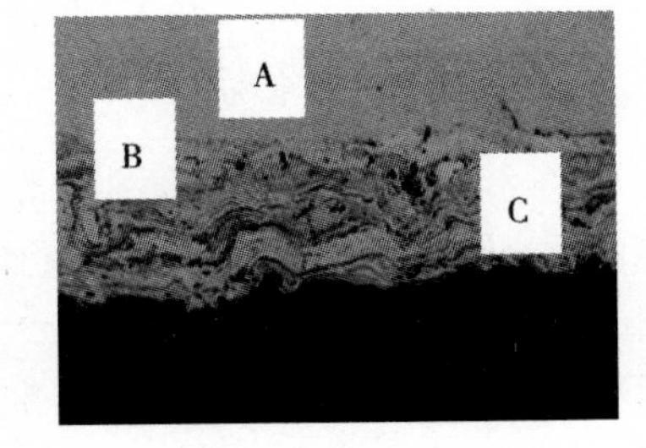

图2　B10涂层的微观界面照片

间不连通的小孔隙，因此海水腐蚀介质不能通过孔隙进入到涂层的内部，增强了涂层的耐腐蚀性能；更没有贯穿整个涂层的长孔，保证了涂层的可靠性。

为了更清晰的分析 B10 涂层的界面结构、元素分布，选取最优工艺条件下的 B10 涂层界面元素进行成分分析如图 3，图 3(b)为图 3 中 D 区放大图，并对 A、B、C、E、F 点的能谱分析结果见表 1。

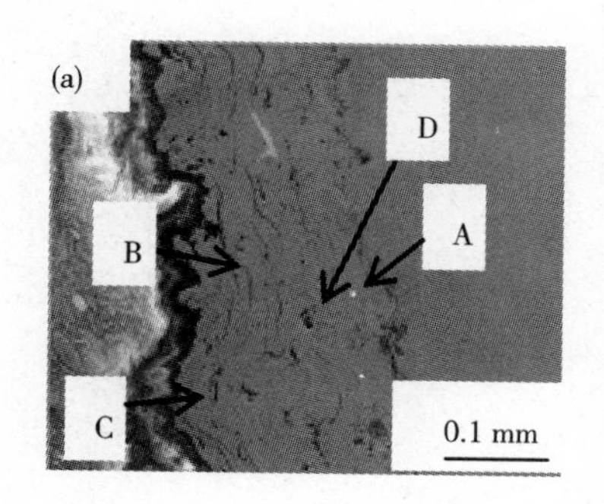

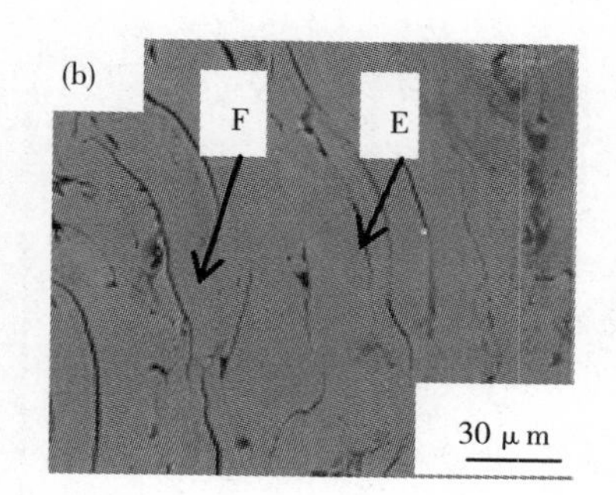

图 3　B10 涂层界面显微组织照片

图 4 为最优工艺条件下，B10 界面元素线扫描图。扫描结果可知：元素 Cu 在整个工作层中的含量都很高，只在很少的区域略有起伏，在工作层与打底层交界处开始下降，涂层均匀致密、元素 Cu 渗入打底层中；Ni 的含量仅次于 Cu，在 B10 涂层区 Ni 的元素线变化不大，而进入 Ni、Al 区却急剧上升；Al 的含量相对较少，元素线只在工作层和打底层结合处、打底层区域变化较大；Mn、Fe 属于 B10 铜镍合金中的微量元素，元素线起伏不大，含量较低。Cu、Ni、Al 等元素的元素线在工作层和打底层的结合处的变化较大，喷涂过程中工作层和打底层间的相互扩散，大大提高了涂层的质量。

表 2　图 3 中微区成分能谱分析(%，原子分数)

Microzone	Cu	Ni	Al	Fe	Mn
A	4.38	76.30	18.31	0.26	0.75
B	84.33	10.28	1.35	1.35	2.68
C	87.18	8.97	0.41	1.15	2.29
E	80.43	13.55	2.22	1.65	2.15
F	84.26	10.90	1.22	1.07	2.55

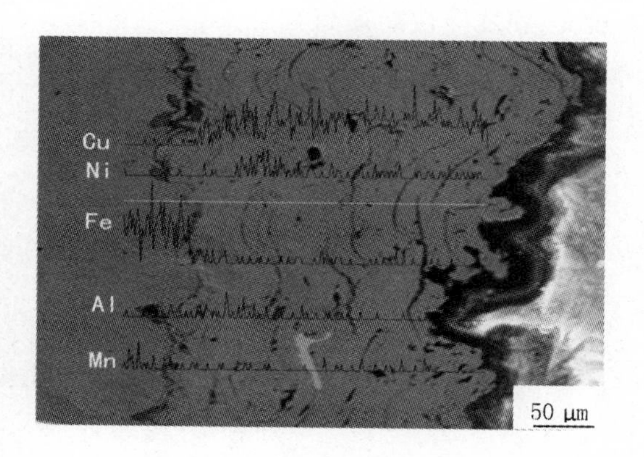

图 4　B10 界面元素线扫描图

3.2 物相分析

为了确定喷涂过程中的产物,选取最优工艺条件下的B10涂层的界面进行了X射线衍射分析(XRD),分析结果见图5所示。结果表明,B10涂层界面存在元素Cu、Ni、Mn、Al、Fe,这与能谱分析结果基本一致。XRD图谱中B10的主要元素Cu、Ni的衍射峰强烈,说明涂层具有较高的结晶度,且杂质较少。

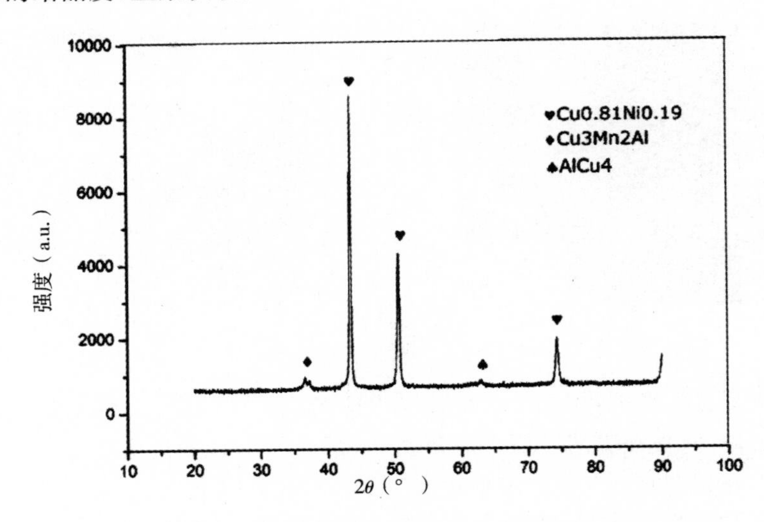

图5 功率25kW,喷涂距离150mm涂层的XRD图谱

放热型粉末Ni/Al熔点低,本身又具有极好的粘结性,打在基体上时,熔融的Ni/Al发生飞溅和流散,更好的铺展在基体上,进而与裸露的、清洁的基体紧密结合,形成致密的打底层。Cu和Ni在元素周期表中处于同一周期且位置靠近,晶格类型相同(面心立方晶格),原子半径相差不大,相互之间可形成无限置换固溶体[13],主要为面心立方结构的α-相。结合Cu-Ni相图[14,15]和表2中B、C区域各元素的含量,说明了B10涂层不仅存在铜基固溶体,还应存在Cu基化合物。结合表2中B、C区域各元素的百分比,此相组成为Cu_3Mn_2Al和(或)$AlCu_4$、Cu基固溶体及Ni基固溶体。

形成置换固溶体时,由于溶质原子Ni、Fe、Mn的原子半径大于溶剂原子Cu的原子半径,导致金属Cu的面心立方晶格畸变,晶格常数增大。随着溶质原子浓度的增大,晶格畸变增大。虽然,α-相保持着元素Cu的面心立方晶格,但晶格畸形使位错移动阻力增大,变形困难,结果使B10涂层的强度、硬度等性能提高。

由图6分析可知,在喷涂的过程中,B10粉末处于熔融或半熔融状态并以高速撞击基体后展平、结晶,形成相互交织、呈波浪状堆叠在一起的典型层状组织结构。在结晶的过程中,晶体的生长方向主要是沿着热传导最快的方向,也就是垂直于基体的方向,而在平行于基体方向的生长受到抑制,因此,涂层中的柱状晶基本上沿垂直

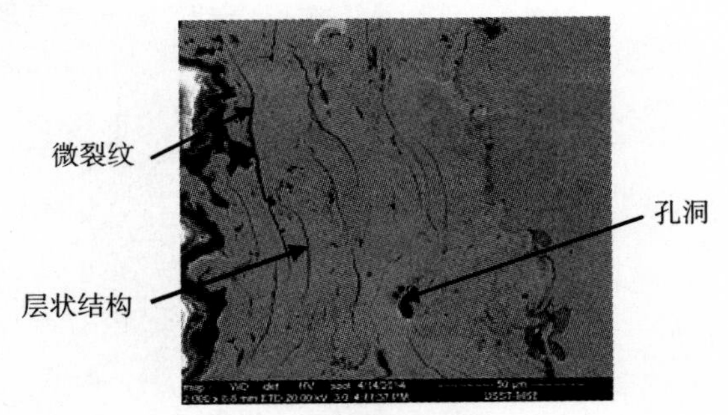

图6 B10涂层的截面形貌照片

于基体方向生长。另外，层状结构结合不紧密，存在一些孔洞和微裂纹。B10 涂层的耐蚀性能与孔洞、微裂纹的数量、形状和分布密切相关，孔洞的存在可使 B10 的密度减小，涂层硬度、结合强度等性能降低。且孔洞也是应力集中区，受力过大就可能直接形成裂纹，甚至脱落，使涂层质量显著降低。若空洞过多，极易形成贯穿性长孔，海水进入 B10 涂层与 Ni/Al 涂层的界面，过渡层表面腐蚀速率、内应力急剧增大，导致涂层开裂、剥落。

3.3 喷涂工艺对结合强度的影响

2.3.1 喷涂功率对结合强度的影响

本实验涂层采用胶接对偶试样拉伸试验法对结合强度进行测试[16]。使用树脂 E—7 胶粘，随后在 100℃ 干燥箱保温三小时，冷却后室温状态下放置 24 小时，然后对其进行拉伸。拉伸试验在 ZWICK—Z050 电子万能材料试验机上进行，拉伸速度为 1mm/min，缓慢加载至涂层与基体断开，拉断时所用的力及受力面积来计算涂层的结合强度，涂层结合强度计算公式如下：

$$\sigma=\frac{F}{A}$$

式中 σ 为涂层结合强度，MPa；F 为拉断时的最大载荷，N；A 为试样断截面面积，m^2。

试验结果表明：喷涂层与基体的断口发生在打底层（Ni/Al 层）与基体之间，其中基体断口边缘处只有几处小的白铜合金斑点，整个涂层状态良好。涂层内部均匀致密，具有较好的力学性能。其中，涂层与基体间的结合方式主要是力学结合。喷涂距离 150mm，其他条件不变。喷涂功率分别为 23.5kW、25kW、26.4kW 时，其结合强度分别为：24.6MPa，28.3MPa，27.2MPa。可见喷涂功率偏大或偏小都会影响涂层的结合强度。对于 B10 涂层，喷涂功率为 25kW 时，涂层与基体的结合强度达到最大值 28.3MPa。23.5kW 的电功率使得热源中心的等离子体加热不足，在等离子体与基体相撞时没有足够的能量和速度使其结合紧密；27.5kW 时，电弧功率太高，电弧温度升高，喷涂材料的蒸汽在基体与涂层之间或涂层的叠层之间凝聚引起粘接不良。功率必须与送粉率相适应，以粉末加热到白亮色为宜。

2.3.2 喷涂距离对结合强度的影响

功率 25kW，其他条件不变，喷涂距离分别为 130mm、150mm、180mm，其结合强度分别为：25.1MPa、27.2MPa、22.7MPa。断口处与前面的基本一致。喷涂距离为 130mm 时过小，此时的等离子体包含的足够的热量但还处于加速阶段。热量大、速度不足的粒子与基体接触时很容易导致基体局部过热，基体和涂层氧化，影响涂层的结合；喷涂距离为 180mm 时，粒子在空中的飞行时间过长，动能和温度都有所降低，不利于粒子与基体的结合。所以，对低镍白铜来说，喷涂距离为 150mm 时，涂层能够获得较高的结合强度。

3 结论

采用大气等离子喷涂设备将 B10 粉末喷涂到碳钢 Q235 上，研究结果表明：

（1）随着喷涂功率和喷涂距离的增大，涂层与基体间的结合强度先升后降，在喷涂功率为 25kW，喷涂距离 150mm 时，达到最大值，28.3MPa。

（2）B10 涂层呈典型的层状结构，其中，涂层中的柱状晶基本上沿垂直于基体方向生长，主要以 α 相的方式存在。涂层均匀致密、有少量圆孔和微小裂纹，但不足以影响到涂层的使用性能。

参考文献

[1] 周平，唐金荣，施俊法，等．铜资源现状与发展态势分析[J]. 岩石矿物学杂志，2012，31(5)：750 - 756.

[2] 李玉萍．国内外铜工业现状及外资在我国建设铜冶炼项目的看法[J]. 世界有色金属，2008，6：64 - 66.

[3] 彭亮，李俊，袁浩涛，等．我国镍资源现状及可持续发展[J]. 矿业工程，2004，2(6)：1 - 2.

[4] 段忠清，张宝霞，王泽华．等离子喷涂 CrO_3 - 8% TiO_2 涂层参数优化研究．表面技术，2008，37(4)：39 - 41.

[5] Luo H, Goberman D, Shaw L, et al. Indentation fracture behavior of plasma sprayed nano－structureed Al_2O_3－13wt% TiO_2 coatings[J]. Materials Science and Engineering A, 2003, 346(1 - 2): 237 - 245.

[6] Han Z H, Xu B, Wang H J. et al. A comparison between the thermal shock behavior of currently plasma spray and recently supersonic plasma spray CeO2－Y2O3－ZrO2 graded TBCs [J]. Surface coatings Technology, 2007, 201(9－11): 5253 - 5256.

[7] Abukawa S, Takabatake T, Tani K. Effects of powder injection on deposit efficiency in plasma spraying [C]. Washington: ITSC 2006, Seattle 2006, (10): 55 - 59.

[8] Kasemo B, Lausmaa J. Surface properties and processes of the biomaterial - tissue interface[J]. Materials Science and Engineering C - Biommetic Materials Sensors and Systems, 1994, 1 (3): 115 - 119.

[9] 张敬国，刘金炎，姜显亮，等．碳化钨/钴热喷涂粉末和涂层的研究进展[J]. 功能材料，2008，39(7)：1177 - 1180.

[10] 陆阳，郭文俊，杨效田，等．粒度对超音速等离子喷涂高铝青铜合金微观结构的影响[J]. 功能材料，2013，18(44)：2684 - 2687.

[11] 王海斗，卢晓亮，李国禄，等．超音速等离子喷涂 $BaTiO_3$ 涂层的制备及表征[J]. 功能材料，2013，5(44)：731 - 734.

[12] Morks M F, Tsunekawa Y, Fahim N F, et al. Microstructure and Friction Properties of Plasma Sprayed Al - Si Alloyed Cast Iron Coatings [J]. Materials Chemistry and Physics, 2006, 96: 170 - 175.

[13] 胡赛祥．材料科学基础[M]. 上海：上海交通大学出版社，2010，42 - 46.

[14] 田荣璋．铜合金及其加工手册[M]. 湖南：中南大学出版社，2002，361 - 379.

[15] 洛阳铜加工厂中心试验室金相组．铜及铜合金金相图谱[M]. 河南：冶金工业出版社，1983：132 - 142.

[16] Wang Liang, Wang You, Tian Wei, et al. Comparative study of the residual stress in plasma sprayed nanostructure and conventional structure coatings[J]. Materials Protection, 2009, 42(3): 58 - 62.

喷丸工艺对粉末冶金材料机械性能的影响

邓恩龙　刘　刚　刘　宇　马华荣　官劲松　马小垣
扬州保来得科技实业有限公司
(邓恩龙,13952572160,deng@mail. porite. com. cn)

摘　要:本文分析了喷丸工艺对于粉末冶金材料机械性能的影响,并根据实验结果提出了一种提高材料性能的工艺。

关键词:喷丸;粉末冶金;机械性能

粉末冶金的快速发展,对粉末冶金零件的强度、硬度等机械性能提出了越来越高的要求,例如,通过提高产品密度的方式来高电动工具用粉末冶金齿轮的机械性能,但是密度的提高对于生产成本和模具强度也提出了更高的要求。如何基于常规的工艺、较低的成本来实现性能提升,是粉末冶金生产面临的一个重要的研究课题。

为了解决这个问题,在综合考虑成本与产品性能的同时,我们尝试通过表面强化(喷丸)的工艺,来实现零件机械性能的提升。本文重点分析讨论喷丸处理对于粉末冶金材料机械性能的影响。

1　喷丸处理介绍

1.1　喷丸处理

喷丸(shot peening)处理,也称喷丸强化,如图 1 所示,是在一个完全控制的状态下,将无数小圆形称为钢丸的介质高速且连续喷射,撞击零件表面,从而在表面产生一个残余压应力层[1]。因为当每颗钢丸撞击金属零件上,宛如一个微型棒捶敲打表面,捶出小压痕或凹陷。为形成凹陷,金属表层必定会产生拉伸。表层下,压缩的晶粒试图将表面恢复到原来形状,从而产生一个高度压缩力作用下的半球。无数凹陷重叠形成均匀的残余压应力层。最终,零件在压应力层保护下,极大程度地改善了抗疲劳强度,延长了安全工作寿命。

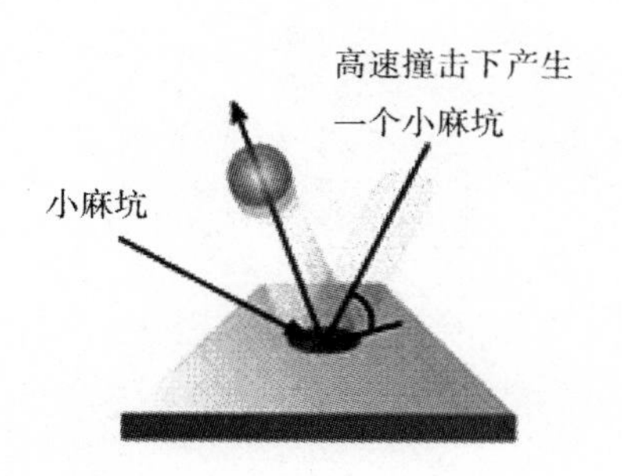

图 1　喷丸处理示意图

1.2 喷丸与喷砂

喷丸又分为喷丸和喷砂。用喷丸进行表面处理，打击力大，清理效果明显。但喷丸对薄板工件的处理，容易使工件变形，且钢丸打击到工件表面(无论抛丸或喷丸)使金属基材产生变形，由于 Fe_3O_4 和 Fe_2O_3 没有塑性，破碎后剥离，而油膜与基材一同变形，所以对带有油污的工件，抛丸、喷丸无法彻底清除油污。在现有的工件表面处理方法中，清理效果最佳的还数喷砂清理。喷丸强化分为一般喷丸和应力喷丸。一般处理时，钢板在自由状态下，用高速钢丸打击钢板的里面，使其表面产生预压应力。以减少工作中钢板表面的拉应力，增加使用寿命。应力喷丸处理是将钢板在一定的作用力下的预先弯曲，然后进行喷丸处理。

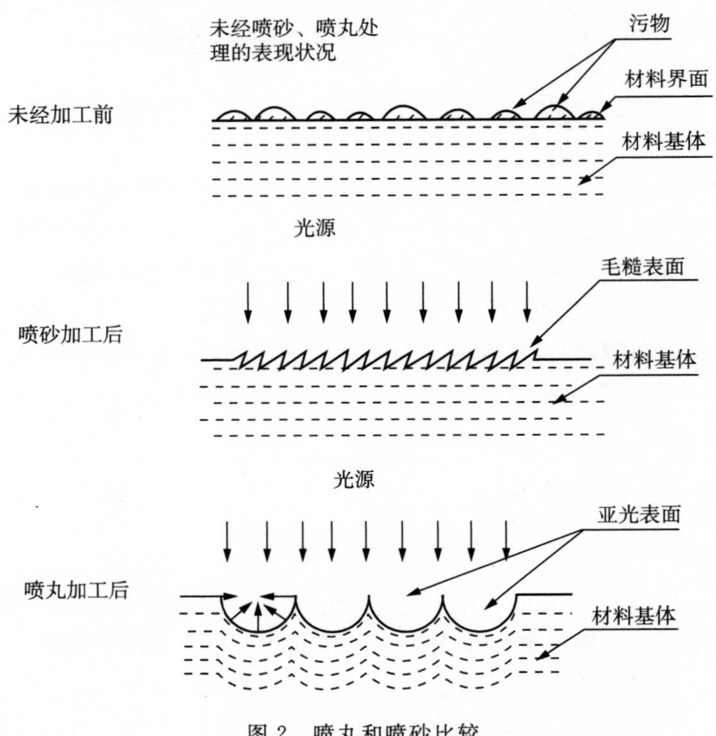

图 2 喷丸和喷砂比较

1.3 粉末冶金喷丸

与常见的钢制零件不同，粉末冶金由于其多孔的特殊性，对于喷丸所起到的作用是不一样的。粉末冶金喷丸处理后，由于金属存在一定的变形，表面的孔隙会被挤压“填平”(图 3)，从而在其表面形成致密层，这个致密层的存在，能够有效减少由于表面孔隙的而带来的影响，从而提高材料的机械性能。

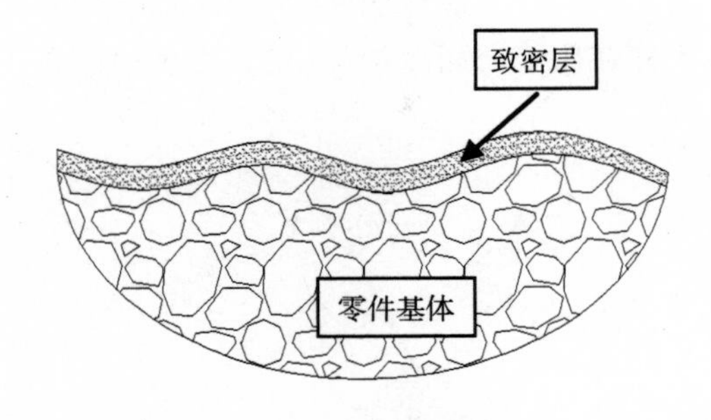

图 3 表面孔隙形态示意图

根据以上分析，我们可以看出粉末冶金采用喷丸工艺要达到的效果与钢件喷丸是不同的，从而我们得出粉末冶金喷丸的目的是：提高零件表面致密度。

2 实验设计

2.1 实验条件

2.1.1 实验样件(图 4)

实验样件与实验标准参考 MPIF 10(2003)[2],MPIF 40(2003)[3]。

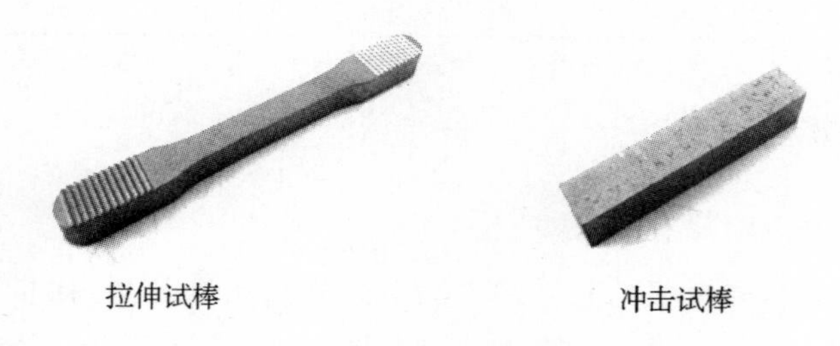

图 4 试样照片

2.1.2 样件原料

1.5%Cu+0.6%C+1.75%Ni+0.5%Mo+0.7%Lub+Fe(Bal)

2.1.3 烧结热处理条件

烧结:1120℃、120mm/min、丙烷分解气

热处理:830℃×120min、CP0.8%

2.1.4 喷丸条件

时长:15min、频率:35

喷丸直径:ϕ0.3mm

喷丸材质:STAINLESS STEEL(SUS 304)

喷丸设备:滚筒式喷丸机(图 5)

图 5 滚筒式喷丸机

2.2 实验方案

采用表 1 的实验方案。

表 1　实验方案

NO.	实验项目
1	喷丸对产品表面形态的影响
2	喷丸对热处理前后拉伸强度及延展性的影响
3	喷丸对材料冲击功的影响
4	喷丸对零件硬度的影响
5	喷丸对表面粗糙度的影响

3　实验结果

3.1　喷丸对产品表面形态的影响

在实验时，我们先对样板喷丸前后的表面形态进行组织分析，初步分析喷丸的有效性，只有喷丸使产品发生了变化，我们才能够进一步分析其确切的影响，具体分析结果如下。

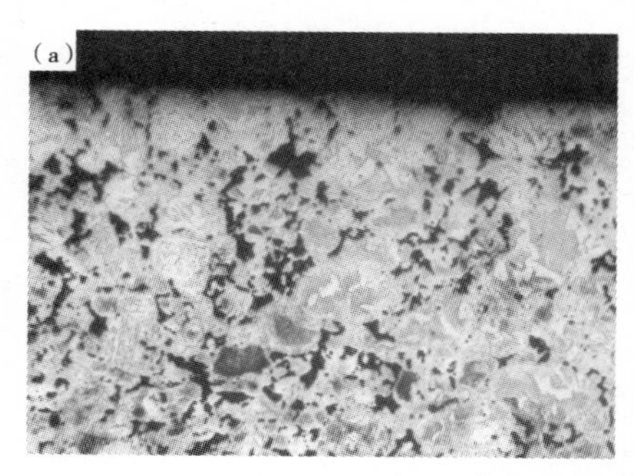

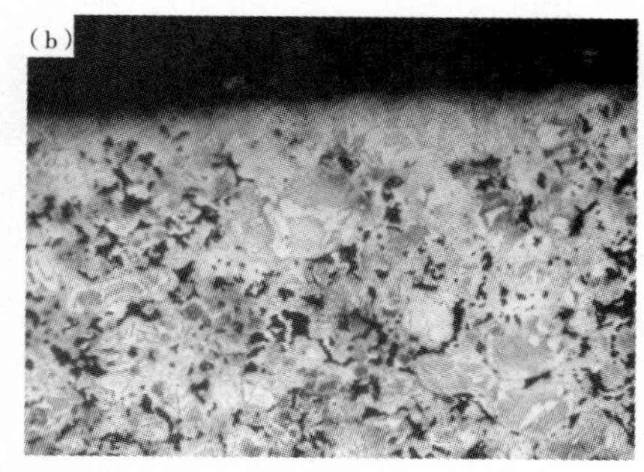

图 6　喷丸前后样品表面的显微组织照片

(a)喷丸前；(b)喷丸后

从图 6 所示的喷丸前后样品表面的显微组织照片中可以看出，喷丸前产品接近表面区域孔隙较多，且多为连通孔隙；喷丸后，产品表面密实紧凑，仅存在较少的细小孔隙，说明喷丸可以改变零件表面的微观形貌，提高表面的密度，减少孔隙，从而提升材料的机械性能。

3.2　喷丸对热处理前后拉伸强度及延展性的影响

表 2 所示为喷丸处理对烧结态样品抗拉强度的影响。可以看出，喷砂对于烧结态零件的抗拉强度提高不明显，约提高 2%～3%；表 3 为喷丸处理对热处理态样品抗拉强度的影响中。可见，在喷丸后热处理，对于零件的抗拉强度提升明显，约提高 7%～10%。

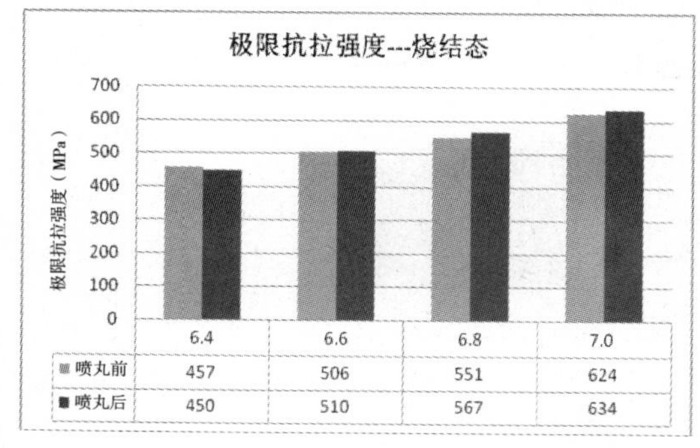

表 3　喷砂处理前后烧结态试样的抗拉强度

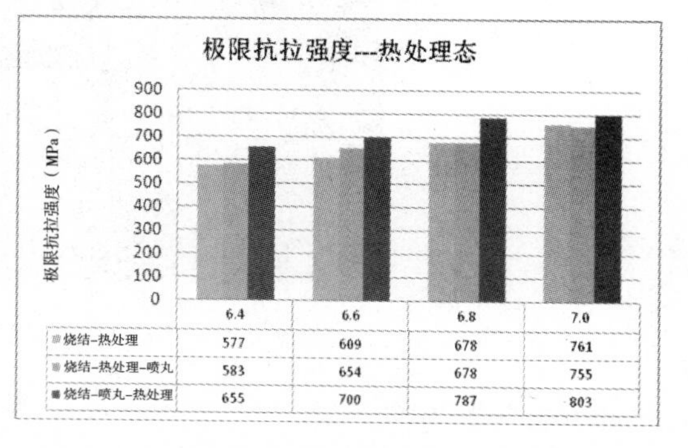

表 2　喷丸处理前后热处理态样品的抗拉强度

表 4 和表 5 是喷丸处理对烧结态和热处理态样品的延伸率的影响。可以看出，烧结态的产品，喷丸处理后，其延伸率会降低，塑性下降。而对于热处理态的零件，如果在之前增加喷丸工艺，其延伸率会上升，提高零件塑性，在有较大变形时不易破坏。

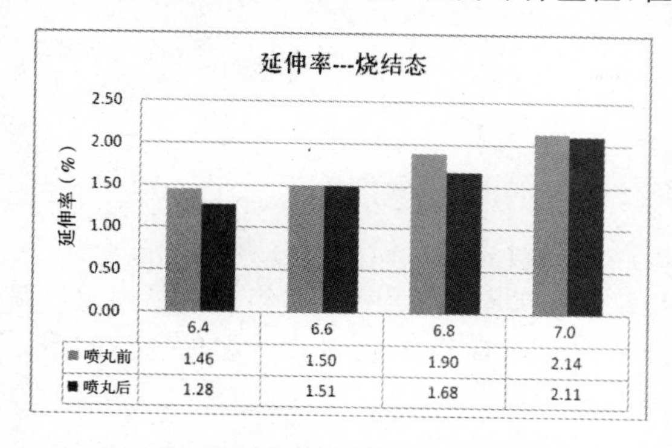

表 4　喷丸处理前后烧结状态样品的延伸率

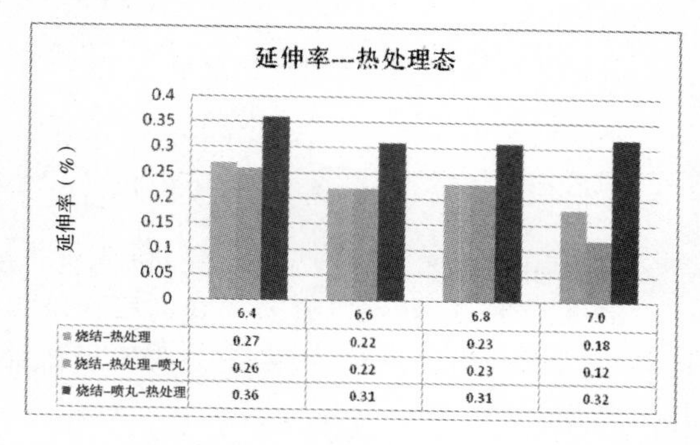

表 5　喷砂处理前后热处理态样品的延伸率

3.3　喷丸对材料冲击功的影响

喷完后烧结态零件的冲击功呈下降趋势（表 6），即零件耐冲击性下降明显，这与表面孔隙减少有关系，因为粉末冶金零件的孔隙可以吸收一部分的冲击能，这也就是在一些冲击性场合粉末冶金会比钢制零件更好的原因之一。

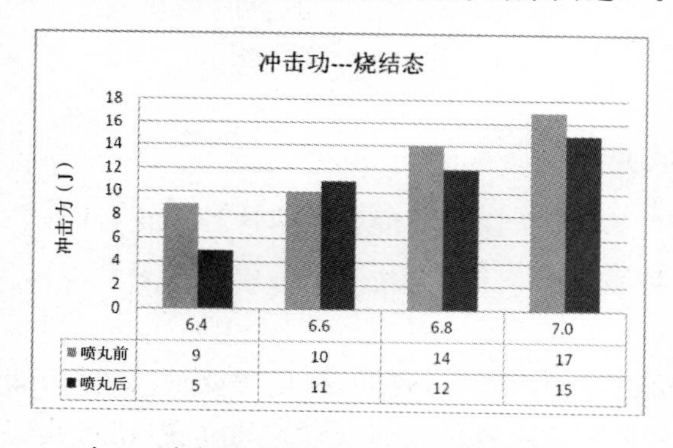

表 6　喷丸处理前烧结态样品的冲击功

冲击功---热处理态

	6.4	6.6	6.8	7.0
烧结-热处理	5	7	7	9
烧结-热处理-喷丸	5	6	7	8
烧结-喷丸-热处理	7	9	11	12

表 7　喷丸处理前后热处理态样品的冲击力

但是，在热处理以后，有喷丸工艺的零件冲击功要优于未喷丸的零件（表 7）。这是由于试样表面孔隙封闭了渗碳气体通道，内部的硬度小于未喷丸零件，材料韧性较好，吸收冲击能力相应较强。

3.4　喷丸对表面粗糙度的影响

图 7 是烧结态产品在喷丸前后表面粗糙度的变化。可以看出，喷丸会使零件表面粗糙度变差。这是由于烧结态零件表面保留了模具成型时的轮廓，烧结后由于润滑剂的挥发，在零件表面形成孔隙，所以粗糙度的测量图形中，在平均线以下存在很多的“凹坑”，而平均线以上相对平顺，无较大凸出部分。喷丸以后，零件表面的孔隙会被突起和凹坑覆盖，粗糙度只与所用喷丸大小、射出频率和喷射强度有关系，在本次试验条件下，粗糙度变大。

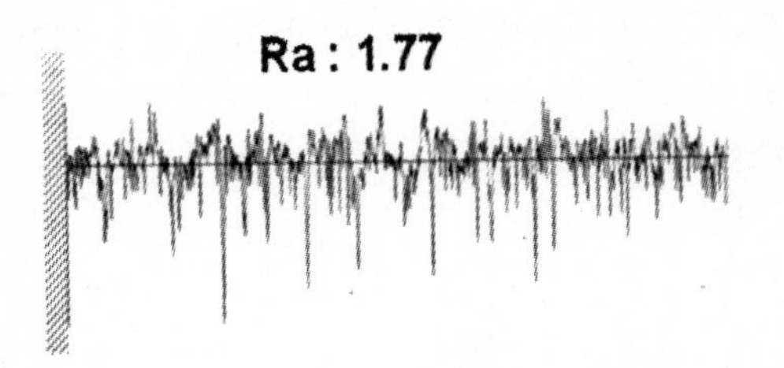

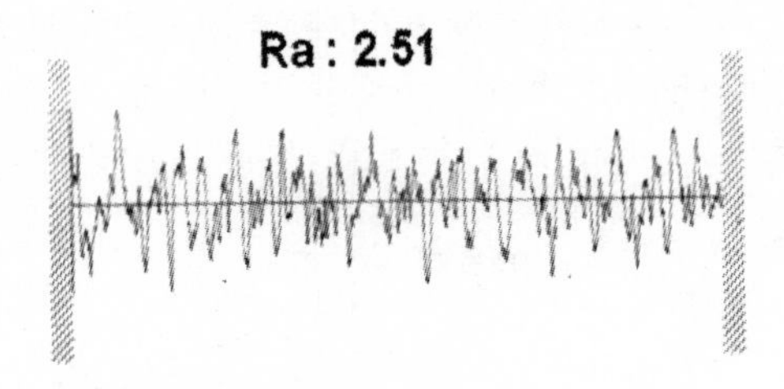

图 7　喷丸处理前(左)后(右)烧结态的表面粗糙度

实验结果还发现,不同的烧结、喷丸与热处理顺序,对表面粗糙度也有影响。

表 8 显示,热处理以后喷丸表面粗糙度与烧结态相差不大,而喷丸后热处理的表面粗糙度与烧结态相当。由此,喷丸不会改变表热处理零件的表面形貌,可以作为零件清洁的手段加以利用。

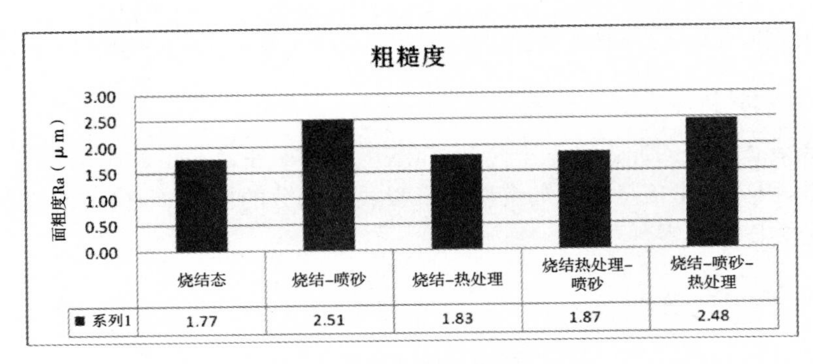

表 8　样品的粗糙度

然而,由于烧结态喷丸已经使零件表面发生改变,所以热处理会保留这种变化,从图表中看来,喷丸后热处理与烧结态喷丸的零件表面粗糙度基本一致。

3.5　喷丸对硬度的影响

表 9 与表 10 为喷丸对产品硬度的影响,可以看出,烧结后喷丸,硬度会降低,即使后续有热处理工艺,相较无喷丸的产品还是略低,这是因为喷丸后表面“凸凹”的存在,使得我们在测量宏观硬度时,压痕较深,所以表现出来是硬度下降,实际上,材料的微观硬度是一致的,没有变化。(因为材料与热处理工艺相同)

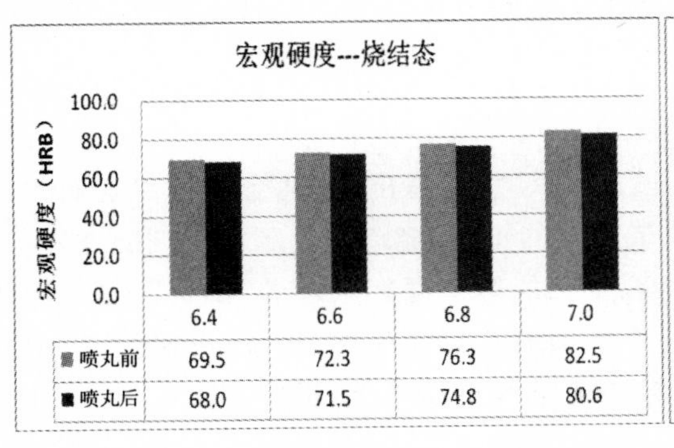

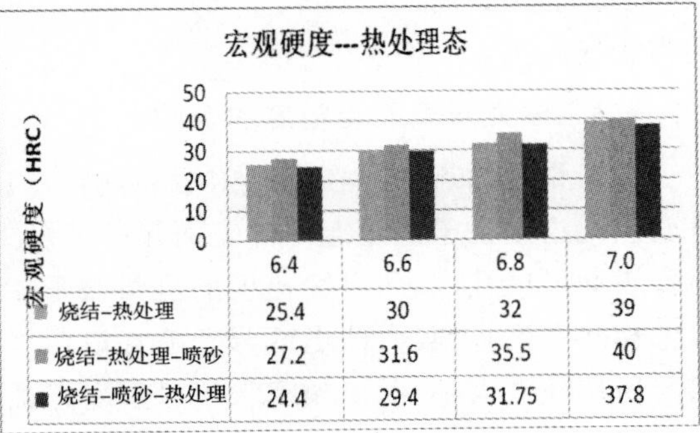

表 9　喷丸处理前后烧结态样品的硬度　　　　表 10　喷丸处理前后热处理态样品的硬度

表 10 中热处理以后喷丸会略微提高零件表面硬度,一是因为喷丸会使热处理表面发生

微量的变化，表面强度略有提高；二是喷丸使零件表面清洁度提高，减少测量变差。当然，这种硬度的提升并没有给我们带来性能上的明显改善。

4 实验结论

(1)一定条件下喷丸可以改变零件的表面形态，使表面致密化；

(2)喷丸对烧结态产品的拉伸强度提升不明显，但是塑性变差，大整形量的零件不建议前期作喷丸处理；

(3)喷丸对烧结态的零件来说，冲击功下降，耐冲击性能降低；而喷丸后如有热处理工艺的话，较无喷丸零件的冲击功大幅提升，即耐冲击性能提高；

(4)喷丸会使产品表面粗糙度增大，光洁度变差；

(5)由于表面粗糙度的增大，使得零件的表面宏观硬度测量值下降，但是因材料与热处理工艺相同，所以表面的颗粒硬度与晶像组织没有变化[4]。

5 成果应用

对于部分机械零件，尤其是在硬度、强度和韧性要求较高的场合，采用烧结－喷丸－热处理的工艺，同等密度下零件的强度会提高 7%～10%，这为我们以较低成本生产较高性能零件提供了一个解决思路。

参考文献

[1]王学武．金属表面处理技术[M]．北京：机械工业出版社，2008.

[2]美国 MPIF 标准 10 粉末冶金拉伸性能测试标准，2003.

[3]美国 MPIF 标准 40 粉末冶金无刃口冲击功测试标准，2003.

[4]肖志瑜，叶璇，陆宇衡，等．喷丸处理对烧结 Fe－Cu－Ni－Mo－C 材料的组织和疲劳性能影响[J]．机械工程学报，2013(20)：152－157.

铁基粉末冶金泵体件的研制

杜　敬　　王士平　　胡焕之　　胡曙光
马鞍山市华东粉末冶金厂
（杜敬，8726005025，xxyz123@126.com）

摘　要：粉末冶金技术已成为替代某些靠传统铸造、机加工等制造零件的优选方法。本文作者以某款结构复杂的泵体为例，通过合理的模具设计、成形方式及工艺设计，成功地以高效、节材的粉末冶金法研制出了该产品，客户反馈该泵体各项性能合格稳定，现已批量生产。

关键词：粉末冶金技术；泵体；模具设计；模具调试；工艺设计

1　引言

粉末冶金技术是一项集材料制备与零件成形于一体，节能、环保、高效、能一次成形的先进制造技术，也是具有潜在市场竞争力的少、无切削的金属加工方法，现正快速地取代某些靠传统法（如铸造、机加工等）制备的泵体、连杆、凸轮轴、齿形零件、型腔类等零件。它在汽车、家电、电动工具、航天器材、医疗器械等领域正发挥越来越重要的作用。

本文中以某款泵体为例，从选材、模具设计、模具调试、烧结、机加工、热处理及后续处理等环节，提出了一套完整的铁基粉末冶金零件的生产工艺过程。研制产品完全符合客户对性能和使用的要求，得到了客户的充分肯定。

2　产品研发过程

2.1　产品分析及工艺线路设计

该款泵体的三维图如图 1 所示，力学性能及技术要求见表 1。通过对产品的分析，考虑到内台较深，圆台结合处比较单薄，为了脱模顺利，避免压坯开裂，经与客户沟通，将 ϕ20 处做 5°～6°锥度方便成形和脱模，最终设计出了如图 2 所示的压坯，并制定了“混料—压制—烧结—机加工—热处理—抛光清洗—浸油防锈”的生产工艺过程。

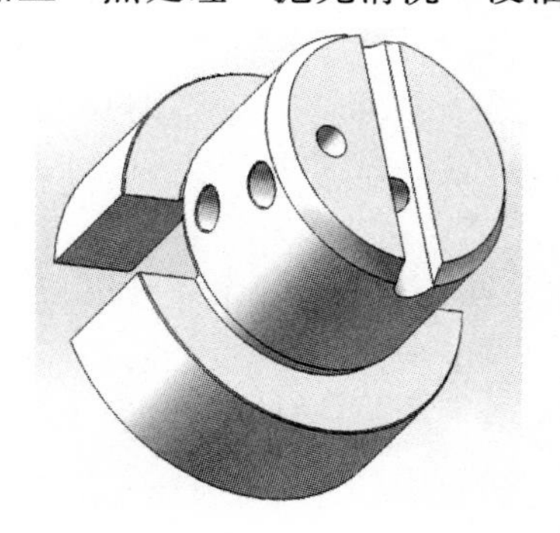
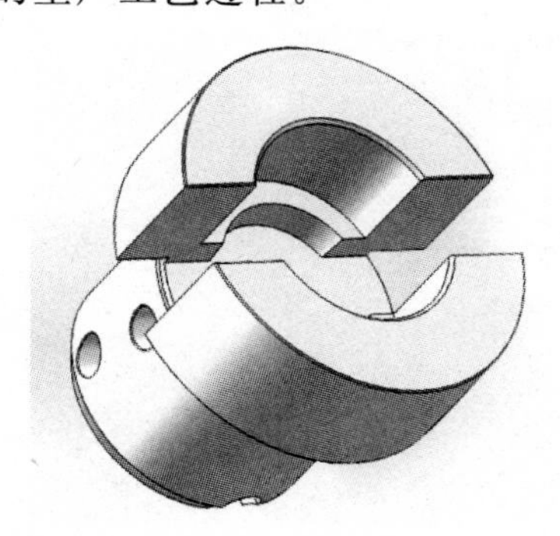

图 1　泵体三维图

表 1 泵体的力学性能和技术要求

硬度	密度	压溃强度	其他
HRC35～40	≥6.8g/cm^3	≥450MPa	表面光亮无毛刺，防锈能力强

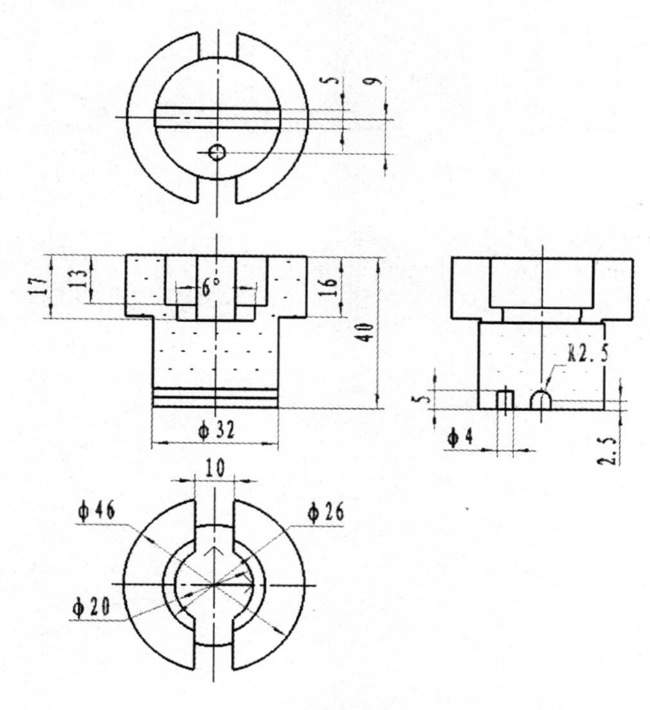

图 2 泵体压坯示意图

2.2 模具设计

依据压坯尺寸、形状结构及对现有压机设备性能的分析，决定采用“上二下二”型模具在汇众 300 吨机械压机上压制该产品，所设计的模具图和模具装配图分别如图 3 和图 4。

生产该泵体的难点在于模具结构设计和模具调试。该套模具设计的亮点在于中模的设计、冲头的划分和分型面的选取。压坯的圆柱体外圆由下一冲和中模凸起面共同成形；圆柱底部的横槽和 $\phi4\times5$ 盲孔由组合下二冲面区成形；凸台上 10mm 的槽由中模、上一冲和上二冲共同成形，零件内台则由上二冲面区一次成型。

下二冲做成组合件便于模具加工和延长寿命。若做成整体，成形盲孔的部位很容易断裂而导致整个冲头的报废。做成组合件，装粉时弹簧张开将假芯棒顶起调节(减少)装粉，压制过程中即便断裂也便于更换，更节约成本。

产品底部槽和盲孔的位置精度要求较高，若不对圆形下二冲安装定位装置，很难精准定位。最简单的解决方式如图 3 所示，在下二冲上装一定位销钉，在下一冲的相应位置开一导向槽，这样就能保证下二冲在下一冲内只做轴向往复运动而不会发生转动，安装简便且定位准确(本例中 $\alpha=0$ 最佳)。

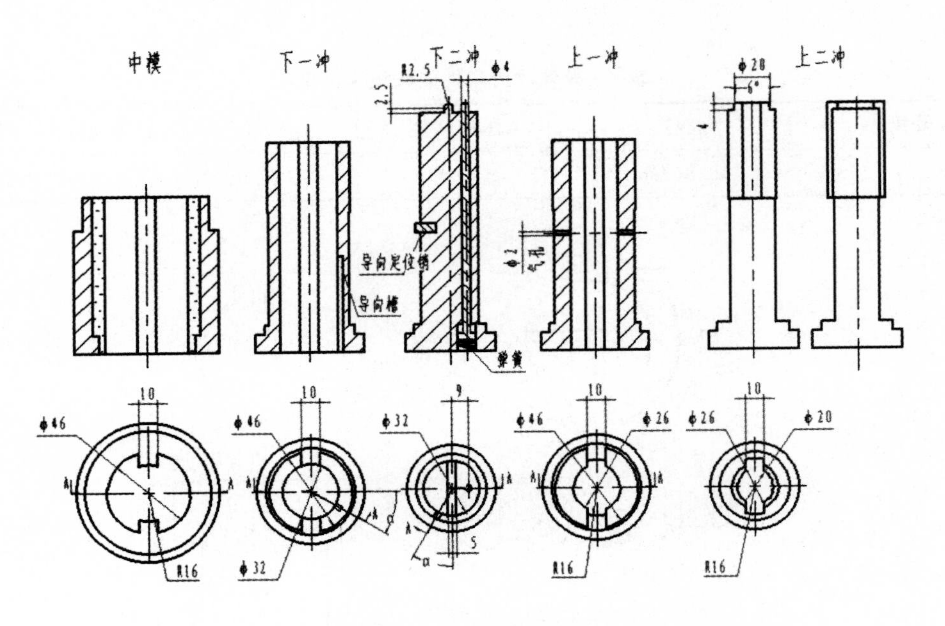

图 3　模具图

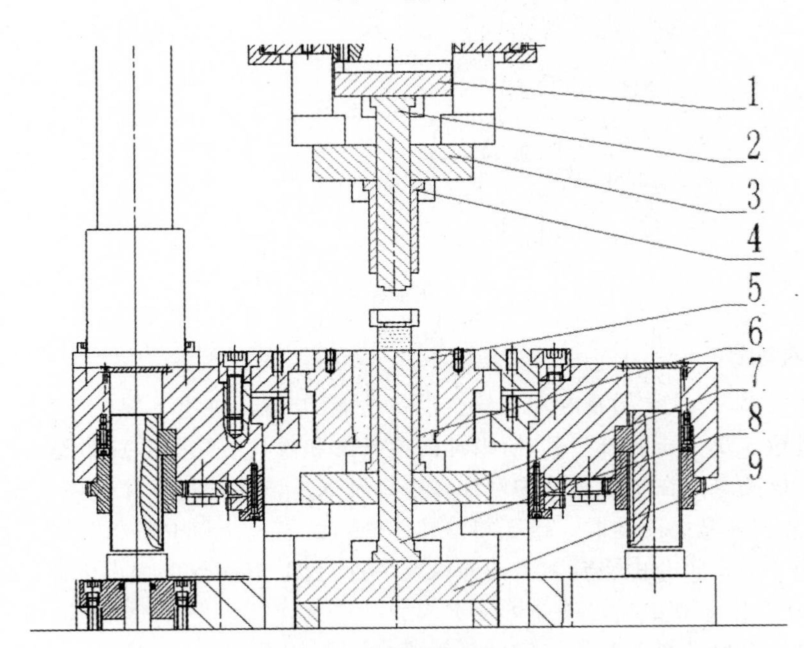

图 4　模具装配图(脱模状态)

1—上二冲垫;2—上二冲;3—上一冲垫;4—上一冲;5—中模;
6—下一冲;7—下一冲垫;8—下二冲;9—下二冲垫

2.3　工艺过程

2.3.1　粉料制备

经综合分析,选用 Fe－1.5%Cu－0.8%C 配方(见表 2)。该产品因台阶多且深,故在混料时加 0.3%～0.4%超级润滑剂以减小产品压制压力和脱模力,另加 0.5%左右的切削剂便于后续机加工[1]。按配方配制的粉料在 0.5t 双锥混料器中混合 50min,冷却 1.5～2.0 小时后方可进行压制。

表2 粉料成分(质量分数)配比(%)

铁粉	铜粉	石墨	超级润滑剂	切削剂
余	1.5	0.8	0.4	0.5

表3 原材料的技术要求

材料成分	材料牌号	纯度(质量分数)%	粒度/目	制备方法
雾化铁粉	AHC100.29	≥99.6	−100	水雾化法
铜粉	FTD3	≥99.8	−200	电解法
石墨粉	UF4	≥99.5	−200	天然
超级润滑剂	SKZ～600	≥99.8	200～300	合成法
切削剂	MFC～078	≥99.8	300	合成法

2.3.2 模具安装与调试

将退磁后的模具按图4所示的装配图进行安装。调试过程中,通过调节压机动作,使其在装粉时,下一冲、下二冲均靠气压浮动上升以调节装粉,上二冲在未进中模之前伸出(打粉),当其刚接触粉末时,依靠压机自带的移粉杆使下二冲浮动板向下运动,这样就完成了粉末移送。通过气压调节各冲头的装粉量和中模浮动量,并采用保护脱模,就能压制出符合要求的压坯[2]。压坯整体密度达到6.8～6.85g/cm^3,分体密度圆柱体达到6.7g/cm^3,两半圆凸台达到6.85g/cm^{3}以上。

2.3.3 烧结

将压坯圆柱底面紧贴瓷板摆放整齐,在分解氨和氮气混合气氛中(N_2 : H_2=90 : 10),于1120℃下烧结40分钟。因该产品尺寸较大,尽量与其他较小产品相间交叉放置进炉烧结,否则会因气氛不足而产生起泡现象。

2.3.4 机加工

在专用夹具上钻孔,在数控机床上加工沟槽和倒角。

2.3.5 热处理

采用丰东UBE—100热处理炉进行碳氮共渗。将高纯度的甲醛通入炉内热解作为载气,以高纯度的丙烷和氨气通入炉内裂解作为碳氮共渗用的富化气,共渗1小时。在达到850℃碳氮共渗温度时,通过丙烷建立碳势,均温10min通氨气,氨气流量1～2L/min,保持0.8%碳势60min,共渗后直接在50℃油中淬冷,140℃回火70min[3,4]。

2.3.6 抛光清洗及防锈处理

将零件与石子按体积比约1∶3放入震动抛光机中,伴于适量研磨液研磨15～20min,取出清洗干净,浸入防锈油,即可得到表面光亮,防锈能力强的产品。

3 产品性能结果

产品硬度HRC35～40,密度大于6.8g/cm^3。金相如图5,由图中(a)和(b)可知,上下部位组织结构均匀,孔隙细小且分布均匀,无较大孔洞出现。由图5(c)知热处理后主要组织为回火马氏体和贝氏体,并伴有极少奥氏体。经客户装机试验,各项性能指标合格,现已大批量生产。

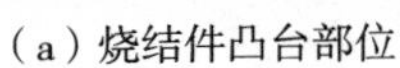

（a）烧结件凸台部位　（b）烧结件圆柱部位　（c）热处理件

图 5　金相图(×100)

参考文献

[1] 杨传芳．粉末冶金 12 棱轴套的研制．安徽省机械工程学会成立 50 周年论文集[M]．合肥：合肥工业大学出版社，2014：244 - 246.

[2] 申小平，许桂生．粉末冶金压坯缺陷分析[J]．粉末冶金技术，2012，30(4)：279 - 287.

[3] 郑惠，许兆选，魏伟．高强度铁基粉末冶金换挡摆杆的研制[J]．粉末冶金工业，2013，23(5)：46 - 49.

[4] 冯琴．铁基粉末冶金件碳氮共渗的研究[J]．摩托车技术，2001，(10)：11 - 13.

轴向盲孔法兰盘制品生产工艺改良

曹　刚　　王春刚
诸城坤泰粉末冶金有限公司

摘　要:“Blind flanges—渗铜连接”工艺,经理论验证与实际检测可以实现端面盖片与基体有效“焊”接,使后续机加工序生产效率显著提高,是节能降耗的典范。我公司将以此为契机,将工艺改良逐步推进。

关键词:熔渗剂;焊接;承压力;性能;金相;粉末冶金;成形;机加工;低温烧结;烧结

1　产品简介

图1所示产品是我公司量产产品之一,是一高档按摩健身设备重要配件之一,设备主要出口国与欧洲,此产品总高55mm,内径为 $\phi20\sim20.03$mm,小外径尺寸为 $\phi28\sim28.03$mm,内孔深度为52mm,顶盖要承受不小于10kgf作用力。

2　原生产工艺

图1所示产品形状相对较简单,最初接到试制产品图样时,通过对产品的用量与结构形式进行评估,主要有两种制作方案:一是采取上二下三模式一次性成形,二是使用压制与辅助加工方式制作。由于采用方案一用常规压机压制,从理论上分析,方案可行,但压机上内冲伸长量最大为50mm,这样可能会因排粉量达不到要求,而不能充分移粉,从而使产品密度分布不均匀,而产品各主要尺寸公差要求均较严格,不易保证;而产品仅处于试制阶段,市场评估量产约为1000套/月(每套用2件),因此采用方案二制作,主要生产工序为:混粉—成形—烧结—烧结体检查(含承压力检测)—浸油—整形—机加工(车外台加工 $\phi28$ 外径等)—成品检测—清洗包装;但较大的加工量却严重制约了产品的产能,随着市场需求的发展,现用量为2万套/月,公司虽已增加6台数控设备并将适量产品外协,但仍然存在加工车间产能太低,制造成本太高等不良现象,严重制约产能与成本。

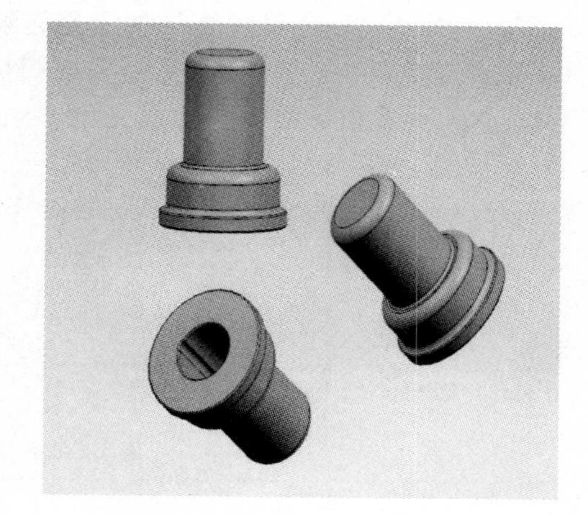

图1　产品名称:Blind flanges
图号:ZCKT—201208

产销矛盾日益突出,而其瓶颈即为现有生产工艺不合理,加工量过大,效率太低,成本太高。因此产品必须采用新工艺进行生产。

3 新工艺方案与可行性分析

3.1 新工艺方案

经技术、质量、生产工艺改善小组的评审，确定新的生产工艺流程：混粉—成形—低温烧结—机加工车台(使基体小端面与盖片相配合)—主体与盖片组合—上覆盖渗铜片高温烧结(焊接渗铜)—烧结体检查(含承压力检测)—浸油—整形—机加工(加工 ϕ28 外径等)—成品检测—清洗包装；此工艺理论上是否可行，实际制作有无难度，主要控制点有哪些，产品端盖破坏力能否达到承受力要求？

3.2 工艺试验"渗铜"的工艺要求

粉末冶金制品虽然有些要辅助精密机加工才能符合产品图纸要求，但其近净成形、高效、节能省材等依然是其他工艺产品无可替代的优点，在汽车、工程机械、摩托车、家电等工业部门中得到了广泛的应用。采用传统方法制备的粉末冶金烧结钢密度较低，零部件中一般都含有10%以上的孔隙，因此其力学性能远低于成分组成相同的熔铸材料。渗铜由于工序简单、成本低廉、致密化效果显著等优点，被广范应用于生产实际。此工艺试验虽也为"渗铜"，但目的却是即要"渗"更要"焊"，不仅要求铜在铁基制品中易于渗入，而且要求渗入后要使端面盖片和基体牢固的焊在一起，以达到制品制作目的。

3.3 铜钢焊接分析

在铜钢焊接中，铜与铁的熔点、导热系数、线膨胀系数和力学性能都有很大的不同，容易在焊接接头中产生应力集中，导致各种焊接裂纹。另一方面，铜与钢的原子半径，晶格类型，晶格常数及原子外层电子数目等都比较接近，且铜与铁液态下无限固溶，在固态下虽为有限固溶，但并不形成脆性金属间化合物，只要克服前述的铜与铁在物理性能上存在的差异是可以获得正常焊接接头的，这是二者可实现焊接的基础依据。因此通过渗铜将端盖与主体"焊"在一起从理论上是可以实现的。

渗铜过程主要有以下几方面的作用：①致密化的作用，主要是铜填充到铁基体空隙中，不但可以提高基体的密度，还可以提高烧结体的淬透性和强度。②物质迁移作用，液体铜在毛细管力和自重力的作用下填充到铁基体内，局部液相烧结时各元素可以产生互溶，并扩散到别的地方沉淀析出。③固溶强化作用，当达到平衡冷却条件时还会有一部分铜溶解在铁中，对铁基体起到强化的作用。

两种金属的主要性能如表1所示。

表1 铁和铜的物理性能

材料	密度 (g/cm³)	熔点 (℃)	比热 [J/(kg·k)]	导热系数 [W/(Cm·k)]	线膨胀系数 ($10^{-6}K^{-1}$)	电阻系数 ($10^{-6}\Omega\cdot m$)	收缩率 %
Fe	7.87	1537	482	66.7	11.76	10.1	2.0
Cu	8.92	1083	384	391	16.8	1.67	4.7

4 试验内容及结果

4.1 渗铜件原料配比的确定

4.1.1 确定熔渗剂试样配比

熔渗剂的选择直接关系到熔渗的效果和制品的质量，熔渗剂的选择主要有三个方面：一是基体熔点要比熔渗剂的熔点高两三百度左右；二是熔渗剂要对基体有良好的润湿性；三是熔渗剂和基体要有一定的互溶性。熔渗剂主体选择铜，铜铁在固态时可相溶，液相铜对铁有良好的润湿性；对此将熔渗剂的试验配比定为：

(1)80%Cu+20%A1Fe(−200 目)+1%Zn+0.2%C；

(2)Cu+2%Zn；

(3)50%Cu+50%A1Fe(−200 目)+1%Zn+0.2%C；

以 Fe－Cu－C 烧结钢为基体，在 1120℃～1150℃、保温 30min 工艺下焊接渗铜。

4.1.2 三种熔渗剂试验对比

研究不同成分渗铜剂的熔渗性能及其对渗铜烧结钢力学性能的影响。结果表明：同其他 2 种渗铜剂相比，(1)80%Cu+20%A1Fe(−200 目)+1%Zn+0.2%C 渗铜剂渗铜性能最好，烧结钢渗铜后表面质量均匀一致、由图 1 样品表面放大图可以看出；a 为 0＃未渗铜样件表面灰暗，表面平整，无明显空洞，1＃－b 和 3＃－d 样品表面存在堆积铁粉，2＃－c 样品表面存在溶蚀孔洞；其中 3＃－d 表面堆积铁粉较多。详见样件渗铜图 2。

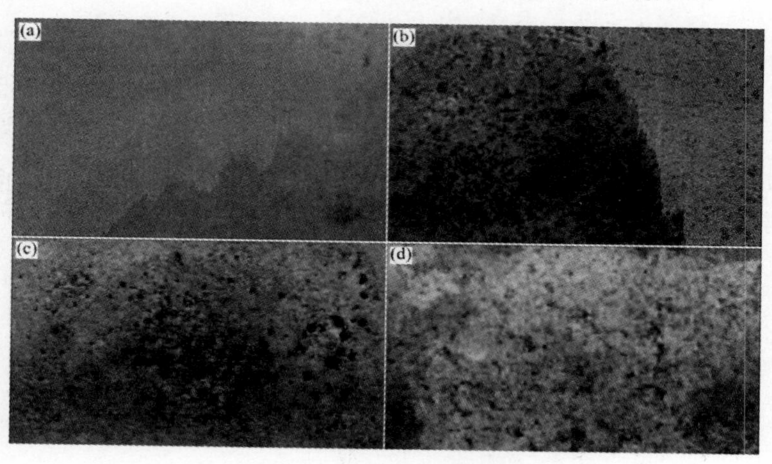

图 2 烧结体表面放大图(2.5mm)

此处采用负 200 目的铁粉是考虑到铁与铜能充分的互溶；铁能增加熔体黏度、降低熔体活性、促使铜液溶解饱和以减少对基体的腐蚀。锌能降低熔体黏度、增加熔体活性，改善熔渗性能。适量碳的加入是为了烧结钢组织的形成。渗铜烧结钢组织主要为珠光体、铁素体和富铜区。

试验结果表明，AlFe－2%Cu－0.6%C 基体具有硬度、强度高，焊接性能好，结合局部渗铜工艺可在不改变零件整体性能、组织和尺寸精度的情况下局部细化组织，提高硬度、塑性和耐磨性，改善了粉末冶金零件局部薄弱区的性能。可使端盖焊接牢固，满足零件使用要求。

4.2 烧结温度等烧结条件的确定

从理论上讲，溶渗温度越高，溶渗越充分效果越好，但温度过高熔蚀会越严重，而且会使具有铜焊作用的铜充分溶入铁基体内失去“铜焊”的作用；再是产品硬度会相对提高，产品机加工时会比较困难，因此温度与熔渗的时间的选择要适度。熔渗的时间确定主要是根据实际烧结状况确定。经试验确定为烧结温度 1120℃～1150℃、保温 30min，烧结气氛为：还原性气氛：分解氨，其中氮氢比例为 3∶1。

4.3 模具设计参数的确定

模具参数的确认是模具设计的重要组成部分，由于产品需烧结二次，并且整形时必须保证内径尺寸，因此必须从原料粉开始即严格控制好模具的设计参数，经多次试验，依据试验样件数据最终确定设计参数为 3.5‰(包含了各工序的变化)。其中 ϕ28 外径与小端面均保留了 0.3mm 加工量，这样确定了产品制作工序流程，有了各工序模具设计参数即可开始产品的试制确定阶段。

4.4 制品性能的确定

4.4.1 模具设计

由试块试验转入实际产品试验根据既定工艺流程确定的试验数据对模具进行设计，模具需三套，一套是基体制品成形整形模具，二是使用渗铜剂压制渗铜片模具，其中渗铜片要比基体小外径大 1mm，渗铜片制作为环状以最大限度降耗；三是端面盖片成形模具。整形模具采用上冲棒一体整形方式整形。

4.4.2 样品的制备

按原料配比将原料配好，混料，成形主体制品，成形密度按 6.5g/cm³，尽量实现整体密度均匀成形端面盖片，成形密度按 6.3g/cm³ 将基体使用连续式网带烧结炉低温烧结，其中烧结段温度为 960℃，基体端面机加工，加工凹槽以与盖片相配，凹槽内径为 ϕ22，与盖片配合间隙单边 0.04～0.06 为宜示意图见图 3；样件加工完毕，将成形的渗铜片放在与盖片配合好的基体件上使用网带炉在 1120℃～1150℃、保温 30min 工艺下焊接渗铜。

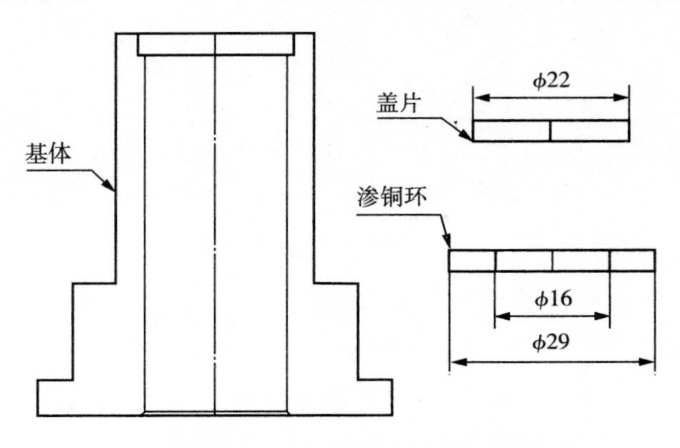

图 3 基体加工凹槽、盖片与渗铜环示意图

4.4.3 制品承压力确定

将最初整体成形制品与样件各 10 件(生产工艺参数如密度、烧结温度等基本相同)加工至成品尺寸以备检测。检测设备为 60T 万能材料试验机，检测器具为自制工装。(示意图见图 4)记录数据如表 2。

表 2 承压力检测数据表

承压力实测值(kgf)										判定
	检测设备		60T 万能材料试验机		承压力标准		≥10kgf			
整体样件	18	21	23	19	20	22	21	21	22	19	合格
熔渗样件	14	16	15	17.5	16	15	14	15	16	18	合格

以上试验先后做了三批次，试验证明，新工艺生产制品满足产品图纸要求可以装机试验。以备量产。

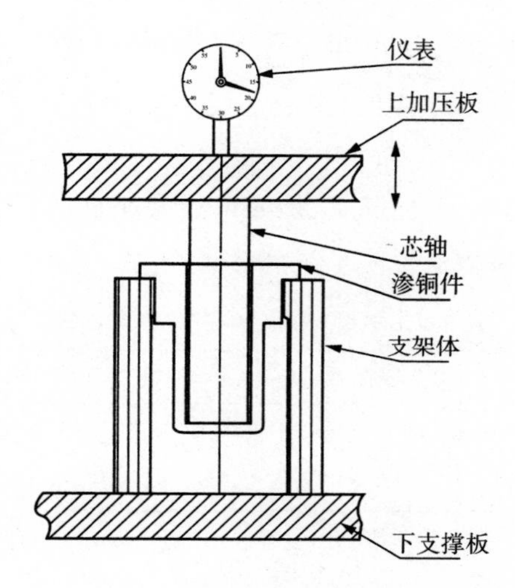

图 4 承压力检测示意图

4.4.4 微观组织分析

渗铜后基体内部孔隙被填充，较大程度地提高了制品的强度，示意图见图 5。

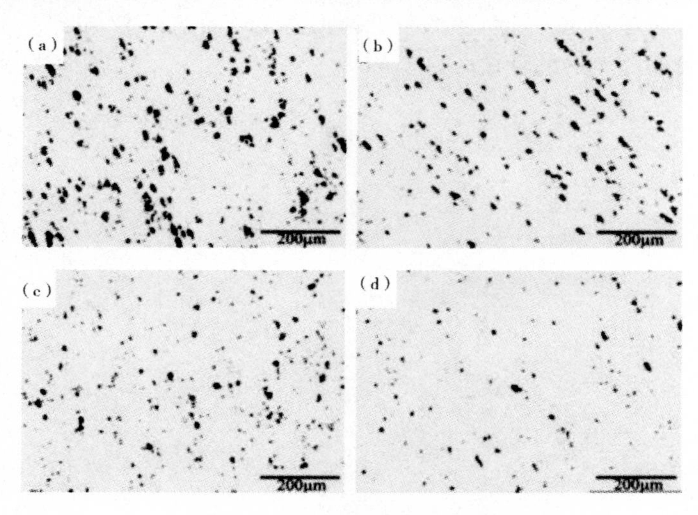

图 5 基体渗铜后内部孔隙图

由孔隙图可以看出越往样品的上部孔隙越少，(a)、(b)、(c)、(d)是基体渗铜后自小端面上面沿轴向向下 30mm 长度上等分取的四个截面的放大图，由下至上依次为 a、b、c、d；渗铜后金相组织为珠光体，少量铁素体与富铜区为主。如图 6 所示。

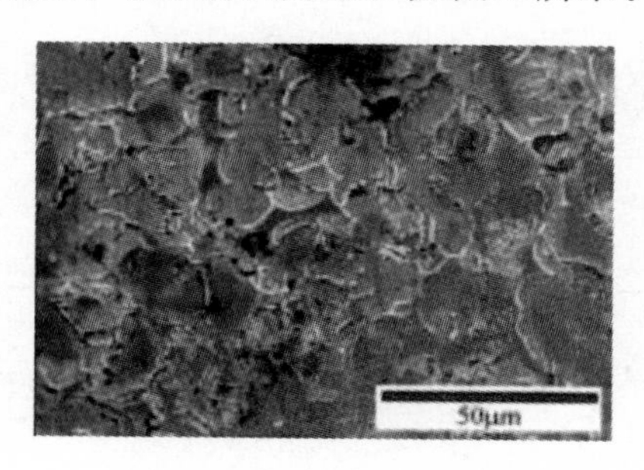

图 6　基体渗铜后金相图

金相图包含了基体与端盖相接部位，其中上层为盖片部分，下层为基体部分，从上图看两部分结合良好。

4.5　最大限度减小加工量，节能降耗，提高产能增加收入

工艺调整前后数据对比有力地说明了产能显著提高。见表 3。

表 3　工艺调整前后生产数据对比表

	项目坯重(g)	成品重(g)	班加工量(件/班)	制造成品率(%)
整体件	610	210	96	90
熔渗件	219	211	1500	98

5　结束语

轴向盲孔法兰盘制品新工艺试验成功地解决了量产粉末冶金制品因制造工艺不合理而造成的机加工工序瓶颈，在满足产品使用性能前提下，运用渗铜与焊接相结合的方式使产品基体与端面盖片有机“焊接”在一起，较大程度地提高了产品的产能，这是公司厉行工艺改良的例证之一，也是降耗高产的佐证之一。

冷压高密度润滑剂的开发

安达恭史　　水野雄幸
日本艾迪科公司粉末冶金研究所

摘　要:烧结部件要求高强度,现在广泛使用的硬脂酸锌和 EBS(N,N'-ethylenebis[stearamide])等内添润滑剂,是可以稳定生产成形密度(Greendensity,GD)在 6.8～7.1g/m^3 的部件的润滑剂。但是,这些润滑剂在 GD 要求 7.2g/m^3 以上的成形条件下时,往往会润滑性不足,导致模具异常磨损,不良率上升和缩短模具寿命。本研究报告了新型蜡性润滑剂(COM—XZ5)的基本性能,希望采用内添润滑方式可以稳定并连续生产 GD7.2g/m^3 以上的高密度部件。

关键词:高密度润滑剂;硬脂酸锌;微粉蜡(EBS);低脱模力;成型密度;润滑剂

1　绪言

近年,为了降低环境负荷,汽车被强烈要求降低耗油量。与此相随,汽车用烧结部件一直在向小型轻量化推进。这样就要求烧结部件具有很高的强度,以便每单位面积可耐很大的负荷。

在粉末冶金领域,通常生产的部件的成形密度(GD)多为 6.8～7.1g/m^3,基于上述的要求,既不会使得 GD7.2g/m^3 以上的部件发生"擦伤"(模具和部件表面的异常磨损、粘着),且能连续生产的内添润滑剂的开发备受期待。

现在,硬脂酸锌和 EBS(N,N'-ethylenebis[stearamide])作为内添润滑剂得到了广泛的应用,但是在连续生产 GD 超过 7.2g/m^3 的部件时,硬脂酸锌和 EBS 由于拨出力的上升,导致了模具和成形部件表面"擦伤"问题的发生。

实际生产中,在实现成形体的高密度化的同时延长模具的寿命以及降低产品的不良率是重要的课题。对此提出的方案包括:加热夹具,使得润滑剂软化从而提高压缩性的温间成形法,尽量减少内添润滑剂的添加量从而提高压缩性的模具润滑法以及进一步将两者结合起来,喷洒硬脂酸锂水分散液的温间模具润滑法[1-4]。最近,还开发了带电涂抹型的微粉末非锌型模具润滑剂以及定量涂抹系统,但是,将润滑剂定量涂抹在母模内壁的设备的批量生产、各种金属粉末的适应性、零件形状的选择性等,在引入生产现场之前还需要进行很多的研究[5]。

为此,笔者们对历来最实用且设备成本低的内添润滑进行了进一步的研究,开发出了拨出力低于硬脂酸锌和 EBS,对应成形密度 7.2g/m^3 以上的高密度成形而不含金属元素的新型润滑剂[6]。

本论文针对所开发的润滑剂(COM—XZ5)其静摩擦和动摩擦的降低效果、与过去的硬脂酸锌及 EBS 进行了比较,记述了此新型润滑剂的基本特性。

2　样品及试验方法

2.1　使用的润滑剂

使用的润滑剂如表1所示。开发的润滑剂使用了实验室制作的试制品。硬脂酸锌使用了在日本使用最广泛的润滑剂(AFCOCHEM ® ZNS—730)。EBS使用了市场销售的粉末冶金用产品。熔点和热分解残渣量的分析采用了示差热分析(TGDTA220,SII)方式。测定在氮气下进行,测定温度范围为30℃～600℃,升温速度为10℃/min。取用了激光衍射式粒度分布测定装置(SALD—2000J,SHIMAZUCORR)的中央值。

2.2　使用的铁粉

铁粉使用了雾化纯铁粉 Atomel ® 300M(Kobelco)和部分扩散合金粉 Distaloy ® AE (HöganäsAB)。见表1。

表1　润滑剂的类型和特性

润滑剂	合成物	m. p(K)	中位径(μm)	热残余(mass%)
Developed	Fatty amides	393	44.0	0
ZNS—730	Zinc stearate	395	13.3	15
EBS	N,N′- ethylene bis[stearamide]	413	5.3	0

2.3　粉体特性

如表1所示,在500g铁粉中添加0.8wt%各种润滑剂,使用试验用V形混合机混合20min后,根据JISZ 2502测定了流动度(ER)和表观密度(A. D)。

2.4　拔出力

使用各组混合铁粉,采用油压式万能试验机 Sansyo IndustryCorp. 压制成形为直径11.3mm、高10mm的圆柱体试验品,使得目标GD达到7.1及7.2g/m³,然后使用精密压缩试验机(TENSILON, A&DCompanyLtd.)按照200mm/min.的拔出速度测定拔出力。试验是以JPMAP13－1992为基准,但为了不损伤模具,是在成形压力每单位面积不超过900MPa的范围下进行的。拔出力如图1所示在(a)点进行了比较。

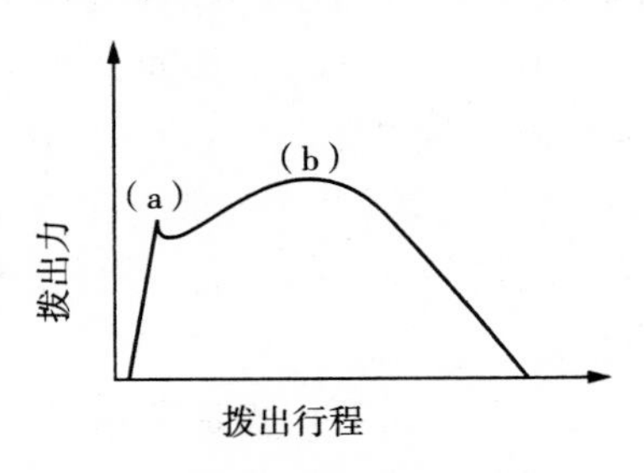

图1　拔出力曲线

2.5　动摩擦力的降低效果

将对应GD7.2g/m³开发的润滑剂(COM—XZ5)和硬脂酸锌(ZNS—730)的拔出力曲线进行了比较。尤其是根据图1的(b)区域的应力值和变化比较了动摩擦的降低效果。

3 实验结果和研究

3.1 粉体特性的比较

各润滑剂的粉体特性如图 2 和图 3 所示。雾化纯铁粉、部分扩散合金粉都显示出类似的倾向性，较之硬脂酸锌(ZNS—730)，开发的润滑剂更接近于 EBS 的特性。流动性(F. R)方面，用雾化纯铁粉开发的润滑剂和 EBS 处于同等水平，用部分扩散合金粉开发的润滑剂(COM—XZ5)优于 EBS。松紧密度(A. D)方面，雾化纯铁粉、部分扩散合金粉开发的润滑剂都显示出低于硬脂酸锌(ZNS—730)、但高于 EBS 的值。

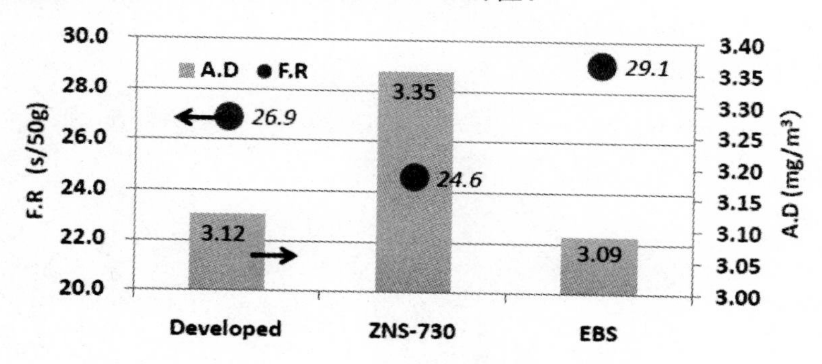

图 2 润滑剂的特点

(iron powder, Atormel ® 300M. with 0. 8mass% lubricant added, RH=54%, RT=298K)

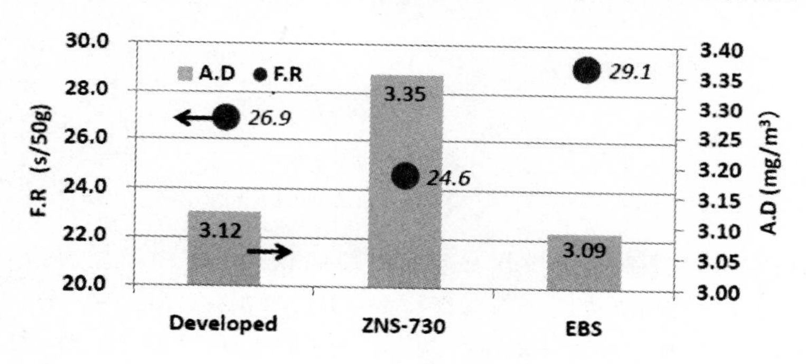

图 3 润滑剂的特点

(Iron powder, Distaloy ® AE, with 0. 8mass% lubricant added, RH=74%, RT=294K)

我们认为，粉体特征性产生差异的原因是和各润滑剂分子结晶的脆性(易碎性)相关的。硬脂酸锌属于 Van del Waals 结晶，EBS 等脂肪酸酰胺衍生物属于氢键结晶[6]。Van del Waals 结晶易脆，富有脆性，和铁粉混合时，粒子迅速散开后紧密堆积填充，但是氢键结晶却因为分子间的结合力强而难以散开，即使和铁粉混合也难以紧密堆积填充，且表观密度得不到提升，流动性变差。

3.2 静摩擦力降低效果的比较

用各铁粉进行评估的各种润滑剂的静摩擦力降低效果比较数据如图 4 和 5 所示。静摩擦力的降低效果用图 1 中(a)点的每单位面积的应力，即拔出力进行了比较，数值小的润滑效果高。

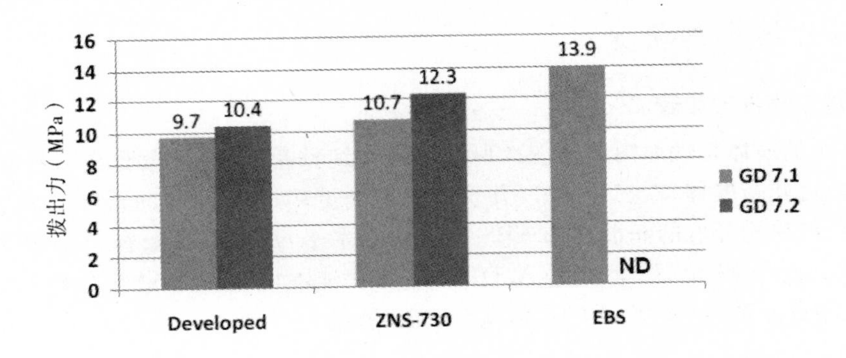

图 4　润滑剂的拔出力

(Iron powder, Atormel ® 300M. with 0.8mass% lubricant added)

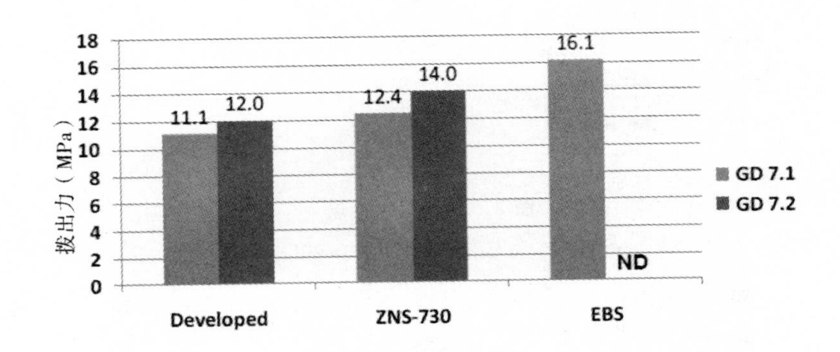

图 5　润滑剂的拔出力

(Iron powder, Distaloy ® AE, with 0.8mass% lubricant added)

用雾化纯铁粉、部分扩散合金粉开发的润滑剂(COM—XZ5)的拔出力都为(10～12)MPa,摩擦降低效果最佳,其次分别是硬脂酸锌和EBS,特别是EBS,在GD7.2Mg/m^3的条件下拔出力上升,用哪一种铁粉都不能进行测定。当GD变为7.2g/m^3时,和复合型润滑剂(COM—XZ5)比,硬脂酸锌(ZNS—730)的拔出力的上升率增大。

综上所述,我们可以看出,作为内添润滑剂广泛使用的EBS和硬脂酸锌,作为GD7.2g/m^3以上的高密度成形的内添润滑剂使用是有限的,因为其导致模具和成形部件的表面出现异常磨损的危险性很高,不适合于作为高密度成形用的润滑方法使用,如3.1中的研究所述,可以认为各润滑剂粒子的硬度影响了压缩性的高低,由于压力的传递使得润滑剂的Bleed性产生差异。

3.3　动摩擦降低效果的比较

图6和图7显示了对应GD7.2g/m^3开发的润滑剂和硬脂酸锌(ZNS—730)的拔出行程和拔出力的变化。另外,在表2中显示了(b)区域拔出力的最大值。

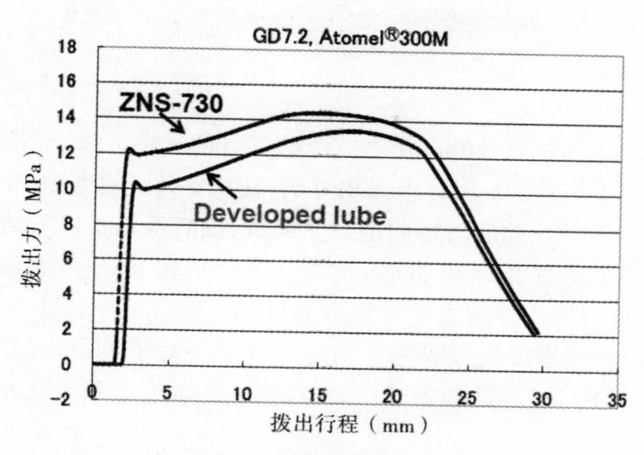

图 6 拨出行程和拨出力的变化

(iron powder, Atormel ® 300M. with 0.8mass% lubricant added)

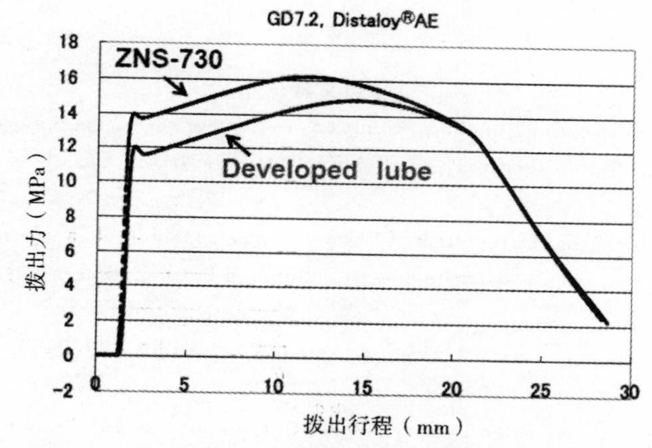

图 7 拨出行程和拨出力的变化

(iron powder, Distaloy ® AE, with 0.8mass% lubricant added)

表 2 不同区域拨出力的最大值

润滑剂	拨出的最大值(MPa)	
	Atomel ® 300M	Distaloy ® Ae
Developed	13.4(93)	14.9(92)
ZNS-730	14.4(100)	16.2(100)

+GD 7.2mg/m³

可以看到，雾化纯铁粉和部分扩散合金粉即使作为内添润滑剂使用，两者(b)区域的拨出力都相对表 1 的(a)点的值上升了 1.1～1.3 倍。此外，如果比较(b)区域的最大拨出力，开发的润滑剂和硬脂酸锌(ZNS—730)比较，雾化纯铁粉低达 8%，部分扩散合金粉低达 7%，整个过程，确认到了拨出力最大降低 15%的效果。

可以认为，开发的润滑剂(COM—XZ5)，对母模内面和成形部件的界面具有优良的 Bleed 性，并且即使在成形压力接近 900MPa 的严酷条件下，由于分子间的氢键，润滑膜很难断裂,对金属表面具有比硬脂酸锌(ZNS—730)还要高的亲和性。

4 总结

我们以防止GD7.2g/m³以上的高密度成形时模具的异常磨损,延长模具的寿命以及稳定的连续作业为目标,开发了非金属型内添润滑剂,使用雾化纯铁粉和部分扩散合金粉相对硬脂酸锌(ZNS—730)和EBS的润滑性能进行比较后,我们得到了以下结论。

(1)粉末冶金领域广泛使用的硬脂酸锌(ZNS—730)和EBS内添润滑剂,当GD变为7.1~7.2g/m³时,拔出力的上升率大于开发的润滑剂。

(2)内添润滑剂的效果按照优劣顺序排列时为开发的润滑剂(COM—XZ5)—硬脂酸锌(ZNS—730)微粉蜡(EBS),尤其是微粉蜡(EBS),除了不含有金属元素的优点以外,不适合于高密度成形。

(3)开发的润滑剂(COM—XZ5),通过和不含有金属元素的微粉蜡(EBS)以外的脂肪酸酰胺类组合,可以在从模具拔出成形部件时,获得降低静摩擦力和动摩擦力大约15%的效果。

参考文献

[1] A. Fujiki et al. Development of Warm Compacted Automotive Engine Sprocket, Proceedings of the 2000 Powder metallurgy World Congress[J]. Published by the Japan Society of Powder and Powder Metallurgy, 2001, 137-140.

[2] A. Fujiki et al. Mechanical Properties of Warm Compacted/Sintered and Surface Densified Sprocket in Comparison Warm Compacted and High temperature Sintered Parts, End user meets PM[J]. Proceedings of PM 2004 Vienna, Austria, 2004

[3] W. G. Ball et al. New Die wall Lubrication System[J]. INTERNATIONAL JOURNAL of Powder Metallurgy Jan/Feb, 33/1(1997), 23-30

[4] M. Kondoh, H. Okajima. High Density powder Compaction using die wall lubrication, Advances in powder Metallurgy & Particulate Materials, 2002, 3:47~54.

[5] A. Fujiki, Y. Maekawa, K. Adachi. Quantitative Analysis of Die Wall Lubrication and New Lubricant Development[J]. J. Jon. Soc. PowderMetallurgy, 2006, 9(53):713-717.

[6] M. Ikegawa, K. Adachi. development of a New lubricant For PM Compacts for Practical Use, Proceedings of the 2000 Powder Metallurgy World Congress[J]. Published by Japan Society of Powder any Powder Metallurgy, 2001, 425-428.

一种新型防渗套的研制

叶汉龙　　许彩凤
福建龙溪股份粉末冶金研究所
(叶汉龙,13505001570,yehanlong@163.com)

摘　要:防渗套是基于碳在铜中的固溶度极低的原理,通过粉末冶金工艺的特点而制造出的。它可以阻止渗碳介质接触所需要保护零件部位或材料,使被保护的零件不至于被渗碳而造成机械性能急剧下降,最终失效。使用防渗套能有效保护零件,使用方便且降低成本。

关键词:防渗;控制密度;有效防渗层

1　引言

齿轮轴在齿轮行业是常用的零件,如图1所示。渗碳淬火是提高齿轮轴强度和耐磨性的常用处理方式。在对齿轮轴进行渗碳淬火时,上端面的螺纹不能渗碳淬火,因为螺纹处的硬度一般和紧固件的热处理要求一样,硬度都在HV400以下,而且螺纹比较细,如果进行渗碳淬火易形成碳化物,导致脆性增大,综合机械性能较差,在使用中容易崩裂。

目前防止齿轮轴上端面螺纹渗碳有三种方式:一是使用防渗涂料涂抹;二是螺纹部位镀铜;三是使用防渗钢套。

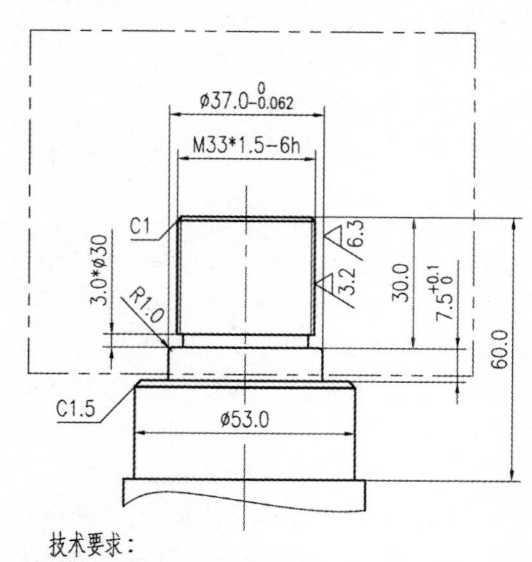

图1　齿轮轴零件图

使用防渗涂料涂抹(目前已有较多专利涂料)有以下不足:一是难以涂抹均匀,不能有效防止渗碳,结果导致螺纹会不同程度渗碳,在使用过程中易造成渗碳部位螺纹脆裂,进而使整个齿轮轴失效;二是热处理后须对螺纹处进行抛丸处理以清除防渗剂,若不清除不完全,将造成螺纹凹陷处残留,不能保证螺纹尺寸,产品成品率较低,而若不抛丸处理,需重新加工螺纹,增加成本;三是手工涂抹防渗剂,效率较低。采用螺纹部位镀铜以防止渗碳有以下不足:一是齿轮轴较重,镀铜需要专门的挂具,镀铜层与渗碳层有一定的比例关系,渗碳层越深,镀铜层越厚;二是镀铜工艺复杂,需要清洗和不镀铜部位绝缘,有的还需要退镀,成本较高。使用防渗钢套防止螺纹渗碳则有以下不足:一是钢套多次渗碳后，容易造成脆裂，失去保护功能，而且会污染渗碳炉，如更换频繁，成本也较高。

粉末冶金技术是一种控制密度的技术，适合大批量生产复杂形状的零件；粉末冶金熔渗技术可以生产高密度高强度的零件。根据 Cu－C 二元平衡相图，碳在固态铜中几乎不固溶，即使在 2300℃时，溶解度也不超过 0.1wt%。

根据以上情况，我们尝试通过粉末冶金工艺来生产类似防渗钢套结构的具有特殊功能的防渗套。

2 新型防渗套的研制

2.1 防渗套的设计

设计粉末冶金防渗套基于以下两个原则，一是根据实际需保护部位的尺寸和装配工艺，确保有效防止渗碳的要求，设计一定尺寸和精度零件：装配可考虑各种方式：如需保护螺纹，可以直接与工件螺纹连接；也可以通过外在连接方式进行连接。

二是零件外表面的“有效防渗层”需要形成连续高铜分布，就如同在外表面罩上一层“铠甲”，在渗碳时由于这层“铠甲”的保护就能有效阻止渗碳。“有效防渗层”的厚度与渗碳工艺（浓度和时间）有关。

根据上述原则，设计的防渗套毛坯如图 2 所示。

2.2 粉末冶金防渗套的生产工艺流程

按照准备—混粉—压制—烧结—机加工的流程进行加工。

2.2.1 准备工作

粉末原料包括铁粉、石墨粉、硬质酸锌，以及专用的熔渗铜粉。模具准备是是依据零件尺寸、粉末冶金工艺设计、压机和模架等因素，进行模具的设计计算和加工。

2.2.2 混粉

按配方将铁粉、石墨粉和硬脂酸锌（0.3%～0.5%）按比例混合，在混粉机混合到均匀无偏析，放置一段时间方可使用，称为“铁基混合粉”。

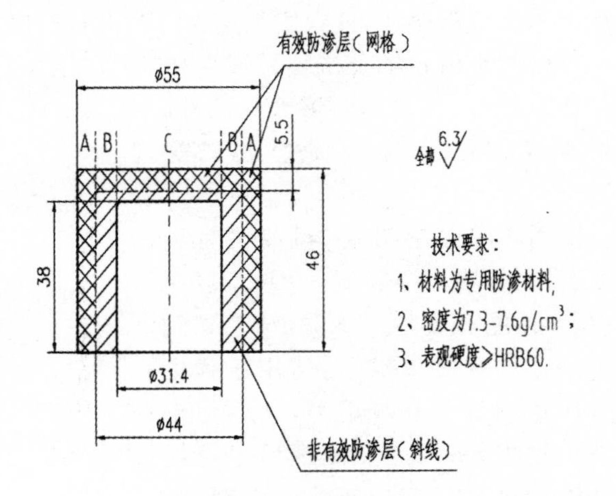

图 2 防渗套毛坯示意图

2.2.3 压制

毛坯件的压制：将模具安装在合适的模架和机台上，将“铁基混合粉”装入模具，然后压制成形（压力为（400～550）MPa），生产具有要求形状和尺寸的毛坯件，称为“铁基毛坯”。压制时必须通过模具（分模冲装粉和成形）控制材料的密度分布，使得使用时与渗碳介质接触的材料外表面（称为“有效防渗层””）密度较低，并确保一定厚度（1.5～7mm）；“非有效防渗层”可以密度较高，起到提高整体强度和降低成本的作用。

铜粉件的压制：将模具安装在合适的模架和机台上，将铜粉装入模具，然后压制成形，生产出具有要求形状和尺寸的铜粉件。

2.2.4 烧结

将铜粉件置于铁基毛坯上部合适的位置，将此组合件一起放入烧结炉中进行烧结，烧结温度在1090℃～1140℃，铜粉件熔化成铜液，因为毛细作用力，铜液渗入铁基毛坯（烧结时间必须确保这个过程完成），同时铁基毛坯在烧结炉中发生固相扩散，组织变化，然后在烧结炉中缓慢冷却到一定温度（20℃～70℃）。此时，铜液凝固，得到具有一定机械性能的零件。"有效防渗层"部位由于初始成形密度低，因而形成了高铜相（12%～25%比例）的网状连续分布；犹如在外表面罩上一层"铠甲"。而非有效防渗层的毛坯由于密度较高，在烧结时吸收的铜会比"有效防渗层"少。

2.2.5 机加工

根据设计需要，在上述部件上加工粉末冶金工艺无法生产的某些部位和尺寸精度。

最终生产的防渗套成品零件如图3所示。

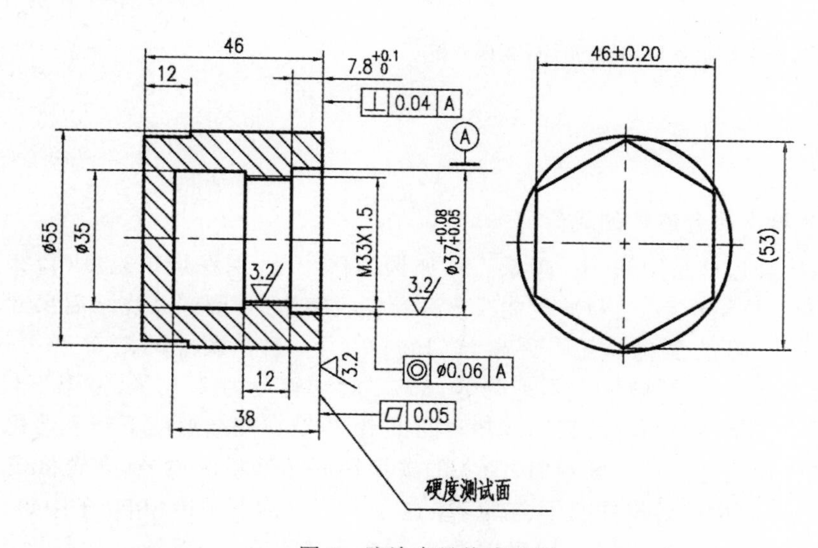

图3 防渗套最终成品图

3 防渗套的使用方法和使用效果

① 将防渗套与需防护的待渗碳零件装配于一起，保证装配牢固以有效防止渗碳；

② 将组合件一起装炉经历渗碳、淬火、回火等热处理工艺流程；

③ 热处理完毕，将防渗零件拆下；

④ 将拆下的防渗零件和待渗碳零件装配在一起，进入另一个热处理过程；

⑤ 防渗零件可以多次循环使用。经实际装机实验，该零件使用20次仍能保持原来的性能。

4 结论

(1)防渗套是用粉末冶金熔渗工艺生产具备防渗碳功能的零件，成本低廉，使用方便。

(2)防渗套是通过在"有效防渗层"形成高铜的"铠甲"，有效阻止渗碳气氛的渗入。

金相技术分析连杆生产中出现的缺陷问题

王存邦　　杨传芳
马鞍山华东粉末冶金厂
（王存邦，13635551692，1582277159@163.com）

摘　要：本文针对铁基粉末冶金制品连杆生产过程中出现的缺陷，利用金相技术进行分析，找出导致缺陷产生的原因，并给出相应的解决方案，通过对生产过程的控制，达到稳定产品质量和保证铁基粉末冶金连杆的使用性能的目的。

关键词：铁基粉末冶金连杆；显微组织；金相分析

1　引言

1.1　铁基粉末冶金连杆的成分

铁基粉末冶金连杆采用铁-铜-碳系。添加铜的作用是：铜在烧结温度（1120℃）熔化而产生液相，起液相烧结作用，使材质性能改善并补偿收缩作用，使产品烧结后尺寸易于控制，可强化铁素体，有弥散强化作用[1]。高温（1094℃）下，铜在铁中的溶解度可达7.5%～8.5%，随温度的下降，其溶解度剧烈地降低，850℃时溶解度为2.13%，室温下仅为0.2%。铜弥散分布是由于烧结时高温溶解和冷却时的析出，以及在烧结温度下产生熔化，通过孔隙的毛细管分散作用而达到的。配料时，加入的碳量视原始铁粉的成分（含碳量及含氧量）做适当的调整，以控制烧结后连杆的化合碳含量在0.3%～0.4%范围（相当于中碳钢的成分）。烧结中碳和铜必须充分溶于基体，如果以游离石墨状态存在，则对连杆的强度产生不良的影响[2]。

1.2　铁基粉末冶金连杆生产的工艺流程

铁基粉末冶金连杆的生产工艺流程为：原料→混粉→压制→烧结→抛光→产品。

1.2.1　原料

原料粉末的技术规格如表1所示。

表1　试验所用原料的技术规格

材料	规格	制取方法	粒度/目
铁粉	300WSA	雾化	100
石墨粉	UF4	天然	200
铜粉	FTD3	电解	200
粘接剂	RN—072	合成	200
超级润滑剂	SKZ—600	合成	300
切削剂	MCF－078	合成	200

1.2.2　混粉

设备：V型粉末混合机

混合料中的成分配比如表2所示。

表2　成形混合料的成分配比

石墨粉	铜粉	粘接剂	超级润滑剂	切削剂	铁粉
0.4%	1.3%	0.2%	0.4%	0.5%	余量

混粉时间：45min

1.2.3　压制

设备：机械式粉末压机

模具结构：上一下二

压制吨位：24吨

压制密度：6.8～6.9g/cm^3

1.2.4　烧结

设备：网带式烧结炉(如图1)

工艺：七个温区温度依次为：500℃、650℃、800℃、1050℃、1120℃、1120℃、1110℃

三个通气口通入的气体和流量依次为：2.5m^3/h的氢气、1m^3/h的氢气和14m^3/h的氮气、4m^3/h的氮气网速：350r/min(工件烧结全程用时4.5h)

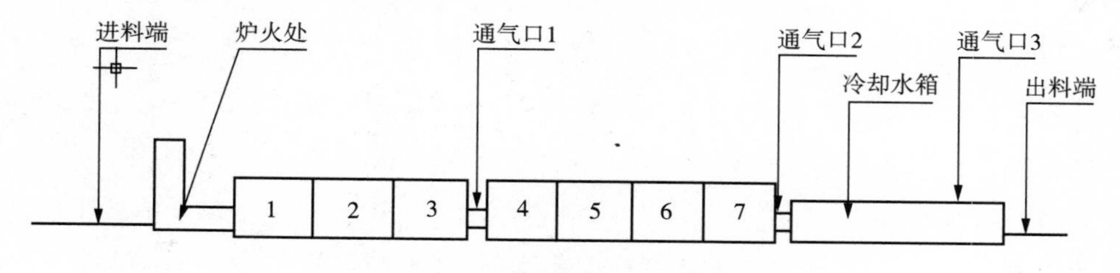

图1　网带烧结炉示意图

1.2.5　抛光

设备：履带式抛丸清理机(采用直径为0.3mm的钢珠作为抛丸)

抛光时间：20min

1.3　铁基粉末冶金连杆的性能要求

铁基粉末冶金连杆的性能指标要求如表3所示。

表3　铁基粉末冶金连杆的性能指标

项目	硬度 HRB	密度 g/cm^3	延伸率%	抗拉强度 MPa
性能要求	45～60	≥6.8	≥1	≥240

2　金相试样的制备

2.1　取样

分别从连杆小端、大端和杆部(图 2)三处取样,用切割机把试样截下,并对每个试样做好标示。

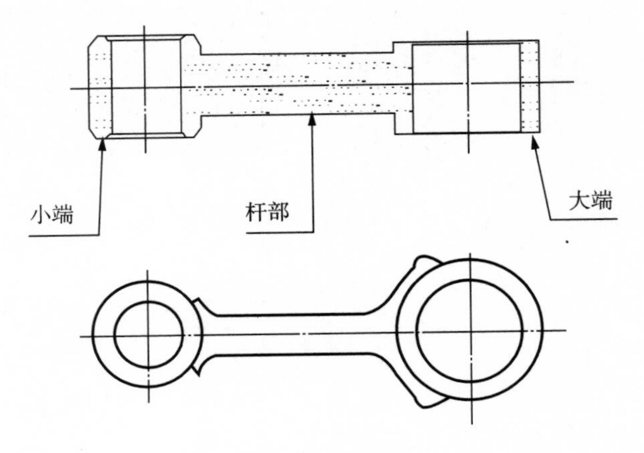

图 2　连杆简图

2.2　镶样

用镶嵌机把试样镶嵌在塑料粉中,制作成直径为 30mm,高度为 20mm 的圆柱体。

2.3　磨制

选取目数分别为 240、400、600、800、1000 和 1200 的金相砂纸,由粗到细依次进行打磨。将试样打磨成平整而光滑的磨面。

2.4　抛光

选用粒度为 2.5μm 的金刚石悬浮液作为抛光剂,将试样在机械抛光机上抛光 3～5min。抛光结束后,试样表面看不出任何磨痕而呈光亮的镜面,此时的试样便可在显微镜下观察到表面的孔隙及夹杂物。

2.5　浸蚀

用 4%硝酸酒精溶液对试样表面进行浸蚀,浸蚀 3～5s 后立即用清水冲洗,接着用酒精冲洗,最后用吹风机吹干。此时的金相试样即可在显微镜下观察到组织结构,从而进一步进行分析研究[3]。

3　缺陷的鉴别分析及相应的解决方案

3.1　针孔

缺陷鉴别:表面有针孔状斑点,斑点附近的金相组织中集中出现直径较大的孔隙(如图 3 及图 4)。

缺陷分析:配料使用的铜粉中有大颗粒存在,烧结后大颗粒铜粉铜溶入基体,铜粉所在的位置便形成针孔状孔隙,针孔的直径大于 100μm,表面的针孔用肉眼便可观察到,针孔附近铜含量较高[4]。

解决方案：将铜粉在 200 目的筛子上进行过筛，去除原料铜粉中的大颗粒铜粉。

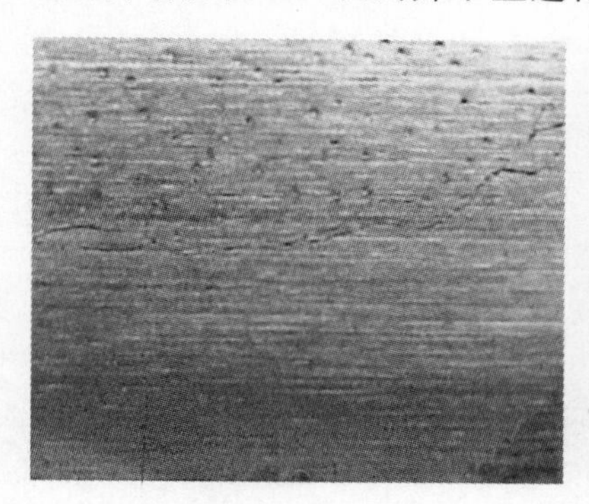

图 3 工件表面金相图

图 4 针孔状孔隙金相图（100×）

3.2 孔隙

缺陷鉴别：当连杆中孔隙呈现又多又大，且分布不均匀的情况（如图 5），最大的孔隙直径大于 100μm。

缺陷分析：制品中存在孔隙是粉末冶金工艺的特点，连杆中的孔隙呈黑色点状空穴，小且少，均匀地分布在试样上，它并不是一种缺陷。当连杆中孔隙呈现又多又大，且分布不均匀的情况，即被视为一种缺陷（图 5），这种缺陷会造成连杆的硬度、延伸率和抗拉强度下降，影响产品的质量。出现这种缺陷主要有三个原因：①压制密度偏低，铁基粉末冶金连杆的压制密度要求不低于 6.8g/cm^3，这样才能保证孔隙率低于 10%，且不出现直径大于 50μm 的粗大孔隙；②混粉不均匀，粉料作为生产的原料，粉末冶金生产过程对粉料的要求很高，如果混料不均匀或粉体粒度过大，将会出现粉体聚集，组织不均匀的情况，直接影响产品的物理性能；③粉料中含有夹杂物，夹杂物是由于混料或压制过程中混入的，这样造成粉料的脏化，熔点高的夹杂物从断口和金相组织中可以直接观察到，其周围还容易产生裂纹，低熔点和易分解的夹杂物在烧结中由于弥散或分解挥发而形成一定的残存孔隙，孔隙的形状不规则，边缘清楚。

解决方案：①保证连杆的压制密度，不低于 6.8g/cm^3，且整体密度均匀；②将粉料进行过筛，避免原料粉中出现目数较高的大颗粒粉末或者粉料团聚的情况，并将混粉时间由 45 分钟延长至 60 分钟，确保粉料混合均匀；③改用纯度较高杂质较少的粉料作为原料粉，并且对混合粉料在使用之前进行密封保护，确保粉料在使用之前不会受到脏化。

图 5 低密度连杆的孔隙金相图（200×）

3.3 斑痕

缺陷鉴别：烧结出炉的工件表面有斑痕（图 6），斑痕为附着在工件表面的黑色粉状物。

缺陷分析：斑痕不会影响到产品的物理性能，但是有些企业对产品外观也做了严格的规定，因此，本文将斑痕也归纳为产品缺陷。斑痕的主要成分是积碳，积碳产生的原因是由于烧结时脱蜡阶段的气氛比例不对，以华东粉末冶金厂的烧结过程为例，烧结炉为网带式烧结炉，采用氮气与氢气的混合气体作为保护气氛，氢气含量过高时，氢气与氧气发生化合反应，降低了脱蜡阶段的氧气含量，润滑剂分解产生的碳不能被氧化成为气体，从而带出炉膛，而是沉积在工件表面，形成积碳。

解决方案：将通气口1的氢气流量由2.5m^3/h调整至2m^3/h，降低脱蜡段气氛中还原性气体的比例，使润滑剂分解出的碳能够被氧化成为气体，从而带出炉膛。

3.4　裂纹

缺陷鉴别：断裂缺陷一般由工件表面向内部延伸，表面的裂纹用肉眼便可观察到。

图6　表面有斑痕的连杆照片

缺陷分析：裂纹在铁基粉末冶金连杆的生产过程中也是一个不可忽视的问题，粉末冶金工件上的裂纹分为两种：一是烧结后产生的裂纹（图7），此时产生的裂纹无法进行弥补，从金相图片中可以清晰地观察到裂纹边缘，这种裂纹严重影响产品的物理性能，通常进行报废处理；二是烧结前产生的裂纹（图8），烧结过程是将压坯的机械啮合转化为化学啮合，裂纹处的粒子同样会发生这种转变，裂纹会得到一定的融合，裂纹处组织经过烧结仍会具有一定的强度。

解决方案：裂纹多是由于对工件的保护不够造成的，多加保护可减少甚至避免裂纹现象的出现，尤其是烧结前的压坯，机械啮合的强度很低。

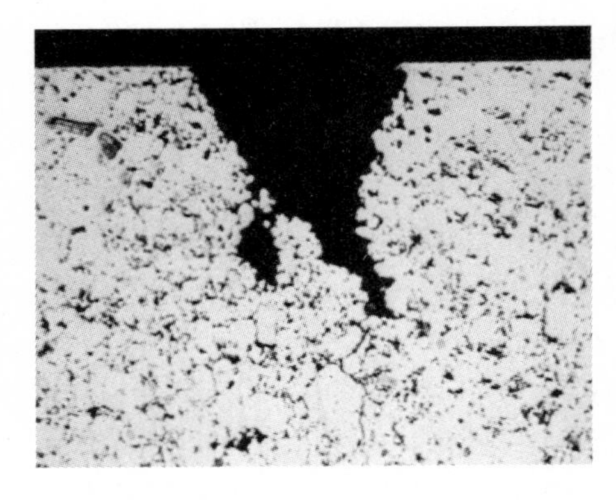

图7　烧结后产生的裂纹金相图（100×）

图8　烧结前产生的裂纹金相图（100×）

3.5　起泡

缺陷鉴别：工件表面出现鼓泡甚至崩溃（图9）的现象。

缺陷分析：烧结过程中工件表面起泡也是困扰众多粉末冶金生产厂家的一个难题，起泡的原因很多，本文仅说明作者在生产过程中遇到的情况：脱蜡段温度偏低，润滑剂在脱蜡段没有得到充分分解，或者脱蜡段气体流量不足，未能将分解的润滑剂及时带离工件表面，到达高温段后，工件在高温下基体变软，此时残余的润滑剂发生分解反应，造成工件表面鼓泡甚至崩溃。

解决方案：将温区一和温区二的温度由500℃和650℃调整为650℃和700℃，将通气口2的氮气流量由14m^3/h增加至16m^3/h，使润滑剂在脱蜡段得到充分分解并被气流带出炉膛。

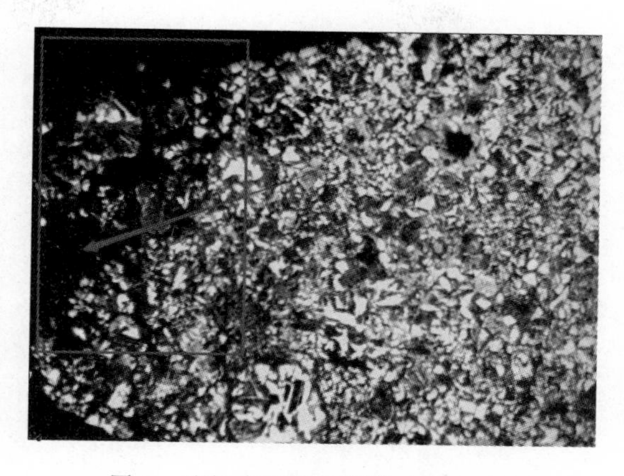

图 9　连杆表面出现崩溃　(100×)

3.6　欠烧

缺陷鉴别:硬度<HRB45,金相组织中孔隙大而多,且呈短条状(如图 10),用 4%硝酸酒精溶液腐蚀后可观察到铁素体呈块状且较大,珠光体含量少(图 11)。

缺陷分析:连杆在烧结时,由于烧结温度偏低或保温时间不足均会造成产品的欠烧。欠烧的连杆中,颗粒的结合较差,没有达到充分的烧结收缩。金相组织中,因没能充分溶入而有较多的游离石墨,基体中铁素体含量较多,珠光体含量较少,连杆的物理性能急剧下降。

解决方案:将网速由 350r/min 调整至 280r/min,工件烧结全程用时增至 5.2 小时,增加了烧结的保温时间。

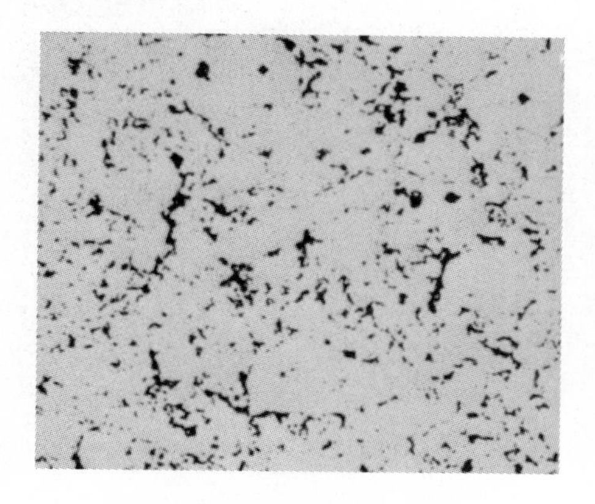

图 10　未腐蚀的欠烧连杆金相图(100×)

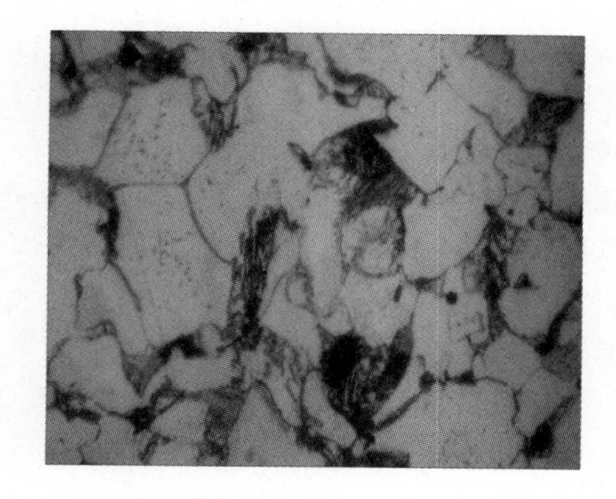

图 11　腐蚀后的欠烧连杆金相图(100×)

3.7　过烧

缺陷鉴别:连杆表面形成麻点,硬度>HRB60,断口处边缘呈现一层发亮层,金相组织中珠光体组织粗大(图 12)。

缺陷分析:连杆在烧结时,烧结温度过高(>1150℃)或保温时间过长,会产生过烧的现象,轻微过烧时在连杆表面形成麻点,硬度有所提高,在 HRB60 以上,严重过烧则产生熔洞,甚至连杆外形发生变化和破坏,造成连杆的硬度和强度值均下降。过烧的连杆其四周边缘由于晶粒粗大呈现一定厚度的发亮层,且过烧越严重其发亮层深度也越大,金相组织中珠光体组织较粗大,有较多和较大的孔洞,且往往存在于晶界上。

解决方案:结合上一节欠烧时的调整,将网速由 280r/min 调整至 300r/min,工件烧结全程用时增至 5 小时，适当降低了烧结的保温时间。

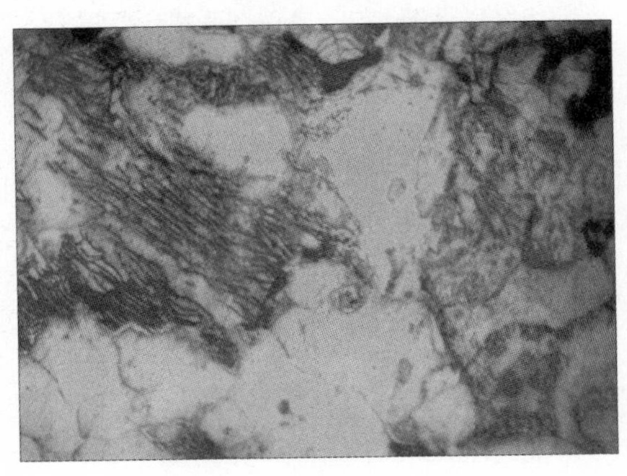

图 12 粗大的珠光体组织金相图(100×)

3.8 脱碳

缺陷鉴别：硬度<HRB45，工件表面呈炭白色，金相组织中铁素体较多，而珠光体含量较少(图 13)。

缺陷分析：连杆在烧结时，烧结炉内还原性气氛比例偏低，会造成连杆表面脱碳，烧结时炉内还原性气氛比例偏低或原料粉末的含氧量过高，烧结中会发生 $MeO+C \rightarrow Me+CO\uparrow$ 反应而造成脱碳。脱碳可发生在整个连杆工件中。表面脱碳的连杆烧结后的硬度偏低，低于 HRB45，连杆表面可观察到炭白色的一层脱碳层。孔隙观察正常；金相磨面用 4%硝酸酒精溶液腐蚀，可发现连杆边缘存在数量较多的白色的块状铁素体的脱碳层，游离石墨量少，强度和硬度显著下降。

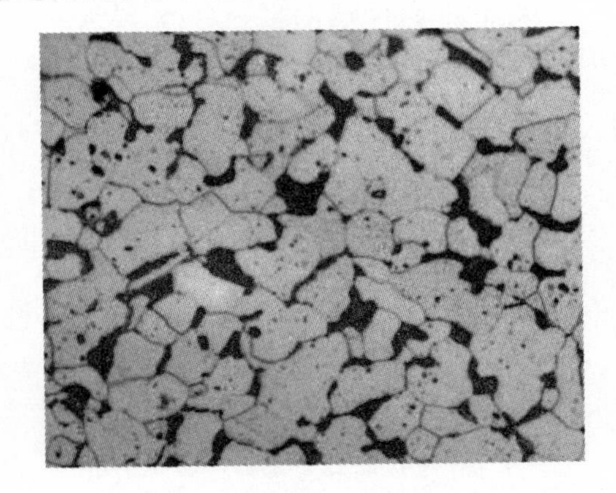

图 13 腐蚀后的连杆脱碳处金相组织照片(200×)

解决方案：对烧结车间内的氮气和氢气的供应系统进行保养，确保通入烧结炉的氮气与氢气的纯度，尤其是降低其中的氧含量。

3.9 游离铜和石墨

缺陷鉴别：金相组织中观察到游离态铜存在(图 14)。

缺陷分析：连杆在烧结时，由于其配料中的铜粉和石墨粉粒度较粗或烧结温度与保温时间不足，铜粉和石墨粉在烧结过程中未能全部融入基体，铜不能在基体中形成弥散分布，从而在烧结后的连杆中成为游离铜存在，游离铜呈橘红色粒状或块状，可在连杆的断口、金相组织中甚至连杆表面上观察到。游离铜不能发挥其强化作用，反而因隔离基体使连杆的强度和硬度下降。游离石墨的存在，造成基体碳含量降低，基体中铁素体增多且呈现大块状，珠光体含量降低，类似于脱碳的金相组织，同时游离石墨起到隔离基体的作用，使连杆的强度和硬度下降。

解决方案：将铜粉和石墨粉在 200 目的筛子上进行过筛，去除原料粉中的大颗粒铜粉和石墨粉。

4 结论

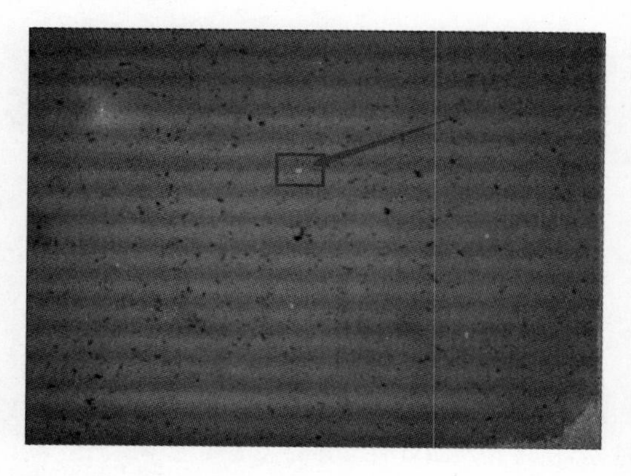

图 14 连杆组织中存在游离态铜金相图(100×)

针对铁基粉末冶金制品连杆生产过程中出现的缺陷,利用金相技术进行分析,找出导致缺陷的原因,并给出相应的解决方案,按照文中给出的解决方案进行调整,逐个解决了缺陷问题,现将最终得到的合格连杆情况说明如下:

(1)连杆的密度要求较高,孔隙呈圆点状(图 15),含有少量夹杂物,孔隙量要求小于 10%,最大孔隙的直径不大于 50μm,这样的材质密度可达到甚至超过 6.8g/cm^3,符合标准 JB2869 的规定要求。

(2)铁基粉末冶金连杆烧结后的金相组织为铁素体及珠光体(如图 16),铁素体沿晶界呈网状分布,珠光体的体积分数约为 45%,无游离石墨存在,无游离铜存在,这样的组织具有较高的强度和硬度,塑性和韧性也较高,加工性能良好,冷加工变形时的塑性尚可,硬度为 HRB45~60,符合标准 GB9897.8 和 JB2865 的技术要求。

图 15 连杆孔隙金相图(100×)

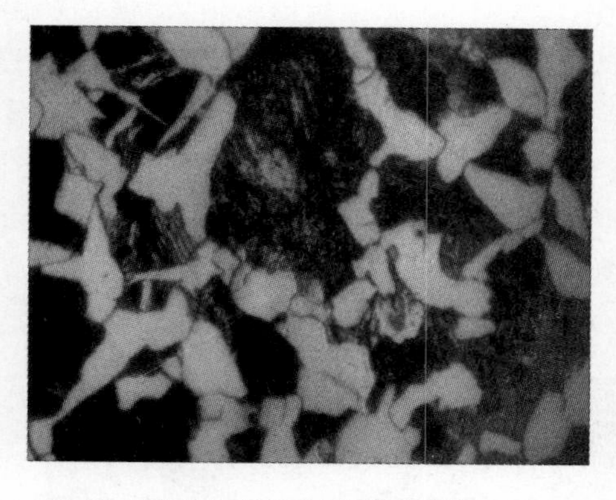

图 16 腐蚀后的连杆组织金相图(500×)

参考文献

[1] 果世驹. 粉末烧结理论[M]. 北京;冶金工业出版社,1998.
[2] 黄培云. 粉末冶金原理[M]. 北京;冶金工业出版社,1982.
[3] 胡义祥. 金相检验实用技术[M]. 北京;机械工业出版社,2012.
[4] 沈均萍. 粉末冶金产品缺陷与显微组织[M]. 粉末冶金工业. 1997.
[5] 李炯辉. 金属材料金相图谱[M]. 北京;机械工业出版社,2006.

粉末冶金结构件在多功能链锯上的应用

戴定中[1] 李星阳[2]

1. 扬州双锋科技有限公司； 2. 扬州四通粉末冶金有限公司

摘　要:在研发新产品多功能链锯的过程中,尝试将粉末冶金工艺和材料应用在其零部件的制造上获得成功,使得该产品具有较好的经济效益和市场前景。

关键词:链锯;切割机;粉末冶金结构件;粉末冶金齿轮

1　多功能链锯介绍

基于油锯及电动切割机技术,经过多年的开发、试制,终于研制成功一款新产品:多功能链锯(专利号 201410456944. x),该产品已申报高新技术产品。普通链锯通常称为油锯和电链锯,这两种工具我国年生产量达 500 万台以上。欧美国家的市场较大,普通居民一般每家每户都有配备,主要用来修整树木、篱笆和烤火用的劈材。多功能链锯就是在普通链锯的基础上,首创链锯伴侣(SAWMATE)理念。设计了一个可以与链锯导板互换安装的齿轮箱体,齿轮箱体有一套输出法兰盘,既可以安装一正一反双向旋转的硬质合金圆锯片用来切割金属、木材、塑料等复合材料;也可以安装金刚石锯片用来切割石材、混凝土、瓷砖等硬质材料,既做到一机多能,实现了一机抵三机,同时又满足欧美市场 DIY 的风尚。该系列产品(专利号 201230637613. 8)可以广泛应用于消防、武警、城建、交通、建筑等行业的破拆、施工作业和抢险救灾领域。图 1 所示为多功能链锯系列产品。

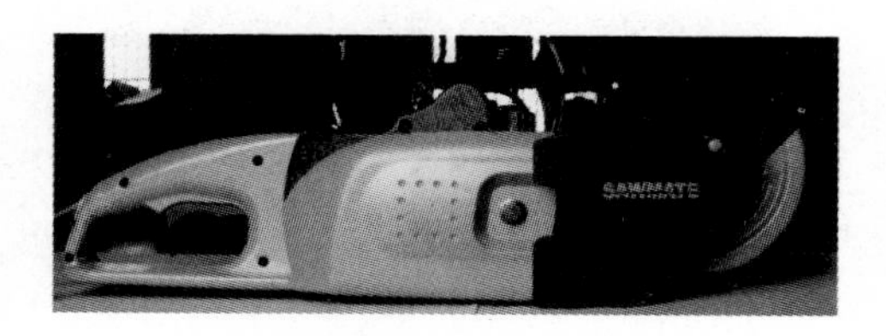

图 1　多功能链锯系列产品

2 粉末冶金结构件在多功能链锯上的应用

多功能链锯的主要部件是与链锯导板互换安装的齿轮箱体。由于多功能链锯是手持式工具，从人性化设计理念出发要求其整机不能太重，采用粉末冶金材料比普通钢材重量要轻，成本低，批量生产一致性好，所以我们除对齿轮箱壳体采用了镁铝合金，链条、轴和轴承以及标准件等 18 个零件采用钢件外，其他包括齿轮 5 只、链轮 3 只、法兰盘 2 只、夹板 2 只等共 15 个零部件（如图 2 所示）都采用了粉末冶金工艺和制造。整个齿轮箱体重量为 1.90kg，其中粉末冶金零件达到 1.06kg。粉末冶金结构件在多功能链锯齿轮箱上的应用在重量比和数量比上都超过了 50%，大大降低了制造成本，展现了粉末冶金工艺和材料节能节材和绿色环保的优越性。

图 2 多功能链锯用粉末冶金零件

图 3 多功能链锯大法兰盘

3 大法兰盘的结构设计

大法兰盘在多功能链锯中是关键的零部件之一（图 3）。在齿轮箱体的输出端要设置 A、B 两片正反向旋转锯片的装夹装置，空间小，精度要求高。原来的两种设计：①将 A 锯片和 B 锯片分别用螺钉紧固在两只法兰盘上；②将 A 锯片浮动在大法兰盘上，仅靠小法兰盘紧固 B 锯片压住 A 锯片。这两种装置设计都存在着使用过程中螺钉震动松突致使锯片卡死和两锯片接合面中间突起外缘分离，锯片无法正常工作的缺陷；全新设计的粉末冶金大法兰盘把有方向限制的锯片驱动销，带有防尘防水的多重迷宫和结构紧凑的压板螺纹都集为一体，多台阶复杂形状一次成形，化繁琐为简洁。另外还设计了一只粉末冶金小压板和装卸压板的专用板手，克服了原来两种设计的缺陷。该结构设计（专利号 201310630765.9）的使用效果非常理想，产品充分展示了粉末冶金工艺和材料的优势。

4 齿轮的设计和应用

粉末冶金齿轮在粉末冶金制造行业中，是开发最快、应用最广、活力最强、最具发展潜质的产品之一。多功能链锯齿轮箱中 5 只齿轮，都采用常规的粉末冶金工艺制造。多功能链锯中的齿轮属动力传递型的齿轮，因此齿轮的齿根弯曲强度是首先要考虑的问题，在满足强度要求的基础上，用最经济实用的方法生产出具有体积小、质量轻、效率高、工作平稳、噪音低和使用寿命长的产品，是产品开发设计和制造中始终考虑的问题。在多功能链锯的齿轮设计制造中我们根据多年的齿轮设计经验采用了以下 5 项措施对常规齿形进行修正。

4.1　齿轮模数的选择

根据齿轮传动受力的特点选择齿数较少或转速较低的齿轮验算其受力状况，选择齿轮模数及宽度，验算齿面接触强度和齿根弯曲强度。

齿轮工作转矩：$T=9549\dfrac{P}{n}$

式中，T——转矩，N·m；P——功率，kW；N——转速，rpm。

齿轮分度圆处受力大小：$F_t=\dfrac{2000\mathrm{T}}{d}$

式中，F_t——分度圆处受力的大小，N·f；T——转矩，N·m；d——分度圆直径，mm。

常规粉末冶金齿轮单齿轮折断施力的大小(齿抗)有一个简易计算的经验公式(近似)：$F_T=x\cdot b\cdot m$

式中，F_T——理论齿抗，N·f；b——齿轮宽度，mm；m——模数；x——强度系数，其中，Fe-C-Cux=60，Fe-Ni-Cu-Cx=75，扩散合金 x=100。

结合齿轮箱中齿轮安装的尺寸空间，推算齿轮宽度 $b=8$mm，$m=1.25$ 选择 Fe-Ni-Cu-C 材质密度≥6.9，理论齿抗力的大小 $F_T=750$N·f。

经过进一步设计，在制造过程中齿轮的实际齿抗 $F=1900$N·f 左右经过台架试验，证明粉末冶金齿轮组完全符合多功能链锯的工况要求。选择齿轮宽度 b 和模数 m 时，原则上要求理论齿抗力 F_T大于或等于 1.5 倍分度圆处受力 F_t。实际制造是检测齿抗 F 必须大于等于理论齿抗 F_t。实际检测齿抗 F 值越大，齿轮越安全。

4.2　轮齿齿根倒圆

轮齿齿根倒圆如图 4 所示。采用圆弧过渡来替代齿根圆角延长渐开线，除了增强齿根的弯曲强度和提高传递载荷的能力，还对齿齿轮模具型腔的制造工艺以及齿根圆角的检验(投影样板绘制)均有好处，须注意的是这种代用圆弧，不要使齿根圆角处的材料增加至足以引起与配对齿轮齿顶发生干涉的程度。另一方面，在齿根圆角危险截面处过小的圆弧半径，会降低轮齿的弯曲强度。还可以采用两段不同半径圆弧的光顺过渡圆弧替代齿根曲率变化较大的延长渐开线。在实际设计中可用计算机辅助设计确定之，必要时先行制作样板比对确认。

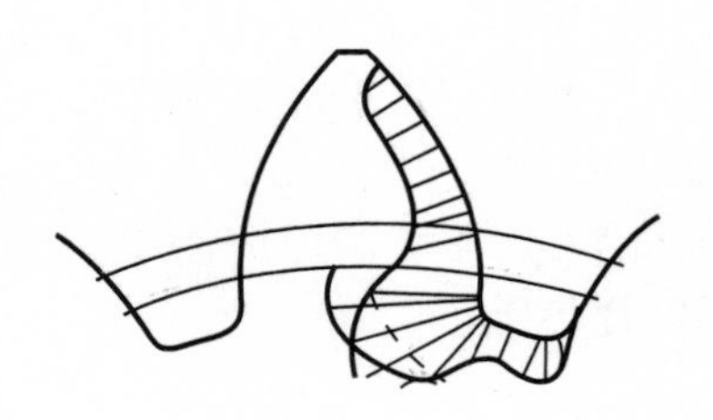
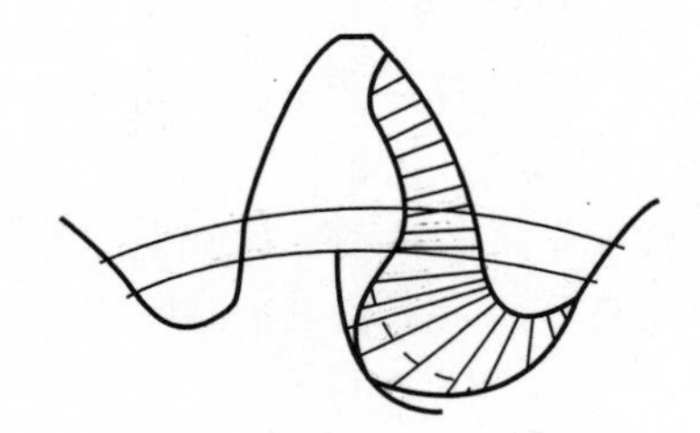

图 4　轮齿齿根倒圆

4.3　轮齿齿廓修缘

齿廓修缘就是将轮齿两侧齿廓沿着连接齿顶的附近切除一小段齿顶直线和渐形线连接线用一小段圆弧齿廓所代替(图 5)。修缘的目的主要是能够避免配对齿轮的根切，同时能缓解伴随与啮合轮齿相毗邻的轮齿之间在传递载荷发生突变的情况下(尤其是当齿轮经受较大载荷，轮齿出现弯曲变形时)产生的啮合噪声，并能减小粉末冶金成形模应力集中。采用齿顶修缘设计时须注意避免修形过度，反而会引起重合度降低，造成载荷冲击力增大的缺陷。

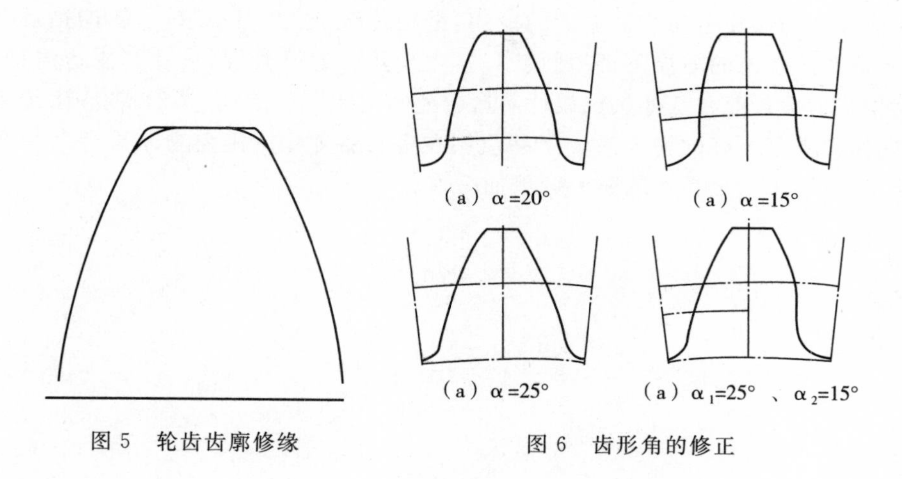

图 5　轮齿齿廓修缘

图 6　齿形角的修正

4.4　齿形角的修正

标准齿形角为 20°的基本齿条，早已为各行各业所接受并应用，修正齿形角增大超过 20°被认为是降低轮齿弯曲和接触应力的有效措施。总的效果是提高齿轮强度，减少磨损，由于齿顶滑移现象减轻，效率也会有所改进，但是由于齿形角的增大对齿轮轴和轴承所承受的载荷有所增大，受力的方向也会有所变动。在一些场合，可以把两侧齿形角非对称形的“支墩型”设计，应用在单向传动，或者载荷方向是变更的正反两个方向有着不同的工作要求，采用不同齿形角的设计，选用其中一个来最大程度满足与一组齿侧有关的设计目标，另一个用来弥补前者的不足之处。将大齿形角用于承载负荷的齿侧，有助于降低接触应力；将小齿形角用于非承载齿侧，这样可以增大齿顶厚度，还可增大齿高。反之，选择小齿形角用于承载负荷的齿侧，以提高重合度或减小工作啮合角；而将大齿形角用于非承载的齿侧，可以起到增强轮齿弯曲强度的作用。

4.5　缩短全齿高

缩短全齿高也称为短齿制。这种不同于现行标准基本齿条的设计，在粉末冶金齿形设计和制造中有着显著的优点：短齿制轮齿的齿根的根切较小，齿根处弯曲扭矩较低，短齿会呈现增强弯曲强度的作用，同时还可以提高粉末冶金齿轮模具的强度和改善成形过程粉末的流动性并可延长成型模具的使用寿命。

4.6　齿形设计在多功能链锯中的应用

多功能链锯的最大功率 $p=2.6\text{kW}$，其中受力状况典型的齿轮转速为 5633rpm，安装尺寸空间分度圆直径 $d=24\text{mm}$，计算受力负荷 $F_t=366.7\text{N}\cdot\text{f}$。设计齿轮 $m=1.25/1.0$，其中齿形模数 $m=1.25$，齿高计算模数 $m=1.0$，压力角 $\alpha=25°$，齿轮宽度 $b=8\text{mm}$，选择 Fe－Ni－Cu－C 材质的粉料，压制密度 $d\geqslant 6.9\text{g/cm}^3$，简易测算齿抗 $F_T=750\text{N}\cdot\text{f}$，在实际制造中检测齿抗 $F=1900\text{N}\cdot\text{f}$ 左右；符合 $F>F_T>F_t$ 的要求。实际制造中检查齿抗比经过产品的台架试验和实际操作证明粉末冶金齿轮的设计和制造完全符合并满足多功能链锯的工况要求。

5 结束语

粉末冶金结构件在多功能链锯上的应用，是在传统的工艺和材料上的挖掘潜能的新的尝试，在保持产品性能的前提下，降低成本，扩大应用。通过开发、设计和制造过程，我们深深体会到粉末冶金行业和其他机械设计制造行业间需要更广泛地、多形式、多渠道地交流和合作，才能使得更多更好的粉末冶金制品应用在各行各业中。随着粉末冶金新材料和新技术的不断发展，粉末冶金行业的明天会更加辉煌。

超声波清洗技术在粉末冶金产品中的应用

周鹤清
宁波市润源超声设备有限公司，宁波，201408

摘　要：简述了超声波清洗技术的原理和特点，并从粉末冶金产品类型、后道加工工序、超声波清洗设备结构三方面阐述了超声清洗技术在粉末冶金产品中的应用。

关键词：超声波清洗；粉末冶金；滚筒式；通过式

1　引言

近年来，通过不断引进国外先进技术与自主开发创新相结合，中国粉末冶金产业和技术都呈现出高速发展的态势，是中国机械通用零部件行业中增长最快的行业之一，每年全国粉末冶金行业的产值以35%的速度递增。全球制造业正加速向中国转移，汽车行业、机械制造、金属行业、航空航天、仪器仪表、五金工具、工程机械、电子家电及高科技产业等迅猛发展，为粉末冶金行业带来了不可多得的发展机遇和巨大的市场空间。另外，粉末冶金产业被中国列入优先发展和鼓励外商投资项目，发展前景广阔。

通过粉末冶金压制烧结获得的烧结件的后续加工与普通金属零件的加工工艺相差无几，主要有：①切削加工；②热处理；通常被采用的热处理有蒸汽发黑处理、渗碳处理、碳氮共渗、氮化处理、高频淬火、真空淬火等；③表面处理；表面处理的方式很多，主要有螺旋振动去毛刺、滚筒抛光、抛丸抛光、电镀（锌、铜、镍、铬）、达克罗、磷化处理、硫化处理、浸油等；④焊接；粉末冶金零件常规采用的焊接方法有：电弧焊接、电子束焊接、激光焊接、点凸焊接、烧结焊接等，后两种方法被广泛采用。

超声波清洗属于粉末冶金零件后续加工中的一个重要环节，通常与喷淋、漂洗、风切、烘干等工序组合使用，可以为粉末冶金零件后道加工工序提供良好的表面基础。在各种被清洗对象中，粉末冶金零件以其独有的多孔物理结构及多样的粉末材料组成，对自动化清洗设备提出了行业性的要求。

宁波市润源超声设备有限公司针对粉末冶金行业研发的清洗设备，主要有三大类。

2　RY—GT系列滚筒式超声波抛丸机

如图1所示零件通过螺旋线输送，在不同滚筒内依次完成：抛丸→超声波清洗、漂洗→甩干，去毛刺、清洗、甩干同步完成，不留死角，附设自动排粉机构，彻底克服传统振动抛丸机操作不连贯的缺陷。适用于对表面精密度要求不高的零件。

3　RY—T系列履带式超声波清洗机

如图2所示设备采用PLC程序控制，工作流程：上料→高压喷淋→超声波清洗→喷淋漂洗→喷淋漂洗→高压风切→下料。适用于齿轮、汽车配件、轴承、纺织机械等行业。常用清洗介质为煤油、白油等。

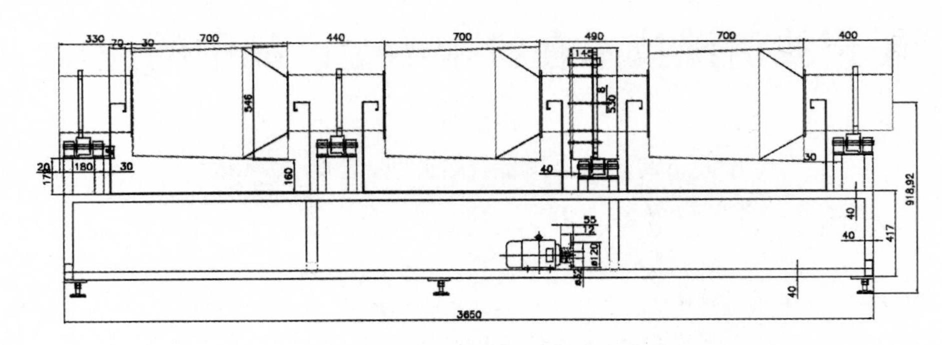

图 1　滚筒式超声波清洗机示意图

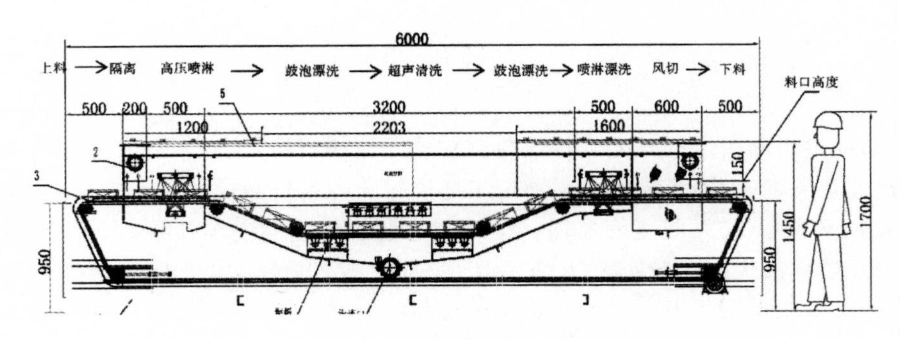

图 2　履带式超声波清洗机示意图

4　结束语

超声清洗过程中存在清洗介质、污染物、工件表面三者之间的相互作用，是一种复杂的物理、化学作用的过程。清洗不仅与污染物的性质、种类、形态以及粘附的程度有关，与清洗介质的理化性质、清洗性能、工件的材质、表面状态有关，还与清洗的条件如温度、压力以及附加的超声振动、机械外力等因素有关。因此，科学合理的清洗工艺，还需进行零件工艺分析。

五、测试分析与计算

钢芯粉末冶金成形技术的研究与实践

李黎亚[1]　丁一凡[1]　曾珧[1]　申小平[2]
1. 南京理工大学 机械工程学院； 2. 南京理工大学 工程训练中心

摘　要：钢芯是武器中批量很大的一个零件。其形状特殊，精度高，性能要求高，长期以来一直用优质钢材切削加工而成。本文尝试用粉末冶金技术获得钢芯的先进制造方法，以实现异型钢芯零件对精度、密度、性能的要求，达到降低成本、提高成品率，实现军工产品大批量生产的目的。

关键词：粉末冶金；钢芯；军工产品

1　引　言

通过粉末冶金工艺方法制造齿轮主要由模压成形—烧结—后续处理等工序组成。因而与传统的切削加工工艺相比，粉末冶金制造铁芯具有结构复杂、材料利用率高、尺寸一致性好、耐磨性高、低噪音等优点[1]。

粉末冶金工艺的重要环节是压型、整形方式选择及模具的设计。不同的压制过程会使零件的密度、强度及硬度有所不同。同时模具的寿命也是重要的设计因素[2]。

目前，铁芯在武器领域需求较大，开发出能够高效率、高质量的生产方法十分重要。粉末冶金技术能够实现这一要求，因此钢芯粉末冶金成形技术工业应用前景广阔。

2　研究内容

(1)研究钢芯粉末冶金成形技术：采用“跑粉”、“比例浮动”、“后压”等新型成形方法研究成形件各部位的密度及其分布，获得高密度、密度均匀、高精度的异型曲面细长件的成形技术。

(2)研究并设计钢芯自动成形工装：用 AutoCAD、Solidworks 等软件设计成形模具、精整模具及自动工装，研究模具及工装的制造技术。

(3)研究工艺参数对成形过程及零件性能的影响：成形、烧结、精整及热处理等工艺参数对零件的成形过程、材料的组织及使用性能的影响。

3　研究价值

理论上弄清异型零件粉末成形原理；获得钢芯成形技术的工艺参数；实现替代钢件的自动化量产。

4　研究思路及模具设计方案

4.1　方案一　以钢芯的横剖面为分型面

图 1 所示为本文所要研制的钢芯的三维图。模具设计方案一以钢芯的横剖面为分型面，如图 2 所示。压形上下模冲分别为钢芯两侧，压形模结构如图 3 所示。图 4 为压形上模冲，图 5 为压形下模冲。整形模结构如图 6，其压形上模冲与压下模冲分别为图 7 和图 8。方案一的优缺点分析如下：

优点：这样压形有助于生坯密度均匀和密度提高，使得钢芯强度、硬度提高。

缺点：压形后两侧结合分别有一条结合线，整形后结合线依旧存在，如图 9。

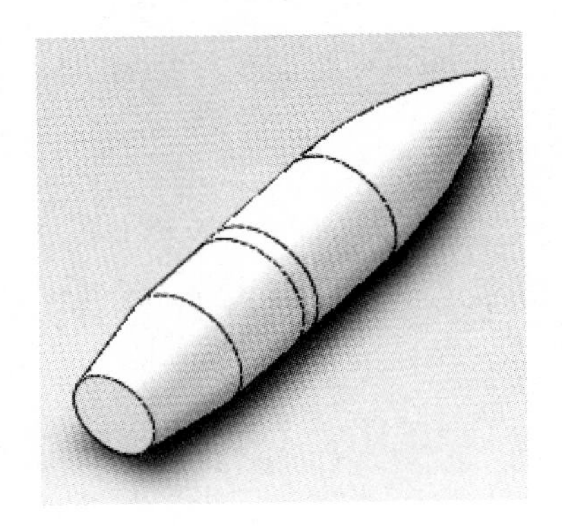

图 1　钢芯三维图

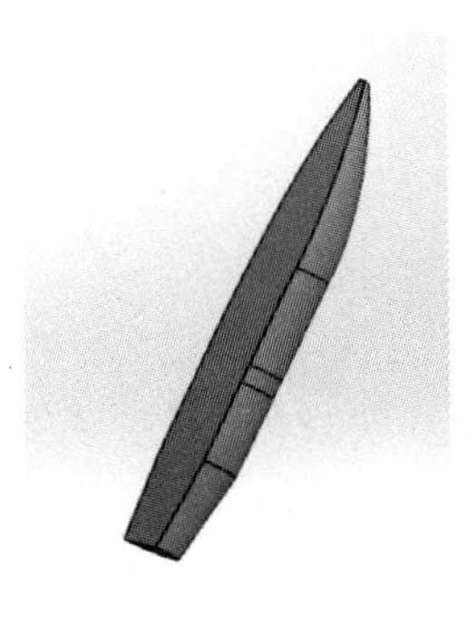

图 2　分型面为横剖面

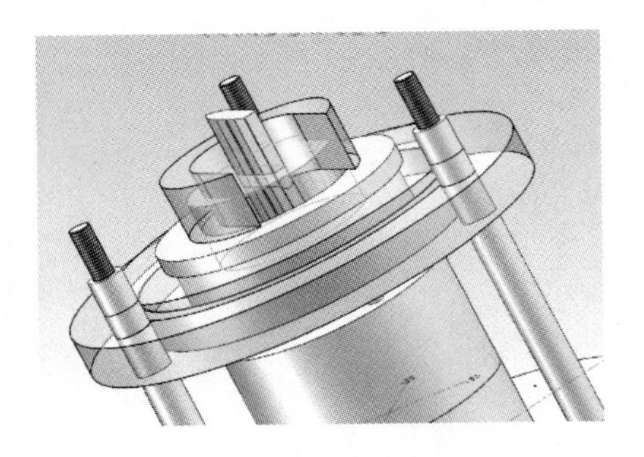

图 3　压形模结构图

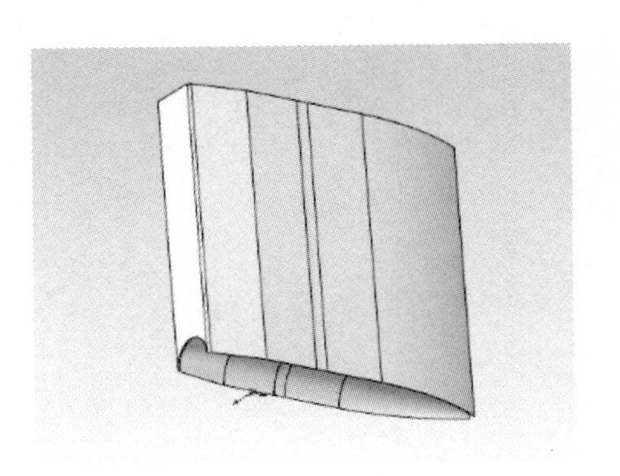

图 4　压形上模冲

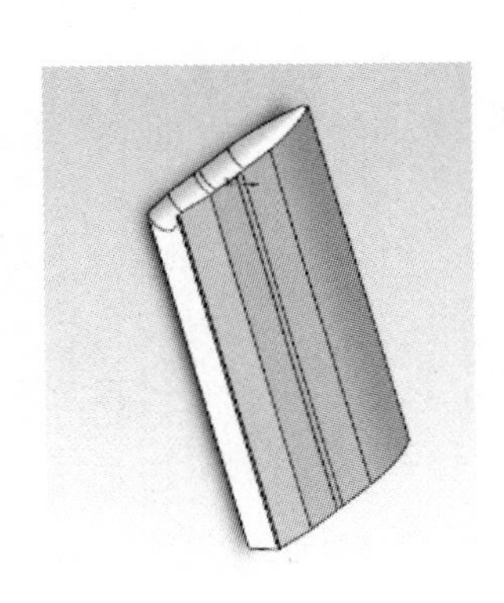

图 5　压形下模冲

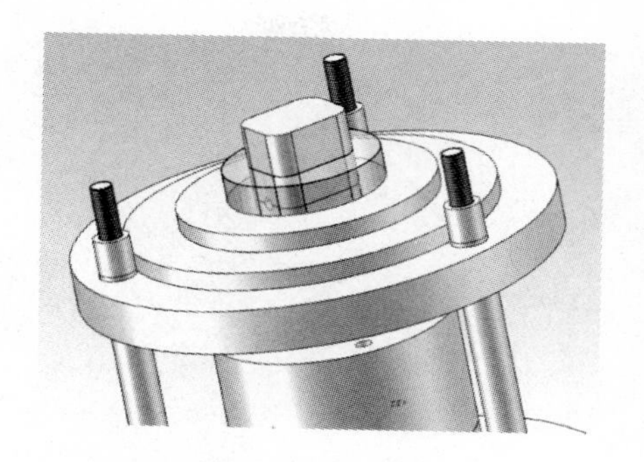

图 6　整形模结构图

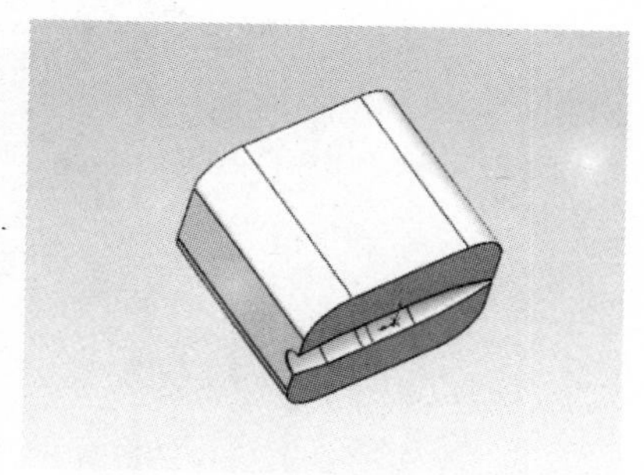

图 7　整形上模冲

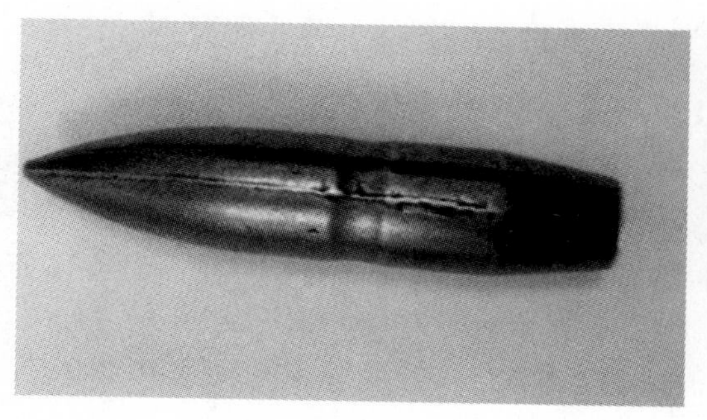

图 8　整形下模冲

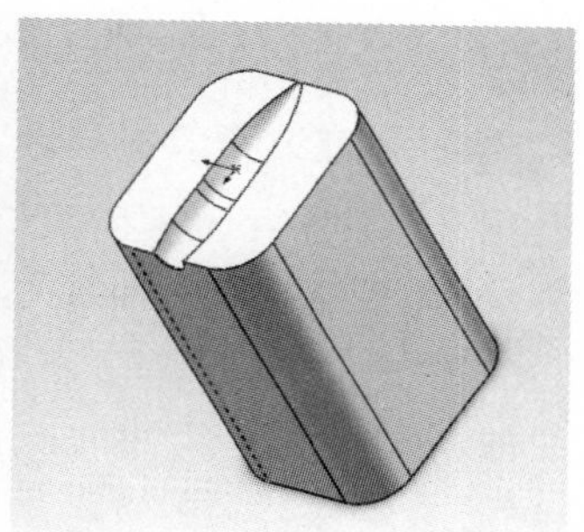

图 9　零件实物图片

4.2　方案二　以圆弧面与圆柱面的相切面作为分型面

模具设计方案二以圆弧与圆柱相切圆作为分型面，如图 10 所示。压形上模冲为钢芯的第一条分界线，这种压形方法可以避免方案一压型后两侧的结合线。图 11 为压型模具。

缺点：上模外冲成形处呈刀口状如图 12，强度低，容易损坏，模具刀口应有约 0.1mm 的平台，如图 13 所示，如此，相当于分型移到圆弧上，压出的钢芯在头部圆弧处有一个台阶面，且钢芯中部密度较低。

图 10　圆弧与圆柱相切圆为分型面

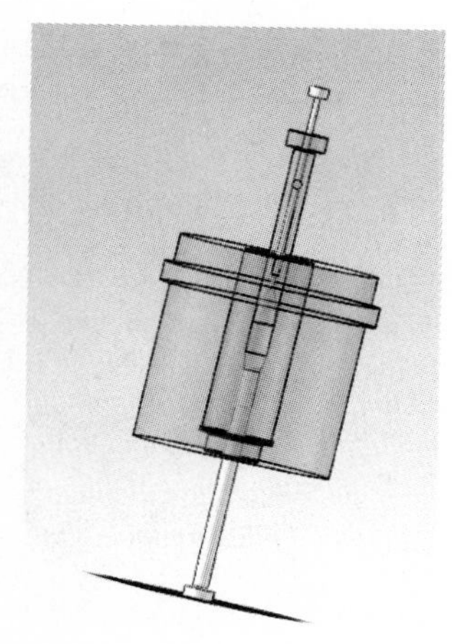

图 11　方案二成形模具结构图

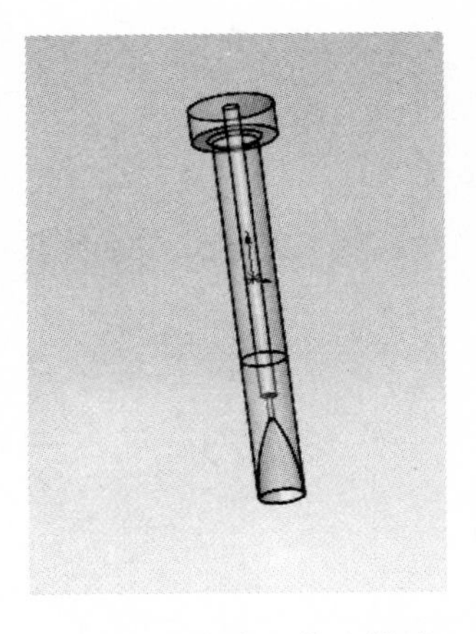

图 12 方案二的上模冲

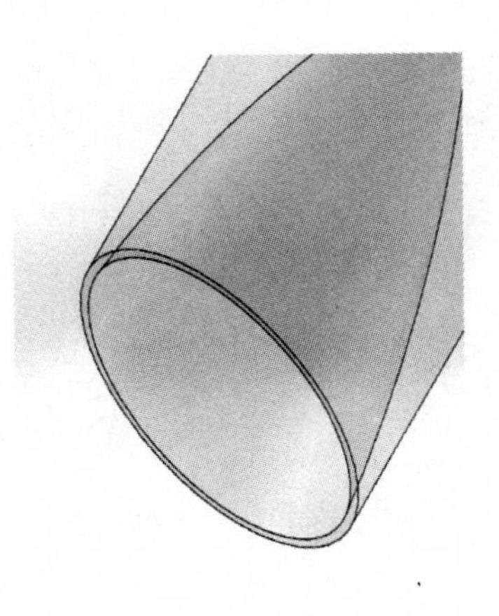

图 13 上模冲端面形状

4.3 方案三 在方案二的基础上进行改进，将分型面放在圆柱体上

模具设计方案三采用上下阴模结构。图 15 为模具结构图，其中上模腔，下模腔分别如图 16、图 17 所示，图 18 及图 19 是模具的芯棒和下模冲。这样可以避免方案二上外模冲寿命短，分型面在圆弧面上的问题，并且由于移粉及模具强度高会使得压坯的整体密度和中下部的密度变高。

缺点：钢芯头部（圆弧处）密度偏低，在圆柱面上有分型毛刺。通过精整，可提高钢芯头部搭配 7.2g/cm^3 以上，圆柱面上的毛刺也可基本去除。

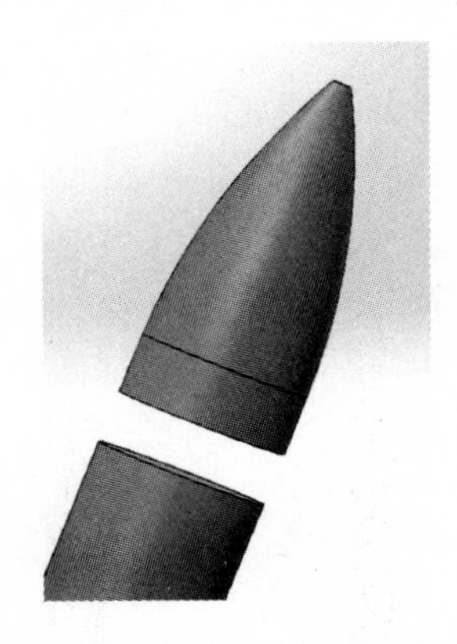

图 14 分型面在钢芯的圆柱面上

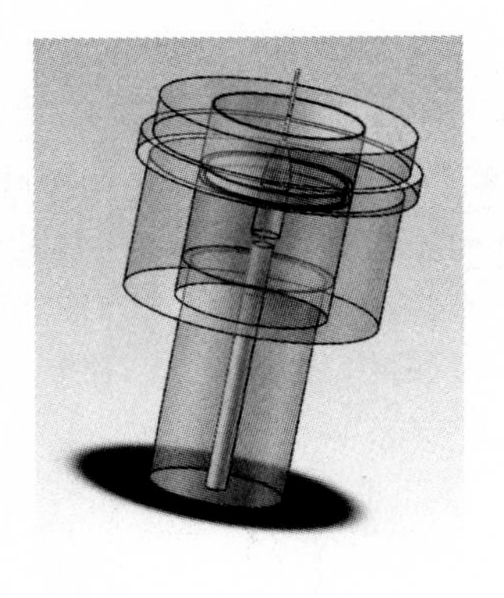

图 15 方案三模具结构图

图 16 上阴模

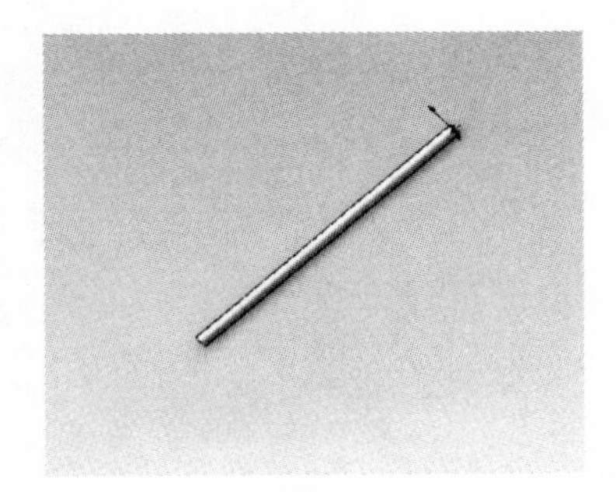

图 17 下阴模

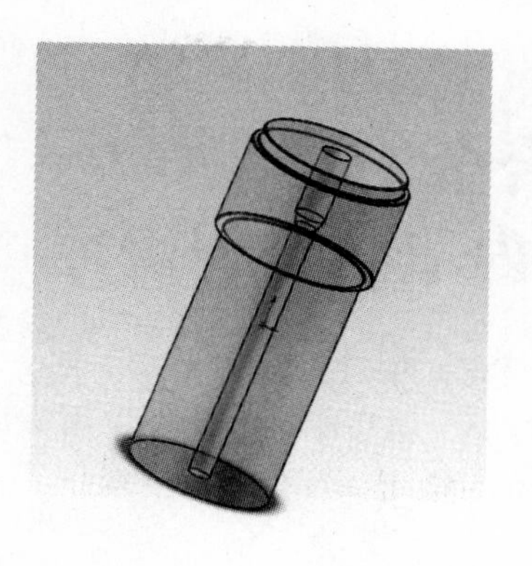

图 18 方案三上模冲

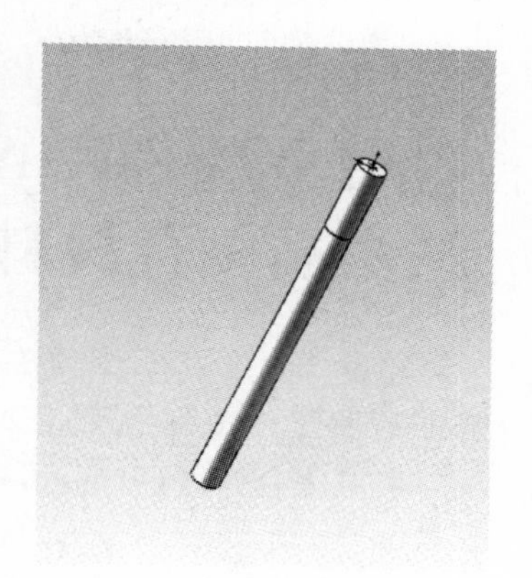

图 19 方案三下模冲

5 结束语

通过对不同方案钢芯的测试,发现方案一的强度硬度最大,方案三形状误差最小。当对钢芯强度要求比较高时选用方案一加工,当对钢芯形状精度要求高时用方案三加工。使用粉末冶金的方法所加工的钢芯物理化学性能都符合使用要求,并且方便快捷、安全性高。

参考文献

[1] 周作平,申小平. 粉末冶金机械零件使用技术[M]. 北京:化学工业出版社,2006.
[2] 韩凤麟. 粉末冶金零件模具设计[M]. 北京:电子工业出版社,2007.

含有少量 Cu－Al 合金的 Cu/Al_2O_3 纳米晶复合材料的内氧化过程研究

詹载雷[1,2]　　赵冠楠[1,2]　　张　勇[1,2]　　严　彪[1,2]

1. 同济大学材料科学与工程学院；　2. 上海市金属功能材料开发应用重点实验室

（詹载雷，84016@tongji. edu. cn，zjzhanzailei@163. com）

摘　要：本文对二元合金的内氧化动力学模型进行研究，主要探究了已有的存在争议的动力学模型。实验结果表明目前的动力学模型不能准确地预测 Cu－Al 合金纳米粉末氧化过程。在 800℃时的 Cu－Al 粉末氧化过程与同样成分的块体材料氧化过程不同。同样成分的粉末材料与块体材料的氧化过程不同，主要是因为在氧化过程中形成了不同微观结构，不容固溶度的氧化物。这表明已有的用于解释含少量 Cu－Al 粉末内氧化过程的动力学模型需要根据不同的材料状态进行适当的修正。

关键词：内氧化；粉末冶金；纳米复合材料；动力学

1　前言

内氧化是指合金的高温氧化过程中，除了表面形成氧化物以外，氧可能溶解并扩散进入合金内部，与合金中较活泼的组元发生反应，而在合金内部形成颗粒状氧化物的过程[1]。只有当合金的组成和外部状况满足一定条件时才会发生内氧化。内氧化的研究受到很大的关注，最初是因为其作为一种腐蚀形式，其对合金在高温条件下的机械性能有着极其恶劣的影响[2,3]。目前已经有大量的文献对于内氧化过程的动力学做出了理论预测，其中 Wagner[4]（后续文章译为瓦格纳）模型无疑是重要的模型之一，为后来研究者对这一方面的研究起到了奠基作用。通过对瓦格纳模型中基本假设的修正，一系列模型被建立出来[5]。这些模型分别与不同体系的实验结果符合的很好。

内氧化动力学的研究得到进一步的重视是由于通过与粉末冶金等其他加工方法结合，可以用于制备包括 TD－Ni，Ag－MeO 等等在内的先进纳米复合材料。在这些纳米复合材料中，最有代表性的是氧化铝弥散铜[（ODC 或 $Cu-Al_2O_3$）]。其标准制备工艺现将含有少量 Al 的雾化 Cu 粉进行内氧化处理之后粉末冶金形成块体材料。在内氧化过程中形成了弥散分布的纳米级 Al_2O_3，使合金的室温和高温机械性能都有了很好的改善，Cu 基合金的导电性能也有了明显的提高，现有商品牌号包括 UNS C15715，C15740 和 C15760。

本文针对 Cu－Al 合金粉末内氧化步骤的动力学研究进行讨论。虽然对于该过程国内外已经多有研究，但是很多实验结果表明在某些工况下，对于 Cu－Al 粉末的内氧化行为，这些动力学模型可能是存在偏差的，并且有可能为相关的生产过程的控制带来了一定的困难。结合对相关理论模型背后的假设的分析和试验条件的比较，我们也对相关的原因提出了合理假设。

2　内氧化动力学的理论模型

经典内氧化动力学模型-瓦格纳模型中，氧化过程主要是由带电粒子的扩散决定的。该模型很好地解释了包括外氧化，内氧化及混合氧化在内的不同类型的合金氧化。瓦格纳模型建立的主要假设有：

1)新形成的氧化物的溶解度是可以忽略的；

2)新形成的氧化物颗粒对氧的扩散几乎没有影响；

虽然瓦格纳模型对很多合金体系的氧化过程非常适用，但是这两个假设却是非常有争议的。很多研究者指出新相的溶解度不能忽略[6-9]。此外，新形成的析出相对原子的扩散有重要影响，不仅是因为氧化物的扩散系数明显低于金属基底的扩散系数，而且由于新相形成产生的内晶界为扩散提供了更便捷的通道[10-12]。

2.1 经典瓦格纳模型

在经典瓦格纳模型中，假设在含量较低的溶质金属 B 在基底 A 上形成了内氧化物 BO，内氧化物的范围与时间的关系满足下面的方程[4]：

$$\xi(t)=2\gamma(D_{O}t)^{1/2} \tag{1}$$

其中 D_O 是氧的扩散系数，γ 是速率常数。氧化速度用下面方程表示

$$\frac{d\xi}{dt}=\gamma(D_{O}t)^{1/2} \tag{2}$$

如此，内氧化层厚度和时间的平方根就呈线性关系（即氧化的速度和时间呈现抛物线关系）。另外，根据菲克第二定律，金属 B 和 O 的浓度变化满足下面方程：

$$\frac{dN_O}{dt}=D_O\frac{d^2N_O}{dx^2} \tag{3}$$

$$\frac{dN_b}{dt}=D_B\frac{d^2N_B}{dx^2} \tag{4}$$

联立方程(3)和方程(4)可以得到 O 和金属 B 的溶度分布满足下面方程：

$$N_O=N_O^{(S)}\left\{1-\frac{\operatorname{erf}[x/2(D_Ot)^{1/2}]}{\operatorname{erf}\gamma}\right\} \tag{5}$$

$$N_O=N_B^{(S)}\left\{1-\frac{\operatorname{erf}[x/2(D_Bt)^{1/2}]}{\operatorname{erfc}\gamma\varnothing^{1/2}}\right\} \tag{6}$$

$\varnothing=D_O/D_B$，当 $\gamma\ll 1 and \gamma(\frac{D_O}{D_B})\gg 1$ 时，$\frac{D_O}{D_B}\ll\frac{D_O^{(S)}}{D_B}\ll 1$（极限Ⅰ），可得到：

$$\frac{d\xi}{dt}=\left(\frac{N_O^{(S)}D_O}{2vN_Bt}^{1/2}\right) \tag{7}$$

当 $\gamma\ll 1 and \gamma(\frac{D_O}{D_B})\ll 1$，$\frac{D_O^{(S)}}{D_B}\ll\frac{D_B}{D_O}\ll 1$（极限Ⅱ），则：

$$\frac{d\xi}{dt}=\left(\frac{N_O^{(S)}D_O}{2VN_B}\right)\left(\frac{\pi}{D_Bt}\right)^{1/2}$$

其中内氧化和外氧化过程中，上述方程条件相似，这里就不一一列举。两种极限的区别主要是：对于极限 I，动力学常数主要由 O 的扩散系数决定，但是对于极限 II，动力学常数由溶质金属 B 和 O 的扩散系数共同决定。图 1 表示了 O 和溶质金属 B 的溶度曲线，由图中可

以知道，如果在之前的反应中有太多的内氧化物形成，那么内氧化则会转变为外氧化过程。这可以与当溶质元素含量超过临界值时发生外氧化的行为相互印证，其中临界值可以由下面方程计算得到：

$$N_B^O \geqslant \frac{\sqrt{\pi}\, u \exp(u^2)\operatorname{erfc}(u) + \frac{1}{v}\varnothing^{1/2} u\sqrt{\pi}}{1+\frac{1}{v}\varnothing^{1/2} u\sqrt{\pi}} \tag{9}$$

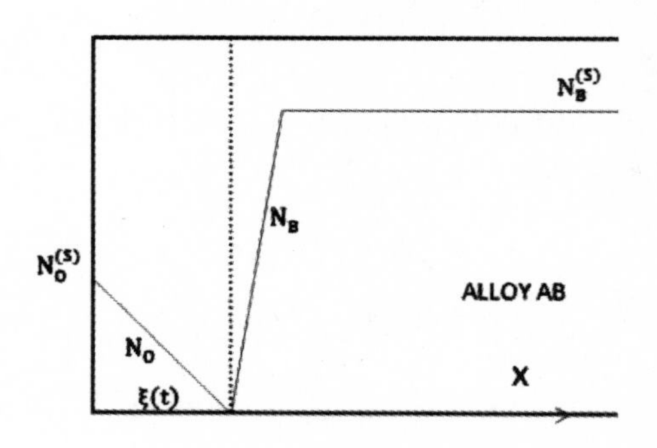

图 1　瓦格纳模型中 O 和溶质元素 B 溶度曲线示意图

2.2　基于不可溶析出相假设的模型修正

虽然瓦格纳体系对于如 Ag－In 在内的二元合金体系非常适用，但是其中对于“析出相的溶解度可以忽略”的假设却是非常具有争议性的[13]。在很多情况下，氧化物的溶解度(K_{sp})相当大，所以不能忽略不计，此时内氧化发生的条件如文献介绍[14]：

然而这条件过于简化，这可以看作是瓦格纳模型的一个延伸，因为同样基于溶质原子的扩散系数太低而可以忽略不计。Christ 等人计算了在考虑析出相的溶解度情况下，内氧化的动力学常数大小[15]。结果表明在析出相的溶解度较大的情况下，ξ 和 $t^{1/2}$ 的线性关系并不明显，此外，Ni－Ti 合金的内氧化过程中形成的 TiC_2 碳化物的数值分析结果表明：基底中 C 的溶度在氧化之前不为 0，而且在金属表面出现了部分溶质 Ti，所以这个结果很好地说明了瓦格纳模型在解释可溶性析出相氧化过程中的不足。

Chris 等人通过计算机模拟得到的结果与 Böhm－Kahlweit 一致[15,16]。在他们所用的模型中，内氧化速率与局部区域的过饱和度有关。图 2 描述了 Böhm－Kahlweit 的氧化动力学过程，B－K 模型更加适用于 Nb－Zr 合金在 1555℃～1758℃下的内氧化过程[17]，通过测定内氧化层的厚度可以发现，ξ 随 t 的变化更加倾向于呈现线性关系，而不是抛物线关系。由于基底中 ZrO 的溶解度较高，所以在材料表面 Zr 的溶度并不会有降到 0 值，而且在内氧化的晶界区域 O 的溶度也不会降到 0 值。此外，在富含 Zr－O 的过饱和区更容易形成氧化物，所有这些实验结果都与经典的瓦格纳模型不符，但是利用 B－K 模型却能很好地解释[16]。

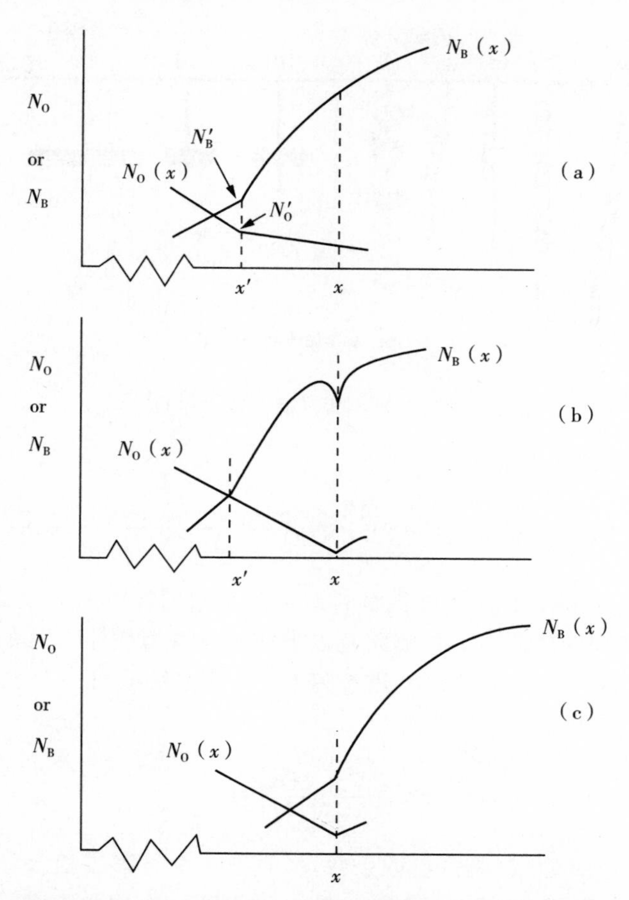

图 2　在考虑析出相溶解度条件下，描述内氧化过程的 Böhm－Kahlweit 模型
(a)金属溶质和氧的溶度变化曲线；(b)在形核过程中消耗大量的金属溶质 B；
(c)随着金属溶质 B 溶度的降低，氧的消耗也随之下降

2.3　析出相对扩散过程的影响

在经典瓦格纳模型中，只考虑了单相二元合金，而没有考虑第二相对氧化动力学的影响，相反，关于内氧化与外氧化相互转化的理论模型中却是考虑了大量氧化物对 O 扩散的影响[18]。第二相对扩散的影响是两方面的。O 以及溶质金属原子在氧化物中的扩散系数明显低于在基底中的扩散系数。如果有大量第二相的形成则会导致扩散阻力的增加。但是，氧化物等第二相与基底之间的界面相由于具有相对较为松散的原子结构因而确定对扩散起到加速作用。因此，第二相的形态以及分布对氧化动力具有重要的影响[19]。析出相的含量对 O 扩散的影响满足下面方程：

$$j_O = j_M A_M + j_I A_I + j_O A_O$$

其中 j 代表流量，A 代表体积分数，下标 M、I、O 分别代表金属，界面以及氧化物。析出相的形态以及分布对扩散的影响如图 3 所示。在图 3(a)中，氧化前的存在会使得氧的扩散系数很高，但是 $c \sim f$ 过程中对扩散的加速作用逐渐下降。在 $h \sim j$ 过程中则明显阻碍了氧的扩散。

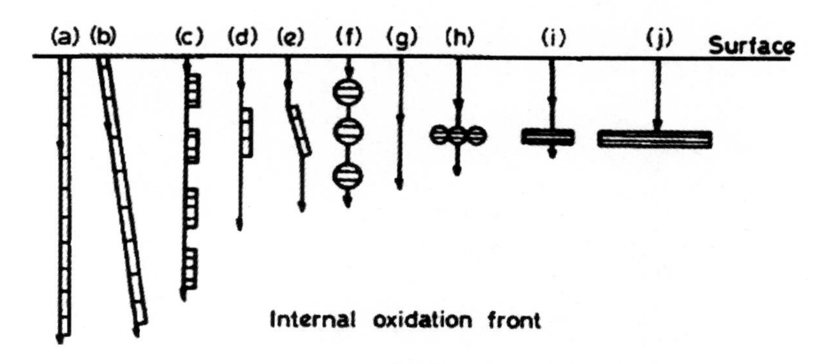

图 3 第二相析出相对氧扩散的影响[19]

因此，下式对瓦格纳模型做了适当的修正：

$$N_O^{(S)}=D_{O,\mathrm{eff}}=N_O^{(S)}D_O\left\{1+\frac{V_O}{V_{\mathrm{all}}}N_B\left[\frac{4\delta_i(d+y)}{d^2}\frac{D_{O,i}}{D_O}-\frac{(d+y)}{d}\right]\right\}$$

析出相的产生对溶质原子向材料表面的逆扩散现象同样具有重要影响，进而会对内氧化与外氧化之间的转变产生影响。内氧化物的形成意味着溶质原子 B 的逆扩散流和消耗量之间的平衡。Wang 等人对瓦格纳模型进行修改，而且重新编写一个表述内氧化转变为外氧化过程的方程式[20]：

$$N_B^O\geqslant\frac{V_{\mathrm{all}}}{V_O}\sqrt{\frac{\pi K_p}{2D}}\xi(\eta)$$

式中，K_P是一个抛物线常数，D 是内扩散系数，$\xi(\eta)$是一个与第二相含量，形态，尺寸相关的常数，可以引入一新系数 P_L表示。Leblond 等人提出了一个更加方便简洁的计算公式[21]，通过引进一个与第二相体积分数相关系数代替溶质原子的扩散系数。析出相体积分数的增加会阻碍 O 的扩散行为，其中扩散阻力可以用下面方程表示：

$$D_O=D_O^0\frac{1-p}{1+p\left(\frac{V_P}{V_m}-1\right)}$$

式中，D_O是扩散系数，V_m 和 V_p 分别代表单位体积内基底和氧化物的质量，P 氧化物颗粒的质量分数。Leblond 进一步推导出了氧化物的临界质量值大小 P_{cr}，如果大于 P_{cr}值，则内氧化转变为外氧化过程：

$$P_{cr}=\frac{1}{1+\sqrt{V_p/V_m}}$$

通过整理可以得到 P_{cr}值的计算公式[22]：

$$P_{cr}=\frac{1}{\frac{x(W)-1}{2}\frac{V_p}{V_m}+1+\sqrt{\left[\frac{x(W)-1}{2}\frac{V_p}{V_m}\right]+x(W)\frac{V_p}{V_m}}}$$

式中，$X(W)$代表合金的长宽比。需要注意的是 Wang 模型和 Leblond 模型的假设都是单相合金体系，但是其都是保留了“析出相完全不溶解溶解”的假设，这些限制和缺陷在之前章节中都做了介绍。

3　Cu－Al 粉末的内氧化动力学

Cu－Al 粉末的内氧化过程是制备弥散铜的材料的关键步骤，因此已有大量研究针对内氧化的动力学。然而，尽管制备弥散铜材料所涉及的内氧化工作是针对粉末进行的，对于该合金的内氧化动力学的研究则多数是在块状材料上完成。下面的讨论将详述合金粉末以及块体合金在内氧化动力学方面的差异。

3.1　氧化模式和氧化产物

合金在高温氧化过程中于外表面形成的氧化物对于扩散有着显著的阻碍作用。对于这种阻碍作用的研究构成了两种氧化模式（内氧化、外氧化）之间相互转化的基础。这些研究普遍假定较易氧化元素（Cu－Al 合金中的 Al）与氧结合形成氧化物的过程。然而在实际过程中，多数情况下 Cu_2O 和 Al_2O_3 则有可能同时形成。Wood 进行的研究当中给出了一种可能的 Al_2O_3 和 Cu_2O 同时形成的模式，如图 4 所示由于 Cu_2O 的存在，实际生产中往往需要额外步骤对 Cu_2O 进行还原[23]。例如，在 Tian 等的研究当中，雾化 Cu－Al 粉末在内氧化之后，又在 H_2 当中于 900℃下还原了 5 小时。

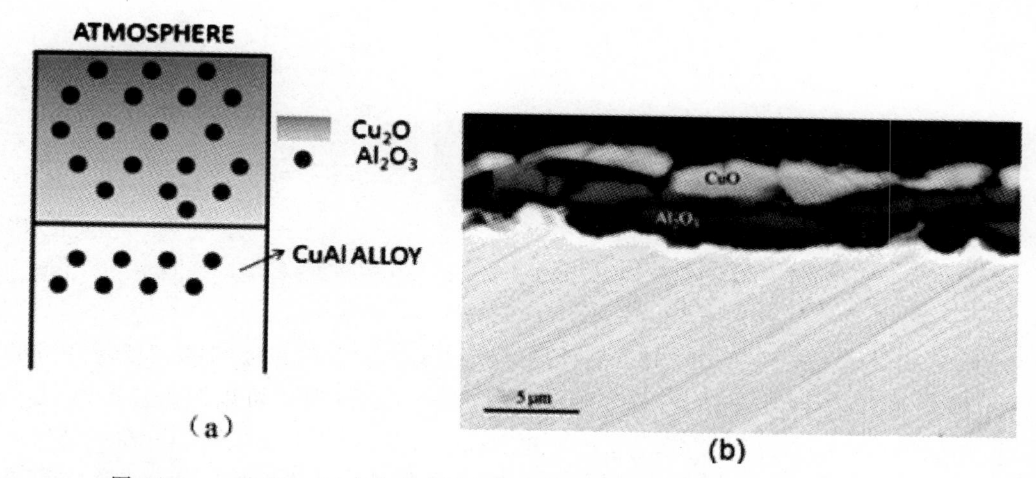

图 4(a)　一种 Cu－Al 合金在高温条件下同时生成 Cu_2O 和 Al_2O_3 的可能模式；(b)实际当中成 Cu_2O 和 Al_2O_3 同时形成的情况

Xiang 等在研究当中报道了另外一种 CuO 和 Al_2O_3 同时形成的情况[25]。在该文献中，雾化 Cu－0.03wt%Al 粉末在 800℃进行氧化试验。在粉末表面形成的氧化物层由 CuO－Al_2O_3 双层结构组成如图 4(b)所示。根据 Wagner 关于合金高温氧化模式的相关理论，在该工况下，如果 Cu－Al 合金的成分中 $N_{Al(min)}$ 高于 0.004，则应该在氧化过程中仅仅形成 Al_2O_3[26]。

$$N_{Al(min)}=\frac{1}{16z_aC}\left(\frac{\pi k_{pB}}{D}\right)^{\frac{1}{2}}$$

在 Xiang 的试验当中，成分中 N_{Al} 为 0.0047。这个例子可以证明在某些情况下 Wagner 理论并不能很好的预测实际工况下的氧化模式和氧化产物类型，单纯的成分因素并不必然导致在合金的高温氧化过程中仅形成单一种类的氧化物。事实上，只有 Cu_2O 的形核从根本上被抑制，才是防止 Cu_2O 形成的关键因素[26]。此外，Wagner 的理论在这方面是有缺陷的是因为其没有考虑氧分压的影响。在 BritoCorria 的工作中，Cu－Al 0.4wt%粉末在 800℃被氧化，氧气分压仅为 200Pa，在合金表面仅形成了 Al_2O_3，且氧化模式为内氧化[27]。而在前文所述 Xiang 等的研究当中，气体中氧气分压为 1×10^5 Pa。低的氧分压有利于抑制 Cu_2O，因为 Cu_2O 先于 Al_2O_3 分解。

3.2 Cu－Al 合金粉末的内氧化动力学

Zhang 等对于 Cu－Al 合金粉末的内氧化动力学进行了研究[28]。在该研究中，含铝 0.2wt%to1.4wt%的雾化 Cu－Al 合金粉末分别在 800℃到 1000℃的条件下进行了内氧化试验。内氧化层厚度 ξ 随着内氧化时间的平方根 $t^{1/2}$ 的关系如图 5 所示。可见在 1000℃，ξ 与 $t^{1/2}$ 呈线性相关，这与 Wagner 理论的结果是一致的。然而，对于成分为 Cu－0.8wt%Al 和 Cu－1.0wt%Al 的粉末在 800℃进行的内氧化试验，则没有表现出这样的线性关系。

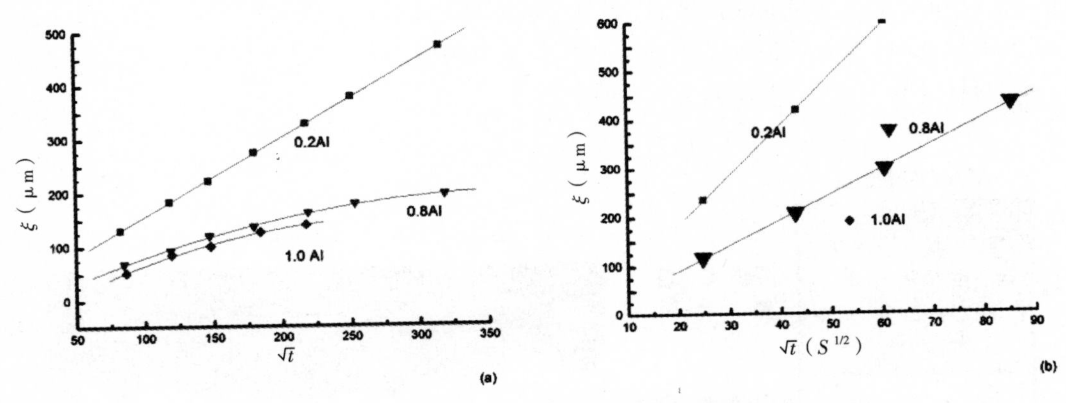

图 5 在(a)800℃(b)1000℃下内氧化层厚度 ξ 随着内氧化时间的平方根 $t^{1/2}$ 的变化

如前文所述，Wagner 理论中 ξ 与 $t^{1/2}$ 之间的线性关系成立的重要前提在于所形成的氧化物(本例中 Al_2O_3)完全不溶于合金基体(本例中 Cu)。因此我们可以假定，Zhang 的结果当中出现的背离 Wagner 理论的情况是由于在 800℃的条件下，出现了 Al_2O_3 在一定程度上溶解入 Cu 的情况，而在 1000℃的情况下 Al_2O_3 相对比较稳定。我们作出的这一假定可以被以下实验事实所支持：Al_2O_3 在被从 800℃加热到 1000℃时会发生从 θ 相到 $\alpha+\theta$ 相的转变，而后者相对比较稳定[29]。由于该相变属于拓扑型相变，因而由于相变导致的体积变化不会对扩散动力学产生影响。不同的成分下的动力学差异可以利用 B－K 模型进行解释，B－K 模型实际上是不强调 Al_2O_3 的完全不溶解的。根据 B－K 模型，内氧化速率是由在扩散前进面前沿一个非常薄的区域内的过饱和度(NoNALv)决定的。由于形成了 Al—O 原子簇，NoDo 会随着 Al 含量的增高而增大[30]。因此，在 Al 含量较低时(0.2wt%)，也会导致一个较低的过饱和度，从而也能降低内氧化速率。综上所述，我们认为，有一些试验结果表明，Wagner 模型在某些情况下不完全满足 Cu－Al 粉末的内氧化过程，其主要原因是 Wagner 模型的重要假设—氧化物完全不溶解在一定程度下不再适用。

相反，在另外一些针对 Cu－Al 合金的内氧化动力学的研究当中，则坚持 Wagner 模型当中关于的 Al_2O_3 完全不溶解于 Cu 这一假设，并得到了可信的成果。在 Song 等进行的研究当中，得到以下关系[31]。

$$\xi^2 = \frac{4N_O D_O}{N_O + 3N\,Al}t$$

该关系式实际上与 Wagner 理论的关系式相符，且与在 Cu－Al 合金板材上得到的实验结果相吻合。通过将上述 Song 的试验结果和 Zhang 的实验结果相比较可以推论，导致两个试验当中动力学测试结果的不同的重要原因在于，在 Zhang 的试验当中采用的是雾化粉末，而在 Song 的当中采用的是板材。已有研究表明粉末本身特性（如粒径等因素）对于其氧化动力学有显著影响：

$$\frac{1}{3}R^2 - \rho^2 + \frac{2\rho^3}{3R} = \frac{4N_O D_O t}{3N_{Al}}$$

式中，R 是球形颗粒半径，ρ 是未氧化区域的半径[32]。事实上，颗粒较大的比表面积有助于氧气被吸收到颗粒表面。此外，雾化制粉的较快冷却速度也会促进 Al－O 原子簇的形成，从而对内氧化的动力学产生影响。

3.3 小结

根据上述讨论可以得出，基于块体 Cu－Al 合金上的试验数据建立的内氧化动力学模型在某些条件下并不适用于与粉末冶金过程相结合的弥散铜制备过程。在某些工况下，粉末的内氧化表现出与 Wagner 模型的预测结果不一致的动力学特性。种种试验结果的比较和分析表明，这是因为在粉末的内氧化过程中，形成的氧化物在一定程度上能溶解于合金基体当中。此外，由于雾化过程伴随着很高的冷却速度，因而会有更多的 Al－O 原子簇存在于粉末当中，这也是造成粉末不同于块体材料的内氧化动力学行为。除去弥散铜，还有其他种类的通过粉末冶金方法制备的金属纳米复合材料。例如，雾化 Ag－Sn－In 合金粉末被内氧化之后通过粉末冶金制备块体 Ag－SnO 复合材料[33]，用于替换 Ag－CdO 纳米复合材料，以减少对环境的污染。在此过程中，In－O 原子簇促进了 SnO 的形核[34]。现有动力学模型同样不适用。由此可见，现有的动力学模型需要被修正以适应生产需要。

4 结论

本文对块体和粉末 Cu－Al 合金不同的内氧化动力学行为进行了讨论，在此之间对于相应的理论基础进行了简述。经典 Wagner 模型在某些工况下不适用于弥散铜的制备中所涉及的内氧化步骤，其主要原因在于其设定的某些假设不再适用。粉末可能具有和块体材料不同的结构，这是导致其氧化动力学行为不同的主要原因。

参考文献

[1]"ASM Handbook Vol. 13 Corrosion"[M]. ASM International, 1987, page 8.

[2] Scott, P. M. "An overview of internal oxidation as a possible explanation of intergranular stress corrosion cracking of alloy 600 in PWRs."[J] Ninth International Symposium on Environmental Degradation of Materials in Nuclear Power Systems - Water Reactors. Newport Beach, California, August 1 - 5, 1999,1999.

[3] Alman D E, Jablonski P D. Effect of minor elements and a Ce surface treatment on the oxidation behavior of an Fe - 22Cr - 0.5 Mn (Crofer 22 APU) ferritic stainless steel[J]. International Journal of Hydrogen Energy, 2007, 32, 3743 - 3753.

[4] Wagner, C. Types of Reactions in the Oxidation of Alloys (in German), Z. Elektrochem. 1959,

63,772

[5] Madeshia, A. Analytical models for the internal oxidation of a binary alloy that forms oxide precipitates of high stability[J]. Corros. Sci. 2013.

[6] Smeltzer, W. W. , Whittle D. P. , The criterion for the onset of internal oxidation beneath the external scales on binary alloys[J]. J. Electrochem. Soc. 1978, 125, 1116 - 1126.

[7] Douglass, D. L. A critique of internal oxidation on alloys during the post - Wagner era[J]. Oxid. Met. , 1995,44,81 - 111.

[8] Gesmundo, F. , Castello, P. , Viani, F. , et al. The effect of supersaturation on the internal oxidation of binary alloys[J]. Oxid. Met. , 1998,49, 237 - 260.

[9] Stott, F. H. , Wood, G. C. Internal oxidation[J]. Mater. Sci. Technol. ,1988,4,1072 - 1078.

[10] Gesmundo, F. , Gleeson, B. Oxidation of multicomponent two - phase alloys[J], Oxid. Met. , 1995, 44, 211 - 237.

[11]Gesmundo, F. , Viani, F. , NiuY. The internal oxidation of two - phase binary alloys under low oxidant pressures[J]. Oxid. Met. , 1996, 45, 51 - 76.

[12] MadeshiaA. An amendment to the classical model of internal oxidation: Model - inherent transition characteristics, Corros[J]. Sci. , 2012.

[13]Rapp, R. A. The transition from Internal to external oxidation and the formation of interruption bands in silver - indium alloys[J]. ActaMetallurgica, 1961, 9, 730 - 741.

[14] Laflamme G R, Morral J E. Limiting cases of subscale formation[J]. ActaMetallurgica, 1978, 26, 1791 - 1794.

[15] Christ, H. J. , Biermann, H. , Rizzo, F. C. , et al. Influence of the solubility product on the concentration profiles of internal oxidation[J]. Oxid. Met. , 1989, 32, 111 - 123.

[16] Böhm, G. , Kahlweit, M. ,M. über die innereOxydation von Metallegierungen (in German) [J]. Act. Mater. , 1964, 12, 641 - 648 .

[17] Douglass, D. L. , Corn, D. L. , et al. Internal oxidation of Nb - Zr alloys over the range 1555 - 1768 ℃ at low oxygen pressures[J]. Le Journal de Physique IV, 1993, 3,75 - 84.

[18] Rapp R. A. , Kinetics. Microstructures and mechanism of internal oxidation - its effect and prevention in high temperature alloy oxidation[J]. Corrosion, 1965, 21, 382 - 40 .

[19] Stott, F. H. , Wood G. C. Internal oxidation[J]. Mater. Sci. Technol. , 1988, 4, 1072 - 1078 .

[20] Wang, G. , Gleeson, B. , Douglass, D. L. A diffusional analysis of the oxidation of binary multiphase alloys[J]. Oxid. Met. , 1991, 35, 333 - 348.

[21] Leblond, J. B. A Note on a Nonlinear Version of Wagner's Classical Model of Internal Oxidation [J]. Oxid. Met. , 2011, 75, 93 - 101

[22] Leblond, J. B. , Pignol, M. , Huin, D. Predicting the transition from internal to external oxidation of alloys using an extended Wagner model[J]. C. R. Mecanique, 2013, 341, 314 - 322.

[23] Wood, G. C. High - temperature oxidation of alloys[J]. Oxid. Met. , 1970, 2, 11 - 57.

[24]Tian, B, Liu P, Song K, et al. Microstructure and properties at elevated temperature of a nano - Al2O3 particles dispersion - strengthened copper base composite[J]. Mater. Sci. Eng. A, 2006, 435, 705 - 710.

[25]Xiang, J. H. , Niu Y. Wu. W. T. , Critical Al content to form external - alumina scales on CuAl alloys[J]. Intermetallics, 2007, 15:635 - 638.

[26]Wagner C. , Theoretical analysis of the diffusion processes determining the oxidation rate of alloys [J] J. Electrochem. Soc. , 1952, 99:369 - 380.

[27]BritoCorreia, J. , Pereira Caldas, M. , Shohoji, N. , et al. , Dependence of internal oxidation rate

of water atomized Cu - Al alloy powders on oxygen partial pressure[J]. J. Mater. Sci. Lett, 1996,15:465 - 468.

[28] Zhang, Y. , Wu, J. J. , Li, G. B. et al. The internal oxidation of copper - Aluminum alloy (in Chinese)[J], Mater. Sci. Tech. , 1999, 7:91 - 95.

[29] Levin I, Brandon D. Metastable alumina polymorphs: crystal structures and transition sequences [J]. J. Am. Ceram. Soc. , 1998, 81:1995 - 2012.

[30] Verfurth J. E. , Rapp R. A. The Solubility and Diffusivity of Oxygen in Silver and Copper from Internal - Oxidation Measurements[J]. Trans. Metall. Soc. AIME, 1964, 230:1310 - 1313.

[31]Song K. X. , Xing, J. D. ,Tian, B. H. ,et al. Kinetics of internal oxidation of Cu—Al alloy plate [J]. Journal of Wuhan University of Technology - Mater. Sci. Ed. 2005, 20: 13 - 16.

[32]Song, K. X. , Xing, J. D. , Dong, Q. M. ,et al. Internal oxidation of dilute Cu - Al alloy powders with oxidant of Cu2O, Mater. , Sci. , Eng. A ,2004, 380:117 - 122.

[33]Verma A, Anantharaman T R. Internal oxidation of rapidly solidified silver - tin - indium alloy powders[J]. J. Mater. Sci. , 1992, 27:5623 - 5628.

[34] SchimmelG. , RettenmayrM. , Kempf, B, et al. Study on the Microstructure of Internally Oxidized Ag - Sn - In Alloys[J]. Oxidation of Metals, 2008, 70:25 - 38.

粉末热锻锻件密度对模具磨损特性影响的有限元分析

吴 松[1] 王 峰[1] 马少波[1*] 徐 伟[2] 李其龙[2]
1. 合肥工业大学 机械与汽车工程学院； 2. 合肥波林新材料有限公司
（马少波，msb@hfbolin.com）

摘 要:粉末热锻是高温粉末多孔烧结坯在外力的作用下发生变形充满型腔，获得所需形状、尺寸并获得具有一定机械性能的模锻件的锻造生产工艺。本文采用 DEFORM—3D 有限元分析软件，用相对密度为 0.81 的套筒状预锻坯作为模拟对象，在四种压下量 15.8%、18.1%、20.9%、22.9%下致密成形，模拟锻件制品锻造到不同终锻相对密度，包括低相对密度 92%、中相对密度 94%、96%以及高相对密度 99%时的热锻成形工艺，得到四种锻件密度分布的均匀性，模具的等效应力分布；最后基于修正后的广义 Achard 磨损理论模拟得出模具磨损特性的变化规律。以最经济的方法给实际生产中模具寿命和成本评估提供较为有价值的参考。

关键词:粉末热锻；闭式模锻；DEFORM—3D；相对密度；模具寿命

1 引言

粉末锻造是铁基粉末冶金材料和零件制造技术的重大突破。它将粉末冶金工艺与精密锻造相结合，使机械零件接近或达到全密度从而使获得高性能的产品成为可能，粉末锻造适合制造力学性能高的铁基结构零件，因而增加了粉末冶金机械零件的品种，扩大了应用领域。粉末锻造过程中，被加热到一定锻造温度（通常 800℃以上）的粉末压坯产生物质流动，填充阴模模腔，可成形具有较复杂的零件[1]。粉末锻造产品密度可达到 7.8g/cm^3（相对密度可达到 99.696%），克服了普通粉末冶金零件密度低的缺点，使粉末锻件的某些物理和力学性能达到甚至超过普通锻件的水平[2]。粉末锻造由于具有精度高、性能高、材料利用率高和成本低等优点，其研究被列入成为十二五规划的重点[3]。

粉末热锻是在高温高压下的一种致密成形工艺，锻造过程工作状态复杂，模具的工作条件极为恶劣，模具寿命低，尤其是高温成形过程中，模具因磨损而失效的情况超过 70%[4]。粉末热锻模具在高密度下寿命偏低造成的模具成本居高不下一直是制约粉末热锻工艺发展的重要因素之一。本文利用有限元分析方法系统分析了不同的锻件密度对粉末热锻模具磨损特性的影响，为模具寿命和成本提供预测和指导。

2 热压缩实验

DEFORM 软件材料库中没有铁基粉末冶金材料的数据模型，因此在模拟前需要热模拟试验得到相关材料数据。热压缩实验通常是指用小试样，利用某种试验装置再现材料在制备或热加工过程中的受热或同时受热与受力的物理过程，精确地揭示了材料在热加工过程中组织与性能的变化规律，而且还可以评定或预测材料在制备或热加工时出现的问题，为制定合理的热加工工艺以及研制新材料提供了理论依据和技术指导[5]。热压缩实验是一种常用的力学实验。

本文利用热压缩试验机，做粉末烧结坯的热压缩实验。铁基粉末冶金试样的原材料粉末的化学成分如下：

表 1　原材料粉末的化学成分

Fe	C	Cu	其他
96.25%	2%	1%	0.75%

将按照表 1 配比后压制并在 1010℃烧结温度下烧结后的锻件以恒定的速度 10℃/s 将式样分别加热到 950℃、1000℃、1050℃、保温 2min，进行应变速率为 $0.01s^{-1}$、$0.1s^{-1}$、$1s^{-1}$ 的等温、恒应变速率的热压缩变形，压缩率为 15%；且为了减少摩擦的影响，在试样两端加钽片润滑；在加热和压缩过程中，对试样的周围环境进行抽真空，防止试样被氧化，试样热压缩的工作原理(图 1)与试样的热压缩工艺流程(图 2)分别如下所示。

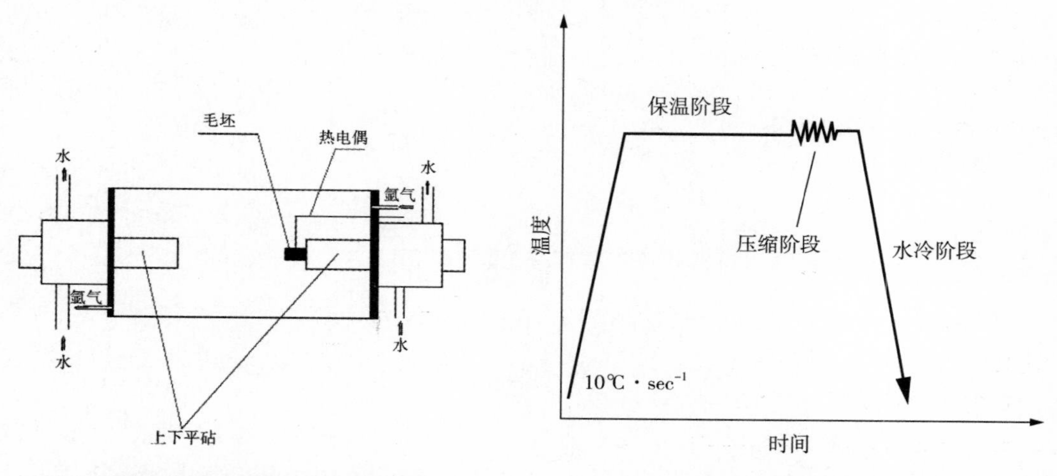

图 1　试样的高温压缩工作原理示意图　　图 2　高温压缩工艺流程图

由热模拟实验获得的力与行程的实验数据，根据公式(1)与公式(2)；换算后获得应力应变曲线关系图像如图 3 所示。

$$\varepsilon=\ln[(L_0+L\text{Gange})]/L_0 \tag{1}$$

$$\sigma=\text{Force}/[\pi D_0^2 L_0/16(L_0+\text{LGange})] \tag{2}$$

式中，LGange 表示行程，L_0表示试样的原始长度，D_0表示试样的底面直径大小，Force 表示载荷，ε 表示应变大小，σ 表示应力大小。

通过对实验数据的推导得出应力因子为 0.03768，应力指数为 10.5482，热激活能为 364.30965，以材料常数 A 为 4.3112×10^{15}，从而得出粉末铁基烧结材料在温度范围 950℃～1120℃，应变速率在 $0.01\sim1s^{-1}$之间的本构方程为：

$$\dot{\varepsilon}=4.3112\times10^{15}[\sin(0.03768\sigma)]^{10.5482}\exp(-364.30965/RT) \tag{3}$$

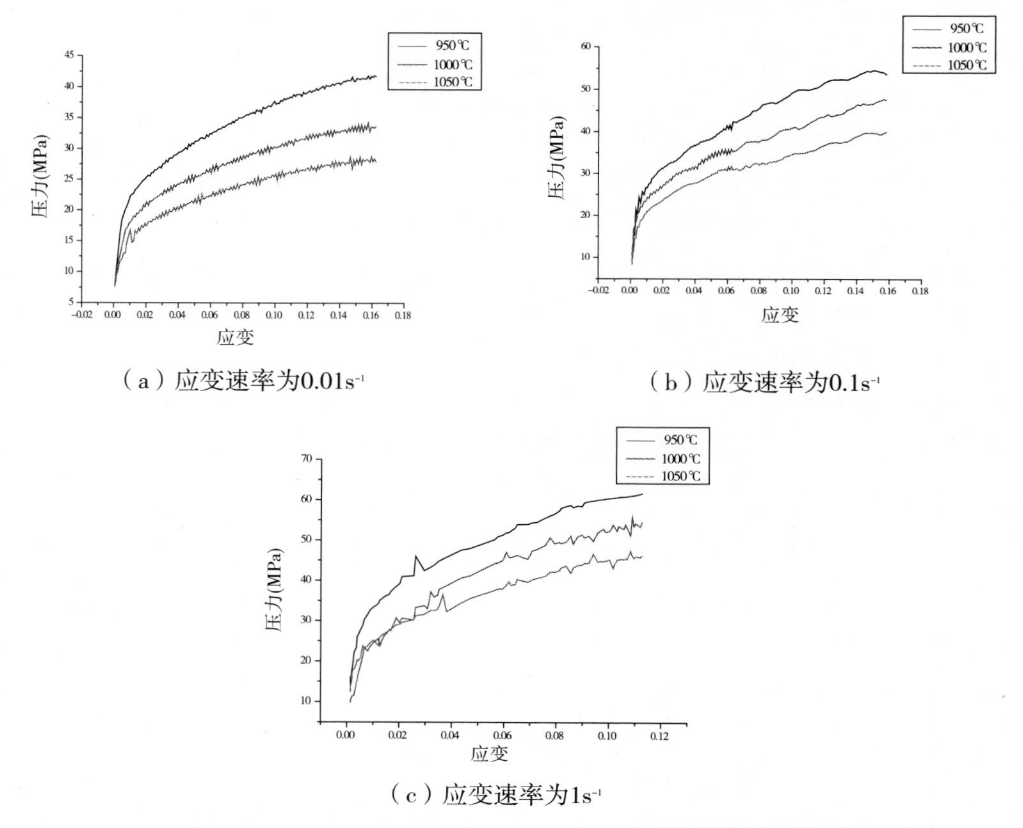

（a）应变速率为0.01s⁻¹　（b）应变速率为0.1s⁻¹

（c）应变速率为1s⁻¹

图 3　不同应变速率下，粉末烧结体材料的真应力应变曲线

3　装配体模型和材料参数的导入

在 DEFORM—3D 中新建粉末烧结材料模型并导入实验所得到的铁基粉末冶金材料的本构方程。如图所示由于粉末锻件和模具具有轴对称性，为了提高计算效率，缩短 DEFORM—3D 有限元软件模拟时间，在整个分析过程中均采用粉末锻件的 1/4 变形体来进行分析。设置最小单元为 0.5mm，比率为 2，共生成 15820 个四面体单元。图 4 为导入的 1/4 锻造装配体模型，图 5 为该模型的有限元网格图。

图 4　导入装配体模型

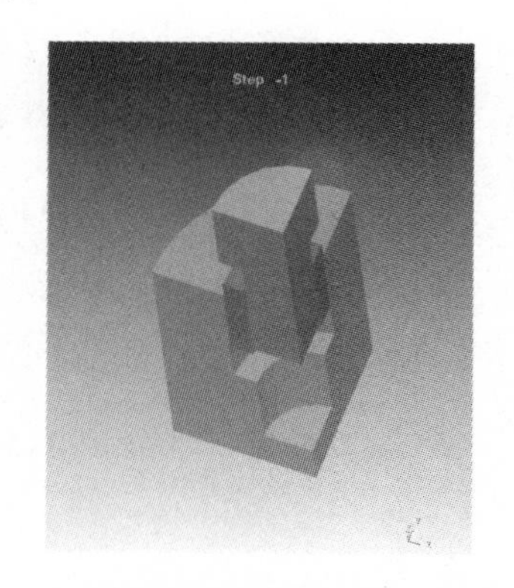

图 5　锻造装配体的有限元网格

4 热辐射与热传递过程的温度场模拟

4.1 模拟初始条件的设置

粉末锻件从加热设备中取出，然后放在下模冲上，共经历两个阶段：在第一个阶段，粉末锻件直接与空气接触，发生热辐射；在第二个阶段与空气和下模冲同时接触，发生热辐射和热传递耦合[6]。

设置粉末锻件出炉的温度为1020℃，热传递阶段环境温度边界条件为20℃，坯料与环境的对流因子设为0.02N/(s·mm·℃)。热辐射和热传递耦合阶段模具的预热温度为300℃，步长为0.1s。

4.2 模拟结果分析

图6所示为第40步热锻零件温度分布图，即第一阶段粉末锻件与空气热辐射结束时粉末锻件的温度分布图，图7为第50步热锻零件温度分布图，即第二阶段热辐射和热传递耦合结束时粉末锻件的温度分布图。根据有限元分析结果可知：在第一热传导阶段结束粉末锻件的温度为892℃～918℃，在第二热传导阶段结束粉末锻件的温度为790℃～886℃，即粉末锻件1020℃出炉到开始锻造时，温度最低下降了134℃，最高下降了230℃，在粉末锻件内部沿轴向方向，如图3(b)可以看出在第二阶段，锻件下部温度下降较快。这是由于第二阶段粉末锻件与下模冲发生热传递，温度较第一阶段下降速度快。由此可见，第二阶段的时间越长粉末锻件下表面温度越低，因此应尽可能减少第二阶段的停留时间，应选用冲击速度较快的锻造设备，如冲床、锻锤等。

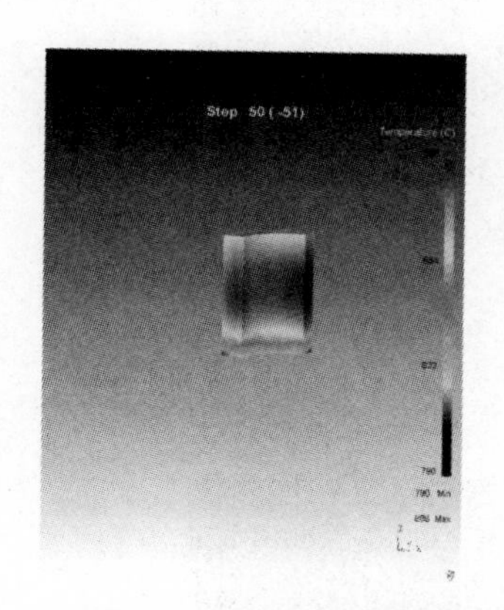

图6 第40步热锻零件温度场

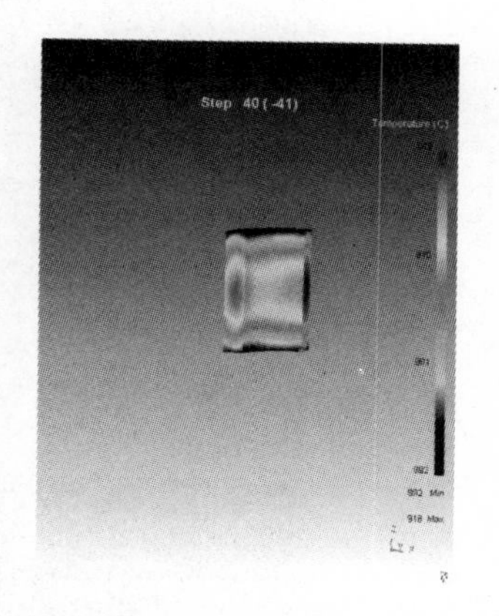

图7 第50步热锻零件温度场

5 锻造成形过程模拟

5.1 模拟初始条件设置

(1)设置粉末锻造的对象类型为多孔体，设置单元的相对密度为0.83，为了提高模拟的精确性，在划分网格时，采用绝对网格划分的方式，指定网格最小单元大小为0.5mm，单元尺寸比率为2。模具材料为H13热作模具钢，对象类型设为刚性体。

(2)在定义接触边界时，对上、下模冲、阴模、芯棒与预成形坯进行靠模，定义对象间的剪切摩擦因子为0:3，对流因子设为0.02N/(s·mm·℃)；

(3)在模拟控制对话窗口中设置上模冲为主动体，设备类型选择液压机，锻造速度取30mm/s。模拟步数设为30步，步长控制设置为每步0.2mm，计算结束时包括热辐射和热传递在内的总模拟步数是80步。锻件压缩量分别设为15.8%(3.6mm)、18.1%(4.0mm)、20.9%(4.8mm)和22.9%(5.4mm)，分别对应总模拟步数的68步、70步、74步和77步。

(4)采用完整热传导模式，考虑模具温度的变化，随着热传递和锻造过程中模具温度逐渐升高，减少了粉末锻件的热量散失，提高了数值模拟的精度。

5.2 模拟结果分析

(1)如图8所示，在压缩量为15.3%时，锻件相对密度范围大致在0.92左右，在压缩量为16.9%时，锻件相对密度范围大致在0.94左右，在压缩量为20.3%时，锻件相对密度范围大致在0.96左右，在压缩量为22.9%时，锻件相对密度范围大致在0.99左右。可以看出随着压缩量的增加，相对密度也就越来越大，粉末多孔体锻件的致密度越来越高。

(2)锻件的密度沿轴向分布具有不均匀分层现象。在密度0.92时锻件密度分为三层，上层密度大于0.929，中层密度介于0.905到0.929之间，下层密度略小于0.905. 这是因为锻件的锻造是从上往下压缩致密，较低密度时锻件上部和中部产生较大的塑性流变，下部流变量最小。锻件的密度沿轴向方向从上到下是依次减小呈现三层分层现象；在密度0.94时锻件密度分为两层，上层密度介于0.929到0.952之间，下层密度略小于0.929。这是因为随着锻件继续压缩致密上部致密变慢，中部流变继续增大，最终二者基本相同；继续锻造压缩时材料逐渐往下聚集，相对密度在0.96和0.99时密度分层现象消失，锻件密度均匀性较好。

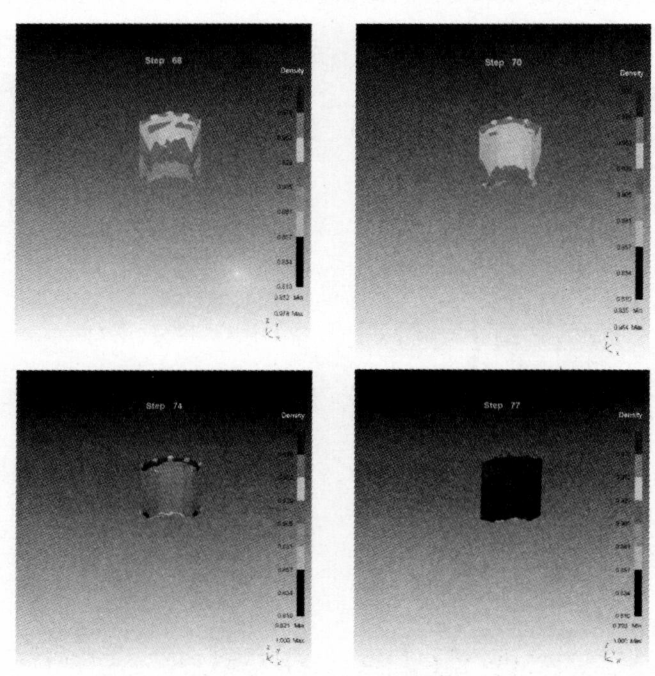

图8 不同相对密度锻件密度分布图

(a)相对密度为94%；(b)相对密度为96%；(c)相对密度为97%；(d)相对密度99%

(3)随着压缩量和锻造密度的增加，锻件毛刺现象越来越严重。锻件相对密度在0.92时基本没有毛刺产生，当相对密度提高到0.94时，锻件顶端产生轻微毛刺，尖角毛刺沿轴向最大尺寸 0.022mm 随着锻造密度的继续增加，锻件的毛刺在相对密度 0.96 和 0.99 时已经比较明显了。在 0.96 时最大为 0.037mm，在 0.99 时最大为 0.072mm。可通过进一步调整模具间隙以及锻造参数来优化高密度时锻件毛刺问题。

6.1 模拟初始条件的设置

在 DEFORM—3D 有限元软件 Die Stress Analysis 应力分析模块中分别导入热锻模拟第 68、70、74 和 77 步模拟数据，并导入插入力信息表中数据包括坯料上的力和插入到模具上的力，设置相对较小的容差值，插值准确度较高。在边界条件设置对话框中设置速度边界条件为锻造方向 Z 向，并固定模具位置[7]。

6.2 模拟结果分析

(1)模具的等效应力随着锻造密度的增加而增加。由图 9 可知靠近锻件中间的 P_2 点在 0.92 相对密度时模具应力为 424MPa，在 0.94 是上升到 527MPa，到 0.96 时上升为 624MPa，最终到 0.99 时上升到 781MPa。模具应力从 0.94 相对密度到 0.96 相对密度时，升高了 18.4%，从 0.96 上升到 0.99 时，升高了 25.2%。粉末热锻工艺在生产高密度的产品时模具的应力非常大，对模具的性能要求的非常高，必须通过合理的模具设计以及提高相应的模具制造尤其是热处理工艺水平来解决。

(2)可以看出虽然随着锻造密度的增大模具的应力也随之增大，在低密度 0.92 和 0.94 时同一模具上标记的三点对应的应力大小为 $P_2>P_3>P_1$，说明低密度时应力最大部位出现在锻件中部所对应的模具位置，在较高密度 0.96 和 0.99 时这一大小变为 P3>P2>P1，说明锻件下端对应的模具位置等效应力增加的比其他部位快，高密度时应力最大部位出现在锻件下部所对应的模具位置。

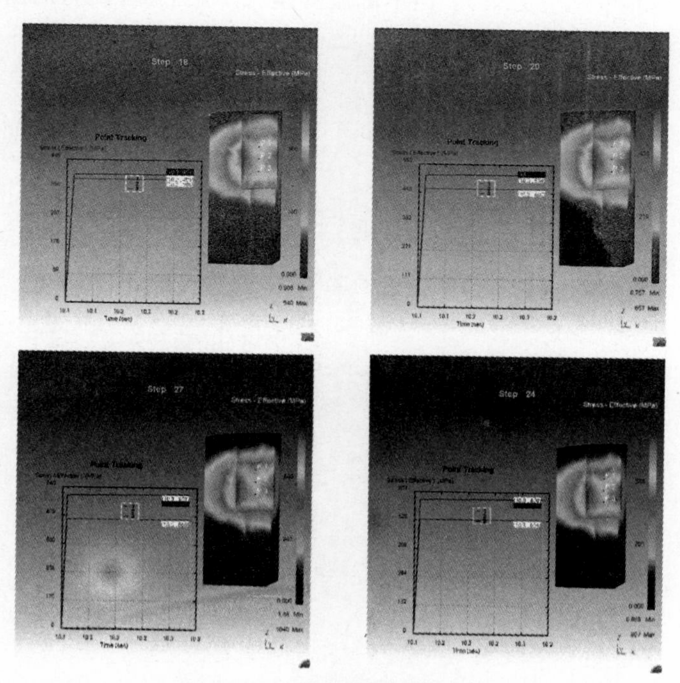

图 9 不同相对密度模具应力

(a)相对密度为 94%；(b)相对密度为 96%；(c)相对密度为 97%；(d)相对密度 99%

(3)低密度 0.92 和 0.96 时，模具的应力最高部位出现在中部，这是因为锻件从 0.81 相对密度开始热锻时，由于锻件与阴模存在间隙 0.43mm，与芯棒存在间隙 0.3mm，锻件经历先墩粗致密再闭式致密的两个过程。所以从锻件中间 P_2 部位先于模具接触致密，低密度时中间应力值最大，随后模具上部和下部应力随着锻件进一步的压缩而增大。

(4)锻件的密度是不均匀分层的，致密过程不是同步进行而是沿轴向从上到下的一个致密过程。当密度值较高时锻件下部密度上升的更快，此时下部材料聚集较多较快，所以高密度时模具下部 P_3 附近处的应力上升的较快，所以超过了模具中部。最终 0.99 相对密度时靠近模具下部是应力最大的部位。

7 模具磨损深度的模拟

7.1 模拟初始条件的设置

根据前面模拟分析结果，在前处理模块中导入数据并定义物体间接触关系，将模具材料设为 H13 钢，初始硬度为 HRC49。锻件与凹模的摩擦因数设为 0.2，热传导系数设为 0.02，选择广义的 Archard 磨损模型：，进行模具磨损深度的有限元模拟时针对粉末热锻进行修正。其中：k 为磨损系数，在粉末热锻过程中润滑良好时取修正后值 1.2×10^{-7}；p 为模具表面的正压力，导入等效应力模拟结果可以得到；v 为滑动速度为 30mm/s；H 为模具钢在锻造开始时 900℃时的初始硬度 HRC49。

7.2 模拟结果分析

(1)根据 Archard 磨损理论三定律，磨损量与速度应力均呈正比。根据前面得到的结果低密度和中密度时模具中部应力最大，但中部流变速度不及上部，因为低密度时上部致密最快，锻件与阴模摩擦速度也最快，故磨损量最大。

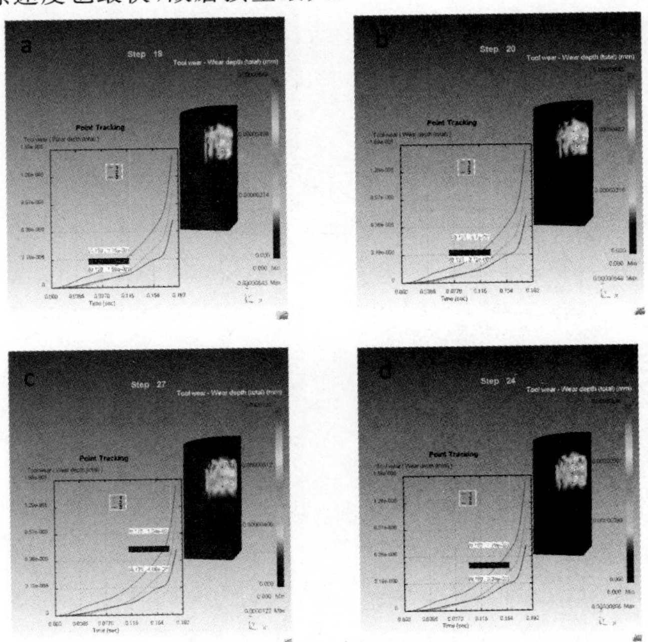

图 10 不同相对密度下阴模单边磨损深度

(a)相对密度 92%；(b)相对密度 94%；(c)相对密度 96%；(d)相对密度 99%

(2)根据模拟结果,三组磨损云图中,磨损最严重的部位出现在第三套模具的 P_1 处附近。说明了:①阴模磨损深度随着锻造密度的增加而增大;②模具沿轴向方向从下到上磨损量是递减的,磨损量大小顺序为上部>中部>下部。

(3)磨损最严重的部位仍然在靠近上端的 P_1 处,如图 10 所示,在 0.92 时其单边磨损深度为 3.75×10^{-6};在 0.94 时其单边磨损深度为 4.7×10^{-6};在 0.96 时其单边磨损深度为 7.19×10^{-6};在 0.99 时其单边磨损深度为 1.04×10^{-5},可见,高密度下模具磨损量急剧变大,相应模具寿命也会急剧减小。

(4)粉末热锻闭式模锻工艺随着锻件在锻造时压缩量的增加,锻件的相对密度、模具的应力以及模具的磨损均随之增加,若按最大允许磨损量双边 0.08mm 来算,锻件相对密度由 0.92 提高到 0.94 时,模具的寿命从 10666 件降低到 8510 件,降低了约 20.2%;锻件相对密度由 0.94 提高到 0.96 时,模具的寿命从 8510 件降低到 5563 件,降低了约 34.6%;锻件相对密度由 0.96 提高到 0.99 时,模具的寿命从 5563 件降低到 3846 件,降低了约 30.8%;在高密度 0.96 和 0.99 时模具的寿命下降极为明显,特别是 0.99 相对密度时仅仅 3846 件的模具寿命会增大生产成本。

8 结论与展望

对于粉末热锻制品而言,综合模具磨损情况来考虑,中低密度产品如本文模拟的相对密度在 0.94～0.96 附近的锻件,此时模具所受的应力值较低,模具磨损深度较浅,寿命能达到 5563 次到 8510 次范围;对于高密度的粉末件产品模具受力和磨损都比较严重,0.99 相对密度时模具寿命仅仅 3846 件会增大模具成本,与国外通用汽车公司采用粉末热锻生产汽车连杆在 0.996 的相对密度下能达到 1.2 万件以上的模具寿命仍有较大差距。采用粉末热锻工艺时必须通过优化粉末热锻工艺参数包括锻造工艺参数(锻造温度、锻造速度)、预锻坯形状参数、模具设计参数(硬度、间隙量),模具的热处理工艺水平,综合以上几点把模具在高温高压下的硬度和强度提升到一个相当高的水平。这是当今各个国家和企业开展粉末热锻工艺研究所面临的难点,建议今后重点围绕以上几点开展相应的研究。

参考文献

[1]韩凤麟. 粉末冶金零件模具设计[M]. 北京:电子工业出版社,2007.5.
[2]陈科伟. 基于磨损的热锻模具优化设计和寿命预测[S]. 重庆大学硕士论文,2012.
[3]周作平,申小平. 粉末冶金机械零件实用技术[M]. 北京:化学工业出版社,2006.
[4]孙宪萍. 挤压成形弹一塑性接触磨损微观机理及磨损控制[J]. 南京:江苏大学博士论文,2008.
[5]原思宇. 特殊钢棒线材热连轧过程的有限元模拟与分析[M]. 大连:大连理工大学论文,2007.
[6]胡建军. DEFORM—3D 塑性成形 CAE 应用教程[M]. 北京:北京大学出版社,2010.
[7]张莉,李升军. DEFORM 在金属塑性成形中的应用[M]. 北京:北京大学出版社,2009.

基于电阻率快速确定粉末冶金烧结工艺参数方法的研究

耿浩然　　肖　振　　牟　振
济南大学,山东省济南市南辛庄西路 336 号
(耿浩然,0531－82765314,mse_genghr@ujn. edu. cn)

摘　要:粉末冶金技术是制备金属基与陶瓷基复合材料不可缺少的技术手段之一,而烧结是该技术中重要的工艺环节。采用一般的方法确定某种材料的烧结工艺参数需要对烧结温度和时间进行大量系统的实验。本论文研究采用一种电阻率法,通过实时探测粉末冶金试样在烧结过程中的电阻率变化,快速地推测出试样中孔隙率和颗粒间接触面积的变化情况,进而确定材料的最佳烧结工艺。本文运用该方法对 Cu/WC 复合材料和铝粉压坯制备试样进行了测试。实验结果显示,对于 Cu/WC 复合材料,采用 930℃温度进行烧结时,试样两端的电压在烧结 50min 时达到最小,且样品的致密度达到了最大的 92.7%。对于铝粉压坯,确定了压坯最佳的烧结温度为 450℃。

关键词:电阻率法;粉末冶金;工艺参数;致密度

1　引言

粉末冶金技术是制备高性能先进工程材料—陶瓷、金属基与陶瓷基复合材料所不可缺少的技术手段,烧结是该制备技术中极其重要的工艺环节,对最终产品的性能起着决定性作用[1~7]。从本质上讲,粉末或颗粒烧结过程是多因素(粉末粒度、纯度、气氛、压力、温度)影响下的化学、物理、物理冶金和物化过程,对烧结过程没有深刻的认识,就不可能控制该过程的进行。目前,建立了多种烧结理论,如烧结扩散理论,烧结的流动理论,烧结的几何理论,强化烧结理论等[8~12]。在理论研究中,颗粒常常被抽象为球形、圆柱形、线形形状,简化了复杂的实际情况,然而实际中所用到的粉末形状复杂,可能为针状、片状、树枝状、多孔状等,在实际生产中很难根据现存的烧结理论,确定一种新产品的最佳烧结工艺。另外,一种新的复合材料,往往包含多种组元,其研究开发往往要通过大量的实验来探索其最佳的烧结温度、烧结时间等烧结制度,耗费大量的人力、物力,且耗时较长。

粉末冶金烧结过程即是颗粒间接触面积由小变大、材料中的空隙率逐渐变化的过程[13,14]。随着材料烧结过程的进行,材料的致密度会产生很大变化,材料的电阻率也会随着致密度的变化而改变,因此,可以通过实时测定材料烧结过程中电阻率的变化,实时地了解材料的烧结情况。本文主要研究采用了电阻率法快速确定粉末冶金烧结状况,从而为快速确定材料制备工艺提供了一种新的、快捷的方法。

2　实验

2.1　材料和测试方法

铜粉、碳化钨粉、铝粉的纯度分别为 99.8%、99.7%和 99.5%,粒度均为负 200 目。采用 XQM 型行星式球磨机预混粉 30min,球磨混料过程中采用硬脂酸锌作为润滑剂,加入量

为 0.4wt.%，球料比 15∶1。试样成型采用 YZ—2000 型液压试验机。真空烧结采用 ISSP—HTF 型气氛热处理程控高温炉。密度测试采用排水法。纳伏表采用 PM66M 型数字多用表。采用 6220 型 DC 电流表（KEITHLEY 公司）提供恒定电流。

2.2 试验过程

采用特制的模具来制作烧结试验用压坯。试样压模示意图如图 1 所示。此模具的压模底座（长：100mm，宽：10mm，高：15mm）带有 4 个直径为 1mm 的小孔，用于放置压坯上的引线，此引线用于连接恒流电源和纳伏表。模具材质为 45 号碳钢。

首先，在模具底座上预放置好引线，然后把模具底座放入阴模内。引线长度为 17mm，引线材料的选取应符合以下条件：导电良好，烧结过程中不与压坯材料产生反应。引线材料采用熔点较高的钨丝或者钼丝等，引线直径为 0.8mm。放置好模具底座后，向阴模内加入需要测试的粉末，粉末质量的选取应保证制得压坯厚度在 2～3mm 之间。把粉末摊平后，放上压头，选择合适的压制压力和保压时间进行压制，压好后进行脱模。图 2 为所制压坯示意图，其中引线 1、4 用于连接恒流电源；引线 2、3 用于连接纳伏表。

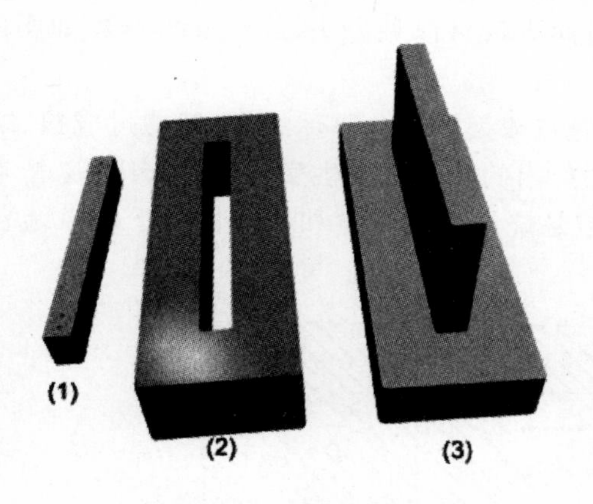

图 1 电阻率测试用特制模具

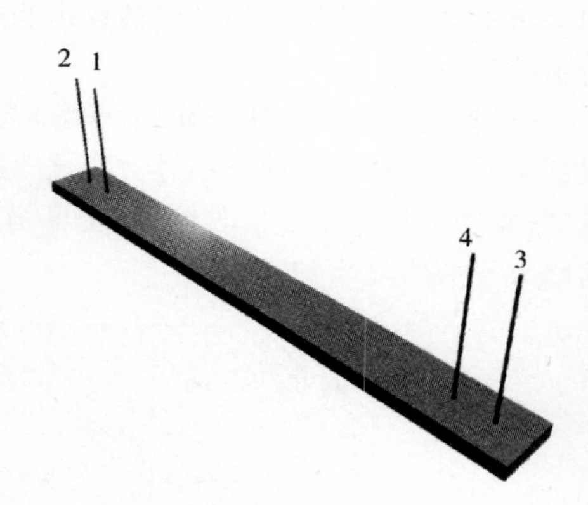

图 2 电阻率测试压坯试样

将压坯试样连接好恒流电源和纳伏表，调节恒流电源使压坯通过恒定电流（500mA），纳伏表采集压坯两端的电压和实时温度，采集频率为每秒 1 次，如图 3 所示。通过在压坯两端加载恒定直流电流，并用纳伏表实时地测定在烧结过程中压坯两端电压的变化，可以间接地反映出压坯颗粒在烧结过程中的烧结状况，从而可以快速确定烧结制度。

根据欧姆定律：

$$R=U/I \tag{1}$$

电阻率公式：

$$\rho=RS/L \tag{2}$$

得到：

$$\rho=US/IL \tag{3}$$

式中：I——通过压坯电流；U——引线 2 与 3 之间电压；S——压坯横截面积；L——引线 2 与 3 之间距离；ρ——压坯电阻率。由(3)，在恒定电流下，压坯两端的电压 U 与材料电阻率

ρ成正比。本实验通过采集试样两端的电压，用压坯两端电压随烧结时间的变化进行了电阻率变化的描述。

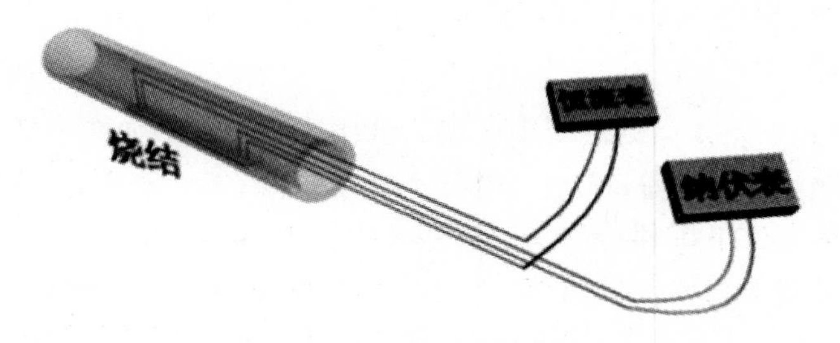

图 3 压坯烧结过程中电阻率测试示意图

3 结果与讨论

3.1 烧结的基本过程

粉末的等温烧结过程已经被提出和引用，按时间大致可以划分为以下三个阶段，如图 4 所示[14,15]。

(1)粘结阶段——烧结初期，颗粒间的原始接触点或面转变为晶体结合，即通过成核、结晶长大等原子过程形成烧结颈。在这个阶段中，颗粒内的晶粒不发生变化，颗粒外形也基本未变，整个烧结体不发生收缩，密度也增加极微，但是烧结体的强度和导电性由于颗粒结合面增大而有明显增加。

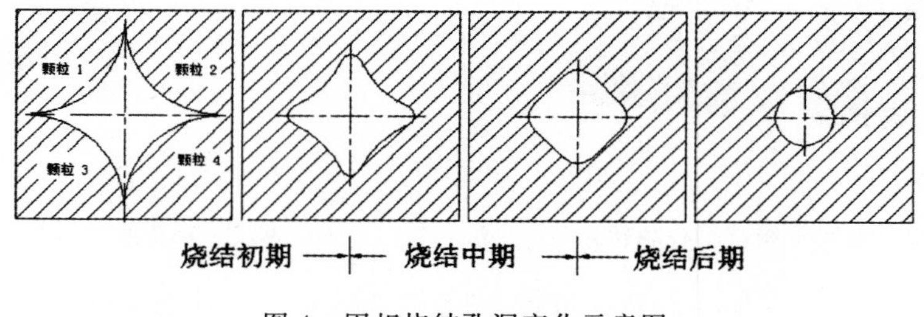

图 4 固相烧结孔洞变化示意图

(2)烧结颈长大阶段——原子向颗粒结合面的大量迁移使烧结颈扩大，颗粒间距离缩小，形成连续的空隙网络；同时由于晶粒长大，晶界越过孔隙移动，而被晶界扫过的地方，孔隙大量消失。烧结体收缩，密度和强度增加是这个阶段的主要特征。

(3)闭孔隙球化和缩小阶段——当烧结体密度达到 90%以后，多数孔隙被完全分隔，闭孔数量大为增加，孔隙形状接近球形并不断缩小。在这个阶段，整个烧结体仍可缓慢收缩，但主要是靠小孔的消失和孔隙数量的减少来实现。这一阶段可以延续很长时间，但是仍残留少量的小孔隙不能消除。

等温烧结三个阶段的相对长短主要由烧结温度决定：温度低，可能仅出现第一阶段，温度愈高，出现第二甚至第三阶段就越早。在连续烧结时，第一阶段可能在升温过程中就已经完成。应当指出，以上三个阶段只是理想粉末的假设状态，实际情况要复杂得多。

3.2 Cu/WC 复合材料烧结制度的确定

材料的组成重量配比为：5wt. %碳化钨和 95wt. %铜粉，压制压强为 400MPa，保压时间为 2min。将压坯先在氢气气体保护下预烧结，预烧结温度为 400℃，时间为 30min，然后进行烧结实验，烧结温度和烧结时间预定为 930℃和 2h。图 5 为 Cu/WC 复合材料压坯两端的电压随烧结时间的变化图。可见，烧结温度为 930℃时，随烧结时间的增长，压坯的两端电压呈现出先降低后上升，然后保持一定数值的趋势。压坯在烧结过程经历了初期的致密化和后期的反致密化过程。反致密化一是由于封闭孔洞中的气体由于继续烧结温度继续升高，对外的压强增大，产生膨胀，从而使试样的致密度降低；二是由于铜和碳化钨的熔点相差较

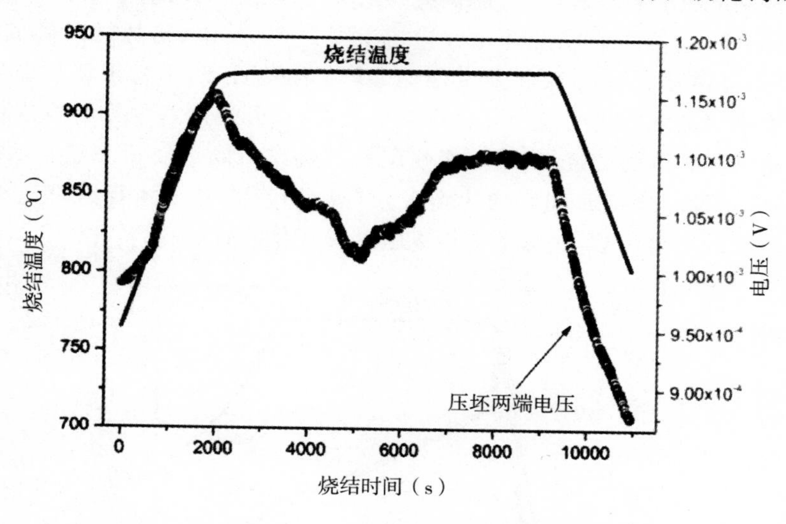

图 5　930℃下 Cu/WC 压坯两端的电压随烧结时间的变化

大，会产生不等量扩散，使得烧结颈陷入了低熔点的金属铜中，出现反致密化现象。从图中可以准确地确定，此种材料的反致密化是从恒温烧结后 51min 开始的，故该材料在 930℃烧结时的最佳烧结时间为 50min。图 6 为不同烧结时间的 Cu/WC 复合材料试样的致密度图。由图 6 可知，在烧结时间较短时，随着时间的增加，试样的致密度逐步增大，在烧结 50min 时，压坯致密度达到最大，之后随着烧结时间的延长，致密度先迅速下降，之后变化趋于平缓，这与图 5 所示趋势相符合。所以，试样的致密度与试样两端的电压的变化趋势正好相

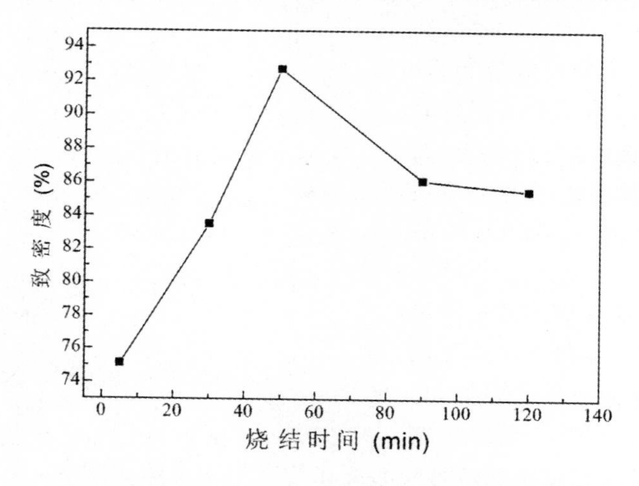

图 6　不同烧结时间下的 Cu/WC 复合材料试样的致密度

反，也就是说试样的致密度与电阻率的变化趋势正好吻合，这样，就可以确定该材料在烧结温度为930℃时的最佳烧结时间为50min。

3.3　铝粉压坯烧结制度的确定

铝粉烧结采用压强为300MPa、保压时间为2min、烧结温度为500℃、烧结时间为10h的工艺。图7为500℃下铝粉压坯两端电压随烧结时间的变化图。由图7，虽然预设的恒温烧结温度为500℃，但是在未达到500℃温度时（约450℃）压坯两端的电压就开始迅速下降，由此可以说明烧结在450℃左右已经开始。烧结温度为500℃时，随烧结时间的增长，压坯两端电压呈现出先迅速降低后，然后下降变缓的趋势。因此可知，铝粉压坯在烧结之初致密化迅速进行，随着烧结的继续进行致密化过程有所放缓，直到烧结两个小时后这种趋势仍在继续。所以，为得到更为致密的烧结制品，铝粉压坯的烧结时间需要适当延长。图8为500℃下的铝粉压坯致密度随烧结时间的变化情况，可见，压坯致密度随烧结时间延长而不断增加，且致密度增加的趋势变缓，这与图7中电阻率的变化趋势相吻合。

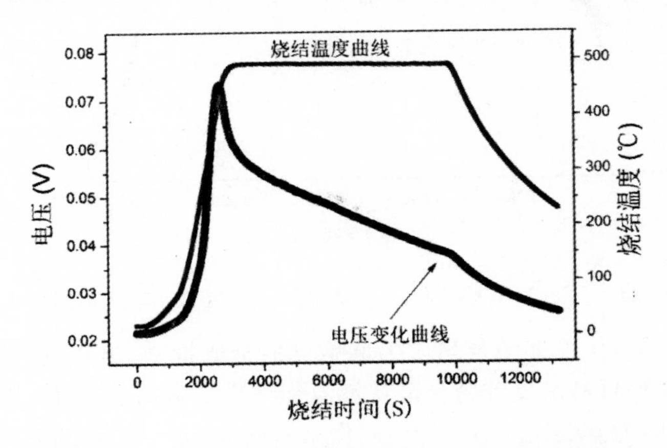

图7　500℃下铝粉压坯两端电压随烧结时间的变化曲线

图9为450℃下铝粉压坯两端的电压随烧结时间的变化图。在烧结初期铝粉压坯两端的电压迅速下降，经过30min左右，电压下降趋势减缓，直至烧结10h。当温度升高到450℃的时候，试样两端的电压值达到最大，之后开始迅速下降，说明试样的烧结是从450℃开始的，所以，铝粉压坯的最佳烧结温度为450℃。图10为450℃下不同烧结时间铝粉压坯致密度随烧结时间的变化情况。由图10，压坯致密度随烧结时间延长而不断增加，且随着烧结时间的延长，试样致密度增加的趋势变缓，压坯致密度随烧结时间的变化与电阻率推断相吻合。因此可以根据铝粉压坯在不同烧结温度、不同烧结时间段致密化速率不同乃至电阻率不同的特点，确定合适的烧

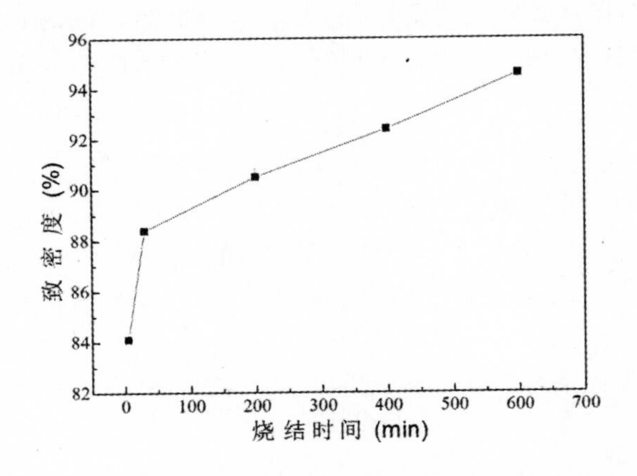

图8　500℃不同烧结时间下压坯的致密度

结时间。

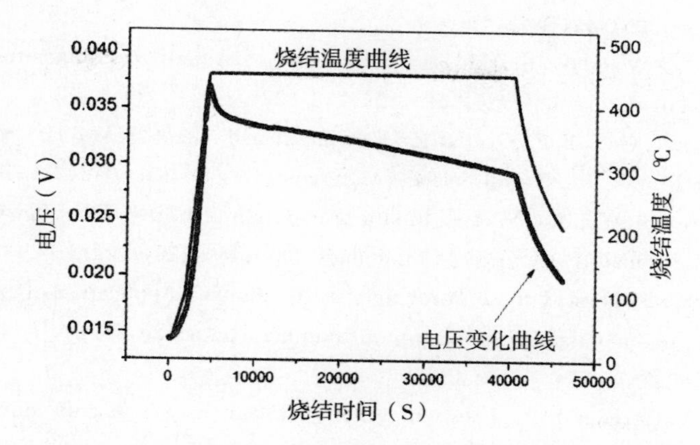

图 9　450℃时压坯两端电压随烧结时间的变化

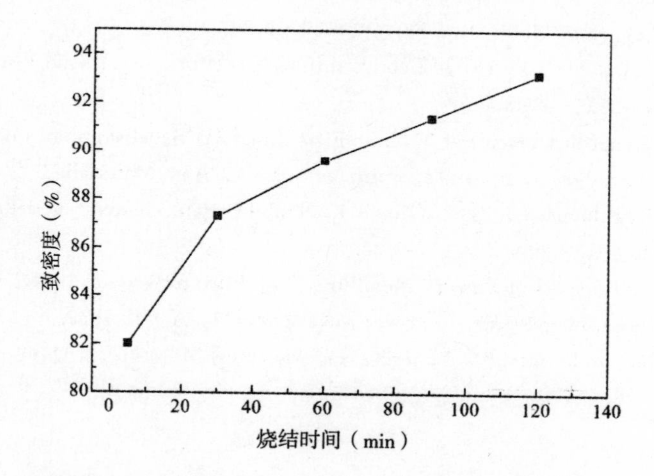

图 10　450℃时不同烧结时间下的铝粉压坯致密度

4　结论

通过采用本文研究的电阻率法实时测定压坯在烧结过程中电阻率的变化能够快捷地确定粉末冶金制品的最佳烧结制度。通过实时测定 Cu/WC 复合材料压坯在烧结过程中电阻率的变化，确定在 930℃下烧结时的最佳保温时间为 50min。通过对铝粉压坯烧结实验，可以直观地观察到在 500℃及 450℃两个不同温度下，压坯致密化速率的情况，并确定了最佳的烧结温度为 450℃。采用电阻率法确定粉末冶金烧结工艺参数具有广泛的适用性，可以根据粉末冶金压坯在不同烧结温度、不同烧结时间段致密化不同的特点，以及实际要求确定合适的烧结工艺。

参考文献

[1] Lee D W, Ha G H, Him B K. Synthesis of Cu - Al_2O_3 nano composite powder[J]. Scripta Materialia 2001, 44(8/9): 2137 - 2140.

[2] Z. Mu, H. R. Geng, M. M. Li, et al. Effects of Y_2O_3 on the property of copper based contact materials[J]. Composites: Part B 2013; 52: 51 - 55.

[3] S. S. Feng, H. R. Geng, Z. Q. Guo. Compaction study on Cu－based electrical contact materials by warm[J]. J Funct Mater, 2007, 42(B02): 706 - 9.

[4] S. Pournaderi, S. Mahdavi, F. Akhlaghi. Fabrication of Al/Al_2O_3 composites by in－situ powder metallurgy (IPM)[J]. Powder Technology, 2012, 229: 276 - 284.

[5] L. Y. Sheng, J. T. Guo, T. F. Xi, et al. ZrO_2 strengthened NiAl/Cr(Mo, Hf) composite fabricated by powder metallurgy[J]. Process in Natural Science: Materials International 2012; 22(3): 231 - 236.

[6] J. Q. Lu, J. N. Qin, W. j. Lu, Y. et al. In situ preparation of $(TiB+TiC+Nd_2O_3)/Ti$ composites by powder metallurgy[J]. Journal of Alloys and Compounds 2009; 469: 116 - 122.

[7] Majed Zabihi, Mohammad Reza Toroghinejad, Ali Shafyei. Application of powder metallurgy and hot rolling processes for manufacturing aluminum/alumina composite strips[J]. Materials Science & Engineering A 2013; 560: 567 - 574.

[8] Olevsky E A, German R M. Effect of gravity on dimensional change during sintering— Ⅰ [J]. Shrinkage anisotropy. Acta Materialia 2000; 48: 1153 - 1166.

[9] Olevsky E A, German R M, Upadhyaya A. Effect of gravity on dimensional change during sintering —Ⅱ [J]. Shape distortion. Acta Materialia 2000, 48: 1167 - 1180.

[10] Maximenko A L, Olevsky E A. Effective diffusion coeffiicients in solid－state sintering[J]. Acta Materialia, 2004, 52(10): 2953 - 2963.

[11] Bernard D, Gendron D, Heintz J M, et al. First direct 3D visualisation of microstructural evolution during sintering through X - ray computed microtomography[J]. Acta Materialia 2005; 53(1): 121 - 128.

[12] Martin C L, Schneider L C R, Olmos L, et al. Discrete element modelling of metallic power sintering[J]. Scripta Materialia, 2006, 55: 425 - 428.

[13] W. D. Jones. Principles of Powder Metallurgy[M]. Edward Arnold, 1974.

[14] J. S. Hirschhorn. Introduction to Power Metallurgy[M]. APMI, 1969.

[15] F. Thummler, et al. Metals & Materials and Met. Rev[M]. 1967; 1(6): 69 - 118.

粉末冶金防渗套防渗性能的试验研究

洪志伟[1]　　叶汉龙[2]

1. 福建龙溪股份实验中心；　2. 福建龙溪股份粉末冶金研究所

(叶汉龙,13505001570,yehanlong@163.com)

摘　要:开发出了用于齿轮轴渗碳淬火过程中防止螺纹部位淬火的粉末冶金防渗套,实验验证表明,该防渗套可以有效阻止渗碳,并在多次渗碳实验后仍然能够保持自身的性能,内孔尺寸变化在20次后趋于稳定。

关键词:防渗套;防渗性能;尺寸变化

1　引言

鉴于粉末冶金齿轮轴需要进行渗碳淬火,但螺纹部位不能渗碳淬火,原采取涂抹防渗膏,但其有不可避免的负面影响:① 涂抹不均匀,造成不能有效防止渗碳,这样螺纹会不同程度渗碳,在使用过程中容易造成该处螺纹脆裂,进而使整个齿轮轴失效。② 在热处理后,必须对螺纹处进行抛丸处理以清除防渗剂,但往往不能完全去除防渗剂,造成螺纹凹陷处残留,不能确保螺纹尺寸,成品率较低。如果不抛丸处理,需要重新车螺纹,增加成本。③ 使用手工涂抹,效率较低。因此尝试使用粉末冶金工艺制造具备防渗功能的防渗套。

1.1　对防渗套的要求

(1)合适的结构,以便能够有效阻止渗碳,使被保护的部位没有明显渗碳层(≤0.03),硬度HV≤396;

(2)防渗套的使用不影响整个齿轮轴的热处理;不会弱化保护部位的性能;

(3)防渗套经过多次热处理循环仍能保持相当的强度和性能。

1.2　实验方案的确定

对所制备的粉末冶金防渗套进行了三组试验,同时与涂抹防渗膏(专利产品)的防渗结果进行对比。三组的试验方案分别为:①防渗套的结构确定;②防渗性能测试;③防渗套寿命实验。

试验对象为与正常角齿螺纹部位尺寸一致的样件,将防渗套锁于样件上面,试验方式为在爱协林热处理连续线上随正常产品进炉试验。图1为样件图。

2　防渗套结构的确定

图2为两种不同防渗套结构设计,两种结构的主要区别在于开口部位直径的大小,验证不同的防渗套结构锁于角齿样件随炉渗碳淬火后的不同影响,选择合适的结构,为实验做准备。

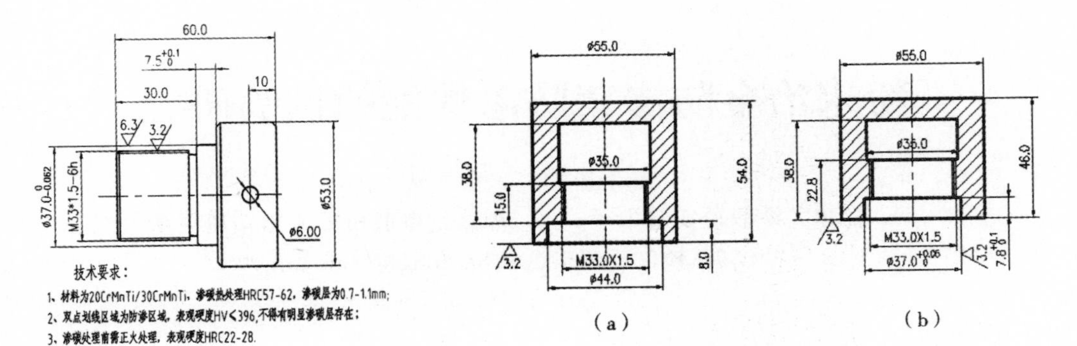

图 1　角齿样件图

图 2　两种不同结构防渗套样件图

实验时，取两种不同结构的防渗套各 4 件，以及 8 件角齿样件。对防渗套热处理前与热处理后的特征尺寸和特征处硬度进行检测。热后对角齿样件割样研磨腐蚀，在显微镜下观察角齿样件渗碳淬火处理后的金相组织，并使用显微硬度计检测样块相关部位硬度值。

实验结果：

(1)8 件防渗套整体特征尺寸缩小，经过两次渗碳淬火后，防渗套从角齿试样旋出比较困难，通过相关尺寸检测发现是由于防渗套螺纹部位热后缩小造成；

(2)经过三次渗碳淬火处理后，防渗套表面硬度小于 HRC60，芯部硬度小于 HRC30；

(3)通过 M33－6H 通止规检测角齿样件螺纹部位，其尺寸比较稳定；

(4)图 3 是渗碳淬火后松开防渗套，防渗套内部的渗油情况。可见，图 2(a)所示的防渗套结构密封性比较好，而图 2(b)结构方式防渗套内部残留淬火油比较多；

(5)两种防渗套各割取两个角齿试样样块进行金相组织观察，没有发现明显渗碳层，螺牙部位硬度检测其结果均满足图纸小于 HRC39 的要求；

(6)对于角齿的防渗采用在螺纹部位涂防渗膏的样件，在显微镜下观察金相组织没有发现渗碳现象，但是该种方法检测其螺牙特征部位的硬度达到 HRC51，明显超过图纸要求；

(7)在 400 倍显微镜下观察所有割下的样块的金相，发现螺牙边缘表层存在 0.02～0.10mm 左右的脱碳层。我司采用的涂防渗膏方式的角齿，热后割样观察发现其螺牙部位的脱碳层只有 0.01mm 左右。我司与客户的角齿技术协议上规定脱碳层要求不能大于 0.03mm。

图 3　渗碳淬火处理后防渗套内部的渗油情况

通过上述结果可以得出：

(1)热后防渗套整体尺寸收缩，其螺牙部位尺寸的收缩造成热后防渗套从角齿试样旋出比较困难，应此应将 M33×1.5－6H 扩大为 M33×1.5－8H；

(2)为了提高防渗套的密封性，减少渗碳时炉内气氛跑进，也减少淬火油渗进，因此需要采用图 2(a)所示的尺寸结构方式；

(3)为了方便防渗套的锁紧和松懈，减少防渗套的内螺纹有效长度；

(4)为了后续采用工装夹紧角齿，气枪锁紧螺母的方式，提高效率，需要在防渗套头部增加六角头；

(5)虽然采用防渗套锁于角齿样块的方式可以比较好地防止角齿螺纹部位渗碳，但由于防渗套内部存在空气使螺牙热后产生脱碳现象，产生的脱碳层比我司的现有涂防渗膏的方式所出现的脱碳层深，但采用该种防渗方式可以使角齿螺纹部位的硬度小于 HRC39(图纸要求)，我司现有方式达不到，鉴于脱碳层深度影响对产品性能影响不大，因此综合考虑采用防渗套的方式还是能达到比较满意的结果。

3 防渗套防渗性能试验

实验目的是验证铜基粉末冶金防渗套的防渗效果，确定继续进行下一次试验的必要性。实验时取 1 件防渗套，进行 2 次实验，实验方法是对防渗套热处理前与热处理后的特征尺寸和特征处硬度进行检测。热后割样研磨腐蚀，在显微镜下观察防渗套渗碳淬火后的金相组织，并使用显微硬度计检测样块相关部位硬度值。实验结果如图 4 和表 1、表 2 所示。

表 1 第一次渗碳淬火后防渗套截面边缘硬度检测结果

离边缘距离	硬度值/HRC
0.2mm 处	49.6
0.3mm 处	48.8
0.5mm 处	37.9
0.7mm 处	39
1.0mm 处	30.5
4.0mm 处	10

表 2 第二次渗碳淬火后防渗套截面边缘硬度检测结果

离边缘距离	硬度值/HRC
0.2mm 处	53.1
0.3mm 处	49.1
0.5mm 处	54.2
0.7mm 处	46.1
1.0mm 处	48.6
1.2mm 处	49.9
1.4mm 处	43.7
1.6mm 处	36.9
1.8mm 处	34.8

实验结果：

(1)防渗套热处理后的整体特征尺寸缩小，平均缩小量在 0.03～0.07mm 之间；

(2)防渗套热前表面硬度很低，两次渗碳淬火后表面硬度均小于 HRC55；

(3)在 400 倍和 1600 倍的显微镜下观察金相，两次实验均没有发现明显渗碳现象，如图 4 所示；

(4)两次渗碳淬火后其芯部硬度均小于 HB200；

(5)下表为使用防渗套在渗碳处理后的样件螺纹处的硬度。

图 4　防渗套边缘金相组织照片

由上述结果可以得出，铜基粉末冶金防渗套防渗效果良好，相当于只进行淬火处理，不过每进行一次渗碳淬火处理，其硬化层深度会逐渐加深，这对寿命将造成一定影响。

2.3　防渗套寿命实验

实验目的：使用新结构尺寸的防渗套(如图 5 所示)再次验证对角齿样件螺纹部位的防渗效果，检验防渗套在多次渗碳淬火后是否会产生开裂现象。

实验对象：(1)9 件防渗套；(2)9 件角齿样件。

实验方法：对防渗套热处理前与热处理后的特征尺寸和特征处硬度进行检测。热后对角齿样件割样研磨腐蚀，在显微镜下观察角齿样件渗碳淬火处理后的金相组织，并在显微硬度计检测样块相关部位硬度值。

实验结果：

(1)9 件防渗套整体特征尺寸缩小，经过 5 次渗碳淬火后，角齿试样从防渗套旋出比较困难，通过相关尺寸检测发现是由于防渗套螺纹部位热后缩小造成；

(2)经过多次渗碳淬火处理后，防渗套表面硬度小于 HRC60，芯部硬度小于 HRC30；

(3)通过 M33－6H 通止规检测角齿样件螺纹部位，其尺寸比较稳定；

(4)防渗套密封性比较好，抽样割取角齿试样样块进行金相组织观察，没有发现明显渗碳层，螺牙部位硬度检测其结果均满足图纸 HV≤396 的要求(见表 3)。在 400 倍显微镜下观察割下的样块的金相，发现螺牙边缘表层存在 0.05～0.12mm 左右的脱碳层；

(5)由于第 5 次渗碳淬火后，防渗套螺纹部位缩孔造成第 6 次渗碳淬火实验时难以旋进角齿样件，因此后续采用两件单独实验(未旋于角齿样件中)，进行多次渗碳淬火，测量记录下每次渗碳淬火后相关特征尺寸(如图 4 所示)，可以发现经过 24 次的渗碳淬火后 M33×1.5－8H 螺纹部位小径一直存在缩小趋势，最后处于相对稳定状态，两件防渗套 24 次渗碳淬火过程中内螺纹小径尺寸最大值与最小值分别相差 1.09mm 和 1.02mm。经过 24 次渗碳淬火后的防渗套没有发生开裂现象。

表 3　螺纹硬度测试结果

编号	A 面 HVI			B 面 HVI			A 面平均值	B 面平均值
I—1	355	324	358	359	382	397	345.67	379.33
I—2	309	309	304	359	349	350	307.33	352.37
I—3	374	349	389	427	384	370.67	399.00	
平均							341.22	377.00
II—1	358	388	387	342	343	339	377.67	341.33
II—2	321	333	333	321	326	317	329.00	318.33
II—3	312	326	335	327	323	325	324.33	325.00
平均							343.67	328.22

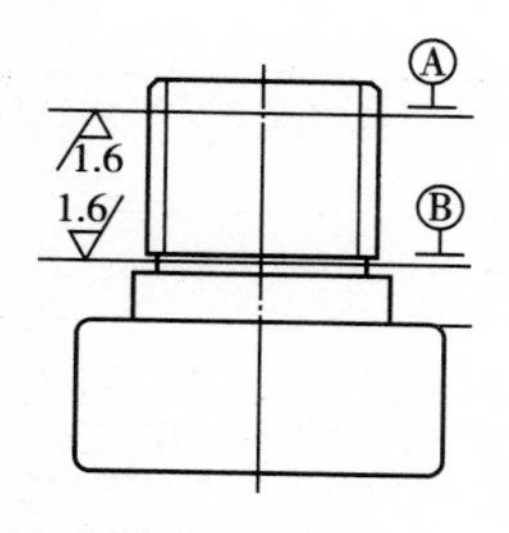

Ⅰ情况实验的工件Ⅱ

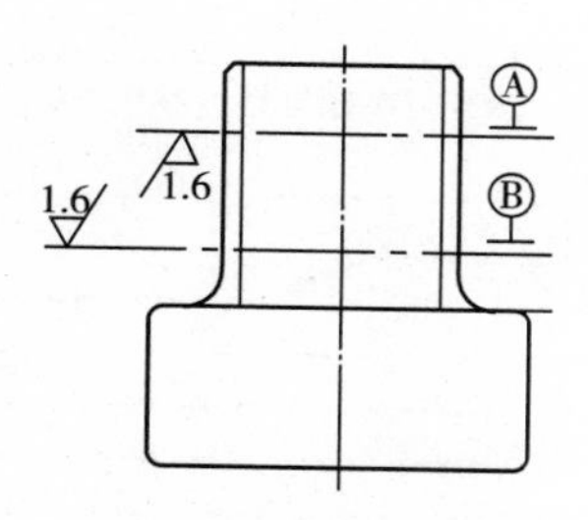

Ⅱ情况实验的工件

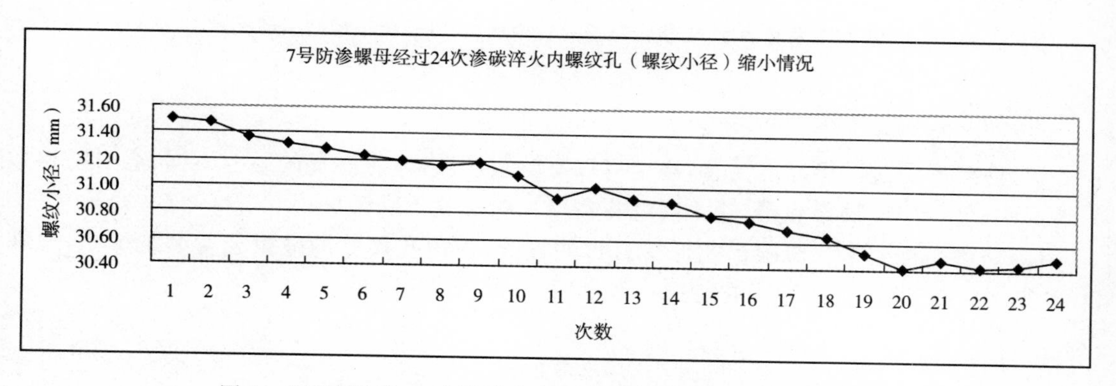

图 4　7 号防渗套 24 次渗碳淬火后内螺纹孔(螺纹小径)缩小情况

上述结果再次证明了防渗套对角齿样件的防渗作用，又能保证角齿样件螺纹部位硬度达到图纸要求。由于防渗套对自身起防渗作用，因此寿命相对比较高，经过 24 次的渗碳淬火实验，没有发现开裂现象。但其热处理一直存在内孔螺牙部位缩小的趋势，因此可以在防渗套的内孔螺牙尺寸上相应增大进行补偿。角齿样件螺纹牙部有出现脱碳现象，应将防渗套锁紧在角齿样件上。

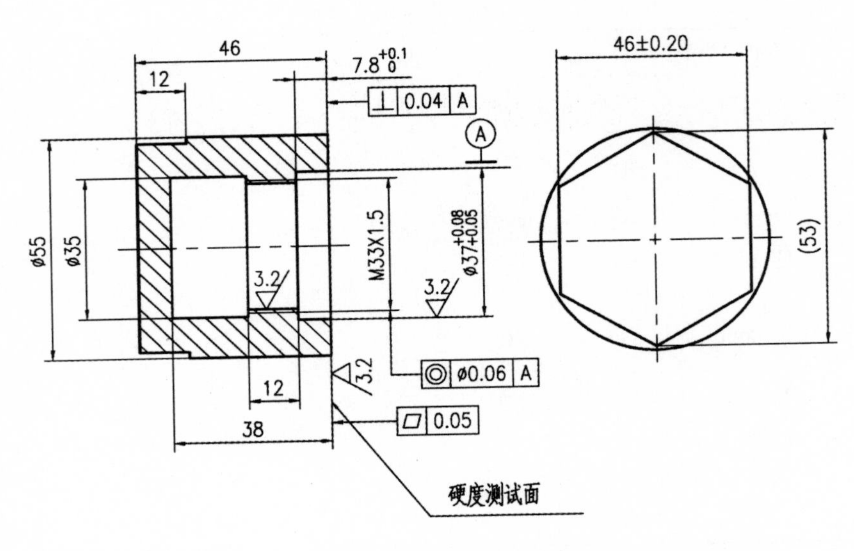

图 5　新结构尺寸防渗套

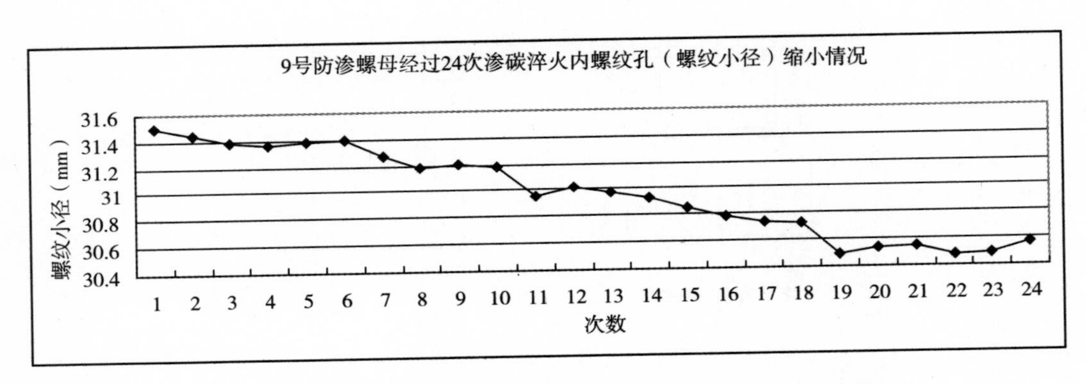

图 5　9 号防渗套 24 次渗碳淬火后内螺纹孔(螺纹小径缩小情况)

4　结论

(1)防渗套经过防渗性能实验,确定可以有效阻止渗碳;防渗套的结构不同,会对防渗效果有影响;但会引起局部脱碳,这个问题将在第二轮实验予以解决;

(2)防渗套经过多次渗碳仍能保持自身的性能,但内孔尺寸的减少会对装配影响,但在 20 次实验后趋于稳定,此原因有待进一步探明。

参考文献

[1]范景莲,黄伯云,曲选辉.注射坯成形质量与尺寸精度的控制模型[J].稀有金属材料与工程,2005,24(3),367－370.

红外吸收法测定摩擦材料中碳含量的不确定度评定

韩　英
杭州粉末冶金研究所

摘　要:分析测量结果是产品质量的重要控制手段和最终判断,而任何测量都有其不确定度。为了更科学地对被测物做出评定,研究测量方法以得到更好的结果和研究结果的不确定度同样重要。合理科学的分析、计算不确定度既能提高分析测量质量,又能提高对产品质量的判断水平。本文主要介绍红外吸收法测定摩擦材料中碳含量的不确定度评定。通过对测定过程中的分析,找出各个影响分量并进行不确定度分量的评定,求出测定结果扩展不确定度。

关键词:摩擦材料;碳;红外碳硫;不确定度

红外碳硫吸收法测定中碳硫含量是目前大多数实验室所采用的检测方法,该方法的特点是燃烧温度高,样品燃烧充分,结果准确,测定速度快。碳在整个摩擦材料混合物中主要作用就是缓和摩擦力。本文通过度的对使用的分析仪器以及整个测定过程进行分析,确定不确定度来源,采用A类及B类不确定度的评定方法对不确定度各个分量逐一评定,计算碳硫合成标准不确定度及扩展不确定。

1　实验部分

1.1　仪器设备

红外碳硫分析仪

标准样品:YSBC28082—94　C%=3.65

钨粒助熔剂:纯度>99.999%

1.2　实验方法

称0.3克的样品加助熔剂在高频感应炉纯氧的环境下高温加热燃烧,使样品中的碳氧化成二氧化碳,硫氧化成二氧化硫,在载气的带动下这些分析气体经过气路处理系统进入二氧化碳和二氧化硫的检测室,通过测量气体吸收二氧化碳和二氧化硫的量,从而得到样品中碳硫的质量分数。

1.3　计算公式

平均值
$$\bar{x}=\frac{1}{n}\sum_{i=1}^{n}x_i \tag{1}$$

标准偏差
$$S=\sqrt{\frac{\sum_{i=1}^{n}(x_i-\bar{x})^2}{n-1}} \tag{2}$$

标准不确定度
$$u=\frac{S}{\sqrt{n}} \tag{3}$$

相对不确定度 $$u_{rel}=\frac{u}{\bar{x}} \tag{4}$$

自由度 $$V=n-1 \tag{5}$$

2 结果与讨论

2.1 不确定度来源分析

2.1.1 建立数学模型

测量时只需要将称样量输入，分析后仪器就会显示出碳硫的含量值。经过用标准物质校正之后，仪器显示值和测定值相符。因此，仪器的显示值可以认为是样品的测定值，故其数学模型为：

$$y=\bar{x}\pm u$$

2.1.2 测量结果不确定度的来源分析

通过对测量全过程的分析，并考虑到其他的影响因素，不确定度的来源有：

(1)重复测量引入的不确定度；

(2)标准物质的不确定度；

(3)电子天平引入的不确定度；

(4)红外碳硫仪器示值引入的不确定度。

2.2 测量不确定度个分量的评定

2.2.1 重复测量引入的不确定度

对一样品进行 12 次测量，其中的碳含量测定结果见表 1。

表 1 碳含量的测量结果

序号	1	2	3	4	5	6	7	8	9	10	11	12
质量(g)	0.198	0.202	0.201	0.199	0.200	0.198	0.197	0.199	0.199	0.198	0.200	0.199
W(c)/%	5.4101	5.4262	5.4391	5.4513	5.427	5.4181	5.443	5.4392	5.4503	5.4292	5.4511	5.4455

通过公式(1)、(2)、(3)、(4)、(5)，计算标准不确定度为：

$$\bar{x}=5.4358\% \quad S=0.0143\% \quad u_1=0.00412\%$$

$$u_{1,rel}=0.00076 \quad V=11$$

2.2.2 标准物质定值的相对不确定度

所使用的标准物质为 YSB C 28082—94，其定值标准差 $S=0.004\%$ 和定值测量组数 $n=8$。由标准物质定值所产生的不确定度 $u_2=S/\sqrt{n}=0.004/\sqrt{8}=0.0014\%$，相对不确定度 $u_{2,rel}=0.0014/5.4350=0.00026$.

2.2.3 仪器稳定性引起的相对不确定度$_{u3rel}$

本实验选择 1 个标准样品单点校正仪器，重复测量 12 次，结果如下：3.6420%，3.6526%，3.6442%，3.6485%，3.6422%，3.6520%，3.6511%，3.6495%，3.6394%，3.6421%，3.6382%，3.6493%，计算得

$$\bar{x}=3.6459\% \quad S=0.00512\% \quad u_3=0.00148\%$$

$$u_{3,\mathrm{rel}}=0.000405$$

2.2.4 天平的标准不确定度

天平的标准不确定度一般可计算两项，即读数和校准标准不确定度，分别反映了天平的敏感性和准确性。对于数显式天平来说，读数尽管没有偏差，但显示的实际是一个区间，取矩形分布，$u=d/\sqrt{3}$，分析仪所配的天平精度为 0.001g，天平称量引起的不确定度 $u_4=0.001/\sqrt{3}=0.00058$，相对不确定度 $u_{4,\mathrm{rel}}=0.00058/3.6459=0.000160$

2.3 合成标准不确定度

$$u_{\mathrm{c,rel}}=u_{1,\mathrm{rel}}^2+u_{2,\mathrm{rel}}^2+u_{3,\mathrm{rel}}^2+u_{4,\mathrm{rel}}^2=0.000914$$

$$u_c=0.000914\times5.4358=0.0050\%$$

2.4 扩展部确定度

在 95% 的置信概率下，取 $k=2$

则 $$U_{95}=k_{95}\times u_c=2\times0.0050=0.010\%$$

此样品中 C 的含量为(5.4358±0.01)%。

3 说明

用红外碳硫仪测定样品中碳含量，其平均值 $\bar{x}=5.4358\%$，扩展不确定度 $U_{95}=0.010\%$。从不确定度各分量可以看出，标准物质的选择、使用非常关键，其本身的不确定度直接影响样品测定结果的不确定度。因此，在日常分析中要注意选择使用国家计量部门批准的国家一级，二级钢铁成分分析标准物质，其本身不确定度较小。此外还要选择材质、含量与被测样品接近的标准物质，以降低测量结果的不确定度，提高准确度。

参考文献

[1] ISO/IEC17025，检测和校准实验室能力认可准则，2005.
[2] JJF1059－1999，测量不确定评定与表示.
[3]曹宏燕. 分析测试中不确定度评定[J]. 冶金分析，2006，25 (6).

铁基粉末冶金耐磨材料的正交设计研究

陈士磊[1] 李海宁[1] 苏留帅[1] 申小平[2]

1. 南京理工大学 材料科学与工程学院； 2. 南京理工大学工程训练中心

摘　要:采用正交试验设计的方法,在铁基材料中加入Mo、Ni、Cr、Cu等合金元素试图探索最佳配比,以获得更好的耐磨性能。试样的烧结温度为1120℃,烧结时间为30min,气氛为H_2。结果表明,随着加入Mo、Ni、Cr、Cu含量的不同,合金的洛氏硬度、收缩率和开孔率发生了不同的变化。

关键词:正交设计;铁基耐磨材料;粉末冶金;合金元素

1 引言

高速列车门用导向块部件由于经常滑动,极易因疲劳磨损严重而损坏,需要定时进行检查,及时发现失效零部件以更换。而连接件的频繁检测与更换耗费大量人力物力,且若更换不及时还可能造成巨大的损失。

通常情况下,铁基材料的耐磨性能与其硬度呈正相关。若在铁基摩擦材料中加入合金元素镍、铬、钼等合金元素能够强化基体铁,获得更高的硬度,提高材料的耐磨性能。

粉末冶金制品具有可调配的化学组成和优越的机械、物理性能,运用粉末冶金技术可以直接制成多孔、半致密或全致密材料和制品。同时粉末冶金工艺过程中几乎不存在切削损耗,是一项材料节约型工艺。粉末冶金制品含有大量的孔隙,开孔渗油后能够实现自润滑,可以有效减磨。

2 试验过程

2.1 成分选择

2.1.1 合金元素选择

本试验选择了Mo、Ni、Cr、Cu四种元素作为铁基材料中的合金元素。Mo是抑制珠光体转变最强烈的元素,显著增大过冷奥氏体在珠光体转变区的稳定性,而对贝氏体转变影响不大,结果使钢在奥氏体化后连续冷却时采用空冷即可获得贝氏体组织。在铁基材料中,Mo、Cr等形成碳化物的元素会显著降低碳在铁中的扩散速度和增大渗碳层中碳的浓度,当其含量较少时,多溶于渗碳体中形成合金渗碳体;Ni、Cu等非碳化物形成元素基本上溶解于铁素体中而形成合金铁素体(或合金奥氏体),并产生固溶强化的作用,使合金铁素体的强度、硬度升高[1]。Ni为扩大奥氏体区元素,随着Ni含量的增加,γ相存在的温度范围加大,能够改善铁基材料的机械性能[2]。在烧结过程中,Cu熔化产生的液相使基体金属和其他非金属颗粒之间相互包覆,通过溶质颗粒之间相互扩散,使得基体金属与其他颗粒之间彼此钉扎啮合,结合强度大大提高。

2.1.2 粉末选择

基粉选择雾化铁粉，合金元素 Cu、Ni 和 Mo 选择元素粉加入，Cr 元素是以低碳 CrFe 合金粉(其中 Cr 含量为 65%，碳含量为 0.25%，其余为 Fe)的形式加入。根据上述分析，选择的铁粉和合金元素粉的纯度与粒度见表 1。

表 1 粉末的纯度与粒度

元素	Fe	Mo	Ni	CrFe	Cu
纯度(%)	≥99.5	≥99.5	≥99.5	≥99.5	≥99.5
粒度(目)	−100	−300	−200	−300	−200

2.2 正交设计

正交实验设计是安排多因素实验、寻求最优水平组合的一种高效率实验设计方法。其具有两大优越性，即"均匀分散性，整齐可比"，可以大大减少工作量，同时可以了解各因素之间的交互作用[3]。

本试验选用的变量有 Mo、Ni、CrFe、Cu 的含量，共四因素，其中每个因素有三个水平，选用 $L_9(3^4)$ 正交表安排试验。表 2 给出了正交设计的因素和水平：

表 2 因素水平表

水平	Mo/%	Ni/%	CrFe/%	Cu/%
1	1	1	2	0
2	2	2	4	2
3	4	4	8	4

利用该正交分布表能够同时将 Mo、Ni、CrFe、Cu 对铁基材料耐磨性能的影响考虑进来，减少了试验次数，提高了试验效率。在上述正交表的基础上在铁粉中加入 0.8%的 C、1%的硬脂酸锌，加以混合，制成原料粉末。

2.3 制样

原料粉末的混合配制，是在 1L 的不锈钢筒内进行的，转速约 26 转/分，混合时间为 1h。称取一定量的混合粉末放到模具中，润滑剂为硬脂酸锌和酒精的混合溶液。用 YA32—40 型液压机进行压制，压力为 400MPa，通过限位块对压制高度进行限定，确保压得形状和体积相同的圆柱形试样，对压制后的圆柱形试样进行氢气气氛烧结，烧结温度为 1120℃，烧结时间为 30min，即制得粉末冶金试样。每组成分均有三个密度稍有不同的粉末冶金试样，确保得到的数据真实可靠。

2.4 检测

2.4.1 表观硬度测量

对烧结后试样进行了一系列的性能测试，用普通方法测量试样的硬度一般称为表观硬度或宏观硬度，不能够将粉末冶金材料的硬度值与致密金属材料的硬度值等同评定[5]。这里我们主要采用的是布氏硬度测试，硬度测试时对试样的中心区域与边缘区域分别进行测试，最后将三个试样的数值取平均值。

抛光试样后，以 HBRV—187.5 型布洛维硬度计测量试样硬度，每个试样取试样边缘—中心—边缘三点（且三点共线）测量 HRB（以 980N 的载荷测得的洛氏硬度），并取平均值。

2.4.2　开孔率的测量

以 UMH—200P 密度计测量试样空重记为 m_1。

在钢锅中倒入 32 号机油（以能没过试样稍许为宜），放入试样，在加热炉上加热，温度控制在使试样放出气泡速度均匀为宜。待没有气泡冒出时（大约 1h），取出试样空冷。再测量试样空重记为 m_2，测量试样水重 m_3。

以下列计算开孔率：

$$\rho=\frac{\rho_\omega}{\rho_i}\times\frac{m_2-m_1}{m_1-m_3}$$

式中：ρ_ω 为蒸馏水密度，为 0.997g/cm^3；

ρ_i 为 32 号机油密度，为 0.865g/cm^3；

m_1 为试样空气测重；

m_2 为试样浸油后测重；

m_3 为试样浸油后放入水中测重。

2.4.3　径向相对膨胀

同一模具压制出的试样烧制前直径一样，烧结后试样均有不同程度的收缩/胀大。以千分尺测其直径，以分析不同元素对于试样尺寸精度的影响。

计算方法：相对膨胀（放大数据以便作图，来更好地分析趋势）

$$P=\frac{d_2-d_1}{d_1}\times 1000$$

式中，d_1——烧结前尺寸，d_2——烧结后尺寸

2.4.4　金相观察分析

试样经过粗磨、精磨、抛光、腐蚀，制得金相样品，使用 MR5000 型金相显微镜观察试样。

3　结果与讨论

检测所得洛氏硬度、密度、烧结相对收缩数据，见表 3。

表 3　洛氏硬度与烧结收缩率

试样	Mo/%	Ni/%	CrFe/%	Cu/%	C/%	硬脂酸锌/%	Fe/%	硬度 HRB	ρ/g/cm³	相对收缩
A	1	1	2	0	0.8	1	94.2	84.7	6.743	4.0
B	1	2	4	2	0.8	1	89.2	67.2	6.316	5.3
C	1	4	8	4	0.8	1	81.2	70.0	6.331	12.0
D	2	1	4	4	0.8	1	87.2	85.9	6.488	15.3
E	2	2	8	0	0.8	1	86.2	69.9	6.381	5.3
F	2	4	2	2	0.8	1	88.2	79.6	6.638	2.7
G	4	1	8	2	0.8	1	83.2	65.8	6.171	10.0
H	4	2	2	4	0.8	1	86.2	76.7	6.318	10.0
I	4	4	4	0	0.8	1	86.2	62.7	6.172	0.7

对数据进行直观分析法一极差分析法，可以分清各因素及其交互作用的主次顺序，判断因素对实验指标影响的显著程度，找出实验因素的优水平和实验范围内的最优组合。同时能够分析因素与实验指标之间的关系，找出指标随因素变化的规律和趋势，为进一步实验指明方向。以下针对不同元素对试样密度与硬度进行直观分析法一极差分析法。

3.1 硬度

3.1.1 正交分析

针对某一密度水平下的试验数据，采用直观分析法对试验结果进行分析，表 5 给出了烧结后试样的洛氏硬度分析结果。表中 $k_i = K_{i/s}$（K_i 代表任一列上水平号 i 对应的洛氏硬度之和，s 为任一列上各水平出现的次数），代表任一列上试验因素取水平 i 时的洛氏硬度算术平均值。R 表示在某一因素下的极差，数值越大表示对洛氏硬度的影响越大。由极差可以看出，对试样洛氏硬度影响最显著的是 Mo 和 Ni，影响较不明显的是 Cr 和 Cu，优化方案为 2%Mo - 2%Ni - 8%CrFe - 4%Cu。

表 4　试样洛氏硬度结果分析

	Mo/%	Ni/%	CrFe/%	Cu/%
k_1	74	78.8	80.3	72.4
k_2	78.5	71.3	71.9	70.9
k_3	68.4	70.8	68.6	77.5
R	10.07	8.03	11.77	6.67
主次因素	CrFe>Mo>Ni>Cu			
正交分析硬度最优配比	2%Mo1%Ni2%Cr4%Cu			

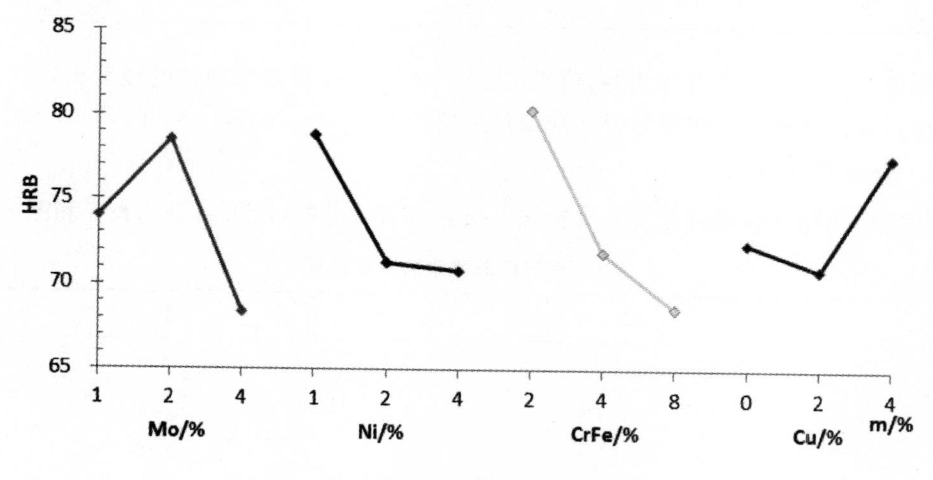

图 1 试样洛氏硬度分析结果

图 1 为试样洛氏硬度与各合金元素成分之间的关系。由图 1 可以看出：随着 Mo 含量的增加，试样洛氏硬度先增加后降低，因为 Mo 是形成碳化物的元素，会显著降低碳在铁中的扩散速度和增大渗碳层中碳的浓度，当其含量较少时，多溶于渗碳体中形成合金渗碳体，所以硬度增加。同时 Mo 还是抑制珠光体转变最强烈的元素，含量进一步增加会显著增大

过冷奥氏体在珠光体转变区的稳定性，较软的奥氏体使得试样硬度反而降低。

Ni 含量在 2%～4%范围内，随着 Ni 增加，洛氏硬度略有下降；当 Ni 含量在 1%～2%范围内，随着 Ni 含量增加，试样的洛氏硬度降低幅度增加。这是因为 Ni 扩散较困难，含量低时，形成的富镍区含有较多软质相奥氏体，因而硬度降低。当其含量变多时，由于 Ni 与 Cr 交互作用明显，增加了 Ni 的扩散，其富镍区周围形成较多硬度很高的马氏体和贝氏体，使得硬度下降趋缓。

Cr 含量增加，理论上硬度应随之上升，而实验值数据显示下降，可能是其与 Cr 具有较强的交互作用。

Cu 含量较低时，多呈颗粒状，因铜的硬度较低，随着含量增加，整体硬度下降；而含量较多时，由于其促进 Ni 和 Cr 的扩散，合金元素的作用发挥得更充分，使得试样内产生更多化合物，因而硬度反而上升。

3.1.2　交互作用分析

理论情况下，铁基材料中，Cr 含量较低时会形成合金渗碳体，Ni 基本上溶解于铁素体中而形成合金铁素体（或合金奥氏体），产生固溶强化的作用，即使合金铁素体的强度、硬度升高。因而随着 Ni 和 Cr 含量的增加，试样硬度理应增加。试验与预期有差异，故而再讨论 Ni 与 Cr 产生交互作用的情况。

对 Ni 和 CrFe 进行交互作用分析，见表 5。

表 5　Ni 与 CrFe 交互作用分析预测硬度值

CrFe	Ni		
	1	2	4
2	84.7	62.7	69.9
4	79.6	67.2	65.8
8	76.7	85.9	70.0

当考虑 Ni 与 Cr 的交互作用时，可见 2%Ni－8%CrFe 将带来最佳的硬度表现。

由正交设计表和交互作用分析得知最佳配比为 2%Mo－2%Ni－8%CrFe－4%Cu。

3.2　相对径向膨胀

对相对径向膨胀数据进行直观分析法－极差分析法分析，所得结果见表 6 和图 2。

表 6　相对径向膨胀的分析结果

	Mo/%	Ni/%	CrFe/%	Cu/%
k1	7.1	9.8	5.6	3.3
k2	7.8	6.9	7.1	6.0
k3	6.9	5.1	9.1	12.4
R	0.9	4.6	3.5	9.1
主次因素	Cu>Ni>CrFe>Mo			
正交分析膨胀最优配比	4%Mo4%Ni2%CrFe0%Cu			

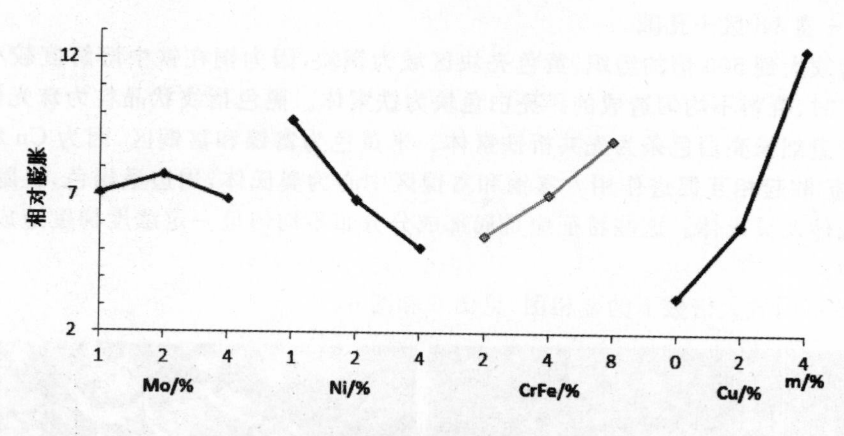

图 2　试样径向相对膨胀分析结果

Cr、Cu 都会使材料胀大，Ni 使材料收缩，如图 2，与预期相符。

材料的烧结膨胀会改变其压型时密度，不同的膨胀收缩将给试样带来程度不同的密度差异。密度越小，试样孔隙越多，硬度值会有一定的减小。

3.3　开孔率

选择硬度相对较高的试样组 A、D、F，测量其开孔率，见表 7。

表 7　试样开孔率数据

试样组	A	D	F
平均开孔率	1.3	14.5	2.56

如表 7 所示，D 组试样开孔率最大。较高的开孔率，能够渗入较多的润滑油，起到高效的减磨作用。又如表 4 所示，D 组试样硬度最高，因而 D 组试样将获得最佳的耐磨性能。

3.4　金相分析

选择硬度最高的成分组试样 D 和最接近理想配比的成分组试样 E 进行金相观察分析。试样 D 不同放大倍数下的金相图，见图 3 和图 4。

图 3　2%Mo－1%Ni－4%CrFe－4%Cu 的金相组织照片(50×)

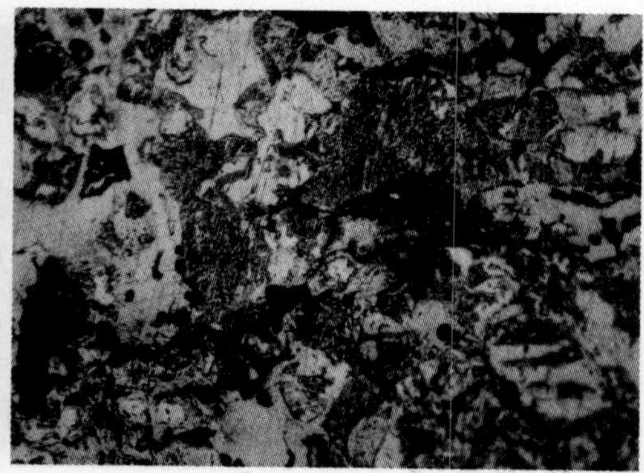

图 4　(右)2%Mo－1%Ni－4%CrFe－4%Cu 的金相组织照片(500×)

图 3 为低倍组织，由于采用粉末冶金工艺，试样 D 组织比较均匀，为珠光体＋铁素体＋

＋富 Cu 区＋富 Ni 区＋孔隙。

图 4 为放大到 500 倍的组织，黄色亮块区域为铜块，因为铜在铁中溶解度较小，也可能是扩散不及时、混料不均匀造成的。亮白色块为铁素体。黑色指纹状晶粒为珠光体组织，珠光体周围少量细长亮白色条为先共析铁素体。米黄色为富镍和富铜区，因为 Cu 和 Ni 对彼此在 Fe 中扩散起相互促进作用。富铜和富镍区中心为奥氏体，周边呈褐色，且隐约可见的组织为马氏体及贝氏体。这些特征应是局部成分分布不均匀呈一定浓度梯度造成的。黑色团状为孔隙。

试样 E 不同放大倍数下的金相图，见图 5 和图 6。

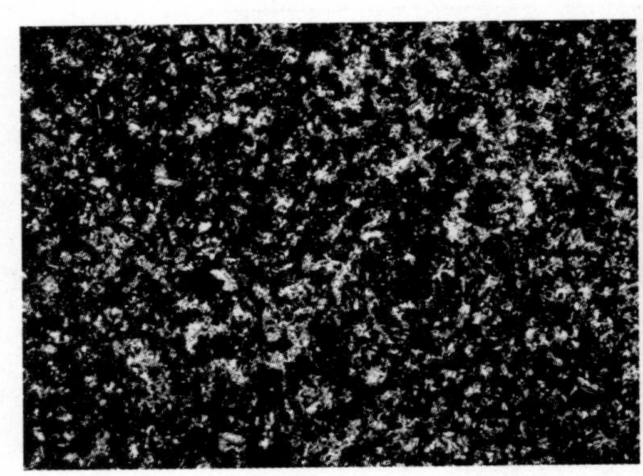

图 5　2%Mo－2%Ni－8%CrFe 的金相组织照片(500×)

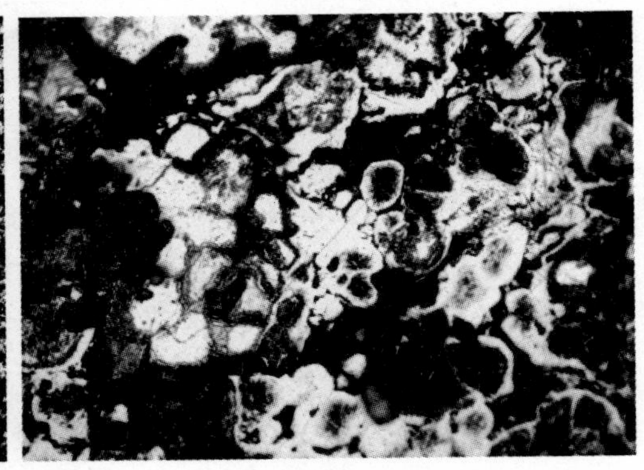

图 6　2%Mo－2%Ni－8%CrFe 的金相组织照片(500×)

图 5 为 E 组试样的低倍组织，组织分布均匀，组织为珠光体＋铁素体＋合金块＋富 Ni 区＋孔隙。

图 6 为 500 倍下的组织形貌，比较于图 5 组织的均匀性略差，白色块状比例略高。白色块状组织为铁素体、富镍区或含 Cr 的合金。珠光体周围的白色圈及条状物也是铁素体。E 组试样 Cr 的含量高于 D 组试样，但并没有显示出较高的硬度，这从组织形貌上也能充分验证。初步分析，这与 E 组试样不含铜有关，因为铜的熔点为 1083℃，在烧结时，以液相存在，将有利于合金元素的扩散，使得 Mo、Ni、Cr 的合金化作用提高。

4　结论

通过正交实验设计方法，采用粉末冶金工艺制得多组试样，以直观分析法一极差分析法获知：

(1)Ni 和 Cu 能够显著增加硬度，而 Mo 需在 2%的含量下才能够较好地发挥作用，Cr 的作用不够明显(可能是因为表观硬度不能够充分表征 Cr 组织的作用)；

(2)适量的 Mo 含量也有利于提高铁基材料的硬度，因为 Mo 阻抑奥氏体转变为珠光体，提高钢的淬透性；

(3)Cu 含量较高时，对 Ni 的扩散具有较好的促进作用，Ni 更充分地扩大 γ 相区，形成无限固溶体，起到固溶强化的作用；

(4)可以通过调整成分配比，以获得较小的收缩率，从而提高材料生产的尺寸精度；

(5)随着开孔率的增加，硬度值有所降低；

(6)由相图可分析，合金元素扩散困难导致成分浓度梯度是出现元素富集和偏聚的主要原因；

(7)不同合金元素对铁基材料硬度影响不一，同时多种合金元素存在交互作用，从而影响单一作用时对硬度的相关性改变。

本文后续实验将继续验证交互作用分析最优配比 2%Mo2%Ni8%CrFe4%Cu_4，并详尽分析各组织分布规律及其对硬度和摩擦性能的影响等。

参考文献

[1] 崔忠圻等．金属学与热处理(第二版)[M]．北京：机械工业出版社，2013.
[2] 王崇琳．相图理论及其应用[M]．北京：高等教育出版社，2008.
[3] 张新平等．材料工程实验设计及数据处理[M]．北京：国防工业出版社，2013.
[4] 阮建明等．粉末冶金原理[M]．北京：机械工业出版社，2012.
[5] 张华诚．粉末冶金实用工艺学[M]．北京：冶金工业出版社，2004.

温度对铁基零件蒸汽处理质量的影响

袁　聪　　胡曙光　　王士平

马鞍山华东粉末冶金厂

（袁聪，18755569709，Email：374265445@qq.com）

摘　要：蒸汽处理是提高粉末冶金零件耐腐蚀性、密封性等性能的常用方法之一。蒸汽处理的工艺参数如时间、温度、蒸汽流量等对铁基零件的质量有较大的影响。本文侧重研究了蒸汽处理温度对铁基零件的性能的影响。

关键词：蒸汽处理；温度；性能

1　引言

粉末冶金零件已得到了广泛的应用[1]。由于铁基粉末冶金零件在压制烧结后许多物理和力学性能达不到使用要求，为了提高零件的机械强度、耐磨性，耐腐蚀性等性能，各种后续处理技术应运而生，如对零件进行淬火、化学热处理、蒸汽处理及一些特殊处理等。其中，蒸汽处理技术由于工艺简单、费用低廉、绿色环保、能显著提高铁基零件的表面光洁度、耐腐蚀性、硬度和耐磨性。因此被广泛地用于铁基零件的后续处理工艺，并且主要用于中低密度零件（5.4～7.0 g/cm^3）的后处理[2]。蒸汽处理的关键在于能否合理地控制处理温度，处理时间以及蒸汽流量等工艺参数。虽然这一技术已经相当成熟，但目前在一些工厂中仍然出现了各种质量问题[3]。本文结合生产实际，对蒸汽处理工艺参数的选择，特别是蒸汽处理温度对所处理零件相关性能的影响进行探讨。

2　试验

首先制备一定量的 Fe－0.7%C、Fe－3%Cu－0.7%C、Fe－5%Cu－0.7%C 混合粉末，（三种混合粉末中润滑剂硬脂酸锌的含量都为 0.5wt.%），随后在 50T 机械压机将上述三种粉末压制成压坯密度为 6.2～6.3g/cm^3 的环状压坯各 50 个，最后在网带烧结炉中进行烧结得到烧结体。

将烧结后的试样分别在 480℃，520 ℃，540℃，560 ℃和 600 ℃的温度下进行蒸汽处理 60min，当炉温冷却到 400℃左右时从炉膛中取出放在空气中冷却至室温。（注：在通入蒸汽之前，零件的温度必须高于 100℃，否则将会生成 $Fe(OH)_3$，随后分解为 Fe_2O_3。）然后对经处理后零件的硬度、封孔性、耐腐蚀性、氧化增重等性能进行测试。再与蒸汽处理前零件的相应性质进行比较，得出比较理想的蒸汽处理温度。

2.1　不同温度蒸汽处理后试样气孔的变化

图 1 为试样经不同温度蒸汽处理后孔隙情况。从图中可以看到，未经蒸汽处理的零件[图 1(a)]，内部有许多大的尖角状和非均匀分布的连通孔隙；当经过 480℃的处理后[图 1(b)]，气孔明显变小。随着温度的继续升高，在 540℃时[图 1(d)]，可以看到里面除极少数

比较大的气孔外，多数小孔隙几乎被氧化物所覆盖封堵，孔隙变得更小，使得零件看上去更致密。经过600℃蒸汽处理的零件，通过金相可以看到内部出现了灰黑色的物质，且零件仍然存在许多比较大的孔洞[图1(c)]。

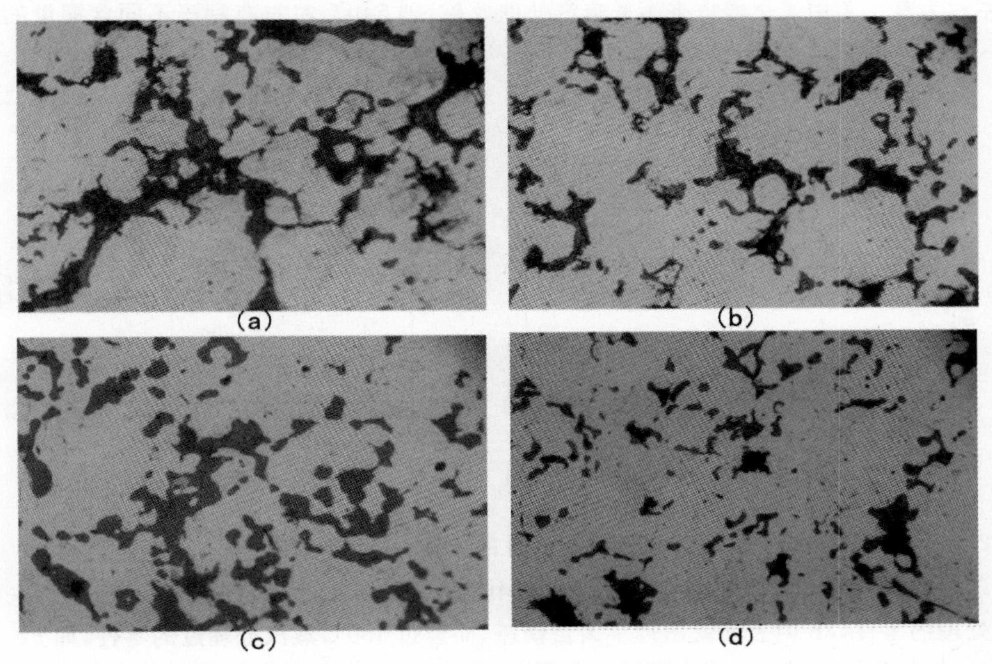

图1 不同温度蒸汽处理后试样腐蚀前在400倍金相显微镜下观察的金相照片
(a)未经蒸汽处理；(b)经480℃处理；(c) 经540℃处理；(d)经600℃处理

2.2 不同温度蒸汽处理后试样硬度的变化

蒸汽处理前Fe－C的硬度为10HRB，Fe－3%Cu－C为52HRB，Fe－5%Cu－C为60HRB。由图2不同温度蒸汽处理后试样的硬度测试结果可见，不同温度处理后，各试样的硬度都明显增高。在温度升到480℃的时候，Fe－C试样的硬度就由10HRB增加到61HRB了，在温度由480℃升到520℃的这个区间内，各样品的硬度几乎没有变化。在520℃到560℃时，Fe－3%Cu－C和Fe－C试样的硬度都显著增加，但经过600℃的蒸汽处理后，这两种试样的硬度又开始缓慢下降了，可能的原因是：当温度高于570℃时，就可能发生如下两个反应：

$$Fe+H_2O \rightleftharpoons FeO+H_2 \qquad 3FeO+H_2O \rightleftharpoons Fe_3O_4+H_2$$

高于570℃是Fe_3O_4和FeO的生成区，当温度为600℃时，发生上面两个反应。但是，可能由于蒸汽量并未加大，即蒸汽量不够，使得在温度于570℃上方生成的FeO未能进一步完成反应生成Fe_3O_4，在随后的冷却过程中FeO发生了歧化反应生成新生态的Fe，铁在空气中氧化而生成红色的Fe_2O_3，所以零件表面会出现附着物，并且硬度也下降了。

2.3 各试样在蒸汽处理中氧化增重的变化

由于零件在进行蒸汽处理时，零件和水蒸气接触会发生反应生成一层致密的氧化物致使零件经蒸汽处理后质量有所增加。图3是不同温度蒸汽处理后试样的增重情况。由图3可见，Fe－C试样和Fe－3%Cu－C试样经过480℃的蒸汽处理，氧化增重分别达到2.5%和

3.1%，且在480℃到560℃期间，氧化增重都随温度的升高而增加，在560℃时达到最大值4.7%。而Fe-5%Cu-C试样，氧化增重在540℃时即达到最大值4.1%，在540℃到600℃之间，虽然温度在不断升高，但氧化增重几乎保持不变。氧化增重过高产品会变脆，一般在4%左右为宜。若用氧化增重来衡量蒸汽处理效果，则540℃左右有利于不同含铜量的铁基零件(含铜量低于5%)的蒸汽处理。

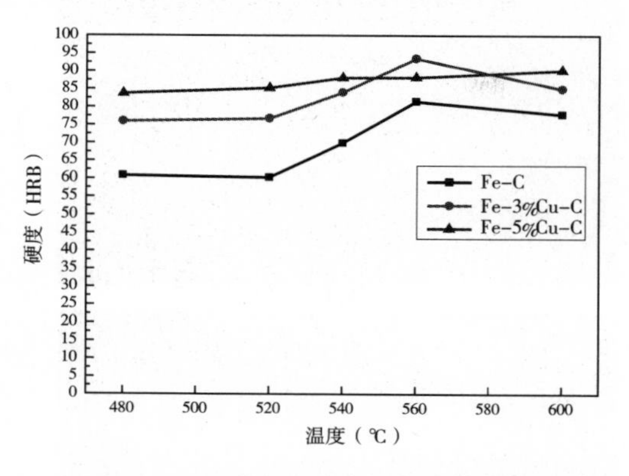

图2　不同温度蒸汽处理后试样硬度的变化

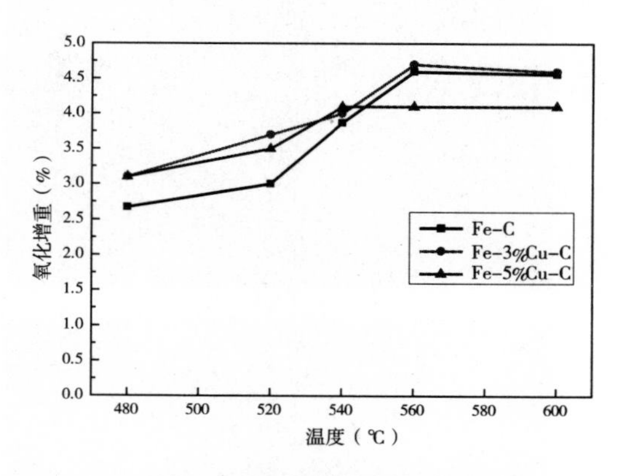

图3　各零件氧化增重随温度的变化

2.4　不同温度蒸汽处理后零件耐腐蚀性的变化

不同温度蒸汽处理后试样在盐雾试验箱中腐蚀48h后的表面状况如图4所示。未进行蒸汽处理的零件，3h内表面就出现了大量锈斑，而经过480℃蒸汽处理过的零件，如Fe-3%Cu-C试样，12h左右才开始出现极少数锈斑，然而48h左右表面却出现了大面积锈斑，见图4(b)。经过520℃、540℃、560℃处理后的含少量铜的铁基零件，在盐雾箱中24h也未见有锈斑，36h后，部分零件上出现了零星锈迹，48小时后，经520℃和600℃处理的零件表面出现了部分块状锈斑，经540℃和560℃处理的零件表面才开始出现较小的锈点。

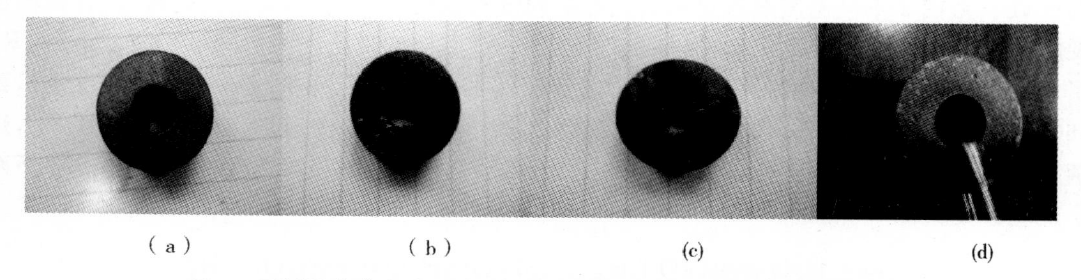

(a)　　(b)　　(c)　　(d)

图4　不同温度蒸汽处理后试样在盐雾试验箱中48h后的腐蚀情况

(a)未经蒸汽处理；(b)经480℃处理；(c)经540℃处理；(d)经600℃处理

2.5　不同温度蒸汽处理后各零件的金相分析

图5是不同温度蒸汽处理后Fe-3%Cu-C零件腐蚀后的金相照片。可见，蒸汽处理前后，零件内部均有大量铁素体和部分珠光体。随着蒸汽处理温度的升高，所含灰色物质的量在不断增多。

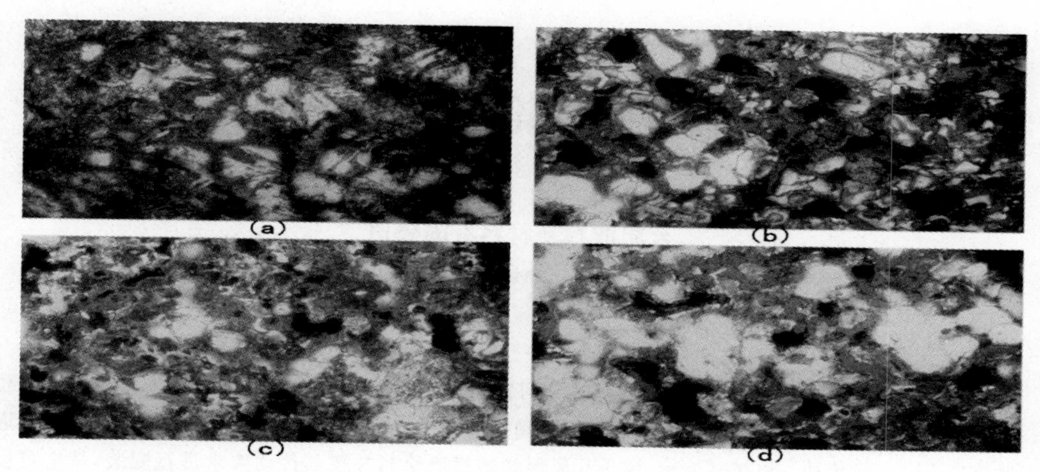

图5 经不同温度蒸汽处理后的 Fe-3%Cu-C 零件腐蚀后在400倍金相显微镜下的金相照片
(a)未经蒸汽处理;(b)经480℃处理;(c)经540℃处理;(d)经600℃处理

3 结论

(1)蒸汽处理温度对铁基粉末冶金零件封孔的影响:在540℃时,铁基粉末冶金零件里面除了有极少数比较大的气孔外,多数小孔隙几乎被氧化物所覆盖封堵,孔隙变得更小,并且分布均匀,使得零件看上去更致密。

(2)蒸汽处理温度对铁基零件氧化增重的影响:在对铁基零件进行蒸汽处理的过程中,过热水蒸气和零件接触发生氧化反应,在零件表面生成一层致密的氧化膜,从而导致零件重量的增加。由前面实验可知,在540℃到600℃之间,虽然温度在不断升高,但氧化增重几乎保持不变。

(3)蒸汽处理温度对零件硬度的影响:在540℃下蒸汽处理60分钟,试样的硬度升高,再继续升温后,硬度值几乎不变。

(4)蒸汽处理温度对提高零件耐腐蚀性效果显著:零件在未经蒸汽处理之前,在空气中暴露2~3h表面就会产生明显的锈斑。当进行540℃和60min左右的蒸汽处理后,由于表面生成了致密的四氧化三铁氧化层,从而大大提高了耐腐蚀性能。

(5) 对于含铜量多的产品延长蒸汽处理时间可得到比较理想的效果。

参考文献

[1]刘道春. 汽车零部件的粉末材料技术及其发展[J]. 柴油机设计与制造,2011,17(134):6-12.

[2]丁厚福,李吉泉,郑治祥. 铁基粉末冶金材料的热处理[J]. 国外金属热处理,2002,23(3):39-41.

[3]夏永红. 铁基粉末冶金零件蒸汽处理中常见的质量问题及其解决措施[J]. 粉末冶金工业,2005,15(4):29-32.

粉末冶金小齿轮根切问题分析

张文建　孟凡纪　马少波　徐　伟
合肥波林新材料有限公司
（张文建，13675602729，zhangwenjian2000@163.com）

摘　要：齿轮根切问题既是加工问题又是传动问题，而其实质是齿轮传动设计时其轮齿之间的让位问题。传统齿轮传动设计只是用齿轮简图代表齿轮传动，并没有精确绘制出齿轮、齿条轮齿的几何轮廓，通过加工参数来说明齿轮传动。通过对齿轮、齿条几何形状的精确绘制并按其传动要求进行安装，从中可以看出根切问题的实质。本文对齿轮根切问题产生的缘由进行探讨：从齿轮、齿条的几何结构、安装位置、传动运行、齿轮展成法加工等几个方面对根切问题进行剖析还原其理论的逻辑性。

关键词：根切；让位；渐开线齿槽；渐开线异形齿槽

1　引言

齿轮零件是重要的传动零件，粉末冶金工艺生产的齿轮以少齿数的变位小齿轮居多。变位齿轮是因为会产生根切才实行变位，对齿轮进行展成运动加工时往往容易产生根切问题。粉末冶金齿轮是通过模具压制成形的，而模具零件是通过线切割加工完成齿轮形状的。自始至终都没有展成运动加工，应该不会产生根切问题，也就是说粉末冶金齿轮都是标准齿轮，没有根切问题，也不存在变位问题。这乍听起来觉得是正确的，其实不然。齿轮根切问题不仅是加工问题，而且也是传动问题，它是齿轮本身性质所决定的。很多机械理论在引入根切理论时是从加工来阐述传动的。给人感觉好像是根切问题是加工问题。特别是初学者更容易产生这样的误解。

2　齿轮根切问题产生的缘由

2.1　多齿数齿轮、齿条的安装、啮合

渐开线直齿圆柱齿轮传动的正确啮合条件是：两轮的模数和压力角分别相等[1~2]。应理解为渐开线直齿圆柱齿轮传动的渐开线的正确啮合条件。齿轮传动的齿轮的正确啮合条件还有一个就是两齿轮能够正确安装。如果一对齿轮没有空间能够正确安装，那么就没有办法去实行传动。这对齿轮也就没有实际意义。从齿轮的结构我们可以看出齿轮传动的主要部位就是轮齿和齿槽。当一对齿轮正确安装且能够正确啮合传动时其齿槽就是另一齿轮轮齿的让位槽，齿槽是轮齿安装和运行的空间，齿轮传动的所有动作都是轮齿在齿槽里完成的。否则齿轮就没有办法安装和运行。齿槽由相邻两轮齿的对侧齿廓和齿根圆围成的开放型区域。对轮齿来说，分度圆以上部分叫齿顶，分度圆以下部分叫齿根。分度圆与齿顶圆之间的距离叫齿顶高；分度圆与齿根圆之间的距离叫齿根高。模数和压力角分别相等的齿轮因齿数不同而分度圆、基圆直径不同。渐开线从发生点到分度圆之间的距离也就不同。从渐开线发生点到分度圆的距离也是齿根高，其高度如下：

$$h_f=\frac{1}{2}(d-db) \tag{1}$$

$$=\frac{1}{2}(mz-\mathrm{mz}\cos\alpha) \tag{2}$$

$$=\frac{1}{2}mz(1-\cos\alpha) \tag{3}$$

对于一定模数和压力角的齿轮家族来说，其齿根高 h_f 的大小取决于齿数 Z，齿数越多其齿根高就越高。当对所有齿轮的齿顶高、齿根高的高度按照模数的倍数进行标准化规定，齿根齿廓曲线又必须是渐开线时只有部分齿轮能够满足条件(在不考虑齿轮顶隙的情况下)。其对应关系如下：

$$h_f=\frac{1}{2}(d-db)=h_a^* m \tag{4}$$

$$\frac{1}{2}mz(1-cos\alpha)=h_a^* m \tag{5}$$

当 $h_a^*=1$ 、$\alpha=20°$时，

$$Z=\frac{2}{1-\cos\alpha} \tag{6}$$

$$=\frac{2}{1-0.939693}$$

$$=33.1636 \tag{7}$$

也就是说当齿数大于或等于 34 个齿时其齿根高才能满足标准规定并且其齿根齿廓曲线为渐开线型。满足这种条件的一对齿轮在啮合传动时其轮齿的顶尖每次都能与齿根的渐开线啮合。其形成的齿槽也为渐开线齿槽。图 1 所示是 $m=1.25$，$Z=34$，$h_a^*=1$，$\alpha=20°$齿轮与同模数、压力角的标准齿条啮合的状态图。齿轮的齿槽空间能够完全容下齿条全齿高，故齿轮、齿条能够正确安装、啮合传动。

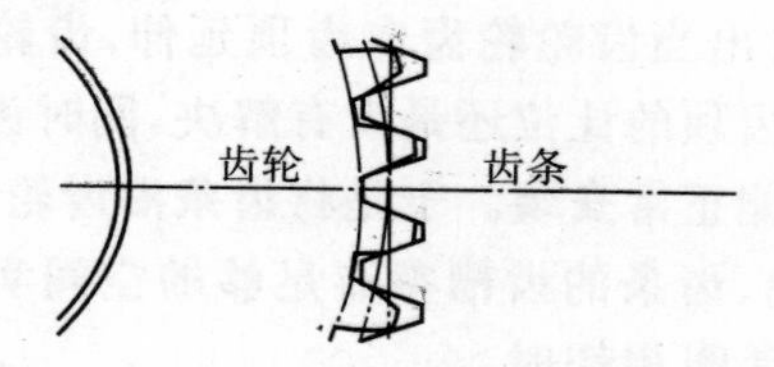

图 1 多齿数(34 齿)齿轮、齿条安装啮合图

2.2 少齿数齿轮、齿条的安装、啮合

当齿数小于 34 个尺时，其齿根高小于标准规定的齿根高，齿数越少时其相差就越大。图 2 所示是 $m=1.25$，$Z=10$，$h_a^*=1$，$\alpha=20°$齿轮与同模数、压力角的标准齿条啮合的状态图。按啮合原理，齿条节线必须与齿轮分度圆相切。齿条的齿顶高 1.25mm 大于齿轮的齿根高 0.38mm，此时齿轮齿槽的空间容不下齿条的齿顶。齿轮、齿条无法安装，所以不能实行正常齿轮传动。如果需要正常安装，齿轮齿槽就需要加大其对齿条轮齿的让位空间，在不考虑间隙和顶隙的情况下，其让位空间最小就是轮齿安装和运动时齿顶尖的运动轨迹。为了避免运动干涉，所以才增加了间隙和顶隙。让位后的齿槽的齿根高度符合标准规定的高度，但齿槽的形状是一渐开线异形齿槽，图 3 所示。在啮合时只是渐开线以上部分参与啮合，在渐开线以下至齿条轮齿顶尖处不参与啮合。因齿条轮齿顶尖的运动轨迹线在渐开线

的内侧，下至标准齿根处的这段实体空间需切掉去除才能正常让位，这种把齿根处实体切除让位的行为在理论上称之为根切。所以根切不仅是加工问题同时又是传动问题，其实质就是让位问题。

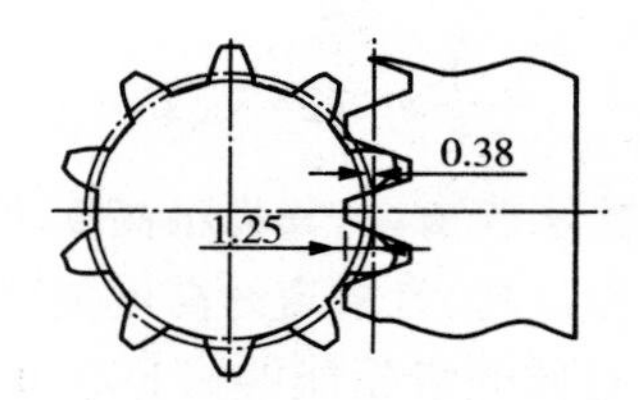

图 2　少齿数(10 齿)齿轮、齿条安装啮合图

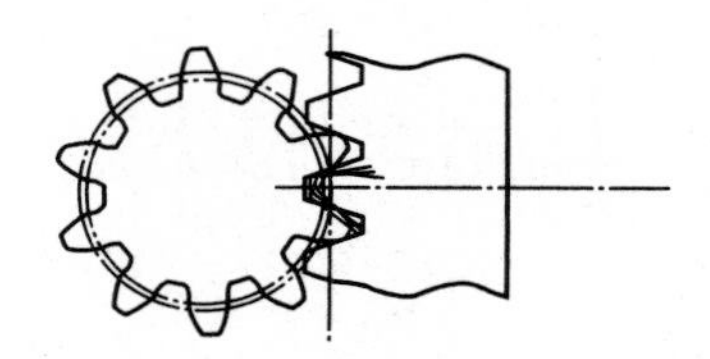

图 3　少齿数(10 齿)齿轮、齿条安装渐开线异形齿槽让位图

2.3　少齿数齿轮根切问题的解决方法及原理

一个少齿数齿轮齿根高因达不到标准齿根高时，需要对其根部深挖让位后才能获得，这样的齿轮又因全齿高的增加，齿根壁的减薄而降低了轮齿的承载强度。虽然这样的齿轮也能够正确安装和啮合，但其使用寿命和传动质量并不理想。实际应用不采用此种齿轮。少数齿齿轮因齿根高不足而不能达到标准齿全高。获取标准齿全高的方法有两种：一种如上图所示向轮齿根部深挖增加齿根高而获得齿全高；另一种就是向齿顶延伸增加齿顶高来获取全齿高。因深挖齿根的使用寿命和传动质量不理想，所以大多选择了向齿顶延伸的方法来获取齿全高。从图 2 可以看出当齿轮轮齿向齿顶延伸，齿轮获得了标准齿全高。因齿条节线与分度圆始终相切，齿条齿顶的让位还是没有解决，同时齿轮增加的齿顶高在齿条的齿槽内也需要让位，否则还是不能正常安装。于是将齿条沿齿轮直径方向向外平移一个距离，齿条齿顶在基圆处。此时齿轮、齿条的齿槽都有足够的空间实行让位。图 4 所示虚线的齿条轮齿为齿条节线与齿轮分度圆相切时位置，当齿条向外平移时，齿轮、齿条虽然能有足够的空间正确安装，但与轮齿的齿廓形成了巨大的间隙却不能正确啮合。于是将齿廓曲线沿齿条轮齿线垂直方向移至与齿条轮齿线相切（从分度圆水平方向的顶点对基圆作切线与基圆相切，渐开线沿这条切线下移与齿条轮齿相切)，从而消除了间隙，齿轮、齿条也能够正确啮合传动。

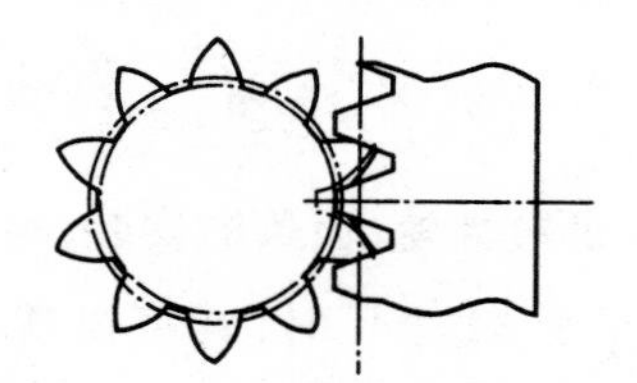

图 4　少齿数(10 齿)变位齿轮、齿条安装啮合图

这种将齿条沿齿轮直径方向平移而又需将齿轮齿廓曲线移动使其能够正确啮合的齿轮在理论上称为变位齿轮。变位齿轮的齿槽为渐开线齿槽，齿轮、齿条能够正确安装、正确啮合。同时又能够获得标准齿全高的轮齿，轮齿根部加厚，顶尖减薄。从而在安装、传动、啮合和使用上与多齿数齿轮相似。其实质就是通过解决让位问题而获得渐开线齿槽，使齿条顶尖与

齿根都能与渐开线啮合。

3 结论

本文所举事例主要是齿轮和齿条的啮合,因齿轮与齿轮啮合原理与之一样,且展成法加工的原理与齿轮、齿条啮合原理一样,所使用刀具都是齿条形刀具。

综上所述齿轮根切问题从齿轮传动、啮合、安装以及逻辑上来讲是让位问题。

参考文献

[1]黄锡恺,郑文纬. 机械原理[M]. 北京:高等教育出版社,1989.
[2] 张策. 机械原理与机械设计(第2版)[M]. 北京:机械工业出版社,2011.

图书在版编目(CIP)数据

第十五届华东五省一市粉末冶金技术交流会论文集/程继贵主编．—合肥：合肥工业大学出版社，2014.10

ISBN 978-7-5650-2002-5

Ⅰ.①第…　Ⅱ.①程…　Ⅲ.①粉末冶金—学术会议—文集　Ⅳ.①TF12-53

中国版本图书馆 CIP 数据核字(2014)第 233833 号

第十五届华东五省一市粉末冶金技术交流会论文集

主编　程继贵　　策划编辑　孟宪余　　责任编辑　张择瑞

出　版	合肥工业大学出版社	版　次	2014 年 10 月第 1 版
地　址	合肥市屯溪路 193 号	印　次	2014 年 10 月第 1 次印刷
邮　编	230009	开　本	787 毫米×1092 毫米　1/16
电　话	综合编辑部：0551-62903204 市场营销部：0551-62903198	印　张	20.5
		字　数	512 千字
网　址	www.hfutpress.com.cn	印　刷	合肥现代印务有限公司
E-mail	hfutpress@163.com	发　行	全国新华书店

ISBN 978-7-5650-2002-5　　定价：80.00 元